大型燃气-蒸汽联合循环电厂培训教材

PG9351 燃气轮机/汽轮机分册

中国电机工程学会燃气轮机发电专业委员会
广州珠江天然气发电有限公司　编

U0281772

重庆大学出版社

内容提要

本书系统地阐述了 GE 公司 PG9351 燃气轮机/汽轮机的工作原理与结构,并详细叙述了机岛的辅助系统、运行操作以及事故处理。全书共分 9 章,第 1 章概述联合循环电厂发展历程特别是 GE 燃机发展历程,第 2、3 章介绍燃气轮机工作原理、结构以及高温热部件,第 4 章介绍汽轮机工作原理与结构,第 5 章详细介绍了机岛部分的辅助系统,第 6 章介绍联合循环电厂机组的启动、停运,第 7 章详细介绍了影响联合循环机组性能的因素以及机组的轴振、胀差、叶片通道温度、燃烧等参数的监测,第 8 章介绍联合循环机组常作的试验,第 9 章介绍机组典型的故障与处理。

本书适合作为燃气-蒸汽联合循环电厂运行人员培训用书,也可作为电厂从事相关工作的管理人员、技术人员和筹建人员的技术参考用书。

图书在版编目(CIP)数据

大型燃气-蒸汽联合循环电厂培训教材. PG9351 燃气
轮机/汽轮机分册/中国电机工程学会燃气轮机发电专业
委员会,广州珠江天然气发电有限公司编. —重庆:重
庆大学出版社,2014.10
ISBN 978-7-5624-8611-4

Ⅰ.①大… Ⅱ.①中… ②广… Ⅲ.①燃气-蒸汽联合
循环发电—发电厂—技术培训—教材②燃气轮机—技术培
训—教材③蒸汽透平—技术培训—教材 Ⅳ.①TM611.31

中国版本图书馆 CIP 数据核字(2014)第 224056 号

大型燃气-蒸汽联合循环电厂培训教材
PG9351 燃气轮机/汽轮机分册
中国电机工程学会燃气轮机发电专业委员会
广州珠江天然气发电有限公司 编
策划编辑:彭 宁
责任编辑:文 鹏 版式设计:彭 宁
责任校对:谢 芳 责任印制:赵 晟

*

重庆大学出版社出版发行
出版人:邓晓益
社址:重庆市沙坪坝区大学城西路 21 号
邮编:401331
电话:(023)88617190 88617185(中小学)
传真:(023)88617186 88617166
网址:http://www.cqup.com.cn
邮箱:fxk@ cqup.com.cn(营销中心)
全国新华书店经销
重庆升光电力印务有限公司印刷

*

开本:787×1092 1/16 印张:26 字数:649 千
2014 年 10 月第 1 版 2014 年 10 月第 1 次印刷
印数:1—4 000
ISBN 978-7-5624-8611-4 定价:70.00 元

编委会

主　任　章震国

副主任　（按姓氏笔画排序）

　　　　何东平　潘志强

委　员　叶永青　杨　雄　高国梁

编写人员名单

主　编　杨　雄

参编人员　（按姓氏笔画排序）

王忠明　毛　健　孔繁城　吴森飚

何东平　李兴波　陈频友　陈　翔

郑文涛　高国梁　陶　刚　陶　凡

潘志强　蒋　庆　程　平　甄家麟

暨穗璘

序言

　　1791年,英国人巴伯首次描述了燃气轮机(Gas Turbine)的工作过程。1872年,德国人施托尔策设计了第一台燃气轮机,从1900年开始做了4年的试验。1905年,法国人勒梅尔和阿芒戈制成第一台能输出功率的燃气轮机。1920年,德国人霍尔茨瓦特制成第一台实用的燃气轮机,效率13%,功率达370 kW。1930年,英国人惠特尔获得燃气轮机专利,1937年在试车台成功运转离心式燃气轮机。1939年,德国人设计的轴流式燃气轮机安装在飞机上试飞成功,诞生了人类第一架喷气式飞机。从此燃气轮机在航空领域,尤其是军用飞机上得到了飞速发展。

　　燃气轮机用于发电始于1939年,发电用途的燃机不受空间和质量的严格限制,所以尺寸较大,结构也更加厚重结实,因此具有更长的使用寿命。虽然燃气-蒸汽联合循环发电装置早在1949年就投入运行,但是发展不快。这主要是因为轴流式压气机技术进步缓慢,如何提高压气机的压比和效率的问题一直在困扰压气机的发展。直到20世纪70年代轴流式压气机在理论上取得突破,压气机的叶片和叶形按照三元流理论进行设计,压气机整体结构也按照新的动力理论进行布置以后,压气机的压比才从10不断提高,现在压比超过了30,效率也同步提高,满足了燃机的发展需要。

　　影响燃机发展的另一个重要因素是燃气透平的高温热通道材料。提高燃机的功率就意味着提高燃气的温度,热通道部件不能长期承受1 000 ℃以上的高温,这就限制了燃机功率的提高。20世纪70年代燃机动叶采用镍基合金制造,在叶片内部没有进行冷却的情况下,燃气初温可以达到1 150 ℃,燃机功率达到144 MW,联合循环机组功率达到213 MW。80年代采用镍钴基合金铸造动叶片,燃气初温达到1 350 ℃,燃机功率达270 MW,联合循环机组功率达398 MW。90年代燃机采用镍钴基超级合金,用单向结晶的工艺铸造叶片,燃气初温达1 500 ℃,燃机功率达334 MW,联合循环机组功率达498 MW。进入21世纪,优化冷却和改进高温部件的隔热涂层,燃气初温达1 600 ℃,燃机功率达470 MW,联合循环机组功率达680 MW。解决了压比和热通道高温部件材料的问题后,随着

1

燃机功率的提高，新型燃机单机效率大于40%，联合循环机组的效率大于60%。

为了加快大型燃气轮机联合循环发电设备制造技术的发展和应用，我国于2001年发布了《燃气轮机产业发展和技术引进工作实施意见》，提出以市场换技术的方式引进制造技术。通过捆绑招标，哈尔滨电气集团公司与美国通用电气公司，上海电气集团公司与德国西门子公司，东方电气集团公司与日本三菱重工公司合作。三家企业共同承担了大型燃气轮机制造技术引进及国产化工作，目前除热通道的关键高温部件不能自主生产外，其余部件的制造均实现了国产化。实现了E级、F级燃气轮机及联合循环技术国内生产能力。截至2010年，燃气轮机电站总装机容量达2.6万MW，比1999年燃气轮机装机总容量5 939 MW增长4倍，大型燃气-蒸汽联合循环发电技术在国内得到了广泛应用。

燃气-蒸汽联合循环是现有热力发电系统中效率最高的大规模商业化发电方式，大型燃气轮机联合循环效率已达到60%。采用天然气为燃料的燃气-蒸汽联合循环具有清洁、高效的优势。主要大气污染物和二氧化碳的排放量分别是常规火力发电站的1/10和1/2。

《国家能源发展"十二五"规划》提出："高效、清洁、低碳已经成为世界能源发展的主流方向，非化石能源和天然气在能源结构中的比重越来越大，世界能源将逐步跨入石油、天然气、煤炭、可再生能源和核能并驾齐驱的新时代。"规划要求"十二五"末，天然气占一次能源消费比重将提高到7.5%，天然气发电装机容量将从2010年的26 420 MW发展到2015年的56 000 MW。我国大型燃气-蒸汽联合循环发电将迎来快速发展的阶段。

为了让广大从事F级燃气-蒸汽联合循环机组的运行人员尽快熟练掌握机组的运行技术，中国电机工程学会燃机专委会牵头组织有代表性的国内燃机电厂编写了本套培训教材。其中，燃气轮机/汽轮机分册分别由三家电厂编写，深圳能源集团月亮湾燃机电厂承担了M701F燃气轮机/汽轮机分册的编写，浙能集团萧山燃机电厂承担了SGT5-4000F燃气轮机/汽轮机分册的编写，广州发展集团珠江燃机电厂承担了PG9351F燃气轮机/汽轮机分册的编写；深圳能源集团月亮湾燃机电厂还承担了余热锅炉分册和电气分册的编写；深圳能源集团东部电厂承担了热控分册的编写。

每个分册内容包括工艺系统、设备结构、运行操作要点、典型事故处理与运行维护等，教材注重实际运行和维护经验，辅以相关的原理和机理阐述,每章附有思考题帮助学习掌握教材内容。本套教材也可以作为燃机电厂管理人员、技术人员的工作参考书。

由于编者都是来自生产一线,学识和理论水平有限,培训教材中难免存在缺点与不妥之处,敬请广大读者批评指正。

燃机专委会
2013 年 10 月

前言

　　21 世纪初,随着我国天然气资源的大规模开发利用,西气东输工程、近海天然气开发和引进国外液化天然气工程全面展开,燃气轮机发电配套工程加速进行,F 级燃气-蒸汽轮机联合循环发电机组开始进入发电市场,成为国家能源结构调整的重要组成部分。通过采用市场换技术的方式,"十五"期间连续进行了 3 次捆绑招标,引进了美国通用电气、德国西门子和日本三菱公司 3 种 F 级大型燃气轮机联合循环机组共 53 台;"十一五"期间及进入"十二五"后,通过后续招标购建了 20 多台 F 级机组,其中包括了最新型的燃气轮机机型。"十二五"期间,随着西气东输二线的竣工通气、液化天然气及近海天然气开发工程的进展,新建的新型 F 级燃气轮机机组将陆续投入商业运行。

　　为了让广大从事 F 级燃气-蒸汽联合循环机组运行的人员熟练掌握机组运行技术,中国电机工程学会燃气轮机发电专业委员会组织国内燃机电厂技术力量,编写了《大型燃气-蒸汽联合循环电厂培训教材》,其中机岛分册包括三菱 M701F 机型篇、通用电气 S109FA 机型篇和西门子 SGT5-4000F(即 V94.3A)机型篇。本书为机岛分册之通用电气 S109FA 机型篇,主要由广州珠江天然气发电有限公司技术人员编写。

　　本书比较全面地介绍了单轴通用电气 S109FA 燃气-蒸汽联合循环机组之机岛部分(燃气轮机与蒸汽轮机)的基础知识、本体结构、高温热部件寿命管理、辅助系统、机组启停操作、运行监控以及典型故障与处理等内容。由于目前国内 S109FA 燃气-蒸汽联合循环机组基本以单轴机组为主,故本书对设备、系统、故障处理、启停操作、运行监控等内容的编写均立足于单轴机组。另外,本书涉及的运行参数均以广州珠江天然气发电有限公司运行数据为参照。

　　本培训教材编写人员为一线运行技术人员,编写偏重于运行实践,内容丰富,实用性强,对电厂技术人员全面掌握 F 级燃气-蒸汽联合循环机组的机岛知识有较大的帮助。

　　本培训教材是在燃机专委会的直接领导下,由杨雄主编,由章震国、何东平、潘志强主审。审核人员有:黄居瑟、彭方斌、张静、肖茂东、胡东、王信坚、罗义兵。编写分工如下:

第 1 章由何东平编写。

第 2 章由潘志强编写。

第 3 章由暨穗璘编写。

第 4 章由高国梁编写。

第 5 章第一节、第二节由程平编写;第三节、第四节、第五节、第六节、第七节、第八节、第九节、第十节由高国梁编写;第十一节、第十二节由毛健编写;第十三节、第十四节、第十五节、第十六节、第十七节由蒋庆编写;第十八节、第二十节、第二十一节由陈翔编写;第十九节由甄家麟编写;第二十二节、第二十三节由吴森飚编写;第二十四节、第二十六节由陶凡编写;第二十五节由陈频友编写;第二十七节、第二十八节由孔繁城编写。

第 6 章第一节由郑文涛编写,第二节由陶刚编写。

第 7 章第一、二、三节由王忠明编写,第四节由李兴波编写。

第 8、9 章由杨雄编写。

附录由杨雄汇编。

在本书正式编写前,中国电机工程学会燃气轮机发电专业委员会组织对培训教材编写的原则、内容等进行了详细讨论并提出了指导性的意见;编写期间公司领导及各级技术骨干提出了不少建设性的意见和建议,同时教材编写过程中也得到了深圳能源集团月亮湾电厂的热情帮助,在此一并致以诚挚的谢意。

由于编者理论和编写水平有限,书中难免有不足之处,恳请广大读者批评指正。

编　者

2013 年 10 月

2

目录

第 **1** 章
概　述

1.1　燃气轮机

1.1.1　燃气轮机简介

燃气轮机(Gas turbine)是一种以燃气作为工质、内燃、连续回转的叶轮式热能动力机械,通常用于航空、船舰、车辆、发电设备等。它主要由压气机、燃烧室、燃气透平三大部件及控制系统和辅助设备构成。

(1)压气机

压气机的作用是将进气系统吸入的空气压缩到一定压力,然后连续不断地供应给燃烧室供燃烧用,在压气机对空气做功的同时,空气的温度也相应提高。压气机的主要部件有转子、进汽缸、压汽缸、排汽缸、动静叶片、进口可转导叶等。

(2)燃烧室

燃烧室的作用是将来自压气机的高压空气与燃料喷嘴喷入的燃料混合,并进行燃烧,把燃料的化学能转化为热能,形成高温燃气进入透平做功。燃烧室主要部件有火焰筒、过渡段、导流套管、燃料喷嘴、盖帽、端盖等。

(3)燃气透平

燃气透平的作用是将从燃烧室来的高温、高压燃气中的能量转变为机械能。透平主要部件有转子、汽缸、动叶、喷嘴等。

燃气轮机的简单循环是所谓的"布雷登循环",在可逆的理想条件下,它由以下 4 个过程组成:①绝热压缩过程;②等压燃烧过程;③绝热膨胀过程;④等压放热过程。考虑不可逆因素,实际循环如图 1.1 所示,压气机从外界大气环境吸入空气并逐级压缩,空气的温度和压力均逐级升高,完成耗功过程(图中1—2);压缩空气被送到燃烧室与喷入的燃料混合燃烧产生高温高压的燃气(图中 2—3);然后再进入透平膨胀做功(图中 3—

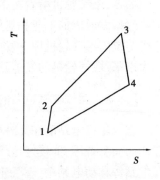

图 1.1　燃气轮机热力循环

4）；最后的工质放热过程，透平排气可直接排到大气，自然放热给外界环境（图中 4—1）。在连续重复完成上述循环过程的同时，燃气轮机也就把燃料的化学能连续地转换为有用功。

燃气初温和压气机的压缩比，是影响燃气轮机效率的两个主要因素。提高燃气初温，并相应提高压缩比，可使燃气轮机出力、效率显著提高。

对于一台燃气轮机来说，除了主要部件外还必须有完善的控制、保安系统，此外还需要配备相应的辅助系统和设备，包括：启动装置、燃料系统、润滑系统、空气过滤器等。

燃气轮机可以分为气体燃料机组、液体燃料机组和双燃料机组。气体燃料机组大多燃烧天然气，这是最为清洁环保的燃料之一；液体燃料机组燃用重油或者轻油，其系统组成相对于只燃用天然气的燃气轮机要略微复杂，需增设液体燃料分配装置、雾化空气系统等；双燃料机组既可燃用天然气，也可燃用重油和轻油，这类机组在一种燃料紧缺的情况下，仍然能够使用另一种燃料运行，以满足负荷要求。

另外，燃气轮机还分为轻型和重型两类。轻型的结构紧凑、体积小、装机快、启动快，所用材料一般较好，主要用于航空。航空燃气轮机经适当改进所派生出的轻型燃气轮机被称为航改型燃气轮机，适用于船舶动力和电力调峰等；重型零件较为厚重，大修周期长，寿命可达 10 万 h 以上，效率高、运行可靠、质量大、尺寸大，质量功率比一般为 2～5 kg/kW，适合于带动交流恒频发电机，是目前电站所用燃气轮机的主要形式。

1.1.2 燃气轮机的发展简史

1920 年，德国人霍尔茨瓦特制成第一台实用的燃气轮机，功率为 370 kW，效率为 13%，按等容加热循环工作。但等容加热循环以断续爆燃的方式加热，存在许多重大缺点而被人们放弃。

1939 年，在瑞士 BBC 公司制成了 4 MW 发电用燃气轮机，效率达 18%。同年，在德国制造的喷气式飞机试飞成功，从此燃气轮机进入了实用阶段，并开始迅速发展，燃气轮机的应用领域不断扩大。1941 年，瑞士制造的第一辆燃气轮机机车通过了试验；1947 年，英国制造的第一艘装备燃气轮机的舰艇下水，它以 1.86 MW 的燃气轮机作加力动力；1950 年，英国制成第一辆燃气轮机汽车。此后，燃气轮机在更多的领域中获得应用。

随着高温材料的不断发展，以及透平采用冷却叶片并不断提高冷却效果，燃气初温逐步提高，使燃气轮机效率不断提高，单机功率也不断增大，在 20 世纪 70 年代中期出现了数种 100 MW 级的燃气轮机，最高能达到 130 MW。

如今，燃气轮机沿着两条技术路线发展，一条是以罗罗、普惠、GE 公司为代表，用航空发动机改型而形成的工业和船舶轻型燃气轮机；一条是以 GE、三菱、西门子、Alstom 公司为代表，遵循传统的燃气轮机理念发展起来的重型燃气轮机，主要用于大型电站。

未来，燃气轮机的发展趋势是大容量、高效率、低排放。

1.1.3 燃气轮机电站的发展历程

燃气轮机电站能在无外界电源的情况下迅速启动，机动性好，在电网中用它带动尖峰负荷和作为紧急备用，能较好地保障电网的安全运行，所以应用广泛。在汽车（或拖车）电站和列车电站等移动电站中，燃气轮机因其轻小，应用也很广泛。此外，还有不少利用燃气轮机的便携电源，功率最小的在 10 kW 以下。

第一台发电用燃气轮机由瑞士 BBC 公司在 1939 年制成,虽然这台 4 MW 的燃气轮机装置的效率只有 18%,但标志着燃气轮机已开始登上发电工业舞台。

20 世纪 50 年代,由于当时燃气轮机的单机容量小,热效率又比较低,所以在电力系统中只能作为紧急备用电源和调峰机组使用。

60 年代,欧美的大电网均曾发生过电网瞬时解列的大停电事故,这些事故让欧美工业发达国家认识到电网中有必要配备一定容量的燃气轮机发电机组。因为燃气轮机具有快速"无外电源启动"的特性,可以作为系统大面积停电后的黑启动电源,能保证电网运行的安全性和可恢复性。

70 年代,日、美、欧等国家和地区安装了很多燃气轮机发电机组作为电网带尖峰负荷和备用电源,燃气轮机得到了广泛的应用。

80 年代后,由于燃气轮机的单机功率和热效率都有很大程度的提高,特别是燃气-蒸汽联合循环机组渐趋成熟,再加上世界范围内天然气资源的进一步开发,燃气轮机及其联合循环在世界电力系统中的地位发生了明显的变化,它们不仅可以作为紧急备用电源和尖峰负荷机组,而且还可以携带基本负荷和中间负荷。

目前,燃气轮机电站主要形式为燃气-蒸汽联合循环,而其中使用的燃气轮机主要是重型燃气轮机。当今世界上能设计和生产重型燃气轮机的主导工厂只有 4 家,即美国的 GE 公司、德国的西门子公司、法国的 Alstom 公司和日本的三菱公司。这些公司生产的典型的燃气轮机发电机组见表 1.1、表 1.2。

表 1.1　某些典型燃气轮机发电机组

公司名称	型号	第一台生产年份	ISO 基荷功率/MW	热效率/%
GE	PG6581	1999	42.1	32.007
	PG6111	2003	75.9	34.97
	PG9171(E)	1992	126.1	33.79
	PG9231(EC)	1994	169.1	34.92
	PG9351(FA)	1996	255.6	36.9
	PG6591C	2003	42.3	36.27
	PG9001	1997	292	39.5
西门子	W251B11/12	1982	49.5	32.66
	V64.3A	1996	67.4	34.93
	V94.2	1981	159.4	34.3
	V94.2A	1997	182.3	35.18
	V94.3A	1995	265.9	38.6
三菱	M701DA	1981	144.1	34.8
	M701F	1992	270.3	38.2
	M701G	1997	271	38.7
	M701G2		334	39.5

续表

公司名称	型号	第一台生产年份	ISO 基荷功率/MW	热效率/%
	GT8C2	1998	57	34.01
Alstom	GT13E2	1993	165.1	35.7
	GT26	1994	263	37

表 1.2　某些典型燃气-蒸汽联合循环发电机组

公司名称	机组型号	第一台生产年份	ISO 基本功率/MW	供电效率/%	所配燃气轮机的情况
	S109EC	1994	259.3	54	1 台 MS9001EC
GE	S109FA	1994	390	56.7	1 台 MS9001FA
	S209FA	1994	786.9	57.1	2 台 MS9001FA
	S109H	1997	480	60	1 台 PG9001
	KA13E-2	1993	480	52.9	2 台 GT13E2
Asltom	KA13E-3	1993	720	52.9	3 台 GT13E2
	KA26-1	1996	392.5	56.3	1 台 GT26
西门子	GUD1.94.2	1981	239.4	52.2	1 台 V94.2
	GU1S.94.3A	1994	392.2	57.4	1 台 V94.3A
	MPCP1(M701F)	1992	397.7	57	1 台 M701F
三菱	MPCP2(M701F)	1992	799.6	57.8	2 台 M701F
	MPCP1(M701G)	1997	489.3	58.7	1 台 M701G

1.1.4　我国燃气轮机工业概况

新中国成立前没有燃气轮机工业,1958 年才开始着手燃气轮机研发计划。1959 年底,我国利用苏联转让的 M-1 舰用燃气轮机技术,开始仿制燃气轮机;1964 年,我国自行研制设计了 4 410 kW 的舰船专用燃气轮机。

在自行设计、生产舰船用燃气轮机取得成功之前,国内相关企业、单位在发展工业用燃气轮机,以及引进国外的成熟技术方面取得了一定成果。20 世纪 60 年代至 80 年代期间,上汽、哈汽、南汽等企业都曾以厂所校联合的方式,自行设计和生产过燃气轮机。

进入 80 年代后,我国的重型燃气轮机工业走上了仿制和合作生产的道路。1984 年,南京汽轮电机厂与 GE 公司合作生产了 PG6541B 型 36 000 kW 燃气轮机;从 1984 年至 2004 年已生产了 PG6541B 型、PG6551B 型、PG6561B 型、PG6581B 型 4 种型号燃气轮机。

对于国际上先进的燃气轮机研发和制造技术,我国相对落后。所以,国内外结合、高起点引进重型燃气轮机技术,通过与国外大公司合作生产国际上成熟的机组以提高我国重型燃气轮机制造能力,是中国发展燃气轮机技术的必由之路。为此,国家制定了以市场换技术,通过捆绑招标加国产化要求加政策扶持来实现重型燃气轮机的国产化政策。

2001 年到 2007 年 6 年间，我国引进了当代先进的 E 级和 F 级燃气轮机，包括 GE、三菱和西门子公司生产的 E 级和 F 级燃气轮机共 54 套。捆绑招标合同中，哈尔滨动力设备股份有限公司、东方电气集团公司和上海电气总公司分别与美国 GE 动力公司、日本三菱重工株式会社和德国西门子股份公司合作，承担 PG9351FA、M701F 和 V94.3A 型燃气轮机部件及其联合循环机组的制造任务，以便向各电站提供全套设备。如今，这些机组制造的国产化率已达到 70%，但由于外方坚持不转让燃气轮机任何设计技术、热端部件制造技术，所以关键部件仍需进口。

通过合作生产、消化吸收，我国生产大型（PG9351FA、M701F 和 V94.3A）、中型（PG9171E、M701DA 和 V94.2）和小型（PG6681B）重型燃气轮机及其联合循环机组的格局正逐渐形成。

1.2　汽轮机

1.2.1　汽轮机简介

汽轮机（Steam turbine）是能将蒸汽热能转化为机械功的外燃回转式机械。其原理是：来自锅炉的高温高压蒸汽进入汽轮机后，依次经过一系列环形配置的喷嘴和动叶，将蒸汽的热能转化为汽轮机转子旋转的机械能。

汽轮机本体由转动部分（转子）和固定部分（静子）组成。转动部分包括动叶栅、叶轮、主轴、联轴器等；固定部分包括汽缸、蒸汽室、静叶栅、隔板、隔板套、汽封、轴承、轴承座、机座、滑销系统等。

静叶栅和与它相配合的动叶栅组成汽轮机的级，是最基本的做功单元。来自锅炉的高温高压蒸汽通过汽轮机级时，首先在静叶栅中膨胀降压增速，将热能转变为动能，按一定的方向喷射出去，进入动叶栅，然后在动叶栅中将其动能转变为机械能，使叶轮和轴转动，从而完成汽轮机利用蒸汽热能做功的任务。一台汽轮机可以由单级组成，也可以由多级组成。现代大型汽轮机均由多级串联组成，例如 600 MW 汽轮机的总级数可达 40 多级。汽轮机的总输出功率是各级输出功率之和。

根据做功原理，汽轮机可分为冲动式汽轮机和反动式汽轮机；根据热力过程特性，汽轮机可分为凝汽式汽轮机、背压式汽轮机、调整抽汽式汽轮机和中间再热式汽轮机；根据蒸汽参数水平的差异，汽轮机可分为低压汽轮机、中压汽轮机、高压汽轮机、超高压汽轮机、亚临界压力汽轮机、超临界压力汽轮机和超超临界压力汽轮机。

1884 年，英国发明家帕森斯获得了可实用的反动式透平机专利，这是世界上第一个有关汽轮机的专利，它比瓦特发明的蒸汽轮机晚了近 120 年。但相对于单级往复式蒸汽轮机，汽轮机大幅改善了热效率，更接近热力学中理想的可逆过程，并能提供更大的功率，至今它几乎完全取代了往复式蒸汽轮机。此后，汽轮机向大容量、高蒸汽参数方向不断发展，1956 年出现超临界压力汽轮机，1965 年出现二次中间再热式汽轮机，到 20 世纪 80 年代中期，最大单机功率已达 1 200 MW（单轴）和 1 300 MW（双轴）。

1949 年以前,中国没有汽轮机制造业,发电厂中使用的汽轮机都是国外制造的。1949 年以后,我国汽轮机制造业有了飞快的发展,国产第一台汽轮机是上海汽轮机厂制造的,容量为 6 MW,于 1956 年 4 月在淮南发电厂投产。1958 年,12 MW 及 25 MW 的汽轮机先后在重庆电厂及闸北电厂投产。此后,先后投产了单机容量为 50、100、125、200 MW 的汽轮机,至 1974 年,300 MW 的汽轮机也在望亭发电厂投产。现在我国已设计、制造了 600 MW 的汽轮机,正引进、消化、吸收 1 000 MW 汽轮机的设计、制造技术。

1.2.2　燃气-蒸汽联合循环电站汽轮机特点

燃气-蒸汽联合循环电站汽轮机,与常规火电站使用的汽轮机工作原理相同,结构形式也相似,但仍存在自己的特点。

(1)联合循环汽轮机热力参数及系统上的特点

联合循环中使用的汽轮机与同功率等级的常规汽轮机在热力系统上的主要差别有两个:

①联合循环汽轮机的系统类型众多,目前,余热锅炉所采用的汽水系统大致有单压、双压和三压三种类型,双压和三压汽水系统又有再热和非再热之分。另外,各种系统又有带整体式除氧器和不带除氧器,以及自然循环和强制循环之分。彼此之间的参数有很大差别。

②联合循环汽轮机的主蒸汽压力一般低于同功率常规汽轮机的主蒸汽压力。由于余热锅炉烟气侧的平均温度远远低于常规锅炉烟气侧的平均温度,其传热过程受到节点温差的严格限制。在一定的节点温差下,如果汽水侧压力过高,锅炉的排烟温度就不可能被降到较低的值,效率下降,余热锅炉中产生的蒸汽就会因此而减少。

选取主蒸汽压力时,要考虑经济和技术两方面的因素。其他条件不变时,如果主蒸汽压力提高,余热锅炉的排烟温度就要升高,效率下降,余热锅炉中产生的蒸汽就会因此而减少。但对蒸汽循环而言,由于工质在余热锅炉中的平均吸热温度升高,循环效率会因此而有所提高。所以,从整个联合循环的经济条件来看,主蒸汽压力存在着最佳值。

从技术上看,主蒸汽压力的高低还要影响汽轮机的排汽湿度,因而影响汽轮机的安全性。所以,主蒸汽压力的高低还要与主蒸汽温度、汽轮机容量等相匹配。

(2)联合循环汽轮机结构特点

联合循环中使用的汽轮机,在结构上与常规汽轮机也有一定区别。主要有以下几点:

①不再有回热抽汽。由于余热锅炉已经承担了蒸汽轮机系统中给水的加热与除氧的任务(除氧也可在凝汽器中完成),因而蒸汽轮机不再设置(或少设置)抽汽口,也不需要在蒸汽轮机下面布设给水加热器,相反,在双压系统及三压系统中,还有蒸汽从中间汇入。这样,汽轮机的排汽量与主蒸汽量相比,要多出 30% 左右,而不是像在常规汽轮机中那样,排汽量与主蒸汽量相比减少 30% ~40%。因此,低压部分的结构相对更庞大,需要更大的排汽面积来满足该部分流量增加;同时,因无回热抽汽管道等,可能采用轴向或侧向排汽。这种蒸汽轮机可以像燃气轮机那样,安装在比较低的基础上,这样就可以避免采用高厂房结构。

②不设置调节级。这是因为在联合循环中,汽轮机的功率须跟随着余热锅炉的产汽量和产汽参数的变化而变化,不参与功率调节,而滑压运行方式与此是最相适合的。为了满足滑压运行的要求,蒸汽轮机中无须设置调节级,即汽轮机的各级均采用全周进汽的结构,运行时调节阀通常都全开。

③为了使联合循环机组能快速起停,要求汽轮机汽缸和转子加热快,差胀小,在结构设计

和间隙设置方面都要特殊考虑。为适应快速启停的需要,结构尽可能对称,以减少热应力和热变形;主蒸汽导管,主蒸汽控制阀和关断阀,再热蒸汽控制阀和关断阀,二次(或低压)蒸汽控制阀和关断阀一般都设置两个或两组,并对称地布置,外接管道也要尽可能布置对称。与凝汽器相联的快速旁路系统也要设计得对称,并能快速动作。一般采用无中心孔的整锻转子;在尽量减少对透平效率影响的前提下,设法加大动静部件之间的间隙,以防止在快速启动时由于膨胀不同步而引起部件之间的碰撞或摩擦。动叶顶部尽可能使用围带和围带汽封。

④凝汽器在结构上增大。由于排汽流量比常规汽轮机的排汽量增加了约30%,同时大多数联合循环汽轮机为了适应快速启停的运行,要求凝汽器能接受汽轮机事故工况后的全部余热锅炉的蒸汽量,所以汽轮机的旁路多设计为100%容量,这使得凝汽器在结构上也有增大的趋势。联合循环电厂的汽轮机取消了复杂的回热系统后,整个电厂的布置变得简单,所以厂房高度、占地面积都有减小的趋势。这和前面所提及的凝汽器体积增大的趋势相矛盾。因此,凝汽器的布置除了向下排汽形式以外,又出现了轴向排汽、侧向排汽等多种形式,以适应不同的要求。

(3)联合循环汽轮机调节特点

联合循环汽轮机的基本调节和运行方式同常规的汽轮机相比,有它的特殊之处。通常汽轮机的功率仅占单套机组功率的1/3左右,如果电厂的功率由汽轮机单独承担调节,那么调节范围有限,也是不经济的。

余热锅炉的产汽量随着燃气轮机排气的流量和温度的变化,汽轮机总是想方设法地利用这部分烟气能量而尽量多发电,所以汽轮机的输出功率跟随燃气轮机工况而变化。最终整个电厂的输出功率就由燃气轮机单独调节,电厂输出功率的调节也就简单地成为了燃气轮机燃料量的调节,其中汽轮机本身是不参与功率调节的。

由于这一特点,汽轮机可按照滑压运行的模式设计。在功率大于50%额定功率以上时,汽轮机进行阀门全开的滑压运行,此时调节阀不再参与压力调节,也不需要精细的阀位控制,汽轮机输出功率的大小随燃气轮机的工况而变化。

所以,对汽轮机而言,本身不再参与电网的一次调频和二次调频,整个电厂一、二次调频由燃气轮机单独完成,这就是联合循环汽轮机的基本调节特点。

汽轮机的运行方式和调节特点紧密相联,由于上述特点,联合循环汽轮机普遍采用"机跟炉"(Steam Tur-bine Following HRSG)的运行方式,这种方式体现在汽轮机设计上,即进汽部分采用全周进汽,不设调节级的结构。这不仅提高了通流效率,也使汽轮机有了更好的变工况性能。

1.3　发电机

发电机(Generator)是将其他形式的能源转换成电能的机械设备。发电机通常由定子、转子、端盖、机座及轴承等部件构成。定子由定子铁芯、定子绕组以及固定这些部分的其他结构件组成。转子由转子铁芯、转子绕组、滑环、风扇及转轴等部件组成。

1831年,法拉第发现电磁感应现象;1866年,由德国工程师西门子发明了自励式直流发电机。发电机经过长时间的发展,有了长足的进步,目前发电机容量已达到了1 000 MW等级。

作为发电机运行的同步电机是一种最常用的交流发电机。所谓的同步,就是转子的转速等于定子旋转磁场的转速。在现代电力工业中,它广泛用于水力发电、火力发电以及核能发电等。

同步发电机一般分为转场式同步发电机和转枢式同步发电机。最常用的是转场式同步发电机,其定子铁芯的内圆均匀散布着定子槽,槽内嵌放着按规律排列的三相对称绕组。这种同步电机的定子又称为电枢,定子铁芯和绕组又称为电枢铁芯和电枢绕组。转子铁芯上装有制成一定形状的成对磁极,磁极上绕有励磁绕组,通以直流电流时,将会在电机的气隙中形成极性相间的散布磁场,称为励磁磁场(也称主磁场、转子磁场)。

原动机拖动转子旋转(给电机输入机械能),极性相间的励磁磁场随轴一起旋转并顺次切割定子各相绕组(相当于绕组的导体反向切割励磁磁场)。

由于电枢绕组与主磁场之间的相对切割运动,电枢绕组中将会感应出大小和方向按周期性变化的三相对称交变电势,通过引出线即可提供交流电源。

目前,燃气轮机发电厂所使用的发电机与常规火力发电厂所使用的发电机基本上是一样的。与 GE S109F 联合循环机组配套的发电机,除正常运行时作为发电机运行外,在启动过程中通过变频装置转换为变频同步电动机,带动燃气轮机启动。

1.4 燃气-蒸汽联合循环发电机组

目前,燃气-蒸汽联合循环机组在世界范围得到了广泛的应用,大型的燃气-蒸汽联合循环机组主要是用来发电,提供电能;其中有一部分用作热电联供或热电冷联供机组,在供电的同时同时提供生产、生活用热和冷。联合循环发电机组的主要设备有燃气轮机、余热锅炉、汽轮机和发电机。

1.4.1 燃气-蒸汽联合循环发电机组原理

理想情况下的汽轮机工作过程是:水在水泵中被压缩升压(绝热压缩),然后进入锅炉被加热汽化,直至成为过热蒸汽后(定压吸热),进入汽轮机膨胀做功(绝热膨胀),做功后的低压蒸汽进入冷凝器被冷却凝结成水(定压冷却),再回到水泵中,完成一个循环。以上理想情况下的绝热压缩、定压吸热、绝热膨胀、定压冷却的工序,就形成了汽轮机装置的理想热力循环——朗肯循环(Rankine Cycle)。

理想情况下的燃气轮机工作过程是:压气机连续地从大气中吸入空气并将其压缩(绝热压缩);压缩后的空气进入燃烧室,与喷入的燃料混合后燃烧,成为高温燃气(等压燃烧),流入透平中膨胀做功,推动透平叶轮带着压气机叶轮一起旋转,同时输出机械功(绝热膨胀),透平排气直接排入大气(等压放热)。在连续重复上述循环过程的同时,也就把燃料的化学能连续地部分转化为有用功。以上理想情况下的绝热压缩、等压燃烧、绝热膨胀、等压放热的工序,就形成了燃气轮机装置的理想热力循环——布雷登循环(Brayton Cycle),又称为燃气轮机的简单循环。

燃气轮机的燃气排气温度较高,流量也很大。简单循环运行时,高温排气从烟囱排入大气,不仅浪费了能源,而且对大气环境产生了热污染。利用余热锅炉吸收燃气轮机排放的高温烟气,使之产生蒸汽,进入汽轮机做功,就形成燃气-蒸汽联合循环,不仅能够大大提高热效率,也起到了保护大气环境的作用。联合循环发电机组的示意图如图1.2所示。燃气-蒸汽联合循环结合了燃气轮机布雷登循环燃气初温高和汽轮机朗肯循环排烟温度低的优点,热效率大大提高,考虑不可逆因素的实际联合循环的热力循环示意图如图1.3所示。以S109FA机组为例,该机组简单循环效率为36.9%,联合循环效率为56.7%(ISO条件、满负荷、以天然气为燃料)。

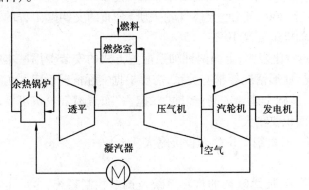

图1.2 联合循环发电机组示意图

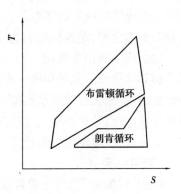

图1.3 联合循环的热力循环

1.4.2 燃气-蒸汽联合循环发电机组的配置方式

联合循环发电机组主要包括燃气轮机、余热锅炉、蒸汽轮机、发电机、电气设备、控制设备等及其配套设施。按轴系布置,联合循环发电机组可分为单轴和多轴联合循环机组。

单轴联合循环发电机组是由1台燃气轮机、1台蒸汽轮机、1台余热锅炉和1台发电机组成,燃气轮机和蒸汽轮机同轴驱动发电机工作。

多轴联合循环发电机组是指燃气轮机和蒸汽轮机分别带动各自发电机的联合循环。根据一台蒸汽轮发电机组所配燃气轮机的数量,又可分为"一拖一""二拖一"等,统称"X拖一",分别由X台燃气轮发电机组、X台余热锅炉和1台蒸汽轮发电机组构成。

联合循环机组轴系布置有单轴和多轴之分,也就有了技术、经济、性能的区别。与单轴机组相比,"一拖一"机组虽然具有运行灵活性高、建设周期短、检修方便等优点,但因占地面积大、主设备多、投资成本高、运行经济性差等缺点,一般只考虑应用在有热电联产需求的机组上;与"二拖一"的方式相比,更多燃机拖一的系统,虽然满负荷时效率较高,但部分负荷时下降较快,并且由于汽水系统及控制系统复杂等原因,应用较少。下面主要从设备与投资、占地面积、建设周期、启动停机特性、功率与效率、检修影响以及控制系统等方面分别对单轴和"二拖一"机组进行分析讨论。

(1)设备与投资

联合循环电站的投资主要包括建筑工程费、设备购置费、安装工程费及其他费用,其中建筑工程费占总费用的7%～8%,设备购置费占72%～75%,安装工程费占6%～7%,其他费用占10%～12%。具体的费用要根据电厂的实际情况确定。

设备投资方面,单轴与多轴"二拖一"的主设备互有差异。单轴与多轴"二拖一"布置相比,多了一套汽轮机和凝汽器(不过容量较小),但是少了一套发电机、励磁机系统,且配电系统相对简单。同时,多轴"二拖一"机组由于余热锅炉和汽轮机中间距离较远,增加了蒸汽、给水管道的长度,特别对于再热机组,其管道数量更多,同时相应地增加了用于控制蒸汽和给水流量分配的阀门,因此,导致管道设备费用较单轴增大。

另一方面,单轴系统由于一个轴上转动部件较多,扭矩较大,轴系中燃气轮机转子、蒸汽轮机转子及发电机转子的整体协调需要特别设计考虑,如轴系弯曲振动(临界转速和振动的敏感性)和扭振(固有频率以及发电机短路时的最大瞬时扭矩)特性要好,对转子的动态性能要求比较高,对差胀、推力瓦设计以及润滑油系统设计方面的要求都会比较高一些,所有这些要求也会相应地反映在设备造价方面。按照 2001 年《世界燃气轮手册》公布的交钥匙工程的设备静态参考价格,单轴机组的造价比多轴机组要高 10% ~ 15%。

设备安装费用方面,根据 GE 公司的对比表明,上面两种轴系配置方式的安装费用基本相当。而具体价格的差异和电厂布置情况、地形情况等都有关系,需要根据实际情况确定。工程土建方面,单轴机组通常高位室内布置,基础土建要求高;多轴"二拖一"布置燃气轮机可低位室外布置,但汽轮机容量大且机组整体面积要稍大。

综合来说,单轴机组要较多轴"二拖一"机组单位静态投资略大。

(2)占地面积

由于"二拖一"机组主设备及出线增多,加之复杂的汽水系统及调节控制系统,占地也相对多一点。特别是对于 50 Hz 的 F 级燃气轮机构成的联合循环机组,回热系统的管道多,因此,一般来说两套单轴联合循环的总占地面积比一套"二拖一"多轴联合循环的占地面积稍小一点,而单轴带 SSS 离合器的占地面积则要稍微大一些。

(3)建设周期

在其他外部环境条件相同的情况下,建设周期主要与机组安装调试进度有关。一般来说,两套单轴联合机组的总安装周期会比 1 套多轴"二拖一"机组能够缩短 1 ~ 2 个月,但必须看到单轴与多轴机组安装调试各自具有的特点。

对于单轴联合机组,一方面必须等整个系统安装完成后才投产发电;另一方面,由于其轴系较长,安装调试难度要比多轴大,特别是在我国这种燃气轮机转子由国外生产而汽轮机及发电机则在国内生产的情况下,更缺乏实际建设经验,因此实际建设周期可能会较长。而多轴机组可以分期建设分期投运,因为燃气轮机属模块化设计,其建设安装周期较短。在多轴联合循环电站的整个建设周期内,当燃气轮机及其所驱动的发电机组安装完毕后,就可以单循环运行,投入生产,回收资金,因而资金周转率上升,投资的收效期提前。

(4)启动、停机特性

启动、停机特性主要取决于启停机的特点、时间长短和具体实现的可操作性三方面,一般来说,单轴机组的启停机特性要稍好于多轴"二拖一"机组。

启动时,单轴机组(不带 SSS 离合器)在采用静态变频启动装置启动时,需要辅助蒸汽冷却低压缸以及给轴封供汽建立真空,启动过程中要考虑余热锅炉和汽轮机的热应力状态,机组不能按燃气轮机单循环那样快速带满负荷。而多轴"二拖一"机组由于燃气轮机和蒸汽轮机可以单独启动和带负荷,燃气轮机可以快速带满负荷;但存在汽水系统均匀控制问题。值得一提的是,由于不需带动汽轮机,多轴机组在燃气轮机配有启动柴油机的情况下更利于实现黑启动,有利于提高电网安全性。停机时,单轴机组也要受蒸汽轮机的制约,多轴机组在控制好汽水系统后则相对独立。

启动时间方面,单轴机组与多轴"二拖一"机组差别不明显。所不同的是,在装备了旁路烟囱的情况下,多轴"二拖一"机组可以依靠燃气轮机在 20 min 左右带全厂负荷的 65%,具有一定的瞬时抢峰能力,而单轴机组需要慢慢地带满负荷。

停机方面,单轴机组从满负荷到盘车状态通常需 1 h 左右;多轴"二拖一"机组可分别停运燃气轮机和蒸汽轮机,因此燃气轮机停机时间可短一点,蒸汽轮机则相差不多。

（5）可操性方面

单轴机组由于各系统相互独立,较多轴"二拖一"机组易于顺利启动和停机,这一点在电站实际运行中更被看重。

（6）功率与效率

对于以调峰为目的而建设的联合循环电站,机组调峰能力是必须要考虑的一个问题。由于燃气轮机的调峰性能一般较差,在低负荷时机组效率下降得很快,因此如何综合分配负荷以提高机组效率是必须要考虑的重要问题。下面分析两种轴系配置方案在不同的电厂负荷情况下的机组效率。

研究资料表明,在 100% 设计负荷条件下,由于多轴"二拖一"机组中的汽轮机的容量较大,蒸汽参数高,因此 1 套多轴"二拖一"机组的热效率也较两套单轴联合循环机组为高,通常总效率约高 0.5%。在 50% ~ 100% 负荷情况下,多轴联合循环机组比单轴机组的热效率稍高,一般为 0.2% ~ 0.3%。在 50% 负荷以下时单轴系统的热效率稍高,最高时二者可以相差 1% 左右。

由于联合循环的热效率对于电厂的经济性有较大的影响,特别是我国的 LNG 燃料价格较高,提高效率的作用更为明显。因此,总的来说,单轴联合循环机组较适合于调峰,而多轴"二拖一"机组适合作为基本负荷运行。

（7）检修影响

对于蒸汽轮机停机检修的情况,多轴"二拖一"机组可以利用燃气轮机单循环运行带全厂负荷的 65% 左右,可提高整个电厂的可用率;但是这种运行方式是要以牺牲机组热效率为代价的,经济性比较差。而如果不利用单循环运行,汽轮机检修时两台燃气轮机都要停运,对电站整体出力影响大。对于单轴机组（不带 SSS 离合器）,由于两套单轴联合循环机组相对独立,一套蒸汽轮机检修时,不会影响另一套联合循环的运行,总负荷减少一半。

对于燃气轮机停机检修的情况,由于一台燃气轮机停运,多轴"二拖一"机组需要运行在 50% 的工况下,因此蒸汽轮机效率较低。但一般来说燃气轮机启停速度较快,而维护时间短,因此影响时间不会很长。对于单轴系统,1 台燃气轮机检修时,相应的蒸汽轮机也要停运,另一套单轴系统则独立运行,不影响系统的效率;另一方面,由于单轴系统中燃气轮机和蒸汽轮机同在一根轴上,停运要考虑蒸汽轮机的热应力状况,燃气轮机停运过程中还需要和汽轮机一起进行较长时间的盘车以防止出现转子弯曲的情况,因此需要的时间一般较长,整个系统的可用率降低较多。

对于发电机检修的情况,对于多轴"二拖一"机组,如果是配汽轮机的发电机,则和汽轮机维修类似,为了保证系统效率不要太低,一般要停运整个机组;而如果是配燃气轮机的发电机,则系统运行在 50% 工况下。对于两套单轴系统,停运检修的一套机组相对独立,对另一套机组没有影响。

（8）控制系统

对于单轴联合机组而言,由于系统结构相对独立,因此调节控制系统比较简单,且易于操作。而对于多轴"二拖一"联合机组,两个余热锅炉对应一台汽轮机,其蒸汽、给水的分配控制系统比较复杂,必须保证锅炉的给水、蒸汽系统的均匀性。另外,在燃气轮机和余热锅炉逐台停运或者启动的过程中,必须保证给水及蒸汽系统的连续性和稳定性,否则容易出现由于某一关键参数大幅波动而导致跳机的情况,这些都增加了控制系统的复杂程度,使机组日常运行维护难度较单轴机组要大。

综上所述,在所有联合循环轴系配置形式中,单轴机组在占地面积、建设周期、功率和效率、检修影响等方面与多轴"二拖一"机组相比略有优势,并且在实际运行经验、启动停机特性、运行灵活性及控制系统等方面优势明显,特别是对于调峰用燃气-蒸汽联合循环电站,但在单位静态投资上优势不足。对于每天启停的两班制运行的调峰机组来说,无疑单轴联合循环是一个最佳选择;而对于长期带基本负荷运行的机组来说,多轴"二拖一"联合循环机组可作为首要考虑。

1.4.3 燃气-蒸汽联合循环发电机组特点

相对于燃煤发电机组,燃气-蒸汽联合循环发电机组具有以下优点:

①发电效率高。由表1.2可见,各联合循环发电机组效率均在50%以上,同等功率的燃煤电厂蒸汽轮机发电机组效率为30%~40%。

②环保性能好。联合循环发电机组采用油或天然气为燃料,燃烧产物没有灰渣,余热锅炉排放无灰尘,二氧化硫、一氧化碳和氮氧化合物排放少。

③启动快。大型燃气轮机启动后二十多分钟就可以达到满负荷,整个联合循环在蒸汽轮机冷态情况下启动也仅3个小时左右,热态时1个小时,远远快于同级别燃煤机组的启动速度。

④消耗水量少。联合循环电厂的蒸汽轮机仅占总容量约1/3,所以用水量一般为燃煤火电的1/3。

⑤投资省。联合循环发电厂目前投资费用约为3 500元/kW,而燃煤电厂投资目前为4 000元/kW以上。

⑥占地面积少。由于没有煤和灰的堆放场,联合循环电厂用地大大节省,仅为燃煤电厂占地的1/3。

⑦建设工期短。占地少从而土建少,联合循环电厂建设工期为16~20个月,而且可以分阶段先建设燃气轮机发电机组,再建联合循环。而燃煤火电厂需要24~36个月的建设工期。

不过,燃气-蒸汽联合循环发电机组最常用的燃料——轻、重油和天然气的价格高昂,导致其发电成本较高,相比以价格相对低廉的煤为燃料的煤电厂,无疑竞争力大大削弱。

1.5 GE燃气轮机发展历程

GE公司生产的第一台燃气轮机于1942年问世,用于航空发动机;第一台用于机械驱动的燃气轮机于1948年装备在机车上,燃气轮机输出功率为4 800 kW;1949年GE生产出第一台用于发电的燃气轮机,输出功率为3 500 kW。GE公司动力系统主要生产和经营重型燃气轮机、汽轮机、核电设备、输电设备和电力驱动系统等产品。过去GE公司在全球的合作伙伴有日本的日立、东芝,韩国重工,印度 BHEL 及中国的南汽等,2003 年在中国又多了一个 GE 公司的合作伙伴,即哈电集团。它现已引进 GE 公司 PG9351FA 型燃气轮机技术,与 GE 公司合作生产 PG9351FA 型燃气轮机。

2001 年我国以“打捆招标、市场换技术”方式,引进了 GE 公司的 PG9351FA 型燃气轮发电机组,简单介绍如下:

20 世纪 80 年代中期,美国 GE 公司开始了 F 型燃气轮机的研制,将飞机发动机上先进的冷却技术和材料应用到重型燃气轮机上,使得透平进气温度一下提高了 167 ℃,从而使燃气轮机的性能有了大幅度提高,为 F 型燃气轮机的研制奠定了基础。

PG9351(FA)型燃气轮机是由 PG9281(F)型燃气轮机、PG9301(F)型燃气轮机和 PG9331(FA)型燃气轮机逐步演化升级而来的,而 PG9281(F)型燃气轮机又是在 MS7001F 的基础上,通过模化放大演化而成的。F 级技术的原型机是 MS7001E,在 MS7001E 型机组的基础上,引入了航空发动机的先进冷却技术和材料,经历了 9 年漫长的研制、演化过程后,于 1987 年制成了首台 60 Hz 的 MS7001F 型燃气轮机。通过对 MS7001F 型燃气轮机的模化放大,除轴承和燃烧室之外,模化系数都是按 1.2 的比例进行模化放大后,演化为 50 Hz 的 PG9281(F)型燃气轮机。又经历 4 年的研制时间后,于 1991 年将 PG9281(F)型燃气轮机升级、演化为 PG9301(F)型燃气轮机。在 PG9301(F)型燃气轮机的基础上,于 1992 年经过改进、升级为 PG9331(FA)型燃气轮机。在 PG9331(FA)型燃气轮机的基础上做了改进后,于 1996 年升级为 PG9351(FA)型燃气轮机。表 1.3 为 GE 9F 型燃气轮机的基本参数对照。

表 1.3　GE 9F 型燃气轮机的基本参数

	PG9281(F)	PG9301(F)	PG9331(FA)	PG9351(FA)
生产年代	1987	1991	1992	1996
输出功率/kW	212 200	216 000	226 500	255 600
热耗率/[kJ/(kW·h^{-1})]	10 550	10 320	10 097	9 759
热效率/%	34.1	34.9	35.65	36.9
压比	13.6:1	13.6:1	15.0:1	15.4:1
空气质量流量/(kg·s^{-1})	609.1	609.1	609.1	623.7
透平进气温度/℃	1 260	1 260	1 287.8	1 327
透平排气温度/℃	583	583	589.4	609.4
转速/(r·min^{-1})	3 000	3 000	3 000	3 000
NOx/ppm	≤60	≤60	≤25	≤25
CO/ppm	≤15	≤15	≤15	≤15

目前,PG9351FA 燃气轮机做了多种改进,包括了机组性能的提高,运行灵活性的增强和机组可用率的提升。这些技术中包括了增强型压气机,干式低氮燃烧系统(DLN2.6 +),热通道部件冷却技术升级及叶片状态监测等。

随着技术的不断发展,GE 9F 燃气轮机家族推出了更高出力和效率的 9FB.03 和 9FB.05 燃气轮机。作为 GE 最先进的 50 Hz 空冷燃气轮机,9FB.03 燃气轮机应用了与 9FA 燃气轮机相同的压气机设计并提高压比,使用了新型的可适应更高燃烧温度的热通道部件。9FB.05 燃气轮机压气机采用 3D 空气动态设计叶片共 14 级,多级可调导叶增加空气进气量,压比有更大提高。9FB.05 燃气透平采用 4 级透平设计,简单循环出力可达 330 MW。从干式低氮燃烧系统(DLN2.6+),到更高性能的新型部件,再到可减少安装时间的模块化辅助系统,9FB.05 燃气轮机采用了多种技术革新,代表了 GE 燃气轮机发展的最高水平。

2011 年,GE 推出 FlexEfficiency* 50 联合循环电厂。该电厂以 9FB.05 燃气轮机为基础,结合压气机和透平升级技术,继续采用干式低氮燃烧系统(DLN2.6+),单轴配置下额定出力达 510 MW,满负荷下效率大于 60%。FlexEfficiency* 50 联合循环电厂设计和燃气轮机设计平行进行,整体优化,确保了机组高水平的运行灵活性。9FB.05 燃气轮机、9FB.03 燃气轮机、9FA 燃气轮机性能对比,见表 1.4。

表 1.4 9F 燃气轮机性能(设计工况下)

		9FA	9FB(03)	9FB(05)
简单循环	发电出力/MW	261	290	330
	净效率(满负荷)	37.30%	38.60%	>40%
109FA 联合循环	发电出力/MW	391	455	510
	净效率(满负荷)	56.70%	59.30%	60%
排放	$NO_x(@15\%\ O_2)/(mg \cdot Nm^{-3})$	30	30~50	30~50
	$CO/(mg \cdot Nm^{-3})$	30	30	30
燃料		天然气,#2 轻油	天然气,#2 轻油	天然气,#2 轻油

思考题

1. 简述"布雷登循环"的热过程。
2. 燃气-蒸汽联合循环电站汽轮机的特点有哪些?
3. 燃气-蒸汽联合循环发电机组的配置方式有哪些?其特点分别是什么?
4. 简述 GE PG9351(FA)型燃气轮机的主要性能参数。

第**2**章

燃气轮机结构

2.1 概 述

PG9351FA 型燃气轮机是美国通用公司研发的 F 级系列机组,本章将通过相关资料和实物图例等对该机型的工作原理及其结构进行介绍。

PG9351FA 燃机即为箱装式发电机组 MS9001 系列 FA 型,设计工况下(大气温度 15 ℃,相对湿度 60%,一个标准大气压;在下文中,除特别注明,涉及机能性能的参数均指设计工况下的参数),简单循环单轴机组出力为 255.6 MW。燃机由一台 18 级的轴流式压气机、一套由 18 个低 NO_x 燃烧器组成的燃烧系统、一台 3 级透平和燃机辅助系统组成。图 2.1 所示为 PG9351FA 燃气轮机纵向剖面图。

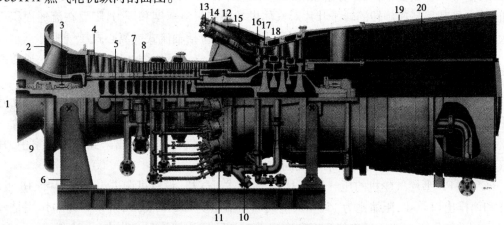

图 2.1 PG9351FA 燃气轮机纵向剖面图

1—负载联轴器;2—轴向/径向进汽缸;3—径向轴承;4—压气机动叶;5—压气机中缸;6—刚性前支撑;
7—轮盘;8—拉杆式结构;9—进汽缸;10—水平中分面;11—燃烧室前板;12—反向流燃烧室;
13—燃料分配器;14—燃烧室火焰筒;15—冲击冷却燃烧室过渡段;16—第一级喷嘴;
17—第一级静叶护环;18—透平动叶;19—排气扩压器;20—排汽缸热电偶

该机组的结构参数见表2.1。

表2.1　PG9351FA 机组结构参数

结　构	参　数
压气机级数	18 级,另外在压气机入口设有一级进口可转导叶 IGV
压气机形式	轴流水平布置
IGV 控制方式	连续可调
透平级数	单轴 3 级
燃烧室数量	18 个
燃烧室形式	并联式单级燃烧,干式低 NO_x 燃烧室
燃烧室布置形式	分管回流式,顺气流方向逆时针圆周分布
火花塞	两个电极高压火花塞,2、3 号燃烧室各一个
火焰探测器	4 个紫外线探测器,分布在 15 ~ 18 号燃烧室

2.2　压气机工作原理及结构

压气机是燃气轮机的主要组成部件之一。它是由汽缸和转子两大部件组成,其作用是为燃气轮机的运行提供连续不断的高压力空气。

根据气体分子运动学理论中气体增压的原理,简而言之就是使单位容积内气体分子数目增加即气体分子彼此靠近而达到增压的目的。为此通用的有两种方法:其一利用活塞在汽缸中移动,使气体容积变小,气体分子彼此靠近以达到增压的目的,通常称为活塞式或容积式压气机;其二是利用高速旋转的转子叶片对气体做功提高气流速度和压力,随后在流通面积不断增大的静叶通道中进行降速升压,以达到增压的目的,包括轴流式或离心式压气机。

压气机是一个耗功部件,由透平为压气机提供对空气进行压缩增压所需的能量,通常燃气透平的 2/3 能量会被压气机所消耗,剩余 1/3 能量才可以输出。

在压气机内,空气限制在转子与静子之间的空间内,并沿着轴线方向流动。空气在动叶流道中获得压缩该空气所需要的力,使气流加速,然后在静叶适当的角度下改变气流的流动方向,使气流减速,达到增压的目的。受压缩的空气经过压气机排汽缸出来到各燃烧室中,并从压气机抽出空气供透平冷却和在启动期间防止喘振。

PG9351FA 型燃气轮机的压气机为 18 级轴流式压气机,设有可调进口可转导叶、18 级动、静叶和两排出口导叶,压缩比为 15.4∶1,空气质量流量为 623.7 kg/s,进口导叶的作用是调节压气机的进气量以调节透平排气温度和在启动时与防喘放气阀配合防止压气机喘振。

利用叶片与气体之间的相互作用来使气体增压的压气机又称叶片压气机,从结构形式上这种叶片式压气机一般可分为两种类型。

①轴流式压气机:气体在压气机内流动方向与压气机旋转轴方向一致。

②离心式压气机:气体的流动方向与旋转轴处于垂直方向。

轴流式压气机气流是轴向流动的,这种压气机的单级压比较小,仅为 1.05 ~ 1.28,离心式压气机单压比则可达 3 ~ 8。所以在总压比一定的情况下,轴流式所需压气机的级数比离心式压气机要多,但轴流式压气机的流量比相同直径下离心式压气机的流量要大,效率也较高,一般为 85% ~ 90%,并且可以大型化。根据燃气轮机对压气机的要求:高效率,单位通流能力大,稳定工况区域宽,良好的防喘措施等特点,所以在大型燃气轮机上均采用轴流式压气机。

2.2.1　压气机工作原理

在轴流式压气机转子上安装的叶片称为动叶,其与安装于汽缸体的静叶交替排列,这样双方共同组成了压气机的一个级,如图 2.2 所示。压气机的级是轴流式压气机能量交换的基本单位,所以压气机级的工作原理就成为研究整台多级压气机的理论基础。

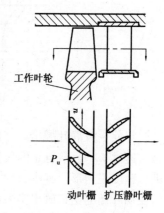

图 2.2　压气机的级

从能量守恒定律得知,动能和压力势能之间是可以互相转化的。也即具有一定压力的气体,以一定的速度流过一个通流面积不断扩大的扩压流道时,随着气体的流速降低其压力是逐步提高的。压气机之所以可以将气体压力逐级提高,就是因为动叶可以连续不断向静叶提供高速气流,而静叶则降低气流速度使气流压力增高,那么它们是如何实现这一切的呢?下面就从压气机动静叶栅气流速度和压力变化来分析这个问题。

(1)基元级概念

为了研究压气机级内气流的流动变化,一般选取一个基元级作为研究的对象。所谓基元级,就是在压气机级的某一半径 r 的地方,沿半径方向取一个很小的厚度 Δr,然后沿圆周方向形成一个与压气机的轴线同心的正圆柱形薄环,在这个薄环内包括有压气机级的一列动叶栅和一列静叶栅的环形叶栅,如图 2.3 所示。这一组环形叶栅就是压气机的基元级。倘若把环形叶栅展开,就会形成如图 2.4 所示的平面叶栅。

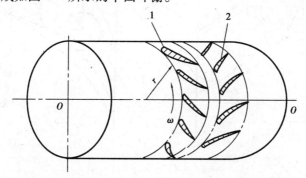

图 2.3　压气机的基元级环形叶栅

1—动叶栅;2—静叶栅

(2)基元级中的速度三角形

如图 2.4 所示,当气流流过基元级时,气流的速度矢量在各个不同的空间位置上都将发生变化。为了简化分析,我们只拟研究气流速度在 3 个特征面 1,2,3 的周向平均值的变化关系。

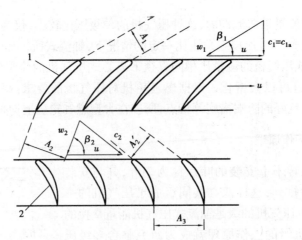

图 2.4　基元级展开后形成的平面叶栅

1—动叶栅;2—静叶栅

假定前一级静叶栅出口气流的绝对速度为 c_1,动叶栅以圆周速度 u 运动,所以进入动叶栅的相对速度 w_1 是 c_1 与 u 的矢量差。由这 3 个速度矢量构成的矢量三角形,就是整个基元级的进口速度三角形。其中,c_1 称为进口气流的绝对速度,w_1 是进口气流的相对速度。同样也可以在动叶栅的出口画出类似的出口速度三角形,则动叶栅的出口相对速度为 w_2,圆周速度是 u,绝对速度 c_2 是 w_2 与 u 的矢量和。而 c_2 又是气体流入下一级静叶栅的绝对速度,流出该静叶栅的绝对速度则是 c_3,它也是流入下一级动叶栅的进口绝对速度,如此往复。

当回转面不是正圆柱面时,即 $|u_1|\neq|u_2|$,那么,基元级的速度三角形如图 2.5(a)所

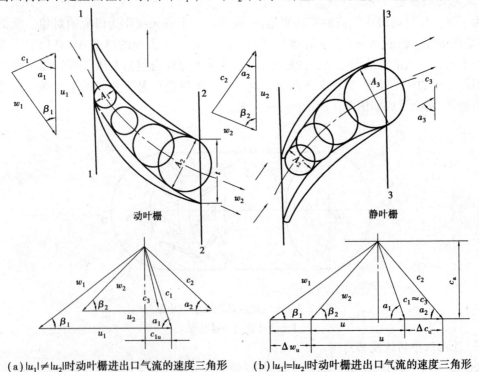

(a)$|u_1|\neq|u_2|$ 时动叶栅进出口气流的速度三角形　　(b)$|u_1|=|u_2|$ 时动叶栅进出口气流的速度三角形

图 2.5　基元级的气流速度三角形

18

示。当回转面为正圆柱面时，则 $|u_1| = |u_2| = |u|$。在亚音速范围内，当气流流过基元级时，由于轴向分速的变化相对来说比较小，因此可以近似地认为：$c_3 \approx c_1$。所以在正圆柱面基元级的假设下，基元级的速度三角形可以简化如图2.5(b)所示。

在图2.5中还表示出了动叶栅的进口通流面积 A_1（进口相对速度 w_1 垂直于 A_1）和出口通流面积 A_2（w_2 与 A_2 相垂直）的变化关系，即 $A_2 > A_1$。这正意味着沿气流的流动方向，动叶栅的通流面积是逐渐增大的。由于当气流通过动叶栅时，气流的密度变化并不大，因此，气流在动叶栅通道内的流动可以看成是一个相当于在扩压器内的减速增压的流动过程，即 $|w_2| < |w_1|$。对于静叶栅来说，也是如此，绝对速度 c_2 在流过静叶栅的通道时，也是一个减速的增压过程，即 $|c_3| < |c_2|$。

此外，当气流通过动叶栅时，相对速度 w_2 的方向也发生了变化，即出现了气流方向的偏转，其折转角为 $\Delta\beta = \beta_2 - \beta_1$。$\Delta\beta$ 的大小与相对速度的降低程度成正比，也就是说，叶栅的通流面积扩张得越大，相对速度的下降程度和气流的增压程度也越大。因此，从折转角的大小可以判断和比较叶栅的扩张度，即叶栅的增压能力。静叶中也是同样的道理。这样就形成了气流在动叶栅和静叶栅流动增压，当然气流的主要增压来自于静叶增压。

（3）基元级中的能量转换

那么，气流是如何在动叶栅中获得较高的初速度呢？图2.6给出了当气流流过动叶栅的工作叶片时，叶片两侧的压力分布情况，以及工作叶片与气流之间力的作用关系。

当气流流过动叶栅通道的每个叶片时，流体微团有向叶腹靠拢的趋势，因而叶腹处的压力要比叶背处的压力高，如图2.6(a)所示，图中以"＋"号表示正压力，以"－"号表示负压力。这些力的合成将是一个如图2.6(b)所示的由气流施加于叶片的总作用力 P，它的方向是从工作叶片的叶腹侧指向于叶片的叶背侧。当然，P 可以沿轴线方向和圆周方向分解成为轴向分力 P_a 和周向分力 P_u。其中，P_u 就是工作叶轮旋转时需要克服的周向力，而轴向分力 P_a 则将传至工作叶轮轴上的止推轴承上去。

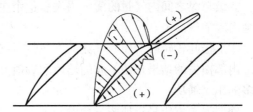

(a)叶腹与叶背上的压力分析

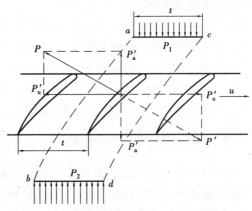

根据作用力与反作用力的原理，可以知道：与此同时，叶片将对气流作用有一个大小相等而方向相反的力 P'。该力 P' 同样可以分解为轴向分力 P_a' 和周向分力 P_u'。其中，周向分力 P_u' 使气流跟随工作叶轮作圆周运动，并接受由工作叶片传递给气流的机械功，

(b)工作叶片与气流之间力的作用关系

图2.6　工作叶片与气流之间力的作用关系

转化为气流的动能，促使气流的绝对速度 C_2 升高，从而实现了向压气机静叶连续不断提供高速气流，为在静叶栅中实现降速扩压提供了条件。而轴向分力 P_a' 则推动气体从低压区向高压区流动。

当气流流经静叶栅时,与外界无热量或者功的交换,而其绝对速度由于扩压的作用动能有所降低,在不考虑损失的情况下全部转化为了气流压力。

通过上述分析,可以清晰地得到轴流式压气机中空气增压过程:

①外界通过工作叶轮把一定数量的压缩功传递给流经动叶栅的工质空气,一方面使气流绝对速度的动能提高,同时让气流的相对速度的动能减低,空气压力得到一部分提升。

②从动叶栅流出的高速气流在扩压静叶栅中逐步减速,使气流绝对速度的动能中的一部分进一步转化为工质的压力势能,使压力大幅提高。

(4)压气机中的能量损失

在轴流式压气机中发生的各种能量损失,可总结为外部损失和内部损失两大类。

所谓内部损失,是指那些会引起压气机中工质状态参数发生变化的能量损失,它们可分为以下几种:

①压气机通流部分发生的摩擦损失和涡流损失。它是由型阻损失、端部损失这两部分组成的。

②动叶径向间隙的漏气损失。因为在压气机中动叶被有意识的设计成为由叶片的内弧朝着叶片的运动方向,所以叶片内弧侧的压力会比背弧侧高。因而在这种压差作用下,部分气流会通过径向间隙由内弧侧流向背弧侧,这种泄漏带来的结果就是减少外界通过工作叶轮传递给叶顶部气流的压缩功,不但影响了压气机的效率,而且使压气机压比下降。实验表明,相对径向间隙每增加1%将使级效率下降1%~3%,级压比下降4%~6%。

③级与级之间内气封的漏气损失。这个主要是指由于每级扩压静叶前后压差比较大,所以会引起漏气损失。

④工作叶轮转鼓端面与气流的摩擦鼓风损失。

内部损失的结果是使工质的焓值和熵值升高,这样为得到相同的压比就必须从外界吸取更多的压缩轴功。

外部损失主要是指那些只会增加拖动压气机工作的功率,但不会影响气流状态参数的能量损失,它们主要包括:

①损耗在径向轴承和止推轴承上的机械摩擦损失;

②经过压气机高压侧轴端的外气封泄漏到外界去的漏气损失。

对于压气机的这些能量损失,基本上与燃气轮机透平上的损失相仿,处理方法也基本相似。除了在动静叶形设计上加以考虑尽可能减少损失外,还采取一些外部手段,例如加装叶片围带,采用不同的叶端密封装置等来消除和减少各种损失。

2.2.2　PG9351FA 压气机结构

PG9351(FA)型燃气轮机的压气机为18级轴流式压气机,压缩比为15.4:1,标准工况下空气质量流量为623.7 kg/s,设有可调进口导叶,用于调节透平排气温度和防止压气机喘振。装在压气机缸体内部是可调进气口导向叶片、18级动叶、静叶和两排出口导叶。第9级和第13级开有抽气口,用于抽取冷却空气冷却第三级和第二级透平喷嘴以及在燃气轮机启动过程中,通过该抽气口排出一部分压缩空气,以防止压气机喘振。压气机第16级和第17级轮盘之间开有一个径向抽气槽道,将压缩空气引入转子中心孔送往透平段,用来冷却透平第一级和第二级动叶片。压气机排气室的抽气为燃烧系统提供吹扫空气源,为进气加热提供气源,同时还提供燃机第一级静叶的冷却空气。燃机的第三级动片不设冷却空气。

（1）压气机静子

压气机静子部分主要包含有汽缸和静叶。整个压气机汽缸分为压气机进汽缸、主缸和排汽缸三部分，它们和透平缸体连接在一起，形成燃气轮机主要结构，如图 2.7 所示。它们在轴承支撑点支撑转子，并组成燃气环面的外墙。压气机进汽缸和压气机主缸的材料为球墨铸铁，压气机排汽缸的材料为 CrMoV 合金。所有这些缸体都是依靠水平中分面和垂直面的螺栓进行紧固，以便维修。

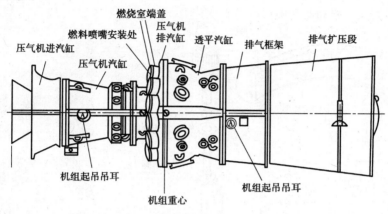

图 2.7　燃气轮机缸体分段简图

1）压气机进汽缸

进汽缸体位于燃气轮机前端。它最主要的作用是使空气均匀进入压气机。进汽缸体也支撑一号轴承组件。一号轴承下半部分支座完全与内部支撑（内喇叭口）铸在一起。上半部分轴承支座是一个单独的铸件，由法兰和螺钉与下半部分连接。内部支撑通过 9 个螺旋桨状的径向支柱固定在外部支撑口（外喇叭口）上。这些支柱浇铸在支撑口（喇叭口）壁上，其结构如图 2.8 所示。

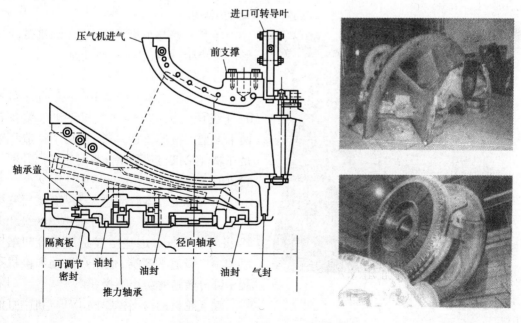

图 2.8　压气机进汽缸和 1 号轴承室

21

可调进气口导向叶片 IGV 安装在进汽缸尾部,和一个控制环与小齿轮装配在一起,小齿轮与一个液压驱动器和连接臂装配连接。进口可转动叶的结构如图 2.9 所示,每只导向叶片的两端都加工有轴芯,它们与轴套相配合,轴套采用耐磨的青铜材料制作。两端轴心与轴套紧密配合,既能保证导叶灵活转动,又能防止气流从端部间隙泄漏。导向叶片的转动,是依靠旋转齿环带动装在导向叶片上的小齿轮旋转,导向叶片就随之转动;由于进口可转导向叶片较长,设置有内环。同一列导向叶片的转动角度应一致,这是靠联动机构来实现的,要求导向叶片转动时既灵活,又无松动的间隙。

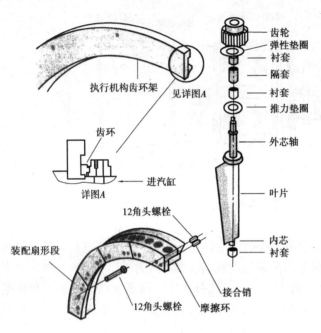

图 2.9　进口可转动叶的结构

图 2.10　压气机主缸

环形齿条与小齿轮啮合,油动机带动环形齿条转动,共同组成联动机构。

2)压气机主缸

压气机主缸体如图 2.10 所示,前端包含 0~4 级压气机定子。压气机下半部装备有两个大型完整的铸造耳轴,这两个铸造耳轴是在燃气轮机与其基座分离时用来提升燃气轮机的。

压气机主缸体后部包含 5~12 级压气机定子。后部缸体抽气口允许抽出第 9 级和第 13 级前的空气。这些空气是用于冷却第三级和第二级透平喷嘴,也用在启动和停机过程中部分转速时防止喘振。

燃气轮机的前支撑腿位于压气机主缸的

前喇叭口处。

3）压气机排汽缸体

压气机排汽缸体是压气机单元最后一部分,如图 2.11 所示。它是最长单缸体,置于正中央,在前端和后端支撑之间。压气机排汽缸体包含最后 5 级压气机定子,还构成了压气机排气段的内、外壁,并和透平缸体连接。排汽缸体同时也是支撑燃烧室的安装框架。

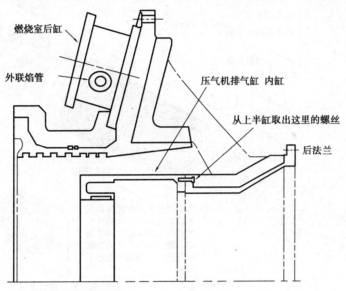

图 2.11　压气机排汽缸

压气机排汽缸体由内、外缸组成,其中外缸是压气机缸体的延续,安装末端的压气机静叶和燃烧器的安装框架。内缸是紧贴压气机转子安装,以密封压气机排气,使其不至于直接进入透平部分。

排气段位于排汽缸体后部,排气段的抽气为燃烧系统提供吹扫空气源,为进气加热提供气源,同时还提供燃烧器部件和燃机第一级静叶的冷却空气。

（2）压气机转子

为了减轻转子的质量,目前 MS9001FA 压气机多采用拉杆式转子。转子由若干个大饼式的叶轮组成,在每个叶轮上安装有一级动叶片,这些叶轮组装好后由若干根拉杆按一定的紧力拉紧而组成一个完整的转子。这种结构的转子在更换动叶片时必须将拉杆拆下,将转子拆成一个个的叶轮,更换好动叶片后再用新的拉杆重新拉紧。

PG9351FA 燃气轮机轴流式压气机的部件装配示意图如图 2.12 所示。

压气机转子是一个由 16 个叶轮、2 个端轴和叶轮组件、拉杆螺栓及转子动叶组成的组件。前端轴装有零级动叶片,后端轴装有第 17 级动叶片,16 个叶轮各自装有第 1 ~ 16 级动叶片。第 16 级压气机叶轮后端面上有导流片。在第 16 级压气机叶轮和压气机转子后半轴之间有间隙允许导向风扇汲取压气机空气流,并将空气引向压气机转子后联轴器上的 15 个轴向孔,流到透平前半轴与压气机转子后联轴器相应的 15 个轴向孔,以冷却透平叶轮。第 17 级叶轮既支撑动叶片,也为高压气封和压气机、燃气轮机连接法兰提供封接面。

为了控制同心度,在叶轮之间或者端轴与叶轮之间用止口配合定位,并用拉杆螺栓固定。依靠拉杆螺栓在叶轮端面间形成的摩擦力传递扭矩。

压气机每级叶轮装上叶片后,都应做级的动平衡,有很高的动平衡精度。当压气机转子与透平转子装配在一起后,需再次进行动平衡。

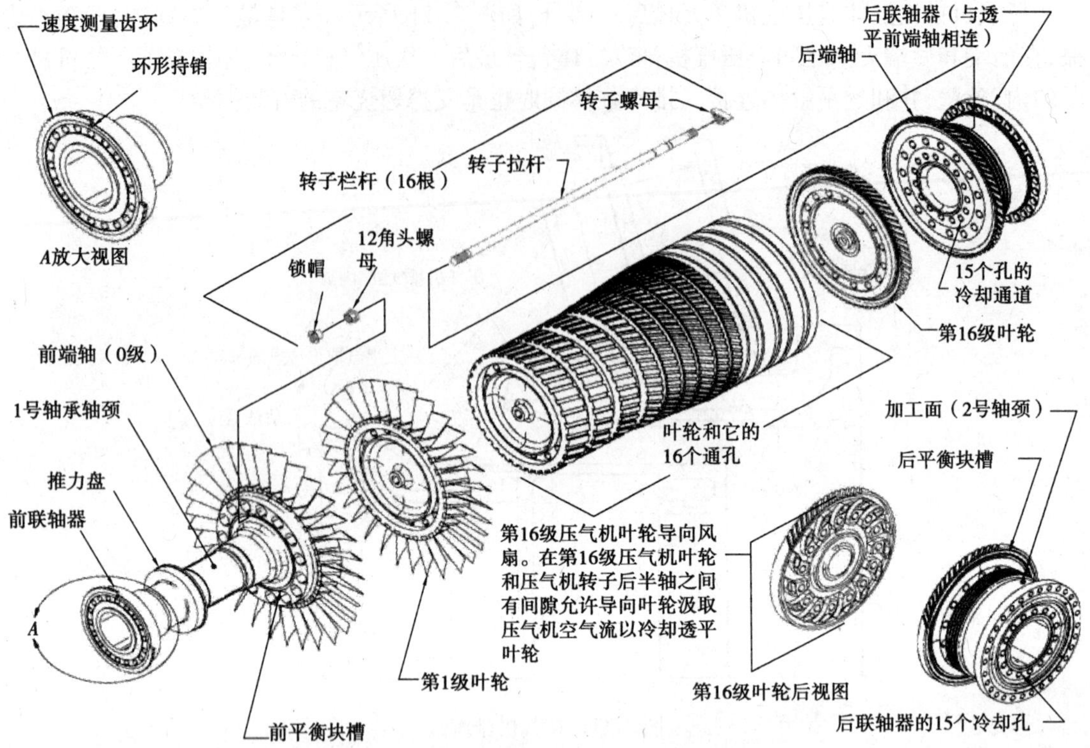

图2.12 9FA燃气轮机轴流式压气机转子装配图

前端轴被加工成具有主、副推力面的推力盘和径向轴承的轴颈,以及1号轴承油封。

压气机的0~8级动叶片和静叶片,以及进口导叶的材料为C-450(Custom 450),是一种抗腐蚀的不锈钢,未加保护涂层。其他级的叶片应用加铌的 AISI 403 + cb 不锈钢,同样未加保护涂层。汽缸用球墨铸铁铸造,叶轮和转子分别由 CrMoV 和 NiCrMoV 钢制造。

0级动叶有32片,静叶有46片;末级静叶片(第17级)有108片,后两列导向叶片 EGV1 和 EGV2 各有108片。0级动叶片高度为503.56 mm,末级动叶片高度为147.17 mm。

18级压气机轮盘通过18根拉杆将其连成一个整体。其中,第一级轮盘与压气机输出轴做成一个整体,作为压气机的前半轴。而最后一级轮盘通过过渡轴与透平叶轮相连。由于该型号机组的输出为“冷端”输出,增加了压气机转子的扭矩。因此18根拉杆的材料采用了IN738 合金钢。

前端短轴被制造来提供推力环,该推力环承担向前和尾端的推力负荷。前端短轴也为一号轴承提供止推轴颈,为一号轴承油封和压气机低压气封提供封接面。

(3)叶片安装

每个叶轮和前、后端轴的叶轮部分都有斜向拉槽,动叶片插入这些槽中,在槽的每个端面将叶片冲铆在轮缘上,如图2.13所示。轴流式压气机的叶片是由叶身和叶根两部分组成的,其中叶身是叶片与空气流相互作用的部分。通常,叶身的整体形状是扭曲式的,它的断面形状薄而宽,厚度由根部向颈部逐渐减小。叶根则是叶片固定到转轮或转鼓上去的部分。叶根的形状有枞树型、燕尾形等多种形式。

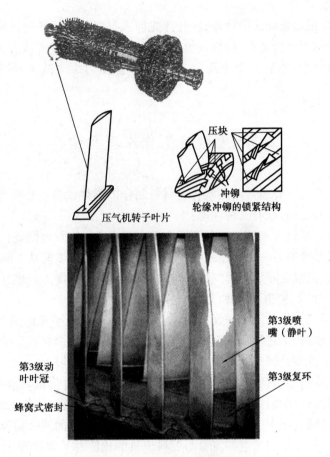

压块

冲铆

轮缘冲铆的锁紧结构

压气机转子叶片

第3级喷嘴（静叶）

第3级动叶叶冠

第3级复环

蜂窝式密封

图 2.13　压气机动叶片装配图

压气机静叶在汽缸上有两种固定方式：

1）直接装配

在汽缸上加工有叶根槽，静叶一片片装入叶根槽中。叶根槽的形式有多种。在 PG9351FA 燃气轮机中，第 5~17 级静叶片和出口导叶有一长方形基面的 T 形叶根，直接插入机壳的周向环槽内，然后插口用锁块封口，如图 2.14（a）所示。

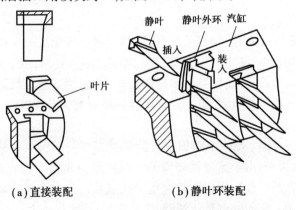

叶片

静叶　静叶外环　汽缸

插入

装入

（a）直接装配　　　（b）静叶环装配

图 2.14　压气机静叶在汽缸上有两种固定方式

25

2)静叶环装配

第 0~4 级静叶采用装配式静叶环,静叶片先插入类似于燕尾槽的环形块内,再将环形块装入压气机前机壳的周向槽道中,封口用锁键固定,如图 2.14(b)所示。为便于装配,通常把静叶环分为数个扇形段,然后一个个地装入,这样摩擦阻力大大减少,使静叶环在槽中易被推动。

2.3 燃烧室工作原理及结构

燃气轮机燃烧室是一种通常用高温合金材料制作的燃烧设备。在整台燃气轮机中,它位于压气机与燃气透平之间,它有三种功能:

①使燃料与由压气机送来的一部分压缩空气在其中进行有效地燃烧;

②使由压气机送来的另一部分压缩空气与燃烧后形成的温度高达 1 800~2 000 ℃的燃烧产物均匀地掺混,使其温度降低到燃气透平进口的初温水平,以便送到燃气透平中去做功;

③控制 NO_x 的生成,使透平的排气符合环保标准的要求。

因此,燃烧室必须提供工质所需要的高温度,同时可以在近乎等压的条件下,把燃料中的化学能有效地释放出来,使之转化成为高温燃气的热能,为其在燃气透平中的膨胀做功准备好条件。由此可见,燃烧室是燃气轮机中一个不可缺少的重要部件。

为了适应燃气轮机结构轻巧的特点,燃烧室的尺寸都是设计得很紧凑的。一般来说,在单位时间和单位体积内,它能燃烧释放出比常压锅炉大 10~300 倍的热能,即燃烧过程是在高热强度、高速流动的连续气流中进行的。此外,由于进入燃气透平的燃气初温 T_3^* 受到金属材料性能的限制,供入燃烧室中去的空气流量与燃料流量的比值总是要比理论燃烧条件下的配比关系大得多,而且气流的温度、压力和流速都要随燃气轮机负荷的改变而发生较大幅度的变化,有时还要求同一个燃烧室能够兼烧多种燃料。总之,燃气轮机燃烧室的工作过程具有:①高温;②高速;③高燃烧强度;④高余气系数;⑤运行参数变化剧烈;⑥要求燃用多种燃料等一系列特点。这些特点使得燃烧过程甚难组织,为此必须采取特殊措施。否则,燃烧室会被烧坏,火焰容易被吹熄;燃料不能完全燃烧,火焰会伸得过长,以致烧毁燃气透平。

从结构上来看,燃烧室通常有圆筒型、分管型、环管型和环型之分。GE 公司的重型燃气轮机均采用分管型结构。

圆筒型燃烧室的最大优点是:结构简单;机组的全部空气流过一个或两个燃烧室,能适应固定式燃气轮机的结构特点,便于与压气机和透平配装;装拆容易;由于燃烧室的尺寸比较大,因而在流阻损失较小的前提下,比较容易取得燃烧效率高、燃烧稳定性好的效果。其缺点是:燃烧热强度低;笨重,金属消耗量大;难于作全尺寸燃烧室的全参数试验,致使设计和调试比较困难。

分管型燃烧室的优点是:燃烧空间中空气的流动模型与燃料炬容易配合,燃烧性能较易组织;便于解体检修和维护;由于流经燃烧室的空气流量只是整个机组进气总量的 $1/n$(n 为该机组中分管型燃烧室的个数),因而燃烧室便于在试验台上作全尺寸和全参数的试验,试验结果可靠而且节省费用。它的缺点是:空间利用程度差;流阻损失大;需要用联焰管传焰点火,制造工艺要求高。

　　环型燃烧室具有体积小、质量轻,流阻损失小、联焰方便、火焰管的受热面积小、发展潜力大等一系列优点,是一种很有发展前途的结构形式,特别适宜与轴流式压气机匹配。但是由于燃烧空间彼此沟通,气流与燃料炬不容易组织,燃烧性能较难控制,燃气出口温度场受进气流场的影响较大而不易保持稳定,同时由于需要用机组的整个进气量作燃烧试验,试验周期长而耗费大,加上结构的刚性差,在机组上又不便于解体检查,致使这种燃烧室未获广泛使用,但目前正在迅速发展之中。

　　环管型燃烧室是一种介于环型和分管型燃烧室之间的过渡性结构形式。它兼备两者的优点,但也继承了质量较大、火焰管结构复杂、需要用联焰管点火、制造工艺要求高等缺点。它适宜与轴流式压气机配合工作,能够充分利用由压气机排气的动能,在目前应用得还相当广泛。

2.3.1　典型燃烧室工作原理

　　根据燃烧室生成 NO_x 生成程度来说,燃烧室可分为标准扩散型燃烧室和干式低 NO_x 预混型燃烧室。

　　(1)标准扩散型燃烧室

　　图 2.15 所示的就是一种扩散燃烧型的燃烧室。从图中可以看出:由压气机送来的压缩空气在逆流进入导流衬套与火焰管之间的环腔时,因受火焰管结构形状的制约,将分流成为几个部分,逐渐流入火焰管。其空气流量与燃料流量的比值,总是要比理论燃烧条件下的配比关系大很多。其中的一部分空气称为"一次空气",它由开在火焰管前段的三排一次射流孔进到火焰管前端的燃烧区中去,与由燃烧喷嘴喷射出来的液体燃料或天然气进行混合和燃烧,转化成为 1 500~2 000 ℃的高温燃气。这部分空气大约占进入燃烧室的总空气量的25%;另一部分空气称为"冷却空气",它通过许多排开在火焰管壁面上的冷却射流孔,逐渐进入火焰管的内壁部位,并沿着内壁的表面流动。这股空气可以在火焰筒的内壁附近形成一层温度较低的冷却空气膜,冷却高温的火焰管壁,使其免遭火焰烧坏;此外,剩下的空气则称为"二次空气"或"掺混空气",它是由开在火焰管后段的混合射流孔,射到由燃烧区流来的 1 500~2 000 ℃的高温燃气中去的,使其温度比较均匀地降低到透平前燃气初温设计值,该区称为稀释区。

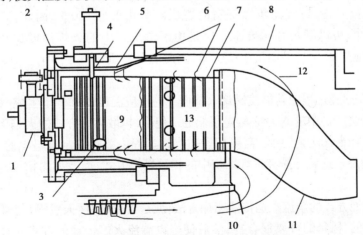

图 2.15　典型扩散燃烧室的结构

1—燃料喷嘴;2—盖板;3—联焰管;4—点火器;5—导流衬板;6—冷却缝;7—火焰管;8—燃烧室外壳;
9—燃烧区;10—燃烧筒支撑;11—过渡段;12—压气机排气;13—掺混区

20世纪90年代之前,燃气轮机燃烧室主要都是按照这种扩散燃烧的原理进行设计的。所谓扩散燃烧,即是在过量空气系数 $af = 1$ 的条件下燃烧,形成一个高达理论燃烧温度的火焰(过量空气系数定义为:燃料燃烧时,实际空气量与理论空气量之比。而理论空气量则定义为:单位质量的燃料在它完全燃烧时理论上所需的空气量)。这种燃料与空气没有预先均匀混合,而是依靠扩散与湍流交换的作用,使它们彼此相互掺混,进而在 $af = 1$ 的火焰面上进行燃烧的现象,称之为"扩散燃烧"。这种燃烧现象的一大特点是:火焰面上的 $af = 1$,其温度甚高,因而按这种方式组织的燃烧过程必然会产生数量较多的热 NO_x 污染物。为了解决该问题,通常可以采取以下三种方式:

①根据氮氧化物生成原理,可以向燃烧火焰区喷洒水或水蒸气,以降低燃烧火焰的温度,能够起到抑制生成 NO_x 的作用。但是,对于采用单个燃料喷嘴的燃烧室来说,用喷水或喷蒸汽的方法很难使燃烧天然气时 NO_x 的排放量降低到小于 42×10^{-6} 的水平。那时,喷水量大约是燃料消耗量的50%~70%,水质还必须经过预先处理,严防 Na、K 盐的混入,否则会导致燃气透平叶片的腐蚀。这种方法不仅会增大水处理设备的投资和运行费用的消耗,还会使机组的热效率下降1.8%~2.0%;燃烧室的检修间隔和使用寿命也都会缩短。但是它却能使机组的功率增大3%左右。因而自20世纪80年代以后,这个方法已在燃气轮机中普遍使用。虽然其运行维护费较高,但方法简便,NO_x 的排放量暂且能够满足指标不是很高的法定标准。

②在余热锅炉中安装所谓的选择性催化还原反应装置(SCR),布置催化床并注入氨气,使燃烧产物中的氮氧化物反应生成氮气和水。

③采用预混燃烧室。鉴于扩散燃烧室无法满足日益增长的环保要求,目前燃气轮机机组无一例外地均采用了干式预混燃烧室。

(2)干式预混型燃烧室

天然气或液体燃料含尘量极低,故燃气轮机排气中烟尘含量极少。燃气轮机排气污染主要有未燃烧的碳氢化合物(UHC)、一氧化碳(CO)、氮氧化物(NO_x)、易挥发的有机污染物(VOC)和硫氧化物(SO_x)。天然气的硫含量极微,不存在 SO_x 污染。而且目前燃烧技术已很成熟,燃烧室也很完善,燃气轮机燃烧室的燃烧效率几乎近100%,因此排气中的 UHC 和 CO 也是极其微小,可以满足环保要求。但是由于燃烧室中的火焰温度比较高,且高于 N_2 和 O_2 起化学反应生成 NO_x 的温度1 650 ℃,因此燃气轮机排气中 NO_x、VOC 含量成为主要的污染物。

如前所述,在燃烧过程中若能使燃烧火焰面上的反应温度始终低于生成 NO_x 的起始温度1 650 ℃,那么燃烧产物中的 NO_x 必然是很低的。但是,扩散燃烧方式的火焰面温度总是等于 $af = 1$ 相当的理论燃烧温度,为此,需要探索在燃烧过程中能够控制火焰面的温度,从而抑制生成 NO_x 的新途径。这就是摒弃常规燃烧中的扩散燃烧方式,而改用均相预混方式的湍流火焰传播燃烧方法。

所谓均相预混方式的湍流火焰传播燃烧方法,就是指把燃料(天然气)与氧化剂(空气)预先混合成为均相的、稀释的可燃混合物,然后使之以湍流火焰传播的方式通过火焰面进行燃烧,那时,火焰面的燃烧温度与燃料和空气实时掺混比的数值相对应(不再只是 $af = 1$ 的理论燃烧温度了)。通过对燃料与空气实时掺混比的控制,使火焰面的温度永远低于1 650 ℃,这样就能控制"热 NO_x"生成。

但是,均相预混可燃混合物的可燃极限范围是比较狭窄的,而且在低温条件下火焰传播速度比较低,CO 的排放量就会增大。因而为了防止燃烧室熄火,并适应燃气轮机负荷变化范围很广的特点,设计干式低污染燃烧室时还得采取以下一些措施,即:

①合理地选择均相预混可燃混合物的实时掺混比和火焰温度。如 Lefebvre 教授建议的那样:对于天然气来说,按火焰温度为 1 700 ~ 1 800 K 这个标准来选择燃料/空气的混合比是比较合适的。这样才有可能使燃烧室的 NO_x 和 CO 的排放量都比较低,如图 2.16 所示。

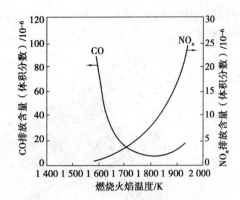

图 2.16　燃烧火焰温度对 NO_x 和 CO 排放量的影响关系

②适当增大燃烧室的直径或长度,以适应火焰温度较低时火焰传播速度比较低的特点。

③必要时在低负荷工况下(包括启动点火工况)仍然保留一小股扩散燃烧火焰,以防燃烧室熄火,并使满足燃气轮机燃烧室负荷变化范围很宽的要求。

④合理地控制可燃混合物的喷射压比,避免与燃烧室火焰管的共振周期重合,以防燃烧室发生振荡燃烧现象。

⑤采用分级燃烧方式以扩大负荷的变化范围。目前,分级燃烧又有串联式分级燃烧和并联式分级燃烧两大类。

GE 公司于 1990—1991 年研究成功了 DLN 1 型串联式预混稀释态的 DLN 燃烧室,应用于 6B、7E、9E 系列燃气轮机;1993—1994 年成功发展了 DLN2.0 型并联分级预混燃烧室,应用于早期的 FA 级燃气轮机;1996 年更新为 DLN2.6 和 DLN2.0 + 并联分组预混燃烧室。PG9351FA 燃气轮机机组则配备 DLN2.0 + 型燃烧室。

目前,GE 公司已在 F 型燃气轮机上获得了应用干式低 NO_x 燃烧室的充分经验,累计运行总时数已达 10 多万 h,发现有些燃烧室的第一级预混室会被烧坏,经研究表明:这是由于某些天然气中含有比较多的高阶碳氢化合物的缘故。这些高阶碳氢化合物的自燃温度比较低,掺混在天然气中将使天然气总的露点降低。这样就会在燃料温度比较低的条件下,高阶的碳氢化合物以液体状体凝结在燃烧室、管道甚至喷嘴等硬件上,并逐渐发生自燃而导致故障。为了解决这个问题,有两种方法可循,即:①在天然气系统中加装凝聚过滤器,以便除去凝结下来的高阶碳氢化合物的液体;②在天然气系统中加装一个加热器,它可以用联合循环中的蒸汽进行加热天然气,以便使燃料的温度超过其露点。

2.3.2　DLN2.0 + 型燃烧室概况

DLN2.0 + 型燃烧室源于 DLN2.0 型燃烧室,为了适应 9FA + e 型燃气轮机循环过程流量增加的要求,在保留 DLN2.0 燃烧室基本结构的基础上,DLN2.0 + 型燃烧室增加了大约 10% 的空气和天然气流量去燃烧系统。和 DLN2.0 型燃烧室相比,DLN2.0 + 型燃烧室所做的改动主要集中在燃料喷嘴和燃烧端盖组件上,它扩大了燃料喷嘴,以增加燃料的体积流量;另外,进一步防止了火焰回流,减少了火焰受阻的阻力及压力降,提高了扩散火焰的稳定性。

图 2.17 所示为 DLN2.0 + 型燃烧室的总成图。此燃烧室主要由燃料喷嘴和燃烧端盖组

件、燃料喷嘴外缸(前缸)、火焰筒、过渡段、导流衬套、后缸、联焰管等组件构成。各组件均可以单独拆卸。

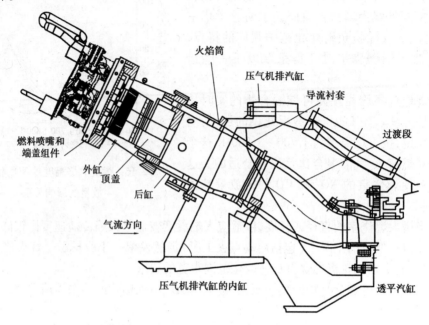

图 2.17　DLN2.0 + 型燃烧室的总成图

压缩空气由压气机的排汽缸流出,首先对过渡段形成冲击冷却,再逆流向前,流过火焰筒和导流衬套之间的环形空间,流向燃烧室头部组件。其中,有少量空气用于冷却火焰筒和罩帽,其余空气经喷嘴上的旋流器进入预混合室,与由燃料喷嘴喷出的燃气进行预混合。燃料与空气混合物经预混合管流入火焰筒,被位于两只上部燃烧室上的高能点火器点燃,火焰起始于喷嘴出口端面与顶盖形成的平面上,并被限制在火焰筒内。燃烧产物经过渡段进入透平第一级喷嘴环。各燃烧室之间用联焰管连接,未安装点火器的燃烧室靠联焰管联焰而着火。

(1)燃料喷嘴

每个燃烧室的端盖上均匀布置 5 只燃料喷嘴,每只燃料喷嘴内都有扩散燃烧和预混燃烧的供气通道。

燃气分别来自 D5、PM1 和 PM4 三根环管。如图 2.18 所示,来自 D5 供气环管的供气流入各燃烧室,通向 5 只喷嘴的扩散通道供气总管,再分配到每只燃料喷嘴的扩散燃烧通道;来自 PM1 环管的供气流入各燃烧室,通向一只喷嘴的预混燃烧供气总管,分流到这只喷嘴的内通道和外通道;来自 PM4 环管的供气流入各燃烧室,通向 4 只喷嘴各自的预混燃烧供气总管分流到 4 只喷嘴的内通道和外通道;来自每只燃烧室外缸的压气机排气进入每只燃料喷嘴的冷却空气总管,分流到 5 只燃料喷嘴的中心冷却燃料喷嘴。

每只燃料喷嘴的内部结构如图 2.19 所示。来自 PM1 或 PM4 环管的气体燃料分别从外、内预混燃气入口进入,通过布置在旋流器内流道的燃料喷孔喷入,与从旋流器外流道流出的空气流进行预混合。每个旋流器叶片由旋流叶片和一个位于其上游的直段叶浆组成,它是中空的,内装有燃料管道,在管道上开有许多燃料喷射孔。外预混燃气从外燃料喷射孔喷出,内预混燃气从内燃料喷射孔喷出。它们同时喷入预混室,与一次空气掺混后进入燃烧区。参与扩散燃烧的燃料从 D5 供应环管进入喷嘴的内环通道,由扩散燃烧喷头喷出。

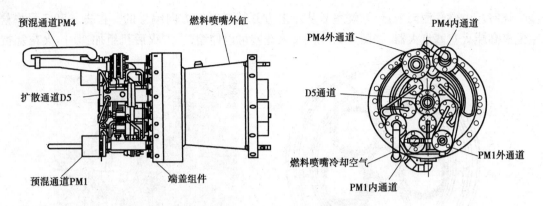

图 2.18　DLN2.0 + 燃烧室燃料喷嘴布置图

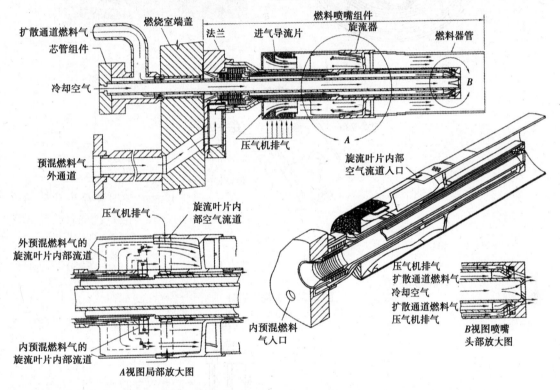

图 2.19　DLN2.0 + 燃烧喷嘴剖面图

此外,在燃烧器的预混燃料喷管下游加了一圈整流片,可以防止回火的火焰附着在预混燃料喷管上。

当燃气轮机以轻油作为备用燃料时,在喷嘴的芯管中可以增加油、雾化空气和抑制 NO_x 的喷水管道。

燃料喷嘴和端盖组件组装在燃料喷嘴外缸上,并套上端盖,然后整体装入燃烧室后缸。如图 2.20 所示,端盖将 5 只燃料喷嘴定位在外缸上,防溢出隔板起隔离作用,隔板上又开有很多微孔。起冷却作用。图 2.21 所示为燃烧室后缸。

(2)火花塞和火焰探测器

PG9351FA 燃气轮机在压气机排汽缸的外缘,沿周围布置着 18 个逆流分管式 DLN-2.0 +

31

型燃烧室。由燃气流向来看,燃烧室是从左上方开始逆时针方向编号的。在 2 号和 3 号燃烧室配有高能火花塞点火器,如图 2.22 所示,火花塞可以伸缩,当点火后机组加速时,火花塞被

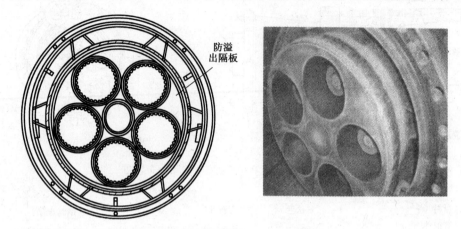

图 2.20　燃烧室端盖组件后视图

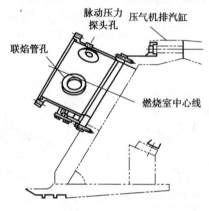

图 2.21　燃烧室后缸

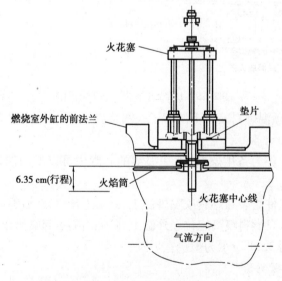

图 2.22　火花塞装置

燃烧室中升高的压力压回,以免被烧坏。停机后,火花塞又被弹簧压进燃烧室,以便下一次点火启动。15～18 号燃烧室装有火焰探测器。图 2.23 和图 2.24 分别是紫外线火焰探测器装置的示意图和实物图,紫外线探头被冷却水套冷却,在证实燃烧室着火后,它就会发出信号。每个燃烧室上还装有一个脉动压力探头,用来监测燃烧的脉动。脉动压力探头孔也可以作为孔窥仪的进口,它们都经过如图 2.21 所示的燃烧室后缸插入火焰筒内。

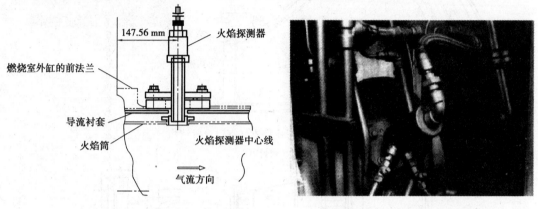

图 2.23　火焰探测器　　　　　　　　　　　图 2.24　水冷式火焰探测器

(3)火焰筒和过渡段

火焰筒从头部到过渡段进口带有一定锥度。在空气侧,利用不连续的肋片(扰流片)来强化冷却;在燃气侧,加隔热涂层。火焰筒的后部有一双层的圆柱段,在其周围有多条轴向冷却槽道。冷却空气由导流套流入该槽道,冷却后排入火焰筒下游。该结构能以小的冷却流量获得很高的冷却效果,如图 2.25 所示。

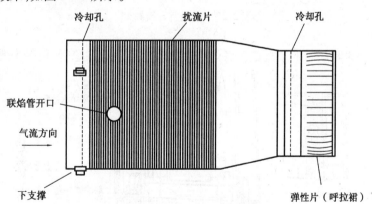

图 2.25　DLN2.0＋型燃烧室火焰筒

该机组采用有冲击冷却效果的过渡段结构,如图 2.26 所示。它是双壳体结构。内过渡段被冲击冷却衬套所包围,从压气机出口流来的压缩空气可以通过小孔形成射流冲击冷却内过渡段。该多孔外壳是用 ANSI-304 不锈钢制成的,内过渡段用 Nimonic 263 制作,尾部壳体用 FSX-414 铸成,并在其表面喷除 TBC 隔热涂层,以尽量降低金属温度和温度梯度。过渡段与透平第一级喷嘴环之间用浮动的金属密封连接。最近,又采用金属布密封的技术,改进了密封功能,减少磨损,提高了可靠性。

图 2.27 所示为燃烧室导流衬套,一端嵌接在后缸法兰内,另一端通过浮动密封环与过渡段嵌接。

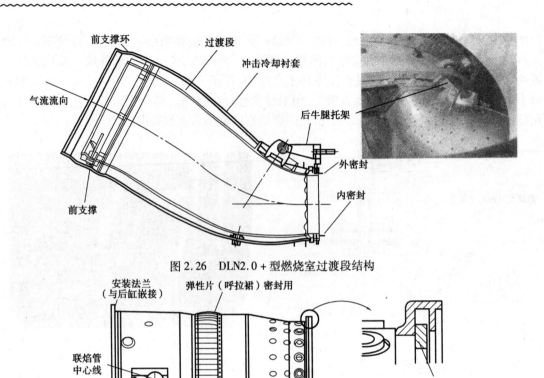

图 2.26　DLN2.0＋型燃烧室过渡段结构

图 2.27　燃烧室导流衬套

（4）联焰管

图 2.28 所示为联焰管的装配图。各燃烧室之间都装设有联焰管,使每个燃烧室的燃烧空

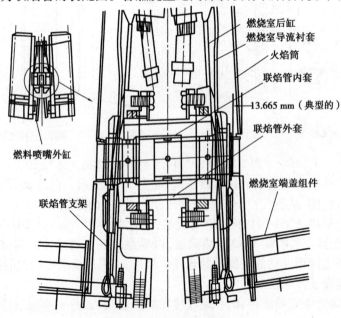

图 2.28　联焰管的装配图

间彼此串通起来,未安装点火器的燃烧室依靠联焰管传递火焰而着火。联焰管由内套、外套、弹件支架和密封件等组成。弹性支架将联焰管的阴、阳内套卡住,如图2.29所示。

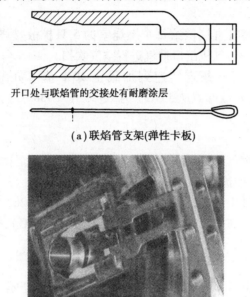

开口处与联焰管的交接处有耐磨涂层

(a)联焰管支架(弹性卡板)

(b)弹性卡板的装配图

图2.29　联焰管弹性支架卡板及其装配图

2.3.3　DLN2.0+燃烧室的配气方案

DLN2.0+燃烧室属于并联式分级燃烧。燃烧室的燃料是分级供应的,其控制系统比较复杂。如图2.30所示,每只燃烧室有5只燃料喷嘴,每只喷嘴有一个扩散通道,一个预混通道。燃气轮机周向布置有18个燃烧室,每只燃烧室的5个扩散燃烧通道与扩散燃烧支管相连,由D5 VGC气体控制阀调节燃气体的流量。每只燃烧室的4个预混通道相互联接,组成PM4支管,由PM4 VGC气体控制阀调节燃气体流量。每只燃烧室剩余的一只预混通道相互联接组成PM1支管,由PM1 VGC气体控制阀调节燃气体流量。这样,将所有燃料通道并联地分成3级,分别由3只控制阀控制燃气体的流量。因此DLN2.0+燃烧室就有5种基本的配气模式。

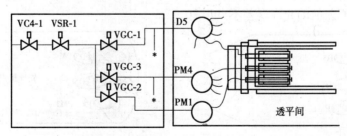

图2.30　DLN2.0+燃烧室配气方式

(1)扩散燃烧模式

在这种运行模式下,燃气直接供给每个燃烧室的5只扩散燃烧燃料喷嘴。这时,PM4预混通道用压气机出口抽气进行空气吹扫。

燃气轮机启动时,从点火到 95% 额定转速,燃气轮机处于这种运行模式。

（2）亚先导预混模式

在这种运行模式下,燃气直接供给每个燃烧室的 5 只扩散燃烧燃料喷嘴和 PM1 燃料喷嘴。这时,PM4 预混通道用压气机出口抽气进行空气吹扫。

燃气轮机启动时,从 95% 额定转速到加载至 10% 基本负荷,相当于燃烧基准温度（TTRF1）1 750 ℉（955 ℃）,或卸载从 TTRF1 为 1 720 ℉（938 ℃）,直至 95% 额定转速,燃气轮机均处于这种运行模式。

（3）先导预混模式

在这种运行模式下,燃气分别流到 D5、PM1、PM4 通道,直至预混燃烧模式时,VGC-1 关闭,流过 VGC-2 和 VGC-3 的流量比为 20/80。

燃气轮机加载时,TTRF1 从 1 750 ℉（955 ℃）～2 300 ℉（1 260 ℃）的区间内,或燃气轮机卸载时,从 TTRF1 为 2 250 ℉（1 233 ℃）,直至 1 720 ℉（938 ℃）,燃气轮机均处于这种运行模式。

（4）预混燃烧模式

在这种运行模式下,流过 PM1、PM4 通道的流量比为 20/80。有时为了减少燃烧室的压力脉动可改变 PM1 和 PM4 通道的流量配比,如 PM1 的流量比可在 18% ～21% 调整。

燃气轮机加载时,TTRF1 高于 2 300 ℉（1 260 ℃）,或卸载时,TTRF1 超过 2 250 ℉（1 233 ℃）,燃气轮机均处于这种运行模式。此时相应的燃气轮机负载为 50% ～100% 基本负荷区间。

（5）甩负荷时燃烧模式

如果甩负荷时,TTRF1 超过 2250 ℉（1 233 ℃）,只保留 PM1 预混燃烧通道；TTRF1 低于 2 250 ℉（1 233 ℃）,则保留 D5 和 PM1 预混燃烧通道。甩负荷时,相应的燃气轮机甩掉部分负载,防止机械超速,并将机组维持在全速空载工况。

TTRF1 由 DLN 2.0 + 控制软件计算获得,其计算方程是平均燃气轮机排气温度 TTXM、压气机排气压力 CPD 和压气机进口喇叭口处温度 CTIM 的函数。这样计算求得的燃烧基准温度并不是表示实际机组的进气火焰平均温度,而仅是燃烧配气模式和燃料分流过程控制的一个基准温度。

图 2.31 为亚先导预混燃烧与先导预混燃烧模式的喷嘴燃烧状态。燃气轮机的初始加载通常在亚先导预混基础上完成,此时将采样计算得到的燃烧基准温度与控制规范中列出的数值进行比较。它们差值的允许误差不大于 20 ℉。

图 2.31　亚先导预混燃烧与先导预混燃烧模式的喷嘴燃烧状态

从先导预混燃烧向预混燃烧模式切换的时间是很短暂的,切换时间只有 30 s,并伴有响声。同时在切换前烟囱会排出黄烟,这是因为预混燃烧模式切换前,即机组负荷在 0～50% 额定负荷阶段,燃气轮机排放的 NO_x 较高,排出黄棕色烟雾。

燃烧室的燃料/空气比值的变化对 DLN2.0 + 燃烧室的排放性能是很敏感的,而燃烧室的配气设计又是按联合循环运行时 IGV 温度控制投入状况下的空气流量调节规律进行的,因此最佳的燃烧室操作应该按照设计时预先确定的燃烧基准温度控制图运行,这样才能达到最佳的低污染排放。在燃气轮机简单循环运行时,也可以参照联合循环运行,进行 IGV 温度控制,确保低污染排放。

2.3.4 DLN2.0 + 燃烧室的燃气吹扫系统

当气体燃料喷嘴通道没有燃气通过时,为了保证燃料喷嘴的吹扫和冷却,仍需保证一定的空气流量通过燃料喷嘴,要求有吹扫系统。当吹扫系统有故障时,将会损坏燃烧系统的部件。

当燃气轮机运行时,应正向吹扫那些不用的燃料支管。吹扫气的压力是机械设定的,可用管道或孔板尺寸调节其有效通道面积设定。通常,吹扫空气取自压气机排气,其压力值 CPD 要大于燃烧室内的压力 p,以防止气流的回流。扩散燃烧时,$p/CPD = 0.98$;预混燃烧时,$p/CPD = 0.95$。

2.3.5 改进型 DLN2.6 + 燃烧室

DLN2.6 + 燃烧系统在运行实践中,由于 PM1 喷嘴配置不当,在临近该喷嘴的火焰筒处出现鼓包,影响火焰筒寿命,这在尖峰负荷或半基本负荷的机组中尤为明显。另外,启动时有黄色的 NO_x 排放污染,并维持时间较长。GE 公司在 DLN2.0 的基础上,结合 9FB 级机组的先进冷却技术,设计了 DLN2.6 + 燃烧系统,并于 2005 年在 9FA + e 现场成功完成对 PG9351FA 改进型燃烧系统的升级,同时于 2007 年正式用于 9FA 新机型中。

DLN2.6 + 燃烧系统如图 2.32 所示。该系统除主要对燃料喷嘴的配置做了改进外,还采用了新型火焰筒、导流衬套、过渡段,同时燃料输送管路也作了相应的改动。

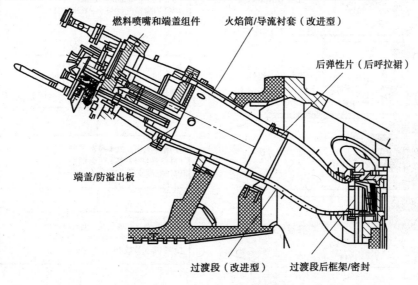

图 2.32　DLN2.6 + 燃烧系统

图 2.33 所示为 DLN2.6 + 燃料喷嘴配置图。将 PM1 燃料喷嘴移至中心位置,去掉 D5 扩散通道。将周围的 5 只燃料喷嘴的预混通道分为两组,其中一组称为 PM2,由 2 只燃料喷嘴的预混通道组成;另一组称为 PM3,由 3 只燃料喷嘴的预混通道组成。这 5 只燃料喷嘴的 D5 扩散通道组成 D5 燃料管。和 DLN2.0 + 燃烧系统相比,DLN2.6 + 燃烧系统燃料输送管路内 3 路改为 4 路,并且 PM1 支管容量加大,因此升级改造时要更换为新的燃料小室。

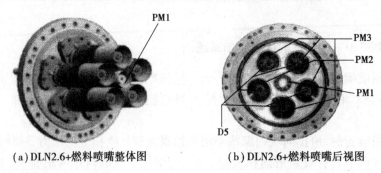

(a) DLN2.6+燃料喷嘴整体图　　　　(b) DLN2.6+燃料喷嘴后视图

图 2.33　DLN2.6 + 燃料喷嘴配置图

图 2.34 所示为 DLN2.6 + 燃烧室燃烧的几个阶段。它由扩散燃烧、亚先导预混燃烧、先导预混燃烧、亚预混燃烧和预混燃烧等阶段组成。和 DLN2.0 + 燃烧系统相比,该系统增加了亚预混燃烧,并且在 30% 负荷时就开始进入亚预混燃烧,在 40% 负荷时开始进入预混燃烧,扩大了预混燃烧工作区间,可减轻启动时的黄色排烟污染。

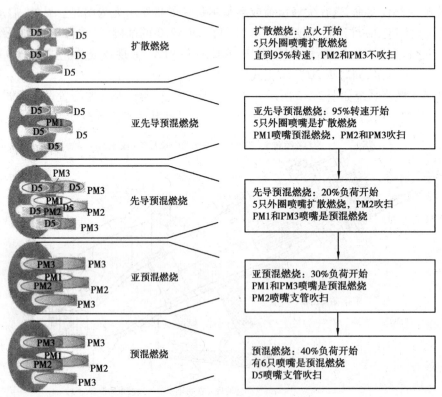

图 2.34　DLN2.6 + 燃烧室燃烧的 5 个阶段

升级后的燃烧系统,具有下列特点:

①火焰筒、导流衬套的冷却、材料、涂层完善,增强了过渡段的冷却性和密封性。

②采用了改良的喷嘴,燃料分级输送。

③富足的 PM1 容量,扩大了韦伯指数(Wobbe Index)的适用范围。

④不使用水喷射,启动时的黄色 NO_x 排放污染量下降,维持时间短。

⑤预混燃烧时 NO_x 排放污染可达到小于 15×10^{-6}。

⑥燃烧系统的检修间隔期可提高到 24 000 h。

⑦用在新机组上,并以改进型设备出现于旧机组。

⑧可选用双燃料喷嘴。

2.3.6 燃烧室的变工况特性

在燃气轮机的实际运行中,像压气机和燃气透平的情况一样,燃烧室也会在偏离设计工况的条件下工作。那时,流经燃烧室的空气流量、温度、压力、速度以及燃料消耗量都会发生变化。相应的,燃烧室的工作性能,例如燃烧效率 η_r、总压保持系数 ξ_r、壁面温度、出口温度场等都会发生一定的变化。为了配合整台燃气轮机变工况特性的研究,我们也有必要了解当机组的负荷变化时燃烧室的某些特性是如何变化的。

通常,可以把燃烧效率 η_r 和总压保持系数 ξ_r 的实验结果整理成如图 2.35 和图 2.36 所示的形式。

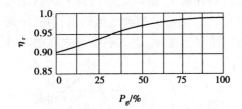

图 2.35 燃烧效率 η_r 与机组负荷   图 2.36 燃烧室的 ξ_r 与机组负荷 P_{gt} 的关系曲线

在燃烧室的变工况性能中,必须充分注意的另一个指标是贫油熄火极限问题。这个只对于机组的安全运行有直接影响,这个指标只能通过燃烧室试验测得。在燃烧室的调试过程中,人们应确保燃烧室在机组可能出现的任何工况下都不会发生熄火,而且在负荷骤增或骤减的动态过程中也不至于有熄火的任何危险。

2.4 透平工作原理及结构

燃气透平是燃气轮机中三大组件之一,它的作用是把来自燃烧室的高温高压燃气能量转化成为机械功,其中一部分用来带动压气机工作,多余的部分则作为燃气轮机的有效功输出。

按照燃气在透平内部的流动方向,可以把燃气轮机透平分为轴流式和径流式两大类。径流式透平常适宜小功率燃气轮机,通常大多数燃气轮机透平与压气机一样均为轴流式,这样燃气轮机可以采用多级以满足大流量、高效率、大功率的要求。

轴流式燃气透平与轴流式压气机很相似,它的主要部件是由喷嘴环(又称为静子)和装有动叶的工作叶轮组成的。当高温高压的燃气流过喷嘴环时,由于喷嘴环的流道是做成渐缩型的,它能使燃气的流速加快。此时,燃气的压力和温度是逐渐下降的,喷嘴环中燃气的部分热能转化为动能。当这股具有相当速度的燃气以一定的方向流向动叶栅时,就会推动工作叶轮旋转,

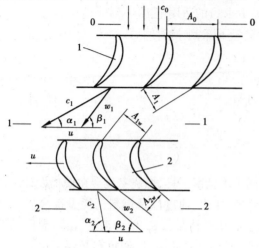

图 2.37　燃气透平的基元级平面叶栅
1—喷嘴环叶栅;2—动叶栅

并使燃气的速度降低下来。在这个过程中,燃气把部分能量传递给工作叶轮,使叶轮在高速旋转中对外界作出机械功。下面就此对透平级的工作过程作进一步详细的分析。

2.4.1　透平工作原理

（1）基元级的速度三角形

像压气机的级一样,燃气透平的级是轴流式燃气透平中能量交换的基本单位,透平级的工作原理也是研究整台多级轴流式燃气透平的理论基础。图2.37中给出了所截取的基元级环形叶栅展开后的平面叶栅的示意图。

当高温高压的燃气由燃烧室流出后,将以平均初速 c_0 流入燃气透平的喷嘴环。那时,燃气会从进口压力 P_0 膨胀到压力 P_1。由于燃气的膨胀以及喷嘴环叶栅中渐缩流道的变化,气流的速度将由 c_0 加速到 c_1。与此同时,燃气的温度将由原先的 T_0 值随之降低到 T_1。流出喷嘴环后气流的绝对速度为 c_1,它与出口平面形成 α_1 夹角。α_1 通称为喷嘴气流的出气角,一般取 $14° \sim 20°$。由于相对运动的关系,这股高温燃气将以相对速度 w_1 进入喷嘴环之后的动叶栅,它与动叶栅进口平面的夹角为 β_1。当 c_1 的方向和大小已定时,β_1 角的大小就取决于动叶栅的圆周速度 u 的大小。

在大多数情况下,动叶栅的流道通流面积也是做成渐缩型的,这样可以使燃气流在动叶栅中也有所加速,以求改善其流动特性。这种透平称为反动式透平。因而,在这种动叶栅中不仅相对速度有增加（$|w_2| > |w_1|$）,而且气流在其中还发生折转,即方向也有所改变,那时,燃气流将以相对速度 w_2,并与动叶栅的出口平面夹成 β_2 的出气角流出动叶栅。在此过程中,燃气因在动叶栅中的继续膨胀,将使压力由 P_1 下降到 P_2,与此同时,温度会降至 T_2。

在动叶工作叶轮的出口处,气流的绝对速度为 c_2。这个离开叶轮的绝对速度 c_2 将带走相应的动能。对于单级燃气透平来说,它就是一种能量的损失（称为余速损失）。因此,希望它尽可能地减小,即力求 c_2 的方向大致接近于 $90°$。通常,绝对速度 c_2 要比进口速度 c_1 小得多,即流过动叶栅时气流的动能是减小的。但是由于气流在反动式透平的叶栅中是加速的,因而在动叶栅中相对速度却是增大的,即 $|w_2| > |w_1|$。这些变化关系如图2.38所示。

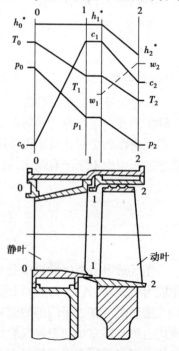

图2.38　燃气透平级中燃气状态参数的变化

但是在有些透平级的动叶栅中,气流的相对速度大小是恒定不变的,这种透平称为冲动式透平。图2.39上给出了冲动式和反动式燃气透平基元级的速度三角形,它们是分析基元级工作过程的基础。

(2)基元级的能量转换

在明确了高温高压燃气流经动叶栅时速度三角形的变化关系后,现在来分析燃气是如何驱动透平动叶旋转的。

根据图2.39和动量定理可以得知,当燃气流经动叶栅是对叶片有个切向作用力 F_u,正是这个切向作用力推动工作叶轮旋转做功。这个切向力的产生是流经透平级的燃气本身能量下降转换而来的:

①首先,燃气在流经喷嘴环时发生膨胀,结果是增高气流的流动速度 c_1,这样就把燃气本身所具有的能量 h_0^* 部分地转化成为气流的动能。在这个过程中,燃气的压力 P_0、温度 T_0 和热焓 h_0 都出现了降低,但其容积 V_0 则增大,而速度 c_0 却增高了。由于当时燃气与外界尚无热能和功量的交换,因而燃气的滞止焓值 h_0^* 和滞止温度 T_0^* 是维持恒定不变的,可是滞止压力 P_0^* 则由于不可逆现象的存在将略有降低。

②当高速的燃气喷向装有动叶栅的工作叶轮时,燃气在流过动叶栅流道时会发生动量的变化,这样在动叶栅中便产生一个连续作用的切向推力 F_u,从而推动工作叶轮旋转而对外做功。

③工作叶轮中燃气的做功过程有两种:在冲动式透平级中,气流流过动叶栅时一般不再继续膨胀了,因而在动叶栅的前后,燃气的压力 P_1、温度 T_1 和相对速度 w_1 的大小不再发生变化;但是绝对速度和滞止焓值都有相当程度的降低。燃气绝对速度动能的减少量将全部转化为燃气对外界所作的膨胀轴功;在反动式透平级中,气流流过动叶栅时还会继续膨胀。因此在动叶栅的前后,燃气的压力 P_1、温度 T_1 和焓值 h_1 都将进一步下降,而其容积 V_1 和相对速度 w_1 有所增大。当然,膨胀终了时燃气的绝对速度和滞止焓值也都会有相当程度的降低。在这种情况下,燃气流经工作叶轮时所发生的绝对速度动能与相对速度动能变化量的总和,将全部转化为燃气对外界所作的膨胀轴功。

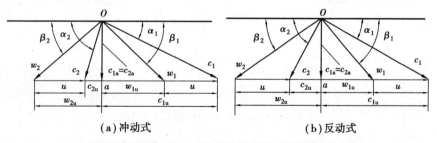

(a)冲动式　　　　　　　　　　　(b)反动式

图2.39　燃气透平基元级的速度三角形

高温高压的燃气就是按照上述工作过程,从透平的第一级喷嘴环开始,逐级膨胀到最后一级动叶栅的出口。其结果使燃气的状态参数发生了变化;与此同时,把燃气本身所具有的能量部分地转化成为对外界所作的膨胀轴功 L_t。

图2.40中给出了在冲动式和反动式透平中燃气热力参数的变化趋势,以及透平级中燃气的膨胀过程在焓熵图(即 $h\text{-}s$ 图)上的表示方法。

在反动式透平中,人们习惯于用一个反动度 Ω_t 的概念来表示燃气在动叶栅流道中继续膨胀的程度。它的定义是：

$$\Omega_t = h_{2,s}/h_s^* = \frac{h_1 - h_{2's}}{h_0^* - h_{2s}} \tag{2.1}$$

显然，在冲动式透平级中，$\Omega_t = 0$；在反动式透平级中，$0 < \Omega_t < 1$。通常，为了减小气流在透平喷嘴环和动叶栅流道中的流阻损失，在反动式透平级中 Ω_t 一般取为 0.5 左右，图 2.41 中为 $\Omega_k = 0.5$ 的速度三角形。Ω_t 通称为热力学反动度。

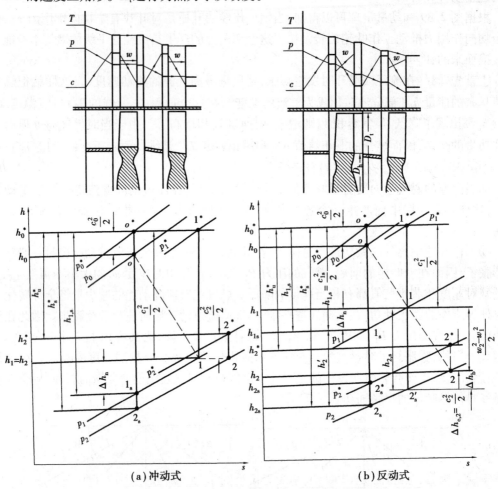

(a) 冲动式 (b) 反动式

图 2.40 在冲动式和反动式透平级中热力参数的变化趋势，
以及在透平级中燃气膨胀过程的焓熵图

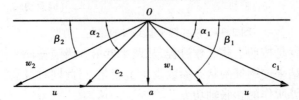

图 2.41 $\Omega_k = 0.5$ 的速度三角形

当然，随着反动度 Ω_t 的加大，相对速度 w_2 就要比 w_1 大得多，因而，动叶的进气角 β_1 与出气角 β_2 之间的差值就会相应地增大。

（3）透平的能量损失

像压气机级那样，透平级中会发生型阻损失、端部损失、径向间隙的漏气损失等会影响透平级中燃气的状态参数的内部损失，此外，还有由于气流离开透平动叶栅时，因具有一定的绝对速度 c_2，而带走的余速损失。

从图 2.40 中可以看出：由于型阻损失和端部损失的作用，燃气在喷嘴环和动叶栅中就不能按等熵过程进行膨胀，这将导致气流在喷嘴环中发生 Δh_n 的能量损失，同时使气流在动叶栅中发生 Δh_b 的能量损失。其结果将使气流流出喷嘴环和动叶栅的流速 c_1 和 w_2 有一定程度的减小。

试验表明：影响喷嘴环和动叶栅中能量损失的因素是很多的。其中，型阻损失和端部损失与气流进入叶片时的冲角有密切关系。在正冲角范围内，随着冲角的增大，端部损失，特别是型阻损失增加得很迅速，致使叶栅的总能量损失增大得很厉害。在负冲角范围内，随着负冲角的加大，型阻损失虽然同样是增大的，但是端部损失却有所减小，因而叶栅的总能量损失却反而会有所下降。对于型线已定的叶栅来说，通过合理地选择叶栅的安装角 γ_p 和相对栅距，可以使能量损失趋于最小值。一般来说，冲动式叶栅的最佳相对栅距的范围为 0.60 ~ 0.70；反动式叶栅距为 0.70 ~ 0.80。

最后应该指出：在任何的透平级中，总是还有由于径向间隙的漏气所造成的能量损失，这将导致透平的膨胀效率略有下降。对于初参数彼此相同的多级透平来说，当按冲动式方案进行设计时，透平的级数必然较少。反之，当按反动式方案进行设计时，透平的级数一定较多。通常，由于透平的圆周速度 u 总是要受材料强度的制约，它是有限的，因此每级透平中 c_1 值（或焓降值）就不可能设计得很大，这就是一般需要采用多级透平的主要原因。

2.4.2　PG9351FA 燃气轮机透平结构

PG9351FA 的燃气透平是三级轴流式透平，包括静子、转子组件。

（1）透平静子

透平汽缸、排气框架以及安装在汽缸上的透平静叶（喷嘴）、护环，支撑在排气框架上的 2 号轴承和排气扩压段共同组成了 PG9351FA 燃气轮机透平的静子部分。

1）透平汽缸

透平汽缸为铸造结构，一般用耐热铸钢或球墨铸铁制成，采用双层结构和有空气冷却。在采用双层结构后，汽缸作为承力骨架，承受着机组的重力、燃气的内压力和其他作用力。内层则由静叶持环和护环组成，它们的工作温度高而受力小，主要承受热负荷。在内、外层之间接通冷却空气，这样就能有效地降低汽缸的工作温度，不仅使汽缸能用较差的材料制作，同时还能减少汽缸的膨胀量和热应力，减少对汽缸的热冲击，有利于机组快速启动和加载，从而有利于控制动叶顶部径向间隙在运行中的变化等。

图 2.42 所示为透平汽缸示意图。透平缸体控制护环和喷嘴的轴向和径向位置。它决定涡轮间隙以及喷嘴和动叶的相对位置。而这些定位对于燃气轮机运行是至关重要。

透平汽缸的前法兰用螺钉连接到压气机排汽缸的后端壁上，缸体后法兰用螺栓与排气框架相连。耳轴浇铸在缸体外表面两侧，可用来起吊燃气轮机。

进入缸体的热气体被透平汽缸包含着。为了控制缸体径向尺寸，有必要减少进入缸体的热流，并限制其温度。限制热流包括采用绝缘、冷却和多层结构。从压气机第 9、13 级抽取的空气被输送至第 3、2 级喷嘴周围的环状空间。空气从这里流经喷嘴隔板,进入叶轮间隙。

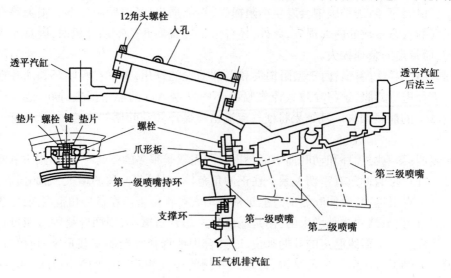

图 2.42　透平汽缸示意图

2)静叶(喷嘴)组件

透平喷嘴组件引导燃烧室高温高压气体高速流入动叶片通道,同时气流在喷嘴片中膨胀,压力降低,速度增加,以很高的速度冲击动叶片,从而推动燃气轮机转子旋转。喷嘴组件由喷嘴片和喷嘴环组成,共有 3 级喷嘴。由于燃气通过这些喷嘴压力降低,因此在喷嘴的内外侧都要密封,以防止漏气,减少能量损失。这些喷嘴工作在高温燃气流中,同时受到燃气压力和热应力的作用。

如图 2.43 所示为第一级喷嘴及组件,喷嘴设计成两只叶片一组的铸造喷嘴段,周向装配入汽缸,共 24 组 48 片。该喷嘴连接过渡段,接受来自燃烧系统的高温燃气。过渡段由喷嘴进口外部和内部的侧壁密封,密封减少了压气机进入喷嘴的排气泄漏。

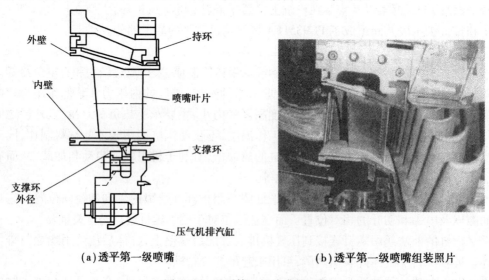

(a)透平第一级喷嘴　　　　　　　　(b)透平第一级喷嘴组装照片

图 2.43　透平第一级喷嘴及组件

如图 2.44 所示为第二级喷嘴及组件。从第一级动叶出来的燃气再次降压,并改变方向由第二级喷嘴流出,冲击第二级透平动叶。二级喷嘴设计成两只叶片一组的铸造段,周向滑入汽缸,共 24 组 48 片。外部侧壁上的进口和出口侧突出的吊钩装入第一级护环尾端和第二级护环前端的凹槽,是为了维持喷嘴与透平壳体、转子同心。这种密封舌榫匹配装置配合喷嘴与护环,可作为外径气封。喷嘴段被从壳体到喷嘴外侧壁轴向槽缝的径向销钉固定在圆周位置上。第二级喷嘴是由压气机第 13 级排气来冷却的。

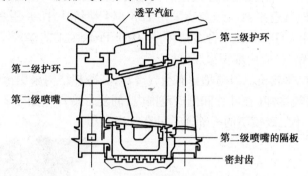

图 2.44　透平第二级喷嘴组件

如图 2.45 所示为第三级喷嘴及组件。当高温燃气离开第二级叶片时进入第三级喷嘴,随着压力降低流速增加,继续冲击第三级叶片。喷嘴由铸件段组成,每个铸件段都有 3 个叶片和

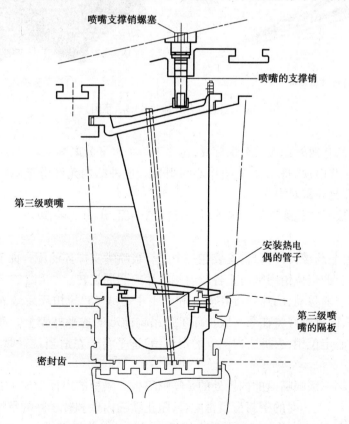

图 2.45　透平第三级喷嘴组件

螺旋翼,共 20 组 60 片。喷嘴被固定在外侧壁前端和后端一个与第二级喷嘴样式类似的涡轮护环的凹槽上。第三级喷嘴被用径向销钉从壳体上周向定位。从压气机第 9 级来的排气流经喷嘴隔板,对喷嘴进行对流冷却,并增大叶轮间隙的冷却空气流量。

透平喷嘴工作时,被高温燃气所包围,特别是第一级喷嘴,所接触的是温度最高且不均匀的燃气。在启动和停机时又是承受热冲击最严重的零部件。为此,喷嘴应选用能耐高温和耐热冲击的耐热合金制作,广泛应用钴基铸造合金精密铸造而成。

PG9351FA 机组燃气透平第一级喷嘴采用 FSX 414 精铸叶片,并用真空等离子体喷涂保护层;第二级喷嘴采用 GTD222 镍基合金精铸,用 Pack Process 工艺渗入保护层;第三级喷嘴采用 GTD222 镍基合金精铸,应用堆积涂层保护。

PG9351FA 型的燃气轮机三级喷嘴都有空气冷却,其冷却结构采用薄膜冷却(在气道的表面处)、冲击冷却和对流冷却(在叶片和侧壁范围内)的复合冷却。如图 2.46 所示为喷嘴复合冷却叶片的示意图。第三级喷嘴的冷却通道只有对流冷却。

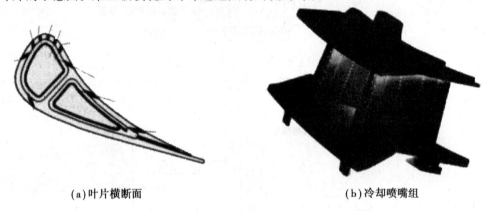

(a)叶片横断面　　　　　　　　　　　　　　(b)冷却喷嘴组

图 2.46　喷嘴复合冷却叶片的示意图

3)隔板气封

每一个喷嘴组都有两处隔板或者螺旋翼,包含于一个水平分离的扣环,此扣环在侧边凸片上被透平缸体支撑,并由顶端和底端垂直中心线引导。这种结构允许由于温度改变引起的扣环径向膨胀时,扣环仍保持对中。

扣环后端外径被反向装载于第一级涡轮护环的前端面,作为气封,以阻止喷嘴与透平缸体的压气机排气泄漏。

在内侧,喷嘴由一凸缘铸件密封,安装在一个第一级喷嘴支撑环的配合面上。偏心轴衬和一个与内侧凸片啮合的定位销用来防止各段内侧凸片的圆周旋转。

凸片阻止喷嘴向前移动,凸片焊接在垂直和水平中心线 45°的扣环后端外径上。这些凸片装配进一个凹槽,凹槽刚好铸在第一级护环 T 形吊钩前端的透平外壳上。通过移动水平连接支撑块和底部中心定位销,再拆去内侧壁的定位销,透平转子在适当位置时,喷嘴的下半部可以移出。

连接在第二或第三级喷嘴段的内径处的是喷嘴隔板。隔板的内径上加工有高或低的迷宫式密封齿,它们和转子上相对的密封齿紧密配合,阻止喷嘴内壁和转子间的空气泄漏。固定部分(隔板和喷嘴)和转动的转子之间具有最小的径向间隙是保持级间低泄漏的关键,可使透平有较高的效率。

4) 护环

与压气机安装叶片不同,透平动叶叶尖不是在一个完整的机加工面上直接旋转,而是在被称为护环的环形弧段上。护环的首要作用是为减少叶尖间隙泄漏而提供一个环形面,其次在热气体和相对冷的透平缸体之间构筑高热阻。凭借此功能,透平缸体冷却负荷急剧减少,缸体直径膨胀得到控制,圆度得以保持,重要的涡轮间隙得以保证。

第一级和第二级固定护环段分成两半。考虑到膨胀和收缩,气体侧内护环和支撑的外护环是分离的,从而改善周期性疲劳的寿命。第一级护环是由缓冲、涂膜和对流来冷却的。透平缸体的径向销把护环块保持在圆周位置上。护环段之间以键销密封。图 2.47 所示为第一级护环原有结构和更新结构的对比。

这种改进型的一级护环在表层材料上选用了一种特殊的铁-镍-铬合金,即 HR-120 合金,以取代原有的 310SS,改善了护环块表面强度,可耐受更高温度,并延长低周循环疲劳寿命。

护环块之间和护环块与第一级喷嘴持环之间的气封做了改进。在护环块之间,如图 2.47 (a) 所示,以所谓 Q + Cloth 键销密封代替原来呈矩形的嵌入块。以一种耐磨性能较优的 L605 金属线编织成所谓的 Cloth,然后再包裹并点焊在 X750 金属键销密封片上。经此改进后,键销密封的柔韧性较好,可灵活抵消由于受热或气流因素造成护环块之间的间隙改变。

护环块与一级喷嘴之间密封的改进采用所谓的 W 密封,如图 2.47(b) 所示,即在护环块迎气流方向的键槽中嵌入一截面呈 W 形的金属薄片,利用其弹性力来抵消一级喷嘴持环和一级护环块之间的间隙改变。

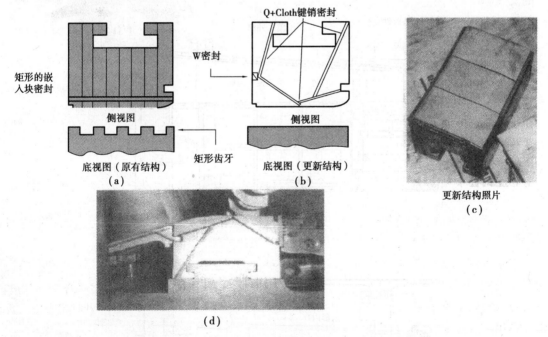

图 2.47　第一级护环原有结构和更新结构对比图

图 2.48 所示为第二级、第三级护环的更新结构。它们采用了蜂窝式密封结构,使动叶片的叶尖部燃气泄漏减至最小,提高了机组热效率。

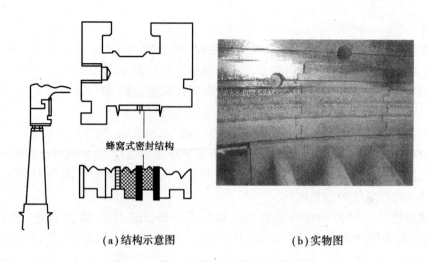

（a）结构示意图　　　　　　　　（b）实物图

图 2.48　第二级、第三级护环的更新结构

5）排气装置（排气框架和扩压段）

排气框架用螺栓连接到透平缸体的后端法兰上，如图 2.49 所示。结构上，框架由径向支柱连接的内、外圆柱体组成，排气框架径向支柱穿过排气流。为了控制转子相对于静子的中心位置，支柱必须保持在均匀的温度下，因此支柱制成空心结构，即支柱外加一层金属包壳，安装在排气框架中使支柱与热燃气隔离。同时，这个包壳也为冷却空气提供了一个回路，来自排气框架冷却风扇的冷却气流在冷却透平缸以后，向内经过金属包壳与支柱之间的空间，以保持均匀的支柱温度。

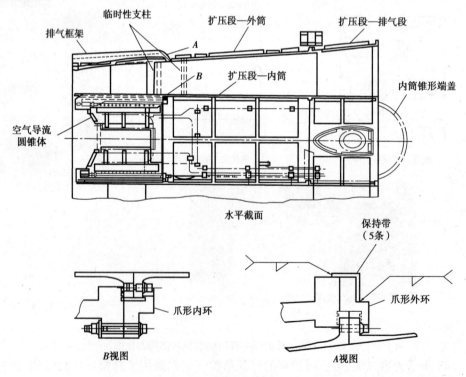

图 2.49　排气框架和扩压段

在图 2.49 中，A 视图是排气框架和扩压段在外环的连接，B 视图是排气框架和扩压段在内环的连接。

排气扩压段紧随排气框架后，安装在排气装置上，如图 2.50 所示。第三级涡轮排出的燃气进入排气扩压段，在排气扩压段，燃气流速由于扩散作用和压力增加而降低。在扩压段的出口处，燃气直接进入排气箱。

图 2.50　排气框架和扩压段实物图

扩压段紧随排气框架后，它的内环在出口端由内筒锥形端盖密封，将 2 号轴承密封在内环里，形成 2 号轴承隧道区。外环与内环之间由三根中空的支柱连接。来自 88BN 驱动的离心风机的冷却空气经过各自的单向阀 VCK-3 流入三个扩压段支柱中的一个，进入 2 号轴承隧道区。被过滤除去对轴承有害的颗粒后的冷却空气进入 2 号轴承隧道区，在 2 号轴承回油真空吸力的作用下，部分冷却空气进入 2 号轴承左端作为轴承密封。其余的冷却空气在冷却轴承隧道区后，由扩压段支柱中的另一个排至扩压段间，再由 88BD-1/2 驱动的离心风机排至厂房外。第三个扩压段支柱内的流道则通过 2 号轴承的进油和回油管，同时三级叶轮后外侧测温热电偶（TT-WS3AO-1/2）的引线，由此引出。

当燃气轮机与其基座分离时，排气装置侧边的耳轴和前端压气机缸体类似的耳轴一起用来支起燃气轮机。

（2）透平转子

1）透平转子结构

图 2.51 为透平转子结构图，采用贯穿螺栓结构，由透平前半轴，一、二、三级叶轮，级间轮盘，透平后半轴及拉杆螺栓组成。叶轮轮轴和级间轮盘上的配合止口控制各部件的同心度，用贯穿拉杆螺栓将它们压合在一起。由涡轮轮缘、轮轴和定位片控制同轴性。各轮子通过位于轮轴和定位片上螺栓和法兰连接起来。透平转子通过压气机后联轴器的法兰用螺栓与压气机转子刚性连接。后半轴由 2 号轴承支撑。图 2.52 所示为燃气透平转子组件分解图。

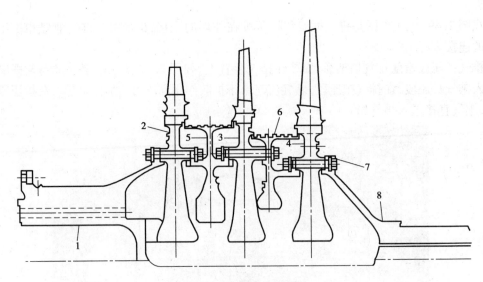

图 2.51　透平转子结构图

1—前半轴；2—第一级轮盘；3—第二级轮盘；4—第三级轮盘；

5、6—级间轮盘；7—拉杆螺栓；8—后半轴

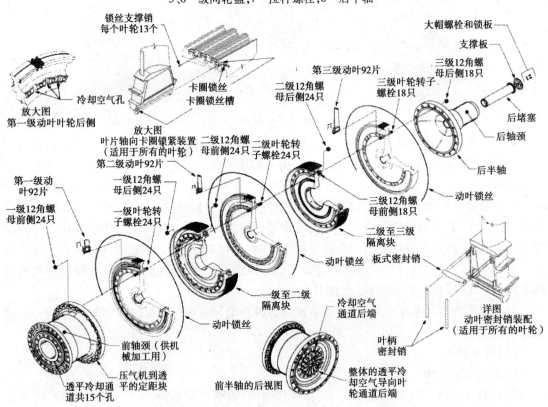

图 2.52　PG9351FA 燃气透平转子组件分解图

2）轮轴和轮盘

第一、二级轮缘之间和第二、三级轮缘之间的定位片决定了单个轮盘的轴向位置。这些定位片支撑密封隔板。前部和后部端面的 1、2 号定位片留有供冷却空气通道的径向缝。透平转

子中间轴从第一级透平叶片延伸到压气机转子尾端凸缘。透平转子尾轴包括第二个支撑轴颈。轮盘也是采用 Inconel 706 制造。

2 只级间轮盘为各叶轮提供轴向定位。级间叶轮设置有隔板密封齿,级间叶轮的前端面有用作冷却空气通道的径向缝。

3)叶片

图 2.53 所示为动叶片视图。叶片尺寸从第一级(叶高 386.69 mm)到第三级(叶高 519.6 mm)逐级增加,因为每一级的能量转化使得压力降低,要求环形面积增加以接收燃气的流量,保持各级的容积流量相等。

图 2.53　MS9001FA 第一、二、三级透平叶片

透平采用枞树形叶根的长柄式动叶片。长柄式叶片是指在叶片和叶根之间,通过较长的、断面为工字形的叶柄来连接的动叶片结构。在枞树形叶根的底平面上均开设有小孔,可以通入冷却空气,使叶根和叶身得以冷却。这样,减少了叶片对轮盘的传热,在通入冷却空气后,可以使叶根齿和轮缘的温度显著下降,并且改善叶根齿中第一对齿的承载条件和叶根应力的不均匀程度。所有三级涡轮的叶片都是精密铸造的长柄叶片。长柄叶片可有效地防护轮缘和叶根,当产生叶片震动机械阻尼时,免受高温气体破坏。作为震动阻尼的进一步预防,第二和第三级叶片在叶片尾端有联锁护环。这些护环能够减少叶片末端漏气,从而起到提高透平效率的作用。叶片护环上的径向齿和定子上的楔形面连接在一起,构成一个迷宫式密封阻止燃气从叶片尾端泄漏。

PG9351FA 燃气轮机的燃气初温高达 1 327 ℃,为了保证燃气轮机正常可靠地工作,GE 公司从改善高温合金材料的性能和提高叶片冷却效果两方面入手,取得了显著成绩。该机组燃气透平转子部件的选材如下:

　　转子轴:Inconel 706;

　　轮盘: Inconel 706;

　　第一级动叶:定向结晶 GTD-111;

　　第二级动叶: GTD-111;

第三级动叶：GTD-111，用 Pack Process 工艺渗入高铬保护层。

第一和第二级动叶片表面均有真空等离子 Co-Cr-Al-Y 涂层，采用空气冷却结构，冷却通道内表面再喷涂一层铝保护层，第三级动叶片为非空气冷却。

图 2.54 所示为第一级动叶内部的冷却通道。它除了有对流冷却外，在头部有冲击冷却，还有多处气膜冷却。为了增强对出气边的冷却，在冷却通道内还铸有多排针状的肋条，以增强冷却效果。该型叶片的冷却结构是模拟航空发动机 CF-6 上的精铸动叶片结构。

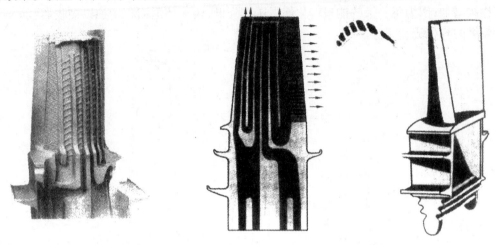

图 2.54　PG9351FA 燃气轮机第一级动叶内部的冷却通道

图 2.55 所示为 PG9351FA 机组中透平动叶的顶部结构。第二级动叶自枞树形叶根底面至叶顶布置有多孔动叶冷却用的纵向空气通道。冷却空气从枞树形叶根底部的冷却孔引入，流向叶尖，并从那里流出。叶片尖部由 Z 形围带封装，构成叶尖密封的一部分，这些围带在各叶片间连锁以阻尼振动。

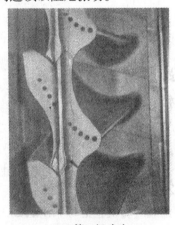

（a）第二级动叶　　　　　　　　（b）透平动叶的顶部结构

图 2.55　PG9351FA 燃气轮机中透平动叶的顶部结构

第三级动叶无内部空气冷却，其叶片尖部像第二级动叶一样，由 Z 形围带封装，构成叶尖密封的一部分，这些围带在各叶片间连锁以减少阻尼振动。

透平转子的装配工艺设计成使得在不拆下叶轮、级间轮盘和转轴组件的情况下能更换动叶片。

2.4.3 透平冷却

为了提高燃气轮机机组的效率,各燃气轮机厂家对燃气初温进行了不断提高,目前 F 级燃气轮机的透平燃气初温已高达 1 400 ℃ 左右。随着燃气初温的提高,为了保证燃气轮机的安全可靠运行,除了在叶片材料运用新型高温合金材料外,加强叶片的冷却技术也成为必要手段之一。根据资料统计,冷却叶片技术改进所致的燃气初温提高程度是材料改进所获得效果的两倍,其研究费用仅是开发新材料的 1/4。由此可见,燃气轮机叶片冷却方式的研究对于燃气轮机非常重要。

(1)冷却方式简介

一般燃气轮机叶片的冷却方式主要有两种方法:①以冷却空气吹向叶片表面进行冷却,这种冷却方式可降低叶片温度 50～100 ℃,例如气膜冷却和冲击冷却;②将冷却空气通入叶片内部的通道进行冷却,此种冷却方式可使叶片温度较周围高温燃气温度低 100 ℃ 以上,例如对流冷却和鳍片式冷却。

1)对流冷却

这是指当冷却空气和高温燃气在空心叶片内外流过时,通过冷却空气进行对流换热来降低叶片的温度。在叶片的出气边沿半径方向有大小形式不同的孔,对流冷却后的冷却空气依靠自身压力和离心力的共同作用通过该孔高速排入主燃气气流中继续做功。另外,这些冷却空气以较大的速度冲向汽缸内壁,形成一层防止径向间隙漏气的气封层,起到阻止主气流的漏气和潜流的作用,减少了二次流的损失。

2)冲击冷却

在空心叶片的内部嵌入导管,导管上开有很多小孔,冷却空气先进入导管,然后从导管上的小孔流出冲向被冷却叶片的内表面进行冷却,由于冲击的效果使换热系数变大提高了冷却效果。冲击后的气流再沿叶片内表面做横向流动进行对流冷却,所以采用冲击冷却往往伴随着对流冷却。

3)气膜冷却

在空心叶片的表面开有很多小孔或者缝隙,冷却空气从这些小孔或缝隙流出后顺着燃气气流方向流动,在叶片表面形成一层薄气膜,将叶片表面与燃气隔开而对叶片起到保护作用。与对流冷却对比,气膜冷却效果更好。

4)鳍片(销片)式冷却

这是通过在叶片出气边加装一些针状筋(鳍片)来加大换热效果。

以上几种冷却方式一般都被综合的用于燃气轮机叶片的冷却之中,图 2.56 和图 2.57 给出几种冷却方式的示意图。

(2)PG9351FA 燃气透平内部的冷却

PG9351FA 燃气透平内部采用空气冷却,即从压气机中抽出部分空气,用作透平的冷却。图 2.58 所示为 PG9351FA 燃气透平内部冷却示意图,它是由多股强制性的冷空气完成的。

如图 2.58 所示,压气机出口的压缩空气从上下分两股流入第一级喷嘴内部的冷却通道,在冷却喷嘴后,从喷嘴叶片表面的小孔中排至主燃气流中去。由压气机第 13 级抽气进入第二级喷嘴持环冷却第二级喷嘴。流入第二级喷嘴的空气在冷却叶片后,有一部分从叶片尾缘的小孔中排至主燃气流,另一部分则从喷嘴内环前端的小孔流出,与第 16 级压气机抽气汇合,去冷却第一级动叶出气侧的叶根和第二级动叶进气侧的叶根。压气机第9级抽气径向进入第三级喷嘴持环去冷却第三级喷嘴。流入第二级喷嘴的空气在冷却叶片后,从喷嘴隔板前端的小孔流出,去冷却第三级动叶进气侧的叶根。

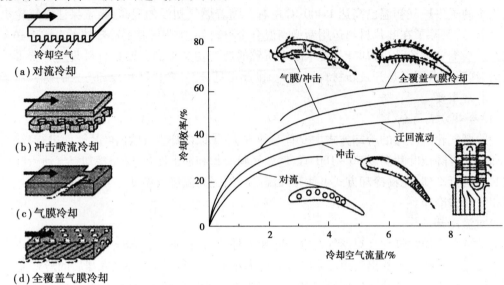

图 2.56　冷却方式以及效果图

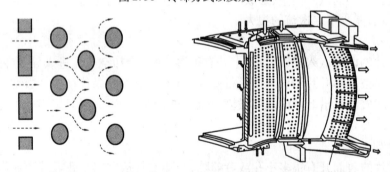

图 2.57　鳍片式冷却

　　第一级前轮间用压气机排气冷却。在压气机转子尾端的转子与压气机排汽缸体内套筒之间安装有迷宫式密封。透过这个密封的漏气供给到通过第一级叶轮前端间隙的空气流。这一空气流在第一级喷嘴尾端排入主气流。

　　第一级后轮间由第二级喷嘴的冷却空气和内部抽气系统(更确切地说,是压气机第 16 级和第 17 级间的抽气)的空气冷却。

　　第二级前轮间由第一级后轮间穿越级间密封的漏气和内部抽气系统的空气冷却,这两股空气在第二级叶片进口处汇入主燃气。

　　第二级后轮间冷却由压气机的第 13 级抽取来的空气通过第三级喷嘴冷却的。这些空气通过隔块前端面上的缝进入轮间。该轮间的空气在第三级喷嘴入口返回燃气通道。

　　第三级前轮间由第二级轮间穿过级间气封的漏气和内部抽气系统的空气冷却,这些空气在第三级动叶入口返回燃气通道。

　　第三级后轮间由外部安装的鼓风机(88TK 驱动的离心风机)的空气冷却。这股冷却空气由管道接到透平排气框架,先被用来冷却支柱,然后大部分被引入第三级后轮间空腔。

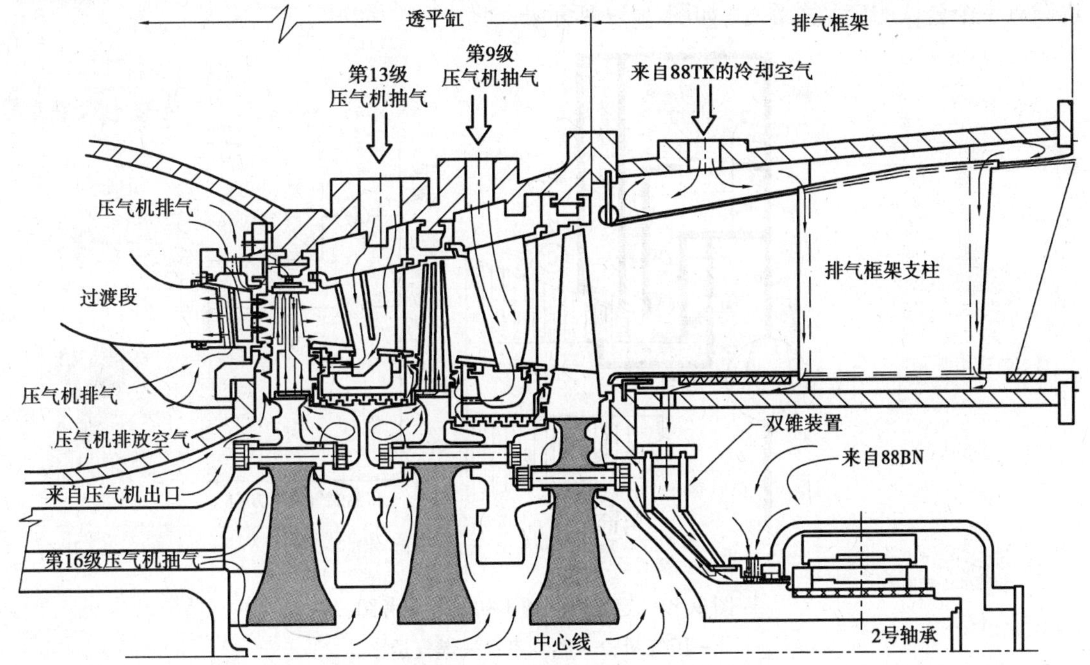

图 2.58　PG9351FA 燃气透平内部冷却示意图

88BN 离心风机的冷却空气经过三个扩压段支柱中的一个进入 2 号轴承隧道区。在 2 号轴承回油真空吸力的作用下,部分冷却空气进入 2 号轴承左侧作为轴承密封。其余的冷却空气在冷却轴承隧道区后,由扩压段支柱中的另一个排至扩压段轮机间,再由离心风机 88BD-1/2 排至厂房外。

2.4.4　对轴流式燃气透平的性能要求

为了适应高效、大功率燃气轮机的发展需要,必须要求轴流式燃气透平的性能按以下方向发展,即:

①提高燃气透平的燃气初温 T_3^*。因为它是改善燃气轮机的效率和增大比功的重要因素。为此需要开发耐高温、耐磨蚀和腐蚀的合金材料,以及有效的透平叶片和透平转子的冷却结构。目前,工业燃气轮机的燃气初温已达 1 288 ~ 1 300 ℃的水平,正在向 1 427 ℃的方向发展。

②改善燃气透平的效率。燃气透平效率的相对变化率 $\rho\eta_t^*$ 对于燃气轮机效率 $\rho\eta_t^*$ 的影响程度是第一位的,因而改善 η_t^* 是至关重要的。目前,轴流式燃气透平的 η_t^* 已能做到 90% ~ 92%。

③在保证燃气透平效率的前提下,增高透平级的膨胀比,以适应高效、大功率燃气轮机中压气机的压缩比 ε^* 不断增大的需要,力求燃气透平的级数不至于过多。

④增大燃气透平的通流能力,以适应大功率燃气轮机中空气流量不断增大的需要。

⑤结构的紧凑性和耐用性,特别是透平叶片的使用寿命必须以 104 h 计算。此外,透平部件应便于制造。

以往有关燃气透平初温的概念是比较混乱的,各有各的理解和不同的定义方法,如今,已逐渐有一个公认的定义关系了,如图 2.59 所示。

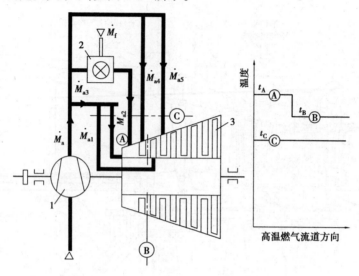

图 2.59 定义燃气透平初温的参考图
1—压气机;2—燃烧室;3—燃气透平

从图 2.59 中可以看到,目前有定义燃气透平初温的三种方法,即①燃烧室的出口温 T_A;②燃气透平第一级喷嘴环(静叶栅)后的燃气温度 T_B;③以进入燃气透平的所有空气流量计算的平均温度 T_C。

通常,认为 T_B 就是我们前面提到的燃气透平初温 T_3^*,燃气在透平中的膨胀做功量可以根据 $T_3^* = T_B$ 值来进行计算。例如,GE 公司出品的 9FA 燃气轮机的燃气透平初温号称为 1 288 ℃,就是指 T_B 值,即指燃气透平第一级喷嘴环(静叶栅)出口处的燃气平均温度。又如,Siemens 公司出品的 V94.3 燃气轮机的 $T_A = 1\ 340$ ℃,$T_B = t_3^* = 1\ 290$ ℃,$T_C = 1\ 160$ ℃。在国际上习惯把 T_C 写为 T_{ISO}。

2.5 燃气轮机轴承及缸体支撑

2.5.1 概述

燃气-蒸汽联合循环发电机组属 STAG 109FA SS(S109FA)系列。一套燃气—蒸汽联合循环发电机组由一台燃气轮机、一台蒸汽轮机、一台发电机和一台余热锅炉(HRSG)组成。图 2.60 所示为 S109FA 联合循环机组的立体布置图。汽轮机处于燃气轮机和发电机之间,只在燃气轮机中有一个单独的推力轴承,控制转子的轴向位置。发电机检修抽芯时无须移动复杂的主机系统。这种排列方式下,燃气轮机冷端输出功率、燃气轮机压气机转盘轴的强度尤其会受到考验。

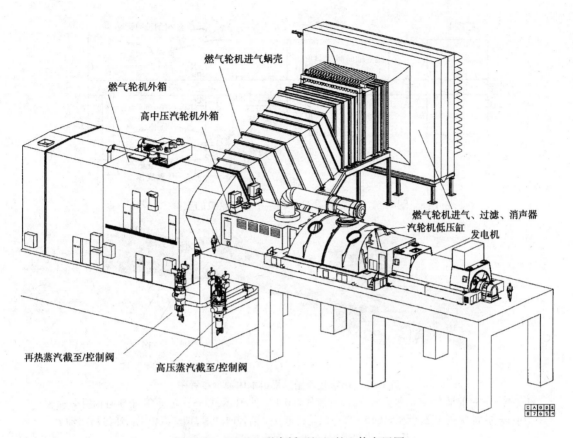

图 2.60　S109FA 联合循环机组的立体布置图

2.5.2　支撑和定位

机组的支撑与定位包括底盘的锚定、机组的支撑和滑销系统。

燃气轮机的基座是钢结构,包括焊接的梁和平板,它的首要功能是支撑燃气轮机的质量。

燃气轮机的前支撑安排在压气机的外法兰上,后支撑轴向有两个垂直的支撑点,用冷却水冷却,冷却水起到最小化热量扩散和辅助维持透平与负载设备的调准,各支撑点保证轴线的水平和轴向固定。此位置称为机组的"绝对死点"。而转子相对于静子的固定点称为机组的"相对死点",它位于燃气轮机前端的止推轴承的推力面上。

燃气轮机、蒸汽轮机、发电机在同一轴系运行,各轴之间的连接都是刚性的,它们只有单一的滑销系统,如图 2.61 所示。燃气轮机的前后支腿可微量移动,并且在压气机前汽缸下部增加了复合导向键。在燃气轮机进汽缸内筒和汽轮机的前机箱之间左右装有两根可调整的、自对中的轴向连接杆组件,将燃气轮机和汽轮机高压汽缸连接成一个整体。

S109FA 联合循环机组由 8 个支持轴承支撑,机组只有一只推力轴承,布置在燃气轮机 1 号轴承座中,推力轴承的主推力面构成了该机组的相对死点。含有 3 号轴承的高压前机箱在 3 号轴承的中心线位置用轴向和横向键铆接到基础板上,并用地脚螺栓压紧,构成热膨胀的绝对死点。转子的死点在 1 号轴承处,在 4 号、6 号轴承箱各有一个差账测点,6 号轴承处有一个转子膨胀测点,如图 2.62 所示。

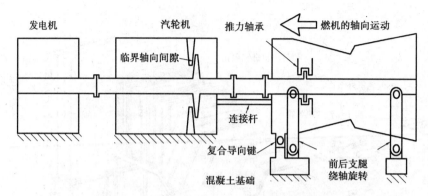

图 2.61 单轴联合循环机组中燃气轮机的支撑

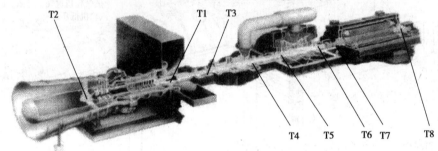

图 2.62 单轴联合循环机组本体轴承布置图

T1—燃气轮机前推力/径向复合轴承;T2—燃气轮机后径向轴承;T3—汽轮机高、中压缸前径向轴承;

T4—汽轮机高、中压缸后径向轴承;T5—汽轮机低压缸前径向轴承;T6—汽轮机低压缸后向轴承;

T7—发电机前径向轴承;T8—发电机后径向轴承

汽轮机的高-中压段流道布置在同一个转子上,安置在同一汽缸中。高压和中压蒸汽从中部向两侧相对流动,以减少推力。低压段是双分流的,内汽缸包含在排汽缸中,在正常运行中机组的合成净推力朝向发电机。燃气轮机机座的轴向移动被"连接杆"和固定的高压透平前机箱束缚住,从而维持住设计的蒸汽轮机和燃气轮机的级间间隙。

高-中压透平汽缸前端(高压端)由高压端前机箱支撑并销住在固定的轴向位置上。汽缸的后端(中压端)由中机箱支撑,横向移动受到位于高-中压汽缸和中机架之间的轴向键的束缚,但在轴向可自由滑动以适应壳体的热膨胀。汽轮机 3 号径向轴承安放在高压前机箱;4 号径向轴承则安放在中机箱上。

中机箱用螺栓固定在低压排汽缸上的垂直机加工法兰上,然后密封焊接,成为排汽缸的整体部分。中机箱的底座可在其基础板上轴向自由滑动,由安装在底座和基础板之间的轴向键导向。

低压排汽缸支撑脚搁置在基础板上。排汽缸由横向中心线上的横向键作轴向定位,但能在这个固定的参考点附近做横向的自由移动,以允许热膨胀。5 号和 6 号低压透平径向轴承座是排汽缸机架的整体部分。排汽缸机架支撑着低压透平内汽缸,由一个导向的塞块和键系统维持着内汽缸和排汽缸的对中,允许它们之间有热膨胀。

2.5.3 刚性联轴器

联轴器是连接两轴或轴和回转件,在传递转矩和运动过程中同时回转而不脱开的一种装置。联轴器有刚性联轴器和柔性联轴器之分。刚性联轴器由刚性传力件构成,各连接件之间不能相对运动,因此不具备补偿两轴线相对偏移的能力,只适用于被连接两轴在安装时能严格对中,工作时不产生两轴相对偏移的场合。刚性联轴器无弹性组件,不具备减振和缓冲能力,一般只适用于载荷平稳并无冲击振动的工况条件。

在S109FA单轴联合循环机组中,燃气轮机为冷端输出,它与高-中压转子之间用负荷联轴器连接,负荷联轴器燃气轮机端是对中榫凸缘联轴器,如图2.63所示。负荷联轴器汽轮机端是带有可分离中间隔离板的联轴器,如图2.64所示。高-中压转子(A端)与低压透平转子(B端)用图2.65所示的对中榫凸缘联轴器连接。低压透平转子(A端)与发电机转子(B端)之间有盘车装置,则用图2.66所示的带间隔盘齿轮的转子联轴器连接,它们共同组成一根长达41 m的刚性长轴,连接时应尽量减小被连接两轴轴线对中的误差。为了减少附加载荷对联轴器的影响,应尽量减小联轴器和轴承之间的距离。

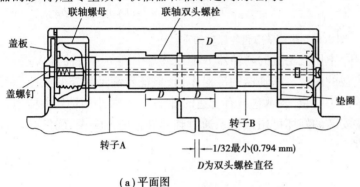

（a）平面图

（b）实物图（A端）

图2.63　对中榫凸缘联轴器

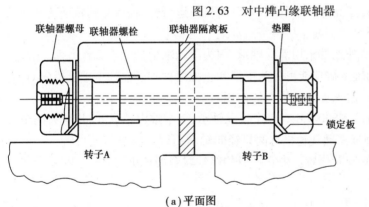

（a）平面图

（b）实物图（A端）

图2.64　带可分离中间隔离板联轴器

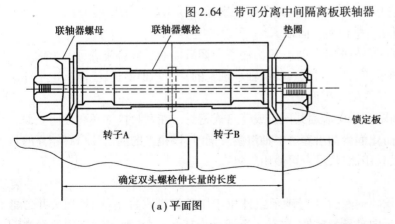

（a）平面图

（b）实物图（A端）

图2.65　对中榫凸缘联轴器

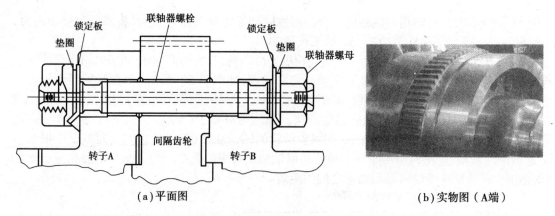

（a）平面图　　　　　　　　　　　（b）实物图（A端）

图 2.66　带间隔盘齿轮联轴器

在安装完主要部件后,将高压/中压汽轮机的联轴器 B 端最终对中到负荷联轴器 A 端上,对中时需要调整可分离中间隔离板的厚度。联轴器的冷对中值,象征着满足最佳的从冷态到所期望的热态对中条件。这样的对中安装,表示它具有合适的轴承负荷,最小的轴弯曲应力和通过轴承有最小的轴倾斜。对中安装的好坏可预报轴系通过临界转速时的共振,确保在运行的极限数据内有适当的安全裕度。

2.5.4　轴承

轴承是支撑转子并允许转子高速转动的承力部件,机组运行时,轴承受到转子的径向及轴向作用力,再经过轴承座传至汽缸上或正接传至底盘上。

重型燃气轮机机组毫无例外地都采用滑动轴承,因为滑动轴承具有承载能力强、工作寿命长、减振性能好等优点。滑动轴承按功能可分为支撑和止推两种。径向轴承承受径向力,起支撑作用,推力轴承承受轴向力,起承受轴向推力的作用。

GE 公司系列的燃气轮机除 MS9001E 有三个径向轴承、一个推力轴承外,其余为两个径向轴承和一个推力轴承。PG9351FA 燃气轮机有两只径向轴承用以支撑燃气轮机转子。有一只推力轴承以保持转子与静子的轴向位置。由它组成的单轴联合循环机组,燃气轮机、蒸汽轮机和发电机共用一只推力轴承。

轴承及其密封安装在两个轴承座中,一个在进气端,另一个在排气框架中心线上。

1 号轴承是复合轴承,它包括一个四可倾瓦自整位型径向轴承和有正副推力瓦的推力轴承。2 号轴承是一个四可倾瓦自整位型径向轴承。

这两个轴承由润滑油系统供应的流体进行压力润滑。润滑油通过支管流进每一个轴承座的入口。当润滑油进入到轴承座入口后,流入环绕轴承轴瓦的一个环形通道,流体从这个环形通道穿过轴瓦上的机加工孔流入轴瓦表面。

每一个轴承座上的挡油圈和径向表面共同构成迷宫式密封。在密封挡油圈和径向表面之间仅留有一个很小的间隙,防止润滑油沿着透平轴渗漏。同时,该机组的润滑油箱有较高的负压,有较大的抽吸作用,所以只用油封,没有再使用气封。

（1）1 号轴承组件

图 2.67 所示为 1 号轴承的剖面图,1 号轴承组件位于压气机进汽缸组件的中心,并包括主推力轴承、副推力轴承和径向轴承。此外,它有一个浮动型环状油封,两个迷宫式油封和一

个用来安装轴承的轴承座。推力轴承前端的浮动型环状油封充有润滑油,限制空气进入腔内。

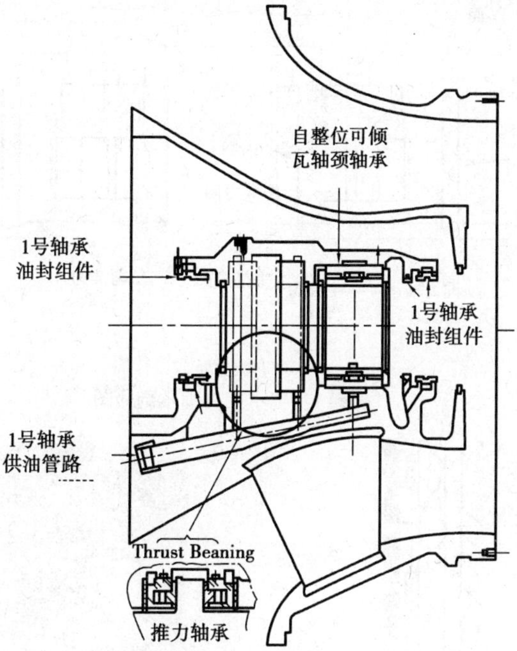

图 2.67　1 号轴承的剖面图

　　轴承座的底部是进汽缸的一部分。轴承座的上部是一个独立的铸件,用法兰和螺栓固定到下半部。推力轴承组件由一个被称为推力盘的轴部件和一个被称为轴承的静止部件组成。推力轴承用来承受燃气轮机在转动时形成的推力负荷。加到这个轴承的推力负荷是沿转子轴向作用在转子组件上的力的代数和。

　　在燃气轮机正常运行过程中,转子组件的推力负荷是单方向的;然而,在启动和停机过程中,推力负荷的方向通常相反。因此,为了承受加在两个方向上的推力负荷,在一个转子轴上装有两个推力轴承。承受正常运行中推力的轴承称为"主"或"承载"推力轴承,而承受启动或停机过程中推力的轴承称为"副"或"不承载"推力轴承。

　　图 2.68 所示为 1 号轴承推力轴承剖面图以及推力轴承圆周方向展开图。

　　推力轴承的工作是可倾瓦自位型的。这种轴承类型能够承受高负荷并能容许轴和轴承座的对中偏差。可倾瓦自位推力轴承的主要零件包括推力盘、推力瓦、均衡板、座环等。推力盘作为转子轴的一个整体部分是随轴转动的。推力瓦由两排被称为均衡板的淬硬钢调整杠杆支撑。瓦块和均衡板装在座环中,且整个组件支撑在轴承座内,并用销钉固定,防止其转动。轴承瓦块形状就像环的扇段一样,它的表面镶有巴氏合金,每个瓦块都有一个称为瓦块支点的淬硬钢凸球,球安装在瓦的背面,因此瓦块在均衡板上可向任何方间做轻微摇摆。

　　均衡板是带中心支点的短杠杆。它们的功能是调整好由它支撑的瓦块与推力盘的相对位置,并且在轴线有可能略微偏离正常状态的情况下使瓦块均衡承受载荷。均衡板由销或螺纹定位在座环上,使它可以在支点上自由摆动。通过推力盘传递给每一瓦块的载荷,使得瓦块压在其后的上均衡板上。每一块均衡板依次支撑在两块相邻下均衡板中每块的一条棱边上,下均衡板的另一棱边则支撑相邻的上均衡板。

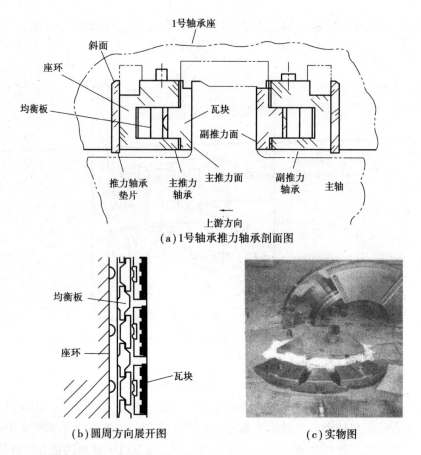

图 2.68　1 号轴承推力轴承剖面图以及推力轴承圆周方向展开图

　　这种布置的结果,使得加在一块瓦块上任何初始过量的推力,通过均衡板的相互作用立即被相邻的瓦块所分担。这种相互作用和载荷分担沿着整个圆周分布,使得所有的瓦块自动地受到相等的载荷。

　　轴承组件的所有零件都由座环提供支撑,并使这些零件处于正确的位置。可倾瓦推力轴承属于液压动力润滑轴承。由轴承表面的相对运动形成和保持的润滑油薄膜将轴承表面与推力盘分开。这层油膜承受着推力载荷并防止轴承表面金属之间的接触。除了作为载荷支撑介质之外,润滑油同时带走因油膜剪切作用而产生的热量。

　　在工作时,可倾瓦推力轴承的瓦块可提供最佳的油膜,而这正是轴承在承受不同的载荷、转速、油的黏度和温度的综合作用时所要求的。

　　提供给可倾瓦推力轴承的润滑油,通过轴承座上的孔在压力作用下进入座环后的一个环形通道,然后,润滑油通过座环上的孔进入推力轴承腔内,在那里由转动的推力盘固有的泵送作用,将润滑油吸进并送到整个轴承的表面周围。润滑油在瓦块和推力盘的外表面离开,流出轴承汇集到一个大的环状腔室,并排放掉。环形排放通道和出口通常是在轴承座上被铸造或机加工出来的。

　　1 号轴承的径向轴承是一只自整位轴瓦轴承,由 4 块可倾瓦组成。图 2.69 所示为典型的自整位四可倾瓦轴承。

（2）2 号轴承组件

如图 2.70 所示，和 1 号轴承的径向轴承一样，2 号轴承是一只自整位四可倾轴瓦轴承。2 号轴承组件被支撑在排气框架的内缸中，位于排气框架中心线处。组件在水平中分面上有凸缘，在组件底部中心线有 1 个轴向键。通过这些与排气框架内缸相连接，当轴与缸由于温度不同而引起相对伸长时，轴承仍能保持在排气框架的中心线处。

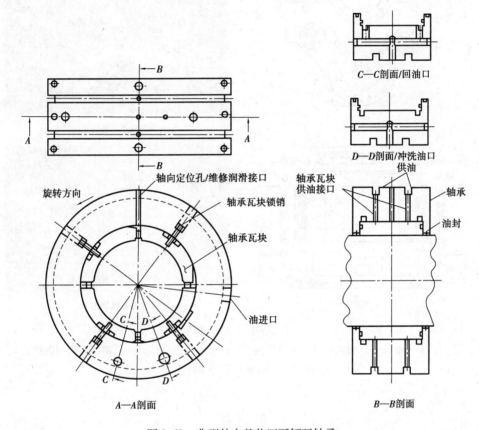

图 2.69　典型的自整位四可倾瓦轴承

2 号轴承组件由自整位可倾瓦轴瓦、迷宫式油封和轴承座组成，轴承上轴瓦以螺栓固定在轴承座下半部上，是可拆分的。在轴承座每端设有迷宫式油封，防止润滑油沿着透平轴渗漏。

由图 2.69 和图 2.70 可知，润滑油从进油管进入轴承底部，顺着周向布置的槽道从瓦块（两只）油孔进入轴瓦，润滑轴颈后，从两边流出，汇流到回油管。D—D 剖面所示的是冲洗油口，供检修后，进行润滑油冲洗时，只需将整个轴承按转动方向旋转一定角度，将通向轴瓦的油路旁通，在轴承体内将油路转向回油口。待冲洗完毕，再将轴承恢复原位即可。

PG9351FA 燃气轮机径向轴承下部的两块可倾瓦块中心各有一只顶轴油进油孔，在机组启动和停机时，顶轴油将转子顶起 0.05～0.075 mm，以减少启动力矩，并建立润滑油膜将转子和轴瓦隔开。

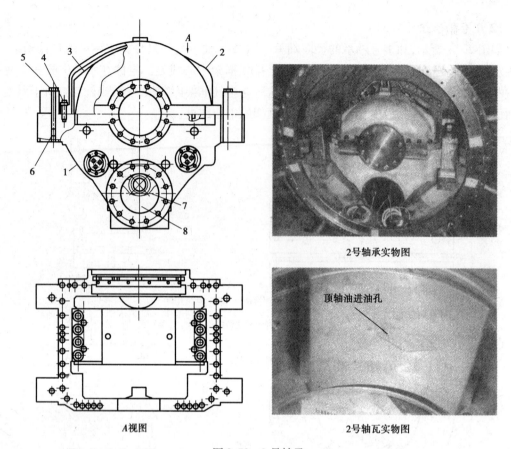

2号轴承实物图

顶轴油进油孔

A视图

2号轴瓦实物图

图2.70 2号轴承

1—下轴承座;2—上轴承座;3—上轴瓦;4—上轴承座紧固螺栓;5—下轴承座紧固螺栓;
6—紧固螺栓孔;7—顶轴油和润滑油进油管;8—回油管

思考题

1. 简述 PG9351FA 型燃气轮机的主要结构参数。

2. 简述压气机、燃烧室、透平工作原理。

3. PG9351FA 型燃气轮机压气机的 9 级、13 级抽气的作用是什么?

4. 扩散燃烧与预混燃烧的主要区别是什么?

5. DLN2.0 + 型燃烧室有哪些主要部件,各有何作用?

6. DLN2.0 + 型燃烧室的有哪几种燃烧模式?

7. DLN2.6 + 与 DLN2.0 + 比较有哪些技术改进? 其主要参数有哪些提高?

8. PG9351FA 型燃气轮机透平冷却方式有哪些?

9. PG9351FA 型燃气轮机轴承有几个? 简述其主要结构特点。

10. 简述 PG9351FA 型燃气轮机缸体支撑的位置和特点。

第 **3** 章
燃气轮机高温热部件

3.1　高温合金及涂层介绍

3.1.1　高温合金材料介绍

（1）高温合金的概念及其特性

高温合金指在 650 ℃ 以上温度具有一定力学性能和抗氧化、耐腐蚀性能的合金。

高温合金性能特点为：①具有较高的高温强度；②具有良好的抗氧化和抗热腐蚀性能；③具有良好的抗疲劳性能、断裂韧性、塑性。

高温合金组织特点为：高温合金为单一（奥氏体 γ）基体组织，在各种温度下具有良好的组织稳定性和使用的可靠性。

基于上述性能特点，且高温合金的合金化程度较高，又被称为"超合金"，是广泛应用于航空、航天、石油、电力、化工、舰船等的一种重要材料。

（2）高温合金的分类

按基体元素来分为：铁基、镍基、钴基等高温合金。

按合金强化类型分为：固溶强化型合金、时效沉淀强化型合金。

按合金材料成形方式分为：变形高温合金（饼、棒、板、环形件、管、带和丝），铸造高温合金（普通精密铸造、定向凝固和单晶合金），粉末冶金高温合金（普通粉末冶金高温合金和氧化物弥散强化合金）。

按使用特性分为：高强度合金、高屈服强度合金、抗松弛合金、低膨胀合金、抗热腐蚀合金等。

3.1.2　高温合金强化手段

高温合金强化就是把多种合金元素加到基体元素（镍、铁或钴）中，使之产生强化作用。

合金强化包括：固溶强化、第二相强化（沉淀析出强化和弥散相强化）、晶界强化。

除合金强化外还有工艺强化,两者相互促进。工艺强化是通过新工艺改善冶炼、凝固结晶、热加工、热处理、表面处理等改善合金结构而强化。

(1)高温合金的固溶强化

固溶强化是将一些合金元素加入高温合金中,使之形成合金化的单相奥氏体而得到强化。高温合金中高熔点的铬、钨、钼是固溶强化的主要元素,提高合金的高温持久强度,其他元素的强化作用较弱。固溶强化作用随温度升高而下降。

(2)高温合金的第二相强化

高温合金主要依赖于第二相强化。第二相强化又分为时效析出沉淀强化、铸造第二相骨架强化、弥散质点强化。

时效析出沉淀强化主要是 $\gamma'(Ni_3AlTi)$、$\gamma''(Ni_xNb)$ 或碳化物的时效沉淀强化。

弥散质点强化主要是氧化物质点或其他化合物质点的强化。

钴基铸造合金有碳化物骨架强化。

(3)高温合金晶界强化

高温时晶界产生滑动和迁移使晶界成为薄弱环节,减低高温强度。

晶界存在杂质元素的偏析,杂质在合金中平均含量很低时,就可能在晶界上产生很高的偏聚量,很多元素属于易偏聚元素,从它对高温合金的作用来说,分两类:

①有害杂质:N_2、O_2、H_2、S、P 要严格控制,其他有害元素有铋、碲、硒、铅、铊;

②有益的微合金元素:主要包括稀土元素,镁、钙、钡、硼、锆、铪等元素,这些元素通过净化合金及微合金化两个方面来改善合金。

(4)高温合金的强化工艺途径

高温合金的强化工艺主要有:形变热处理、复相组织强化、单晶体位向与织构控制、快速凝固工艺。

3.1.3 高温合金部件制造工艺及热处理

(1)高温合金的冶金工艺

不含或少含铝、钛的高温合金,一般采用电弧炉或非真空感应炉冶炼。

含铝、钛高的高温合金如在大气中熔炼时,元素烧损不易控制,气体和夹杂物进入较多,所以应采用真空冶炼。为了进一步降低夹杂物的含量,改善夹杂物的分布状态和铸锭的结晶组织,可采用冶炼和二次重熔相结合的双联工艺。冶炼的主要手段有电弧炉、真空感应炉和非真空感应炉;重熔的主要手段有真空自耗炉和电渣炉。

(2)高温合金部件的制造工艺

下面主要介绍变形高温合金制造工艺、铸造高温合金制造工艺、粉末冶金工艺。

1)变形高温合金制造工艺

固溶强化型合金和含铝、钛低(铝和钛的总量约小于4.5%)的合金锭可采用锻造开坯;含铝、钛高的合金一般要采用挤压或轧制开坯,然后热轧成材,有些产品需进一步冷轧或冷拔。直径较大的合金锭或饼材需用水压机或快锻液压机锻造。

2)铸造高温合金制造工艺

20世纪60年代,变形高温合金中的铝、钛及其他高熔点元素铬、钼、钨的含量不断提高,合金的热强度不断提高。但恰恰是高的热强度,使塑性变形加工过程的阻力严重增大,难以进行锻造、轧制等热加工,或者在加工过程中沿较脆弱的界面出现裂纹。变形高温合金已无法继续容纳更多的高熔点元素。

而如果采用铸造的方式制备高温部件,那么合金中就可以熔入更多的固溶强化元素和第二相强化元素,所以铸造高温合金的工作温度达到 1 000 ℃ 左右,超过变形高温合金 50 ~ 100 ℃。而且,通过精密铸造工艺可以制成空心或多孔型叶片,通过对流和气膜冷却,可进一步提高叶片的工作温度。

铸造高温合金从 20 世纪 60 年代至 90 年代经历了等轴晶、定向柱晶到单晶的 3 个发展阶段。

①普通铸造(CC)。在一般条件下铸造零件时,熔融的合金在铸型中逐渐冷却,一开始就由多个晶核产生多个晶粒。随着温度降低,晶粒不断长大,最后充满整个零件。由于合金冷却时散热的方向未加控制,晶粒的长大也是任意的,所以得到的晶粒形状近似球形,称为等轴晶。

晶粒之间的界面称为晶界。晶界上往往存在许多杂质和缺陷,故晶界往往是最薄弱的易破坏区域。虽然采用细晶铸造工艺能在一定程度上改善铸造高温合金的持久强度和疲劳性能,但是无论如何净化晶界或提高晶界强度,始终不能改变晶界仍作为最薄弱环节的事实。

②定向铸造(DS)。普通铸造获得的是大量等轴晶。等轴晶的长度和宽度大致相等,纵向晶界和横向晶界的数量也大致相同。横向晶界比纵向晶界更容易断裂。

定向柱晶铸造工艺的目的就是形成并列的柱状晶,消除横向晶界。使涡轮叶片工作时最大的离心力与柱晶之间的纵向晶界平行,减少了晶界断裂的可能性。

定向铸造是控制铸型中的散热方向和冷却速度,使熔融金属由叶片的一端向另一端逐渐凝固,由于开始时有若干晶核同时生成,所以沿叶片的纵向形成排列整齐的几条柱晶。

定向柱晶组织更耐高温腐蚀,可使工作温度提高约 50 ℃,还使疲劳寿命提高 10 倍以上。

③单晶铸造(SC)。单晶铸造获得的涡轮叶片只有一个晶粒,完全消除了晶界的有害作用。单晶铸造过程的特点是:控制熔融金属在铸型内的散热条件,只允许一个优选的柱晶长大。

单晶铸造工艺广泛使用引晶法:熔融金属注入铸型后,与底部激冷板接触的合金首先凝固,形成许多细小的晶粒。继续注入熔融金属,使这些小晶粒沿螺旋选晶器向上生长,大部分晶粒受到阻碍,只有一个晶粒能通过选晶器的狭小通道,继续生长,最后充满整个型腔。

3)粉末冶金工艺

铸造高温合金可以熔入大量的高熔点元素,如钼、钨、铌等。但这些元素密度较高,容易形成偏析,影响合金性能的稳定。

而粉末高温合金可以避免元素偏析的缺点。因为用快速凝固法制出的超细粉末,直径只有 10 ~ 100 μm 甚至更小,每一个粉末颗粒就是一个铸件,因此整体高温合金成分均匀,无宏观偏析,合金化程度可超过铸造合金。

(3)高温合金的热处理工艺

高温合金的性能同合金的组织有密切关系,而组织是受金属热处理控制的。高温合金一般需经过热处理。沉淀强化型合金通常经过固溶处理和时效处理。固溶强化型合金只经过固溶处理。有些合金在时效处理前还要经过一两次中间处理。

固溶处理首先是为了使第二相溶入合金基体,以便在时效处理时使 γ′碳化物(钴基合金)等强化相均匀析出,其次是为了获得适宜的晶粒度以保证高温蠕变和持久性能。固溶处理温度一般为 1 040 ~ 1 220 ℃。

目前广泛应用的合金在时效处理前多经过 1 050 ~ 1 100 ℃中间处理。中间处理的主要作用是在晶界析出碳化物同时使晶界以及晶内析出较大颗粒的 γ′相与时效处理时析出的细小γ′相形成合理搭配,提高合金持久和蠕变寿命。

时效处理的目的是使过饱和固溶体均匀析出 γ′相或碳化物(钴基合金)以提高高温强度,时效处理温度一般为 700 ~ 1 000 ℃。

3.1.4　高温合金涂层及工艺

(1)高温合金涂层简介

高温合金涂层主要有三种类型:①热扩散涂层(Diffusion Coating),包括简单的铝化物涂层、改进型铝化物涂层;②覆盖涂层(Overlay Coating),即 GT-29 型合金涂层;③热障涂层(TBC:Thermal Barrier Coatings),由金属结合层 MCrAlY 加陶瓷层 $ZrO_2 \cdot Y_2O_3$ 构成。

1)扩散涂层(Diffusion Coating)

扩散涂层用于温度不太高的需要抗氧化、抗腐蚀的部件,主要有简单铝化物涂层和改进型铝化物涂层,常用的是改进型铝化物涂层,如 PtAl、NiAl(20% ~33% 的铝)等。

扩散涂层采用热渗法工艺,包括固渗、料浆渗、气相渗、熔渗等。

2)覆盖涂层(Overlay Coating)

MCrAlY 型合金包覆涂层用于在极高温度下需要抗氧化的部件,用作独立涂层或热障涂层(TBC)的底层。MCrAlY 中的 M 是 Ni 或 Co 或 Ni、Co 联合使用。其中,Ni、Co 是基体元素。Al 是生成 Al_2O_3 的必需元素,高 Al 含量能延长高温氧化条件下涂层的寿命,但使其脆性增加。因此 Al 的质量分数控制在 8% ~12%,并向低 Al 含量方向发展。Cr 主要用来提高粘结层的抗氧化和耐腐蚀能力。高温条件下,粘结层中 Al 优先氧化完毕后,Cr 继续在 Al_2O_3 膜与粘结层之间形成 Cr_2O_3 膜,起到屏蔽基体合金作用,并促进 Al_2O_3 膜的生成。但 Cr 会降低涂层的韧性,应在保证抗氧化及抗腐蚀性的前提下,使 Cr 含量尽可能低。Y 质量分数一般在 1% 以下,起细化晶粒、提高 Al_2O_3 膜与基体结合力的作用,从而改善涂层的热震性、降低粘结层的氧化速率。

MCrAlY 涂层有双相显微结构 β + γ。γ 相能增强涂层的延性提高热疲劳抗力。涂层中的β-NiAl 相在高温热暴露下可趋向分解,Al 向表面热氧化层(TGO)及基体内扩散,β 相 Al 的消耗程度影响涂层的寿命,直至涂层失效。

MCrAlY 涂层用可用热喷涂、物理沉积、熔烧和烧结加热等静压处理-HIP(Hot Isostatic Pressing)等工艺制备。

3)热障涂层(TBC:Thermal Barrier Coatings)

典型的热阻涂层在结构上包含 4 个部分:

①基体,即被保护的零件;

②金属结合层(BC:Bond Coat),通常为高温合金 MCrAlY(M 代表 Ni、Co 或 NiCo 合金);

③热生长氧化物层(TGO:Thermally Grown Oxide),TGO 是在高温条件下外部氧通过 TC 层到达 BC 层表面并使其氧化而形成的,通常为一致密的 Al_2O_3 薄膜,在随后的工作过程中能够阻止外部氧向 BC 层内部和基体的扩散,起保护基体金属的作用;

④热障涂层(TBC)底层:可用 HVOF 或 LPPS 方法喷涂,陶瓷层可用 APS 或 EB-PVD 工艺施加。

（2）高温合金涂层工艺

高温合金涂层涂覆方法主要有：热渗法、热喷涂法、气相沉淀法等。热渗法主要用于扩散涂层的制备，热喷涂法及气相沉淀法多用于金属涂层及热障涂层的制备。下面主要介绍几种常用的涂层制备工艺。

1）热喷涂工艺

目前常用的热喷涂工艺有：高速氧燃料火焰喷涂 HVOF、等离子喷涂（包括大气等离子喷涂 APS、低压等离子喷涂 LPPS）等。

①高速火焰喷涂（HVOF）。它是 20 世纪 80 年代出现的一种高能喷涂方法，是继等离子喷涂之后热喷涂工业最具创造性的进展。高速火焰喷涂方法可喷涂的材料很多，其火焰含氧少，温度适中，焰流速度很高，能有效地防止粉末涂层材料的氧化和分解。

②等离子喷涂。等离子喷涂技术是最早用于制备热障涂层的先进工艺。它是用等离子体发生器（等离子喷枪）产生等离子体，利用等离子焰流将金属或陶瓷粉末加热到熔融状态，并高速喷射在经预处理的基底表面上。当熔融状态的颗粒以 30～500 m/s 的速度撞击在基底上时，迅速在基底表面铺展、凝固、形成薄片，下一个颗粒在撞击到基底上之前，前一个颗粒已经凝固，从而在基底表面形成一种具有特殊功能的涂层。按照工艺不同可分为大气等离子喷涂（APS：Atmospheric Plasma Spraying）、低压等离子喷涂（LPPS：Low Pressure Plasma Spraying）。

大气等离子喷涂（APS）工艺的特点是操作简便，加热温度高，对涂层材料的要求宽松，沉积率高，制备成本低。APS 涂层的组织呈片层状，空洞较多，优势在于孔隙率大，隔热性能好，但是涂层中较多的疏松与空洞以及片层界面都可能成为导致涂层失效的裂纹源，因此 APS 涂层的抗热振性能差。

低压等离子喷涂（LPPS）是在负压密封容器内进行的。低压等离子喷涂工艺的特点是焰流速度高，粒子动能大，形成的涂层致密，结合强度高。图 3.1 是低压等离子喷涂工艺制备的MCrAlY 涂层示意图。

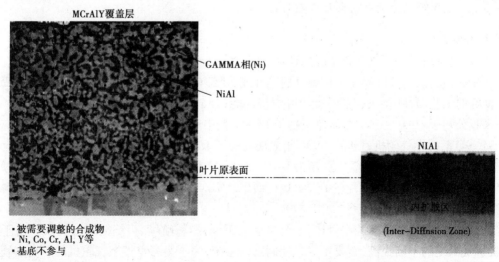

图 3.1　低压等离子喷涂工艺制备的 MCrAlY 涂层示意图

2）电子束-物理气相沉淀工艺

电子束-物理气相沉淀方法（EB-PVD）是用电子束来蒸发、气化涂层材料，通过稀薄气氛把蒸汽输送到基体上，涂层材料蒸汽在基体上冷凝形成涂层。涂层附着力强、工艺温度低、涂层纯度高、组织致密，但设备复杂，生产成本高。

EB-PVD 沉积的涂层表面光洁，涂层/基体的界面为化学结合，结合力强。涂层为垂直于基体表面的柱状晶结构，柱状晶之间存在非冶金结合界面，这种结构明显提高了涂层的抗形变容限。图 3.2 是 EB-PVD 工艺制备的 TBC 涂层示意图。EB-PVD 涂层的热循环寿命高出 APS 涂层几倍。

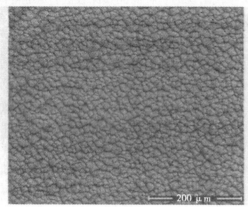

（a）表面形貌　　　　　　　　　　　　　　　　（b）断面形貌

图 3.2　EB-PVD 工艺制备的 TBC 涂层的表面形貌（a）和断面形貌（b）

3.2　燃气轮机热部件材料及失效方式

3.2.1　燃烧室热部件材料及失效方式

（1）燃烧室热部件材料

燃烧室在高温、大负荷、变工况的环境下运行，所受的机械应力较小，但热应力较大。对材料的要求主要有：高温抗氧化和抗燃气腐蚀性能；足够的瞬时和持久强度；良好的冷热疲劳性能，良好的工艺塑性（持久，弯曲性能）和焊接性能；合金在工作温度下长期组织稳定。

GE 公司于 1990—1991 年研制成功了 DLN 1 型串联式预混稀释态的 DLN 燃烧室，应用于6B、7E、9E 系列燃气轮机；1993—1994 年成功发展了 DLN2.0 型并联分级预混燃烧室，应用于早期的 FA 级燃气轮机；2000 年更新为 DLN2.0＋并联分组预混燃烧室，结构图如图 3.3 所示。PG9351FA 燃气轮机机组则配备 DLN2.0＋型燃烧室。DLN2.0＋材料列表见表 3.1，材料组成如图 3.4 所示。

燃烧室系统是一种多腔组合体，主要包括三部分：燃料喷嘴、火焰筒和过渡段。由于燃气轮机进气温度的不断提高，需要更好地控制发射系统，为了提高重型燃气轮机的燃烧室硬件的能力，GE 进行了大量卓有成效的工作。早期燃气轮机中简单的零部件现在成为非常复杂的零件组合体，采用非常复杂的材料和工艺。

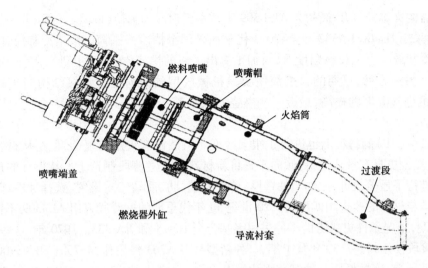

图 3.3 9FA DLN2.0+燃烧器结构图

表 3.1 DLN2.0+材料

燃烧器主要热部件		材料编号
燃料喷嘴	喷嘴端盖(End cover)	304L SS
	喷嘴组件(Nozzle)	HASTX、N263
火焰筒(Liner)		HASTX
喷嘴帽(Cap)		304L SST、410 SST、CARBON STEEL、HASTX
过渡段(Transition Piece)		N263

组成元素	Cr	Ni	Co	Fe	W	Mn	Ti	Al	Ch	V	C	B	Ta
动叶													
US00	18.5	BAL	18.5	—	—	4	3	3	—	—	0.07	0.006	—
RENE 77 IU100	15	BAL	17	—	—	5.3	3.35	4.25	0.9	—	0.07	0.02	—
IN738	16	BAL	83	0.2	2.6	1.76	3.4	3.4	0.9	—	0.10	0.001	1.76
GTD111	14	BAL	95	—	3.8	1.5	4.9	3.0	—	—	0.10	0.01	28
透平喷嘴													
X40	25	10	BAL	1	8	—	—	—	—	—	0.50	0.01	—
X46	26	10	BAL	1	8	—	—	—	—	—	0.25	0.01	—
FSX414	28	10	BAL	1	7	—	—	—	—	—	0.25	0.01	—
NI55	21	20	20	BAL	25	3	—	—	—	—	0.20	—	—
GTD·222	22.5	BAL	19	—	20	2.3	1.2	0.8	—	0.10	0.008	1.00	—
燃烧器													
SS309	23	13	BAL	—	—	—	—	—	—	—	0.10	—	—
HAST X	22	BAL	1.5	1.9	0.7	9	—	—	—	—	0.07	0.005	—
N·263	20	BAL	20	0.4	—	6	2.1	0.4	—	—	0.06	—	—
HA·188	22	22	BAL	1.5	14.0	—	—	—	—	—	0.05	0.01	—
透平轮盘													
ALLOY718	19	BAL	—	16.5	—	3.0	0.9	0.5	5.1	—	0.03	—	—
ALLOY706	16	BAL	—	37.0	—	—	1.8	—	29	—	0.03	—	—
Cr·Mo·V	1	0.5	BAL	—	—	1.25	—	—	—	0.25	0.30	—	—
A186	16	26	—	BAL	—	1.2	2	0.3	0.26	—	0.08	0.006	—
M152	12	2.5	—	BAL	—	1.7	—	—	—	0.3	0.12	—	—
压气机叶片													
AISI 403	12	12	—	BAL	—	—	—	—	—	—	0.11	—	—
AISI 403+Cb	12	—	—	BAL	—	—	—	—	0.2	—	0.15	—	—
GTD·450	15.5	6.3	—	BAL	—	0.8	—	—	—	—	0.03	—	—

图 3.4 材料对照表

燃烧器的火焰筒(CL)最初为 AISI 309 不锈钢天窗冷却圆筒(louver cooled liner),在 20 世纪 60 年代采用 HastX/RA333 合金,70 年代早期采用窄槽冷却圆筒。窄槽冷却设计显著提高了火焰筒冷却效果。从材料角度看,对加工提出了新的挑战,在装配主要采用钎焊和焊接的组合方式。另一方面,早期的火焰筒主要是机械成型的天窗通过焊接结构制成的,随着新型燃气轮机进气温度的提高,最近一些燃烧室火焰筒的后部采用 HS-188 合金,以提高蠕变持久强度。

在过渡段(TP)的材料上也进行了很多改变。虽然没有火焰筒复杂,但是从材料、工艺的角度看,过渡段更具有挑战性,更倾向于先将新材料用于过渡段制造上。从设计的角度看,对先进燃机进行了显著改进,比如增加壁厚、单件后端、肋、浮动气封设置、选择性冷却等。这些设计改进是与材料的改进相匹配的。20 世纪 50 年代早期的过渡段采用 AISI309 不锈钢制造。60 年代早期,工况条件更恶劣的零件采用镍基合金 HastX 和 RA-333。1970 年,这些合金成为标准的过渡段使用材料。80 年代早期,一种新型材料 N263 被用作 MS7001 和 MS9001 燃气轮机的过渡段制造,该材料是一种沉淀强化镍基合金,强度比 HastX 高。N263 合金已用于进气温度更高的燃气轮机,并将用于未来功率更大的燃气轮机。

除了基体材料的改变,先进和大功率燃机燃烧室热部件上还使用了热障涂层(TBC)。TBC 涂层提高热部件的耐久性和抗氧化、抗腐蚀能力。TBC 的使用很大程度上延长了燃烧热部件的使用寿命。

(2)燃烧室热部件失效方式

①低周疲劳失效(LCF):部件在机组启停时会经历温度的突然变化,易产生低周疲劳失效;

②高周疲劳失效(HCF):火焰燃烧和气膜冷却会使部件产生高频振动而可能产生高周疲劳失效;

③高温蠕变破裂:部件内外压力引起高温蠕变破裂和变形;

④热机械疲劳(TMF):稳定运行时,燃烧过程及筒壁冷却所产生的热应力很可能产生热疲劳;

⑤高温氧化、烧蚀;

⑥磨损。

3.2.2 透平热部件材料及失效方式

(1)透平热部件材料

1)透平动叶叶片

透平动叶叶片是燃气轮机上最关键的构件之一。虽然工作温度比透平喷嘴片要低些,但是受力大而复杂,工作条件恶劣。因此对透平叶片材料要求有:高的抗氧化和抗腐蚀能力;高的抗蠕变和抗持久断裂的能力;良好的机械疲劳和热疲劳性能以及良好的高温和中温综合性能。

GE 公司 F 级燃气轮机的燃气初温高达 1 327 ℃以上。为了保证燃气轮机的正常可靠工作,GE 公司从改善高温合金材料的性能和提高叶片冷却效果两方面入手,取得了显著成绩。该机组燃气透平转子部件的选材见表 3.2。

表 3.2　透平动叶材料表

叶片	9FA	9FB
透平 1 级动叶	DS GTD111	SX　N5
透平 2 级动叶	EA GTD111	DS GTD444
透平 3 级动叶	EA GTD111	DS GTD444

目前透平一级叶片材料采用定向凝固合金(DS) GTD-111。除化学成分控制更严格外,该合金与等轴(EA) GTD-111 合金一致。该叶片材料目前用在 6FA、7FA 和 9FA 级燃气轮机以及 6B、9EC、7EA 和 5/2C、D、3/2J 等大功率燃气轮机。DS GTD-111 合金还可用于 7FA 和 9FA 级燃气轮机的第 2 级和第 3 级叶片。如前所述,使用 DS GTD-111 合金显著提高蠕变寿命,或者说显著提高给定寿命下的允许应力。DS GTD-111 合金性能优于 EA GTD-111 合金,性能提高是因为消除了叶片中的传统弱化性能的显微组织结构——横向晶界。而且,定向凝固 DS GTD-111 合金的应变控制疲劳强度和热疲劳强度是 EA GTD-111 合金的 10 倍。DS GTD-111 合金的冲击性能也优于等轴 EA GTD-111 合金,超出 33%。

DS GTD-111 和 EA GTD-111 由 GE 公司于 20 世纪 70 年代中期研发并获得专利。与 In-738 合金相比,EA GTD-111 合金的持久强度约提高 20 ℃。GTD-111 的低周疲劳强度也优于 In-738 合金。同时,GTD-111 合金的抗腐蚀性能与 In-738 的抗腐蚀性能(行业内公认的抗腐蚀性能标准)相当。该合金的设计很独特,采用相对稳定和其他预测技术搭配关键元素(Cr、Mo、Co、Al、W 和 Ta)的含量,因此该合金具有更高的强度,同时也保持了很好的抗热腐蚀性能(与 In-738 合金相当),且没有降低相的稳定性。同时还采用了与提高 In-738 合金铸造性能相同的方法提高 GTD-111 的铸造性能。

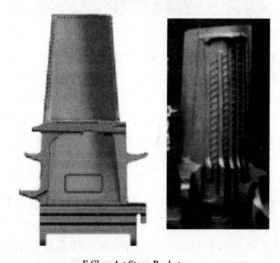

F Class 1st Stage Bucket

GTD111 with DVC-TBC Coating

F系列一级动叶

图 3.5　透平一级动叶及内部空气

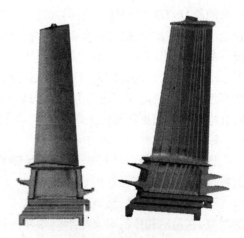

F Class 2nd Stage Bucket

F系列二级动叶

图 3.6　透平二动叶及内部空气流道

另外,第一和第二级动叶片是空气冷却叶片。这两级动叶表面均有真空等离子喷涂 Co-Cr-Al-Y 涂层,采用空气冷却结构,冷却通道内表面再喷涂一层铝保护层。第一级叶片是空气通过叶片楔形榫头基座上的高压气被引入每个一级叶片中,如图 3.5 所示。它除了有对流冷却外,在头部有冲击冷却,还有多处气膜冷却。第二级动叶自枞树形叶根底面至叶顶布置有许多动叶冷却用的纵向空气通道,如图 3.6 所示,树形叶根底部的冷却孔引入,流向叶尖并从那里流出。

第三级动叶片的片顶部像第二级动叶一样,由 Z 形围带封装,构成叶尖密封的一部分。这些围带在各叶片间连锁以减少震动,如图 3.7、图 3.8 所示。这些动叶的设计方式都有助于动叶的使用寿命延长,保证其稳定性。

F Class 3rd Stage Bucket

F系列三级动叶

图 3.7 透平三动叶

图 3.8 已安装透平一二三级动叶

随着 DS GTD-111 合金的引入及其投入商业运行,现在的研发重点是单晶工艺和高级 DS 合金。通过控制单晶方向,单晶可以获得更高的高温强度,可以具有更好的综合性能。单晶中没有晶界,采用可控方向的单晶生产叶片,由于去除了所有晶界及晶界强化添加剂,显著提高了合金的熔点,从而相应地提高了高温强度。与等轴或定向结晶组织相比,单晶组织的横向蠕变和疲劳强度更高。GE 公司正在对这些将要用于其下一代燃气轮机的单晶合金进行评价,将会应用在未来更高参数的燃气轮机动叶生产上。

2)透平喷嘴

透平喷嘴材料应具有如下性能:足够的持久强度及良好的热疲劳性能;有较高的抗氧化和抗腐蚀的能力;具有良好的焊接性能。

透平喷嘴工作时,被高温燃气所包围,特别是第一级喷嘴,所接触的是温度最高且不均匀的燃气,在启动和停机时又是承受热冲击最严重的零部件。因此,喷嘴应选用能耐高温和耐热冲击的耐热合金制作,广泛应用钴基铸造合金精密铸造而成。

PG9351FA 机组燃气透平第一、二级喷嘴采用 FSX 414 精铸叶片,并用真空等离子体喷涂保护层;第二级喷嘴采用 Pack Process 工艺渗入保护层;第三级喷嘴采用 GTD222 镍基合金精铸,应用堆积涂层保护。透平喷嘴材料见表 3.3。

表 3.3　透平喷嘴材料表

叶片	9FA	9FB
透平 1 级喷嘴	FX414	GTD222/R108
透平 2 级喷嘴	FX414	GTD222/R108
透平 3 级喷嘴	GTD222	GTD262

　　第一级透平喷嘴采用了最耐高温和热应力的钴基合金 FX414,它较镍基合金性能更为优秀。FX414 是在 X40、X45 上发展起来的,X40、X45 为 GE 于 20 世纪 60 年代用来制造喷嘴的材料。FX414 比 X40 减少了碳含量同时增加了铬的成分,增加了材料的可焊接能力,改善了抗氧化、腐蚀性能。在使用寿命的测试中,FX414 比 X40、X45 可增加 2/3 的抗氧化寿命。GTD222 为镍基合金,它是为了找到一种能提高第二、三级透平喷嘴的抗蠕变强度的材料而产生的。在蠕变强度相当的情况下,GTD222 合金的使用温度比 FSX414 高出 66 ℃以上,同时它还能焊接修复。GTD222 还有一个重要的性能,它具有很好的可分割性和抗低温热腐蚀性,为 GE 公司发展更高性能燃气轮机提供了材料上的保障。GTD222 在真空下铸造,更凸显它是更好的可造之材,在 GE 彩虹型喷嘴的组装上发挥巨大的作用。目前,其广泛应用于 GE 公司的 6B、6FA、7FA、9FA 和 9E、9EC 等几乎所有的机型。

　　3)透平热部件的热涂层(Coating)

　　热涂层又称热保护涂层,是燃气轮机透平热部件和燃烧器热部件最为常用的保护涂层,它的主要作用是保护热部件的合金材料不会轻易地被腐蚀、氧化和发生机械性能退化等,以延缓热部件的使用寿命和防止热部件受到外部损伤。在燃气轮机高速发展的今天,燃烧温度朝着越来越高方向发展,完全依靠高合金材料根本不能满足燃机发展的需求。在合金上喷涂一层保护层,能很好地为合金的母材提供抗氧化、耐高温的保护,以降低母材机械性能减退的速度。

　　抗热腐蚀(hot corrosion)、高温氧化(high-temperature oxidation)和热疲劳(thermal fatigue resistance)已成为发展更高燃烧温度燃气轮机的重要标准。在先进燃机发展的今天,不仅要对透平叶片的外部表面进行保护,而且还要考虑叶片内部的通道——冷却孔的保护。图 3.9 为燃机动叶涂层的要求和涂层作用的进化。

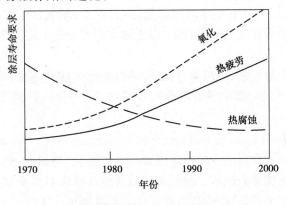

图 3.9　热涂层的进化

热部件的热保护涂层分为高温热涂层和低温热涂层。高温热涂层是使用在运行温度高于材料本身固有的抗氧化性的部件上,一般使用于一级透平叶片、喷嘴等。

GE 公司在高温氧化涂层领域已有 20 多年的发展。GE 常用的基础等级涂层为扩散型铂铝涂层(PtAl coating)和覆盖型等离子涂层(GT-29),在随后的发展中又研制出目前最多使用在透平一级动叶上的涂层 GT-33 IN-COAT™ 和 GT-29IN-PLUS™。每种高温涂层在抗氧化、抗腐蚀和机械性能方面都有其各自的优点如图 3.10 所示。

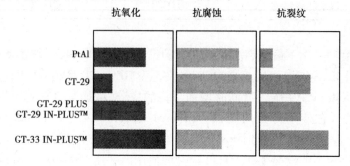

图 3.10　各种高温涂层在透平一级动叶的性能对比

低温涂层使用在燃机透平一级之后其他温度相对较低的透平,如三级透平动叶。虽然该涂层不适于高温叶片,但在较低温度下足以起到抗腐蚀和氧化的作用。GE 在进行大量实验室腐蚀试验和力学性能试验后,研发了低温等离子涂层 GT-43 涂层成分,用于防止严苛的低温腐蚀。目前 GE 专利的低温等离子涂层 GT-43 已经得到广泛的应用,其抗低温腐蚀和机械减退等性能方面表现突出。

GE 对于涂层的研究还在继续,目标是在叶片涂层方面取得突破,不仅要在抗氧化、抗热疲劳和高温腐蚀方面更优异,还要考虑环境因素对叶片涂层的影响。目前 GE 公司开发的热障涂层 thermal barrier coatings(TBCs)已经具有很好的使用效果,提供更好的抗热疲劳和腐蚀的性能,不仅可应用于高温的转动热部件,同时还可以使用在部分静子的热部件上。TBCs 的主要作用是降低基体材料的温度,缓和热传导效应或者不均匀的燃气温度分布。这些涂层目前已成为 GE 公司很多燃气轮机的标准涂层,并在诸多产品上表现优良。

(2)透平热部件失效方式

透平热部件主要失效方式:外物损伤(产生裂纹、掉块、打击坑);涂层损耗失效(开裂及脱落);高温氧化;高温腐蚀/侵蚀;基体组织退化;高温蠕变;燃气粒子冲刷造成的磨蚀;由于积垢堵塞冷却孔或其他原因导致的局部烧蚀;由于温度剧烈变化引起的热疲劳裂纹。

1)外物损伤

外物损伤可能是燃料喷嘴、火焰筒、过渡段等部分组件脱落造成,成为打击外物的脱落物有火焰筒弹性密封片脱落、值班燃料喷嘴裂纹导致头部脱落、过渡段后框浮动密封部分断裂等。

2)涂层消耗及失效

这是透平热部件使用期限的主要考虑因素。高温氧化、热腐蚀、燃气颗粒冲刷侵蚀、疲劳裂纹等都会使涂层产生减薄或脱落。涂层失效后会直接损害基体金属,使其产生高温氧化腐蚀、组织急剧退化、产生裂纹等,会因超出修复极限而报废。

3）高温氧化

不管是燃用何种燃料,高温氧化都是普遍存在的,只是程度有别。高温合金及涂层抗高温氧化取决于 Cr、Al 的含量,Cr、Al 都会在金属表面生成致密的氧化层,从而阻止基体进一步氧化,但 Cr_2O_3 在高温和高氧压下易形成挥发性的 CrO_3,从而使 Cr 的消耗加剧,而 Al 的氧化物在高温下较 Cr 的氧化物稳定,因此可用于更高的温度。高温合金通常同时含有 Cr 和 Al,由于两者的协同作用,抗氧化的改善非常明显。在氧化和冲蚀的环境下,氧化保护膜会不断开裂脱落而消耗,使表面金属大量丢失。

4）高温腐蚀/侵蚀

受燃气环境决定,高温腐蚀/侵蚀会使表面金属大量丢失,形成腐蚀坑、孔洞、脱落、掉块、腐蚀裂纹等。

5）基体组织退化

长期高温热暴露下,会使合金基体组织产生退化,合金高温性能下降,合金变脆。

6）燃气粒子冲刷造成的磨蚀

主要使叶片壁面减薄,其程度取决于燃气温度及颗粒密度流量及硬度,也与喷嘴叶片变形程度及冷却空气孔的分布有关,造成的冲蚀和磨蚀在喷嘴叶片及环壁面不同部位的程度和形态各异。

7）过热和烧蚀

过热和烧蚀与冷却孔积垢堵塞、燃烧不均、冷却空气量不足、火焰后移二次燃烧等有关。过热和烧蚀部位的合金是不可恢复的。

8）热疲劳裂纹

透平静叶片在长期运行中产生裂纹的因素中热疲劳是首要的。材料在加热、冷却的循环作用下,由于交变热应力引起的破坏称为热疲劳。透平静叶片热应力主要来源于:透平静叶片结构中各部位温度场分布不均匀、温度波动较大引起的应力;约束限制部件自由膨胀或收缩引起的应力;透平静叶片结构复杂,尺寸厚度变化很大,存在较大的内应力;加热、冷却时引起的较大的温度梯度产生的应力。透平静叶片热疲劳裂纹扩展速度取决于热应力大小、热循环次数、结构内应力、燃气环境(高温腐蚀、氧化、积垢、冲蚀等)、材料的高温性能、涂层质量与工艺等。

引起热疲劳及热疲劳裂纹扩展的首要因素是透平静叶片所经历的热循环的次数和强度(单次热循环中喷嘴的温度梯度、温度波动、结构内应力及其综合作用的大小)。热疲劳裂纹从产生之后会快速发展,应力释放后会进入稳定发展期,而透平静叶片为静止部件,没有大的外加应力,因此其稳定发展期会较长。

3.2.3　热部件失效示例

下面的热部件失效图片来自国内某 9F 燃机电厂。

(1)燃烧室部件典型失效示例

图 3.11 中,火焰筒由于燃烧火焰发生偏转,导致火焰桶局部高温,在内部压力的作用下引起火焰筒内壁变形,在变形量达到一定程度时,变形的局部受到高温氧化出现烧蚀现象,造成火焰筒内壁发生烧毁、破裂等现象。过渡段中没有高温高压的火焰,但其内部在高压高温气流波动的作用下,整体容易出现振动和相对位移,造成与火焰桶连接部分的密封件严重磨损,在

机组启动和停机过程中,此类影响将加剧。

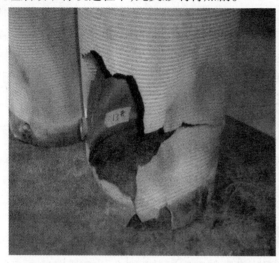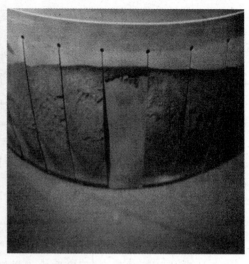

图 3.11　火焰筒烧毁和过渡段产生的裂纹

(2)透平静叶典型失效示例

在图 3.12 和图 3.13 中出现的透平部件失效的情况是典型的过热、烧蚀现象。由 3.1 节介绍可知,透平的第一级动叶、喷嘴为透平中温度最高部件,在冷却孔积垢堵塞,造成全周冷却空气量不足,局部高热,极易出现高温腐蚀现象。同时在高压高温气流的冲蚀作用,这种局部合金材料烧毁、掉块在极短的时间就会出现。

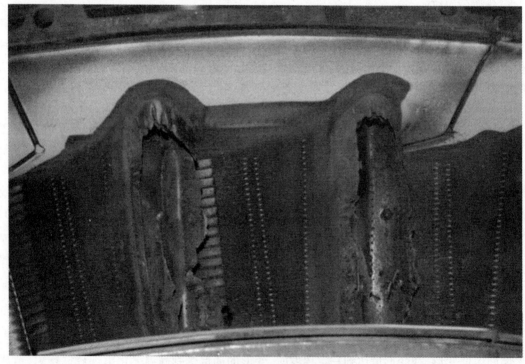

图 3.12　透平一级喷嘴烧毁

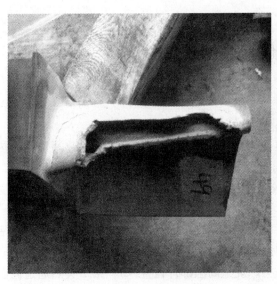
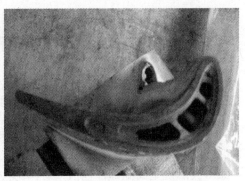

图 3.13　透平一级动叶烧损

（3）透平动叶典型失效示例

图 3.14 为典型的外物击伤造成的透平动叶失效的实例。外物击伤的原因很多,可能是燃料喷嘴、火焰筒、过渡段等部分组件脱落造成,也可能为燃气透平中某级动叶片由于质量问题出现材料脱落造成。一般发生外物击伤对设备造成的危害极大,破坏的范围也是最大的。

图 3.14　透平三级动叶被异物损坏

3.3 燃气轮机检修间隔期及检修策略

3.3.1 PG9351FA 燃气轮机检修间隔期

GE PG9351FA 燃气轮机热部件分为两类:第一类燃烧室高温部件和第二类热通道高温热部件。

第一类燃烧室高温部件包括:燃料喷嘴、燃料喷嘴帽、联焰管、火焰筒、过渡段。它可承受最高的工作温度。

第二类热通道高温热部件包括:透平第一级动叶、透平第二级动叶、透平第三级动叶、透平第一级喷嘴、透平第二级喷嘴、透平第三级喷嘴和第一、二、三级复环。

GE PG9351FA 燃气轮机的检修分为第一类燃烧室高温部件检查(CI)、第二类热通道高温部件检查(HGPI)和整体大修检查(MI)。其检修范围如图 3.15 所示。

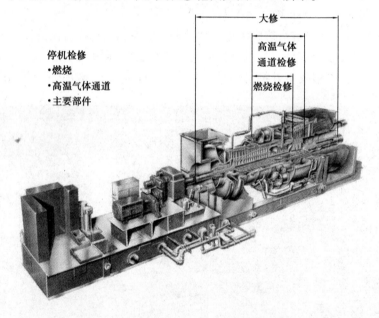

图 3.15 PG9351FA 燃气轮机检修范围示意图

GE 在计算维修间隔时,通常采用以运行小时数为准或以机组启动次数为准则的计算方式,并不使用其他设备生产商所使用的等效运行小时数,即把每一启动周期换算成等效运行小时数(EOH),检查间隔根据等值小时计算。

PG9351FA 燃气轮机推荐的检修间隔期见表 3.4。

表 3.4 GE PG9351FA 燃气轮机推荐的检修间隔期

检修类型	检修间隔期
第一类燃烧室高温部件检查(CI)	8 000 运行小时或 450 次启停
第二类热通道高温部件检查(HGPI)	24 000 运行小时或 900 次启停
整体大修检查(MI)	48 000 运行小时或 2 400 次启停

3.3.2　运行小时数和启动次数为基准的准则

对于不同的运行方式,燃气轮机的寿命损耗方式是不同的。对于连续运行的机组,其损耗方式有蠕变挠曲、高周疲劳、氧化、腐蚀、磨损、外来物体损坏,其中主要因素则是蠕变、氧化和腐蚀;对于经常启停的机组,其损耗方式有热机械疲劳、高周疲劳、磨损外来物体损坏,其中热机械疲劳是机组寿命的主要限制因素。在 GE 的设计准则中考虑了这些机理的交互作用和影响,在很大程度上考虑了热机械疲劳的影响。

为此,GE 对燃气轮机的维护要求主要是根据独立的启动次数和运行小时数,而不是将每一启动周期换算成等效运行小时数(EOH)。启动次数和运行小时数首先达到准则规定的极限决定维护间隔。GE 处理方法的图解显示如图 3.16 所示。图中,推荐的检修间隔由启动次数和运行小时数准则所确立的矩形所规定。

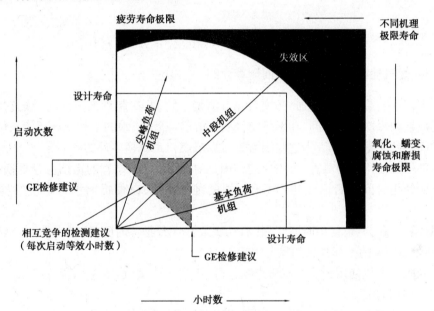

图 3.16　根据独立的启动次数和小时数计数建立的 GE 燃气轮机维护要求

GE 不赞成将机组的启动次数转化为等效运行小时数(EOH)的处理方法。因为这一做法会使维护间隔变短。从图 3.16 可以看到,按上左角的启动次数极限至下右角运行小时数极限的对角线所确定的启动次数和运行小时数检查"矩形"减小一半。中间范围运行机组,每次启动的运行小时数为 30 ~ 50 h,用这种方法特别不利。

图 3.17 进一步证明了这种情况,以 MS9001FA 燃气轮机为例:用气体燃料运行,在基本负荷条件下,无蒸汽或水注入或机组带负荷跳闸,机组运行 4 000 h,每年启动 300 次。遵照 GE 的建议,启动次数成为限制条件时(900 次),操作人员将在运行 3 年之后进行高温热通道检查。根据等效小时准则在同样这一机组上进行维护,需要在 2.4 年后作高温热通道检查。同样,对于运行 8 000 h,每年启动 160 次的连续作业应用,GE 的建议是 3 年之后进行高温热通道检查,此时运行小时数是限制条件。等效小时数准则规定这一应用在 2.1 年运行后进行高温热通道检查。

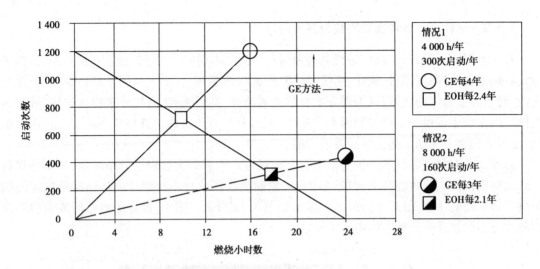

图 3.17　高温气体通道维护间隔比较,GE 方法与 EOH 方法

3.3.3　燃气轮机热部件使用时间测算介绍

有许多因素会影响设备寿命,必须对此有清楚了解,并在制订维护计划时把它考虑进去。机组启动周期内每次运行时间、功率设定、燃料和注入蒸汽或水的量和现场环境条件都是决定所需维护间隔的关键因素,因为这些因素直接影响燃机可更换零件的寿命。

对热部件的使用时间测算,最主要的作用是对照 GE 公司推荐的定期检查更换的标准,查看热部件的使用时间是否已经达到 GE 公司的维修间隔,以便提前进行燃机的检查和更换部件。

常用计算公式为:可使用时间间隔(启动次数)= GE 推荐时间(启动次数)÷维护系数。

GE PG9351FA 的推荐检修间隔见表 3.4。

推荐间隔为燃机使用天然气燃料连续运行,不注水或蒸汽,不考虑紧急启动、跳闸等诸多因素影响的理想间隔。

(1)GE 燃机第一类燃烧器高温部件的检修(CI)间隔测算

典型的燃烧系统包括过渡段、火焰筒、导流衬套、大盖组件(包括燃料喷嘴和滤芯,端帽和端盖)以及相关的其他硬件(包括联焰管、火花塞和火焰探测器)。另外,还可能有各种各样的燃料和空气输送部件,例如清吹阀和软管。GE 公司还有多种类型的燃烧系统,包括标准燃烧室、多喷嘴静音燃烧室(MNQC),一体化煤气化联合循环燃烧室(IGCC)和干低 NO_x(DLN)燃烧室。这些燃烧系统中,每个系统均具有独特运行特性和运行模式,对影响维护和整修要求的运行变量都有不同的响应。

燃烧热部件的维护和整修要求受到诸如峰值负载、轻油或重油燃料,带干湿控制曲线的蒸汽或水注入、跳闸、紧急启动和快速加载等因素的影响。

可以影响燃烧系统维护的另一个因素是燃烧的动态参数,主要指由燃烧系统产生的压力振荡,如果振幅高,可以导致严重磨损和裂纹。GE 公司规程要求将燃烧系统调节到较低的动态参数,应确保执行相应的维护规程。

1)燃烧器热部件维护系数的计算介绍

燃烧器部件检修以小时为基础的维护系数。

维护系数 =（计算的小时）/（实际小时）

计算的小时 = $\sum (K_i \times Af_i \times Ap_i \times t_i)$,i = 1 至 n 运行模式

实际小时 = $\sum (t_i)$,i = 1 至 n 运行模式

式中　　i——各种运行模式;

t_i——给定运行模式下负载运行小时;

Ap_i——负载严酷性系数;

A_p——1.0 至基本负载;

A_p——峰值负载系数参见表3.5;

表 3.5　燃烧温度的影响

$$E\text{-级}:A_p = e^{(0.018 * \Delta T_f)}$$

$$F\text{-级}:A_p = e^{(0.023 * \Delta T_f)}$$

A_p = 峰值燃烧严酷度系数

ΔT_f = 峰值燃烧温度累加器(℉)

Af_i——燃料严酷性系数(干式);

A_f——燃气为1.0,馏出燃料的非 DLN 为1.5(DLN 为2.5),原油(非 DLN)为2.5,残留物(非 DLN)为3.5,DLN 1 和 DLN2.0 在贫—贫(Lean-Lead)模式下延长运行,DLN 2.0 + 在次先导预混和先导预混模式下延长运行为10;

K_i——水/蒸汽注入严酷性系数;

(%蒸汽参照进口空气流量,w/f = 水与燃料比率)

K——最大(1.0,exp(0.34(%蒸汽 – 2.00%)))用于蒸汽,干控制曲线;最大(1.0,exp(0.34(%蒸汽 – 1.00%)))用于蒸汽,湿控制曲线;最大(1.0,exp(1.80(w/f – 0.80)))用于水,干控制曲线;最大(1.0,exp(1.80(w/f – 0.40)))用于水,湿控制曲线。

2)燃烧器部件检修以启动为基础的维护系数

维护系数 =（计算的启动次数）/（实际启动次数）

计算的启动次数 = $\sum (K_i \times Af_i \times At_i \times Ap_i \times As_i \times N_i)$,i = 1 至 n 启动 / 停止周期

实际启动次数 = $\sum (N_i)$,i = 1 至 n 启动 / 停止周期

式中　　i——各种启动/停止周期;

N_i——给定正常模式下启动/停止周期;

As_i——启动类型严酷性系数;

As——正常启动为1.0,带快速负载的启动为1.2,紧急启动为3.0;

Ap_i——负载严酷性系数;

Ap——1.0 至基本负载,exp(0.009 × 峰值燃烧温度增加(华氏度))用于峰值负载;

At_i——跳闸严酷性系数,At = 0.5 + exp(0.0125 × %负载)用于跳闸;

Af_i——燃料严酷性系数(干式);

A_f——燃气体为 1.0,馏出燃料的非 DLN 为 1.25(或 DLN 为 1.5),原油(非 DLN)为 2.0,残留物(非 DLN)为 3.0;

K_i——水/蒸汽注入严酷性系数;

(% 蒸汽参照进口空气流量,w/f = 水与燃料比率)

$K = $ 最大$(1.0, \exp(0.34(\% 蒸汽 - 1.00\%)))$ 用于蒸汽,干控制曲线;

$K = $ 最大$(1.0, \exp(0.34(\% 蒸汽 - 0.50\%)))$ 用于蒸汽,湿控制曲线;

$K = $ 最大$(1.0, \exp(1.80(w/f - 0.40)))$ 用于水,干控制曲线;

$K = $ 最大$(1.0, \exp(1.80(w/f - 0.20)))$ 用于水,湿控制曲线。

(2)GE 燃机第二类热通道高温部件的检修(HGPI)间隔测算

以运行小时数为基础的热通道高温部件检修准则由下面的公式确定。维修系数为计算的运行小时数与实际的运行小时数之比。计算的运行小时数考虑了燃料类型、负荷设定和注入蒸汽或水有关的作业对部件寿命的影响。

以小时为基础的 HGPI 检修:

维护间隔(小时) = 24 000/维护系数

式中:维护系数 = 计算的小时数/实际小时数

计算的小时数 $= (K + M \times I) \times (G + 1.5D + A_f H + A_p P)$

实际小时数 $= (G + D + H + P)$

G——气体燃料年基本负荷运行小时数;

D——轻油燃料年基本负荷运行小时数;

H——重油燃料年运行小时数;

A_f——重油燃料严酷性系数(残油 $A_f = 3 \sim 4$,原油 $A_f = 2 \sim 3$);

A_p——尖峰负荷系数(见表 3.5);

P——年尖峰负荷运行小时数;

I——以进口空气流量为基准的水/蒸汽注入百分数;

M 和 K——水/蒸汽注入常数(见表 3.6)。

表 3.6　水/蒸汽注入常数

M	K	控制	I
0	1	干	<2.2%
0	1	干	>2.2%
18	6	干	>2.2%
18	1	湿	>0%
55	1	湿	>0%

以启动次数为基础的热通道高温部件检修准则由下面的公式确定。维修系数为计算的启动次数与实际的启动数之比。计算的启动次数考虑了跳闸次数,负荷水平和负荷增加速率等对部件寿命的影响。

以启动次数为基础的 HGP 检修:

维护间隔(启动次数) = S/维护系数

式中　维护系数——计算启动次数/实际启动次数;

计算启动次数 $= 0.5N_A + N_B + 1.3N_P + 20E + 2F + \sum_{i=1}^{\eta}(a_{T_1} - 1)T_1$

实际启动次数 $= N_A + N_B + N_P$

S——最大以启动次数为基础的维护间隔(与型号规格有关,见表3.7);

表3.7　各型号机组的维护间隔

型号系列	S	型号系列	S
MS6B/MS7EA	1 200	MS9E	900
MS6FA	900	MS7F/MS9 F	900

N_A——年部分负荷启动/停止循环次数($<60\%$ 负荷);

N_B——年正常基本负荷启动/停止循环次数;

N_P——年峰值负荷启动/停止循环次数($>100\%$ 负荷);

E——年紧急启动次数;

F——年快速负荷启动次数;

T——年跳闸次数;

a_T——跳闸严酷性系数 $= f($负荷$)$ (见图3.18);

η——跳闸类别数(即满荷,部分负荷等)。

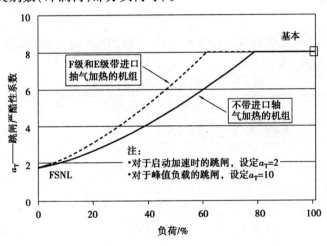

图3.18　维护系数-负荷跳闸

3.3.4　PG9351FA 燃气轮机检修策略

随着国家电力市场的需求,燃气轮机发电机组存在多种运行方式。机组不同的运行方式对燃机部件的寿命管理和更换策略有重要的影响。GE 公司将连续运行,燃料为天然气,不注入水或蒸汽,机组正常启停、无跳闸的机组维护系数定为1,并给出理想的推荐检修间隔(见表3.8),依据维护系数测算实际的检修间隔。目前,燃气轮机发电机组都最常采用几种运行方式:日调峰日启停的运行方式、周调峰周启停的运行方式和连续基本负荷的运行方式。另外,还有极少的采用一日多启停的运行方式。国内大多数 9FA 燃气轮机发电机组采用日启停的运行方式。燃机用户在拟定自身的检修计划和策略时,应根据自身机组的运行方式来确定,基本以先到为准的原则。可参考以下实例。

某 PG9351FA 燃气轮机在:①每年启动次数约 300 次;②每次启动运行时间约 15 h;③每

年运行时间 4 500 h 的运行条件下,此类机组多为以启动次数作为基准进行检修测算。其建议的检修策略见表 3.8。

表 3.8　GE PG9351FA 燃气轮机 1 个大修周期内检修策略

检修间隔(周期)	检查和维护类型	检修时间/d
第一次 450 次启动	燃烧器部件检查	9
第一次 900 次启动	热通道部件和燃烧器部件检查	30
第二次 450 次启动	燃烧室检查	9
第二次 900 次启动	热通道部件和燃烧器部件检查	30
第三次 450 次启动	燃烧室检查	9
第一次 2 400 次启动	整体大修检查	45

3.4　燃气轮机热部件设计寿命

PG9351FA 级燃气轮机热部件设计使用寿命[13]按照 GE 公司推荐,第一类和第二类热部件的预期使用寿命见表 3.9。

表 3.9　GE 推荐部件的修理和更换间隔

PG9351(FA)零部件			
	修理间隔	更换间隔(运行小时数)	更换间隔(启动次数)
火焰筒	CI	5(CI)	5(CI)
喷嘴帽	CI	5(CI)	5(CI)
过渡段	CI	5(CI)	5(CI)
燃料喷嘴	CI	3(CI)[(1)]	3(CI)[(1)]
联焰管	CI	1(CI)	1(CI)
联焰管固定夹	CI	1(CI)	1(CI)
喷嘴端盖	CI	6(CI)	3(CI)
1 级透平喷嘴	HGPI	2(HGPI)	2(HGPI)
2 级透平喷嘴	HGPI	2(HGPI)	2(HGPI)
3 级透平喷嘴	HGPI	3(HGPI)	3(HGPI)
1 级复环	HGPI	2(HGPI)	2(HGPI)
2 级复环	HGPI	2(HGPI)	2(HGPI)
3 级复环	HGPI	3(HGPI)	3(HGPI)
1 级透平动叶	HGPI	2(HGPI)[(2)]	2(HGPI)[(4)]

PG9351(FA)零部件			
	修理间隔	更换间隔(运行小时数)	更换间隔(启动次数)
2级透平动叶	HGPI	3(HGPI)[5]	3(HGPI)[3]
3级透平动叶	HGPI	3(HGPI)[5]	3(HGPI)

注:CI=燃烧器高温部件检修间隔,2(CI)意思为在进行第一次 CI 后,部件经过 GE 检查确认维修后,可沿用到下一次 CI。

HGPI=热通道高温部件检修间隔,3(HGPI)意思为在按照 GE 规范,部件可运行3个热通道检查周期,可进行2次返修。

PG9351FA 燃气轮机热部件可返修次数根据 GE 公司推荐的 PG9351FA 燃气轮机热部件更换修理周期和设计寿命周期的数据,可以推算出热部件可返修次数,见表3.10。

表3.10　GE PG9351FA 热部件可返修次数

热部件名称	更换(修理)周期	推荐寿命周期	可返修次数
火焰筒	CI	5CI	4
过渡段	CI	5CI	4
联焰管	CI	CI	0
喷嘴帽	CI	5CI	4
燃料喷嘴	CI	3CI	2
燃料喷嘴端盖	CI	3CI	2
透平第一级静叶	HGPI	2HGPI	1
透平第一级动叶	HGPI	2HGPI	1
透平第一级复环	HGPI	2HGPI	1
透平第二级静叶	HGPI	2HGPI	1
透平第二级动叶	HGPI	3HGPI	2
透平第二级复环	HGPI	2HGPI	1
透平第三级动叶	HGPI	3HGPI	2
透平第三级静叶	HGPI	3HGPI	2
透平第三级复环	HGPI	3HGPI	2

以上为 GE 公司推荐的返修次数,热部件是否可进行再次返修,以维修工厂按照 GE 维修规范进行的入厂检查为准。

思考题

1. 简述高温合金的概念及其特性。
2. 简述高温合金有哪些强化手段。
3. 简述高温铸造合金有几种制造工艺。
4. 简述高温合金涂层的种类及主要的涂层制备工艺。
5. 简述 GE PG9351FA 燃气轮机主要热部件的材料及失效方式。
6. GE PG9351FA 级燃气轮机热部件分为几类,都包含哪些部件?
7. GE PG9351FA 燃气轮机热部件检修间隔如何计算?

第 **4** 章
汽轮机结构

4.1 概 述

4.1.1 GE 公司联合循环汽轮机的特点

GE 的联合循环汽轮机是基于 4 种标准型号的。A 型是与 6FA、7EA、7FA、9FA 燃气轮机相配套的再热式汽轮机。SC 型是与 6B 燃气轮机相配套的非再热式汽轮机。C 型是与 6B 和 7EA 燃气轮机相配套的。D 型通常是与 2 台 7FA 或 9FA 燃气轮机相配套的分缸模块化再热式汽轮机。以上这些型号都可以通过改变低压缸尺寸来满足不同的流量和功率需求。这 4 种基本的汽轮机结构可以覆盖一系列不同的功率,进口参数也可以从低温、低压的非再热式汽轮变化到大型的最高运行压力达 13.2 MPa 和温度达 566 ℃ 的机组。

D 型汽轮机(D11)设计如图 4.1 所示,其为分缸模块化的形式,因为它主要为 207FA 和

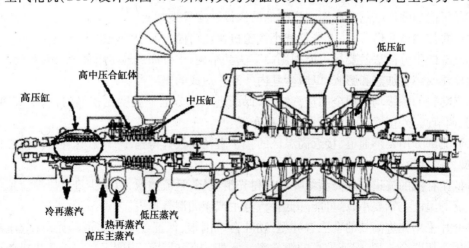

图 4.1　向下排汽的分缸模块化 D11 型汽轮机

209FA 联合循环电站提供一个标准的汽轮机形式。这种标准的设计包括一个对流布置的高、中压缸和一个双流低压缸。这种汽轮机经过对再热和低压蒸汽压力的优化，流道优化和低压缸的优化选择，性能得到较大的提升。

GE 公司目前提供的 F 级联合循环汽轮机型号有 3 种，其中两种为模块化设计，即与 2 拖 1 的 7FA/9FA 或 3 拖 1 的 7FA 配套的 D11，为为 1 拖 1 的 7FA/9FA 多轴布置形式的 A-14。GE 公司同时也供应 D10 型汽轮机，其结构与 D11 相似，用于 1 拖 1 的 50 Hz 9FA 机组中。

4.1.2　GE 9FA 联合循环 D10 蒸汽轮机特点

S109FA 单轴联合循环的蒸汽轮机型号为 D10，为三压、一次中间再热、单轴、双缸双排汽、纯凝式机组。该型汽轮机在设计上有如下的特点：

尽量采用径向汽封，减小径向动静间隙，加大轴向动静间隙，既保证了运行时减少漏气、提高效率，又可防止在快速启动时由于膨胀不同步而引起动静之间的碰撞和摩擦。具体做法是在通流部分增设径向汽封，即在隔板静叶根部内圈处与轮缘动叶根部外圈处增设汽封，以减少泄漏损失。

汽缸和转子是汽轮机受热的关键部件，为了适应机组调峰的需要，D10 汽轮机从汽缸和转子结构上充分保证了可靠性，其特点是：

①高温区集中在汽缸中部，使汽缸温度分布均匀，热应力降低，以及使因温差过大而造成汽缸变形的可能性减小。同时，因前后轴端汽封均处于高、中压缸排气部位，使两端的温度、压力均较低，从而减少了对轴承和端部汽封的影响，因而可以改善运行条件。

②高、中压缸采用合缸方式，与分缸设计比较，由于减少了一个端部轴段，可以缩短主轴长度，减少了轴封漏气量，提高了机组的效率。

③低压缸采用双层双流式向下排汽结构。由于 9FA 联合循环汽轮机的蒸汽容积流量较大，所以就要求低压缸尺寸相应较大，并要保证其有足够的强度以及排气通道有合理的形状，以利用排气余速。为了使低压缸巨大外壳温度分布均匀，不产生翘曲变形，所以 D10 汽轮机低压缸采用双层缸结构，外层缸采用钢板焊接结构，内层缸采用铸造结构。这样可以减轻低压缸的质量，节约材料，增加刚度。同时采用双流式结构可以有效地平衡轴向推力。

④尽可能加强汽缸的对称性。汽缸的结构设计成等强度变壁厚，不同压力段壁厚不同，在关键部位要控制其几何形状，以尽量减小汽轮机快速启停过程中的热变形和热应力。

⑤汽缸的中分面法兰要尽可能采用高窄法兰结构，中分面螺栓尽可能靠近转子轴心，使法兰和螺栓比较容易加热和膨胀，以减少其内外温差造成的热应力。

⑥汽轮机的各级均采用全周进汽结构，保证进汽部分上下温度比较均匀，减少其热应力，主汽阀、调节阀、外接管道一般尽可能对称布置。

⑦通流部分用锥形通道，接近高温区的转子直径要设计得稍小一些，这样可以使在机组启停时，最关键部位的热应力最小。

⑧低压补汽的流道和蜗壳型线要设计得光滑流畅，且流速低，以减少进汽压损。低压补汽与主汽流的温度差别要小，尽可能降低补汽与主汽流的混合损失。

⑨叶片采用先进高效的全三维叶型，动叶自带围带，保证子午面通道的光滑，低压各级长叶片采用弯扭联合成型，保证较高的级效率。此外，末级叶片还采取了良好的强化措施防止水蚀。联合循环中汽轮机末几级蒸汽的湿度比火电厂汽轮机末几级蒸汽的湿度大，一般采用在

湿度大的区域设置排泄孔、疏水捕捉栅等措施对蒸汽除湿,D10 汽轮机末几级叶片采用了增设排泄孔的方法。

⑩汽轮机缸体、轴承箱及护套采用水平中分面型,以便于维护。汽缸设有检查孔,以便定期用内窥镜检查叶片的状况。本机具备不揭缸进行轴系动平衡的能力。

⑪汽轮机转子为锻造结构,由 4 个径向轴承支撑,径向轴承为可倾瓦和椭圆瓦形式,可自对中。

⑫由于汽轮机、燃气轮机和发电机同轴布置,燃气轮机启动时,汽轮机也跟随一起转动,这时余热锅炉还未产生满足参数要求的蒸汽进入汽轮机。随着转速的提高,汽轮机鼓风热量增加,汽轮机需要引入辅助蒸汽冷却低压通流部分。

4.1.3　GE 9FA 联合循环 D10 蒸汽轮机技术规范

表 4.1 为 D10 汽轮机主要的技术规范。

表 4.1　D10 汽轮机主要的技术规范

名　称	单　位	内　容
型号		D10
形式		三压、一次中间再热、单轴、双缸双排汽冷凝式汽轮机
制造商		GE
级数		高压 12 级、中压 9 级、低压 6×2 级
额定功率	MW	141
额定转速	r/min	3 000
在设计条件下的性能数据(以某厂为例)		
环境温度	℃	29
大气压力	kPa	100.54
相对湿度		83.00%
高压主蒸汽压力	MPa	9.58
高压主蒸汽温度	℃	565.5
高压主蒸汽流量	T/h	281.7
中压主蒸汽压力	MPa	2.12
中压主蒸汽温度	℃	565.6
中压主蒸汽流量	T/h	304.3
低压主蒸汽压力	MPa	0.36
低压主蒸汽温度	℃	311
低压主蒸汽流量	T/h	352.4
低压缸排汽压力	kPa	7.6

续表

名　称	单　位	内　容
低压缸排汽流量	T/h	352.4
低压缸排汽湿度	%	5.1
汽轮机结构尺寸		
转子长度		
高压-中压转子	mm	7 486.65
低压转子	mm	7 797.8
末级叶片的长度	mm	660.4
末级叶片出口的环面面积	m²	4.79
径向轴承		
形式		3号、4号、5号轴承为双可倾瓦式,6号瓦为椭圆式

4.2　汽轮机工作原理

汽轮机是以蒸汽为工质,将蒸汽的热能转换成机械能的回转式原动机。相比其他原动机,汽轮机具有单机功率大、效率较高、转速高、运行寿命长和运行平稳等优点,在现代工业中主要作为热力发电用的原动机。

组成汽轮机的部件都可分为转动部分(转子)和静止部分(静子)。转动部分主要包括主轴、叶轮、动叶片和联轴器;静止部分主要包括汽缸、隔板和静叶、汽封、轴承等。

4.2.1　级的工作原理

在汽轮机中,由一列静叶栅(或喷嘴)和其后的一列动叶栅所组成的将蒸汽热能转换成机械能的基本单元,称为汽轮机的级。级的示意图如图4.2所示。

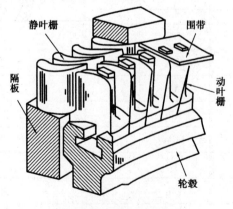

图4.2　级的示意图

　　具有一定压力和温度的蒸汽通过汽轮机级时,先在静叶栅(喷嘴)中将蒸汽的热能转变成汽流的动能,然后高速的汽流作用在动叶上,使装配动叶片的转子转动,即将汽流的动能转变成机械能。

　　蒸汽流经动叶栅时速度的大小和方向变化情况如图4.3所示。汽流进入动叶栅的相对速度 w_1 与绝对速度 c_1、圆周速度 u 组成动叶栅的入口速度三角形;动叶栅出口汽流的相对速度 w_2 与绝对速度 c_2、圆周速度 u 组成动叶栅的出口速度三角形。

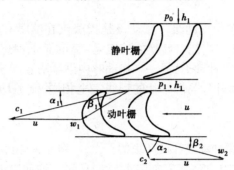

图 4.3　动叶进出口速度三角形的形成

　　在汽轮机级的工作过程中,汽流对动叶片的作用分为冲动作用和反动作用两种。

　　图4.4(a)所示为无膨胀的动叶通道,汽流在动叶汽道内不膨胀加速,而只随汽道形状改变其流动方向。汽流改变流动方向对汽道所产生的离心力,叫做冲动力 F_t。这时蒸汽所做的机械功等于它在动叶栅中动能的变化量,这种级叫做冲动级。

　　图4.4(b)所示蒸汽在动叶汽道内随汽道改变流动方向的同时仍继续膨胀、加速,加速的汽流流出汽道时,对动叶栅将施加一个与汽流流出方向相反的反作用力。此力类似于火箭发射时高速气体从火箭尾部流出,给火箭一个与流动方向相反的反作用力,这个作用力叫做反动力 Fr,同时因为动叶通道导致汽流方向的改变,也会对动叶片产生一个冲动力 F_t,以上两个力叠加成汽轮机转子转动方向的力 F_u 对动叶片做功。依靠反动力做功的级叫做反动级。

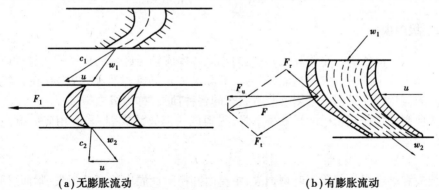

(a)无膨胀流动　　　　　　　　　　　　(b)有膨胀流动

图 4.4　蒸汽在动叶通道中的流动情况

　　为了反映蒸汽在动叶中的膨胀程度,引出反动度(Ω)的概念,它等于汽流在动叶通道中的理想焓降与整个级的滞止理想焓降之比。

　　按照反动度的概念,汽轮机的级可以分为以下几种:

（1）纯冲动级

反动度 $\Omega=0$ 的级称为纯冲动级。纯冲动级中能量转换的特点是：级的滞止理想焓降全部在喷嘴中转换成蒸汽的动能，即汽流只在喷嘴中膨胀，在动叶中无膨胀，只改变速度方向，纯冲动级中仅有冲动力对动叶片做功。纯冲动级的动叶片叶型近似于对称弯曲，流道不收缩。纯冲动级的比焓降较大（工作能力大），但效率比较低。纯冲动级中蒸汽参数变化示意图如图 4.5（a）所示。

（2）反动级

反动度 $\Omega=0.5$ 的级称为反动级。反动级是指蒸汽在喷嘴和动叶中的理想焓降相等的级，如图 4.5（b）所示。反动级内能量转换的特点是：级的滞止理想焓降有一半在喷嘴中转换成蒸汽的动能，对动叶片施以冲动力，另一半在动叶中继续膨胀加速，产生反动力，两个力一起对动叶片做功。反动级中动叶片与静叶片的型线完全相同，流道均为收缩型。反动级的比焓降较小，效率比较高。

（3）带反动度的冲动级

在实际应用中，为了兼顾冲动级和反动级的特点，一般不采用纯冲动级，而是采用带有一定反动度的冲动级，一般取 $\Omega=0.05\sim0.2$，如图 4.5（c）所示。冲动级中汽流对动叶片的作用以冲动力为主，并伴有小部分反动力做功，兼顾了纯冲动级做功能力大和反动级效率高的优点。

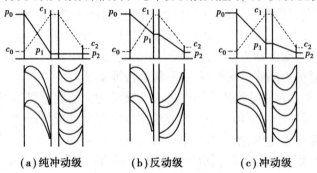

(a)纯冲动级　　　　(b)反动级　　　　(c)冲动级

图 4.5　级中蒸汽参数变化示意图

4.2.2　级内损失

蒸汽经过汽轮机各级时比焓降低，蒸汽的热能转换成转子旋转的机械能，但蒸汽在各级的理想比焓降并不能全部转换成机械能，因为在实际的能量转换过程中，级内存在着各种损失。蒸汽在级内的能量转变过程中会影响蒸汽状态的各种损失，称为级内损失。

级内各项损失均使汽轮机的级效率下降，明确这些损失的成因，采取相应措施，才能提高汽轮机级的效率。

（1）喷嘴损失和动叶损失

喷嘴损失和动叶损失都属于叶型损失，主要由叶栅附面层中的摩擦损失、附面层脱离引起的涡流损失及叶栅的尾迹损失 3 个方面造成。在冲动级中采用一定的反动度，以增加汽流流速，可以减小动叶栅附面层中的摩擦损失。

（2）余速损失

余速损失是指蒸汽在离开动叶时仍具有一定的速度，这部分动能在本级未被利用，是本级的损失，采用最佳速比能使该级的余速损失降为最小。当汽流流入下一级时，汽流的部分动能可以被下一级利用。

（3）叶高损失

叶高损失属于蒸汽流过叶栅时在其通道的顶部和根部产生的二次流损失。叶片高度较大时，叶顶和叶根对主汽流的影响相对较小，叶高损失也较小，反之较大。当叶片高度小于 12 mm 时，叶高损失急剧增大，此时可采用部分进汽方式，将叶片高度增加到大于 15 mm，以减小叶高损失。

（4）扇形损失

汽轮机级中的叶栅沿圆周布置成环形，叶栅通道的断面呈扇形，其节距、圆周速度及蒸汽参数均沿叶高方向会发生变化。叶高越高，变化越显著，这些参数偏离平均直径处的设计值就越多，蒸汽流过时的流动损失也越大。为了减少扇形损失，较长的叶片一般都设计成变截面扭叶片。

（5）叶轮摩擦损失

叶轮摩擦损失由叶轮与其两侧蒸汽的速度差引起的摩擦损失和叶轮两侧蒸汽的涡流损失两部分组成。为减小叶轮摩擦损失，结构上应尽可能减少叶轮与隔板之间的轴向间隙，并且要提高叶轮表面的光洁度。

（6）部分进汽损失

部分进汽损失发生在部分进汽的级中，由鼓风损失和斥汽损失两部分组成。对于全周进汽的级来说，这项损失为零。为了减小部分进汽损失，应选择合理的部分进汽度，并尽可能减少喷嘴的组数。另外，可在非工作段加装保护罩，使动叶只在保护罩内的少量蒸汽中转动，以减小鼓风损失。

（7）漏汽损失

由于隔板前后有较大的压差，隔板与主轴之间有间隙，因此必定有部分蒸汽由此间隙漏入隔板与叶轮间的汽室。这部分蒸汽没有通过喷嘴加速，从而减少了对动叶的做功能力，且该部分蒸汽还会扰乱动叶中的主汽流，造成附加损失。对于带有反动度的级，动叶前后也有压差，一部分蒸汽会通过动叶片顶部与汽缸间的间隙漏到级后，没参加做功而造成损失。

减小漏汽损失可采用如下措施：

①在隔板与主轴之间，动叶顶部与汽缸之间加装汽封。

②在叶轮上开平衡孔，使隔板漏汽从平衡孔漏到级后，避免对主汽流造成干扰。

③在动叶根部选择适当的反动度，减小甚至消除叶根处的吸汽或漏汽现象。

④对于漏汽量较大的高压部分叶片，采用径向和轴向汽封相结合的布置方式。

⑤在叶顶加装围带，使叶片构成封闭通道；对于无围带的较长扭叶片，将动叶片顶部削薄，以减小动叶与汽缸的间隙，达到叶顶汽封的作用。

⑥尽量减小动叶片顶部的反动度，使动叶顶部前后压差不致过大。

（8）湿汽损失

多级凝汽式汽轮机的最后几级是在湿蒸汽区内工作的，由于有水分的存在，干蒸汽的流动也会受到一定的影响，造成一部分能量损失，即为湿汽损失。

在湿蒸汽区域内工作的低压级，不仅因为湿汽损失使级的效率降低，而且还会因水滴对叶片表面的冲蚀作用而损伤叶片，危及汽轮机的安全运行。

减小湿汽损失及防止叶片冲蚀可采取如下措施：

①限制多级汽轮机末级的排汽湿度，一般要求末级的蒸汽湿度不超过 12% ~ 15%。尽量

保持汽轮机在额定蒸汽参数下运行,大型机组可采用中间再热的方式来降低排汽湿度。

②采用各种去湿装置。如可设置捕水装置,使甩向叶顶的水滴通过捕水装置排走;可采用具有吸水缝的空心静叶,将静叶表面的水膜吸走。

③提高动叶表面的抗冲蚀能力。可对末几级动叶采用耐冲蚀性强的材料,例如钛合金、镍铬钢、不锈锰钢等,也可采用将汽轮机的最后几级动叶片顶部进汽边背弧表面加焊硬质合金、局部淬硬、表面镀铬、电火花强化及氮化等措施。

4.2.3 多级汽轮机

为提高汽轮机的功率且保证较高的效率,功率稍大的汽轮机都被设计成多级汽轮机。多级汽轮机是由按工作压力高低顺序排列的若干级组成的,常见的多级汽轮机有两种,一种是多级冲动式汽轮机;另一种是多级反动式汽轮机。

由于多级汽轮机的级数多,虽然每一级的焓降较小,但总焓降较大,从而增大了汽轮机的单机功率。同时由于每一级的焓降较小,保证了各级都能在最佳速比附近工作,不仅提高了汽轮机组的效率,且由于喷嘴出口速度较小,可以减小级的平均直径,提高叶片高度或增大部分进汽度,使叶高损失或部分进汽损失减小。由于各级焓降小,可采用渐缩喷嘴,提高了喷嘴的效率;多级汽轮机若各级间布置紧凑,则可充分利用上一级的余速动能。多级汽轮机还可以利用重热现象,提高循环热效率。但多级汽轮机也有结构复杂、体积庞大、存在级间漏汽和湿汽损失等缺点。

(1)多级汽轮机的损失

多级汽轮机的损失可分为两类,一类是指不直接影响蒸汽状态的损失,称为外部损失;另一类是指直接影响蒸汽状态的损失,称为内部损失。

多级汽轮机的外部损失包括机械损失和外部漏汽损失。一般通过设置轴端汽封的方式来减小外部漏汽损失。

多级汽轮机的内部损失包括进汽轮机构节流损失、排汽管的压力损失和中间再热管道的压力损失。为减小排汽管的压力损失,通常将汽轮机的排汽管设计成扩压效率较高的扩压管,即在末级动叶到凝汽器入口之间有一段通流面积逐渐扩大的导流部分,尽可能将排汽动能转变为静压,以补偿排汽管中的压力损失;同时,在扩压段内部和其后部还可设置一些导流环或导流板,使乏汽均匀地布满整个排汽通道,使排汽通畅,减小排汽动能的消耗。

(2)多级汽轮机的轴向推力

蒸汽在汽轮机级的通流部分膨胀做功时,除了产生一个推动转子旋转做功的周向力外,还会产生一个与轴线平行的轴向推力。轴向推力与汽流的流动方向相同,即从汽轮机的高压端指向低压端。多级汽轮机的轴向推力等于各级轴向推力之和。

在冲动式汽轮机中,蒸汽作用在叶轮上的轴向推力由四部分组成:动叶片上的轴向推力、叶轮轮面上的轴向推力、汽封凸肩上的轴向推力及转子凸肩上的轴向推力。

反动式汽轮机的轴向推力由动叶上的轴向推力、转鼓锥形面上的轴向推力及转子阶梯上的轴向推力三部分组成。对于反动式汽轮机,由于其反动度较大,各级动叶前后的压力差比冲动式汽轮机要大,所以它的轴向推力比同类型冲动式汽轮机要大得多。为了减少轴向推力,反动式汽轮机的转子都做成鼓形结构,鼓形转子没有叶轮。

多级汽轮机中,总的轴向推力一般都很大。汽轮机转子在汽缸中的位置是由推力轴承来确定的。若轴向推力超过了推力轴承的承载能力,将会破坏推力轴承,导致转子产生轴向位移,造成汽轮机动静部件摩擦,产生重大事故。因此必须要考虑轴向推力的平衡问题。

现代汽轮机常在结构上采取措施,使大部分的轴向推力尽可能被平衡掉,主要的方法有如下几种:

①在叶轮上开平衡孔。平衡孔用于减小叶轮两侧的压差,以减小转子的轴向推力。

②设置平衡活塞。通过加大转子高压端第一段轴封套的直径,使其产生相反方向的轴向推力,以达到平衡活塞的作用。

③采用汽缸反向对置,使汽流反向流动。大功率机组一般为多缸汽轮机,例如可采用高、中压缸反向对置,低压缸分流布置,使对应汽缸的汽流反向流动,产生相反的轴向推力,以达到轴向推力相互抵消的目的。

④采用推力轴承。利用上述平衡措施后,转子上剩余的轴向推力最后由推力轴承承担。

4.3　汽轮机本体结构

GE 公司 D10 汽轮机本体结构如图 4.6 所示。来自余热锅炉的高压蒸汽流经联合截止-控制阀,通过主蒸汽入口进入汽轮机的高压段,主蒸汽入口近似位于高压/中压壳上的中间;来自高压段的排气在余热锅炉中再热后通过两个联合式再热截止阀与再热调节阀进入汽轮机的中压段。中压段排气通过一条联通管流至双流低压段。然后蒸汽通过低压段向下流入凝汽器,凝汽器位于低压汽轮机下并通过一个膨胀节固定在低压排气罩上。

4.3.1　静子

汽轮机静子就是机组在运行时,汽轮机中处于静止状态的部分,主要包括汽缸、喷嘴、隔板、隔板套、汽封及有关紧固零件等设备。

(1)汽缸

汽缸即汽轮机的外壳,它的作用是将汽轮机的通流部分与大气隔绝,以形成蒸汽能量转换的封闭空间,以及支撑汽轮机的其他静止部件(如隔板、隔板套、喷嘴室等)。对于轴承座固定在汽缸上的机组,汽缸还要承受汽轮机转子的部分质量。

汽缸一般为水平中分形式,上、下两个半缸通过水平法兰用螺栓紧固,目前 GE 公司生产的汽轮机基本都采取这种形式。为了便于加工和运输,汽缸也常以垂直结合面分成几段,各段通过法兰螺栓连接,例如高中低压缸合缸、非再热的小功率汽轮机,就常采用这种形式。汽缸通过猫爪或撑脚支撑在轴承座或基础台板上,汽缸的外部连接有进汽管、排汽管和抽汽管等管道。

汽缸本身的受力情况复杂。汽轮机工作时,汽缸除了承受其本身和装在其内部的各零部件的重量静载荷及汽缸内外的巨大压差外,还要承受由于沿汽缸轴向、径向温度分布不均匀而产生的热应力。对于高参数大功率汽轮机,这个问题更为突出。因此在结构上,汽缸除了要保证有足够的强度和刚度、严密性、各部分受热时能自由膨胀且始终保持中心不变及通流部分有较好的流动性能外,还应尽量减小缸体工作时的热应力。

1)高、中压缸

D10 汽轮机额定高压主蒸汽压力为 9.58 MPa,温度为 565 ℃,高、中压缸采用的是单层缸结构,低压缸分成内、外两层缸。

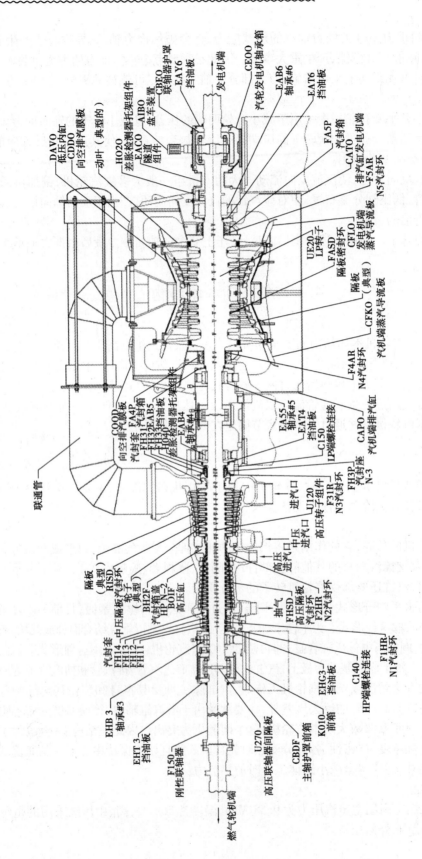

图4.6　D10汽轮机结构布置图

如图 4.7 所示为 D10 汽轮机高、中压缸剖面图。高、中压缸合缸布置时,新蒸汽和再热蒸汽均由中间进入汽缸,高、中压通流部分采用反向布置,即高温区在中间,改善了汽缸温度场分布情况。使汽缸温度分布较均匀,汽缸热应力较小,以及因温差过大而造成汽缸变形的可能性减小,同时也改善了轴承的工作条件;高、中压缸的两端分别是高压缸排汽和中压缸排汽,压力和温度都较低,因此两端的外汽封漏汽量少,轴承受汽封温度的影响也较小,对轴承、转子的稳定工作有利;高、中压缸通流部分反向布置,轴向推力可互相抵消一部分,再辅之增加平衡活塞,轴向推力也较易平衡,推力轴承的负荷较小,推力轴承的尺寸减小,有利于轴承箱的布置;采用高、中压合缸,减少了径向轴承的数目(减少 1~2 个),减少了汽缸中部汽封的长度,可缩短机组主轴的总长度,使制造成本和维修工作量降低。

高压缸内无调节级。高压缸有 12 个压力级,中压缸有 9 个压力级,在中压缸下缸 9 级后有来自余热锅炉低压过热蒸汽的进汽,该蒸汽与中压缸排汽混合共同流入低压缸。

2)低压汽缸

如图 4.8 所示为 D10 汽轮机低压缸的剖面图。低压缸为双分流布置,可相应减小质量并便于制造,其内缸放在排汽缸中,将通流部分设计在内缸中,使体积较小的内缸承受温度变化,而外缸和庞大的排汽缸则均处于排汽低温状态,使其膨胀变形较小。这种结构有利于设计成径向扩压排汽,使末级的排汽余速损失减小,并可缩短轴向尺寸。汽轮机低压转子分别与高、中压转子和发电机转子连接。高、中压转子的高压端通过一个中间轴与燃气轮机转子连接。因此,联合循环机组轴系为单轴布置。

低压缸为双流程向下排汽形式,两侧对称布置,共有 10 级静叶环,每侧 5 级。其内缸为通流部分,外缸为排汽部分;外缸与轴承座分开,直接支撑在台板上,进汽采用波纹管与中低压联通管相连。

大气泄压膜片是保护排汽缸和凝汽器不受过高蒸汽压力的安全保护部件,安装在排汽缸顶部,其结构如图 4.9 所示。支撑栅格(3)配装在排汽室中的凹槽中,用垫圈保持就位。在栅格上放上两层橡胶护片(5 和 6),中间夹层为膜片(4),用环和刃状物(2)组件保持就位。环和刃状物组件(2)用螺栓连接在排汽室上。焊接在环面上的一根压条是作为在膜片组件切断时的阻挡物,防止膜片组件飞往远处。当透平以正常工况运行时,膜片被大气压力压得向内凹进,朝向支撑栅格。如果由于某种原因使真空状况恶化,致使排汽罩的内部压力增加,在大约 0.034 5 MPa 表压时迫使膜片朝外,对着组件上的割刀将割破膜片。这样就把排汽压力泄放到大气中。通常随该装置提供一个备用膜片。一旦需要更换膜片时,必须保证更换件与原件的材料相同和厚度一致。

(2)隔板

GE 公司冲动式汽轮机为隔板型结构,汽缸上有固定静叶的隔板及支撑隔板的隔板套。隔板是一个圆形的平板,上面带有供蒸汽通过的开孔,这些开孔中包括控制蒸汽流量的喷嘴挡板。隔板将相邻级不同差压的蒸汽隔开,用以固定汽轮机各级的静叶片和阻止级间漏汽。通常在隔板的镗孔中安装填料,控制沿轴向漏汽。隔板的主要部件是环、腹板和挡板。这些部件可以装配而成,也可以浇铸而成。

隔板可以直接安装在汽缸内壁的隔板槽中,也可以借助隔板套安装在汽缸上。隔板通常做成水平对分形式,其内圆孔处开有隔板汽封的安装槽,以便安装隔板汽封。

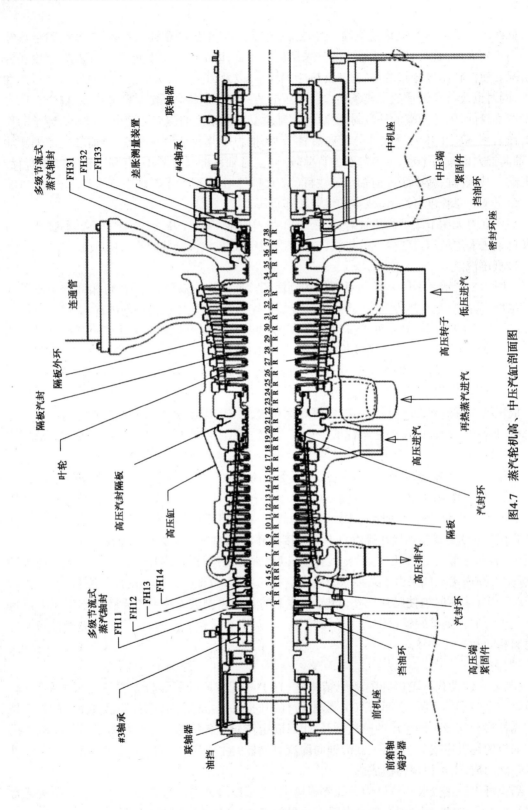

图4.7 蒸汽轮机高、中压汽缸剖面图

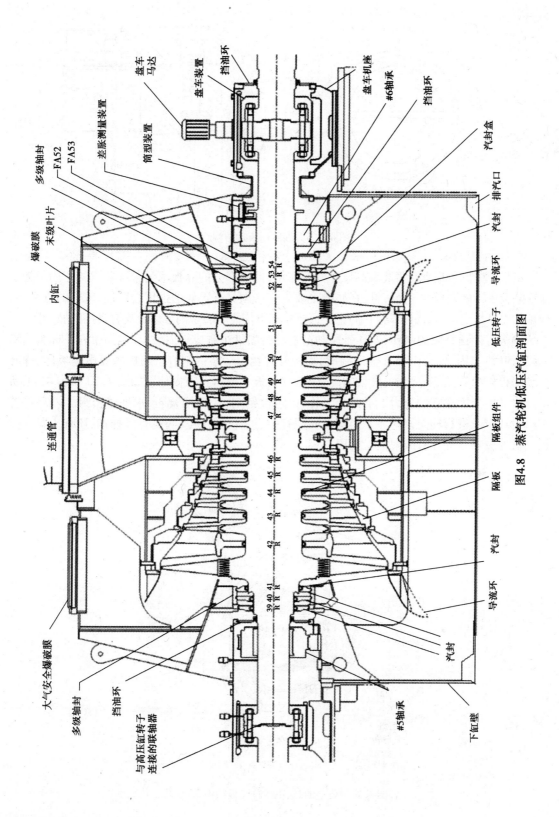

图4.8　蒸汽轮机低压汽缸剖面图

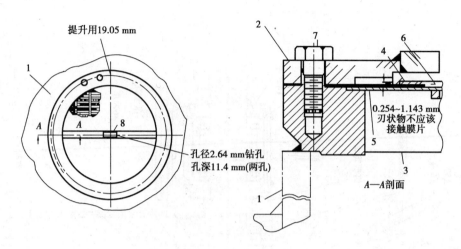

图 4.9　大气泄压膜片结构

1—后缸顶部;2—箍位环;3—栅栏;4—膜片;5—橡胶护罩;6—橡皮护罩;7—螺栓;8—铭牌

高压部分的隔板承受着高温高压蒸汽的作用,低压部分的隔板承受着湿蒸汽的作用。为了保证隔板运行的安全性与经济性,在结构上要求它必须具有足够的强度与刚度,较好的气密性,合理的支撑与定位,以保证隔板在静止和运行状态下均能与转子同心以及具有良好的加工性。

隔板组件由整段的内环、外环弧段和精密浇铸喷嘴组成。内、外环之间带有被称为喷嘴的隔板叶片。内、外环由低合金钢制成,隔板叶片由 Cr_{12} 铬钢制造。隔板主要由隔板体、静叶片和隔板外缘等几部分组成,典型的高、中压缸隔板和低压缸隔板分别如图 4.10 和图 4.11 所示。水平中分面将它们分为上下两个半环,由定位销定位,螺栓紧固,水平键密封。内环设置有汽封环扇段进行轴向密封。下半隔板底部有中心定位键定位,两侧有悬挂销,还有 3 只支撑销。低压级隔板外环有级间汽封弧段。

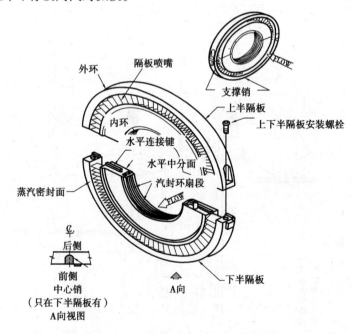

图 4.10　典型的高、中压缸隔板结构示意图

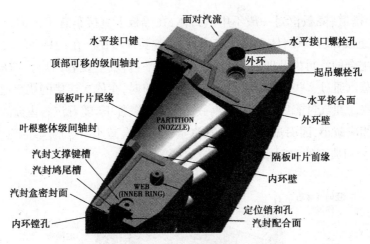

图 4.11 典型的低压缸隔板结构示意图

（3）汽封

汽轮机运转时，转子高速旋转，而汽缸、隔板等静止部分固定不动，为避免转子与静子间碰磨，它们之间应留有适当的间隙。有间隙的存在，就会导致漏汽。在汽轮机级内，主要是在隔板和主轴的间隙处，以及动叶顶部与汽缸（或隔板套）的间隙处存在漏汽。在汽轮机的高压端或高、中压缸的两端，在主轴穿出汽缸处，蒸汽也会向外泄漏，这些都将使汽轮机的效率降低，并增大凝结水损失。在汽轮机的低压端或低压缸的两端，因汽缸内的压力低于大气压力，在主轴穿出汽缸处，会有空气漏入汽缸，使机组真空恶化，并增大抽气器的负荷。漏汽不仅会降低机组的效率，还会影响机组安全运行。为减小蒸汽的泄漏和防止空气漏入，在这些间隙处设置有密封装置，通常称为汽封。

现代汽轮机广泛采用齿形曲径汽封。在汽轮机的高压段（或高、中压缸）常采用高低齿曲径轴封；在汽轮机的低压段（或低压缸）常采用平齿光轴轴封。曲径式汽封一般由汽封体（或汽封套）、汽封环及轴套（或带凸肩的轴颈）三部分组成，如图 4.12 所示。汽封体固定在汽缸

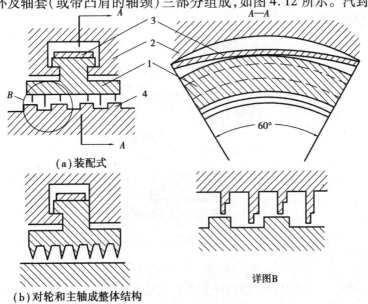

（a）装配式

（b）对轮和主轴成整体结构

详图B

图 4.12 曲径式汽封的结构组成

1—汽封环；2—汽封体；3—弹簧片；4—汽封套

上,内圈有 T 形槽道(隔板汽封一般不用汽封体,在隔板上直接车有 T 形槽)。汽封环一般由 6～8 块汽封块组成,装在汽封体 T 形槽道内,并用弹簧片压住。在汽封环的内圈和轴套(或轴颈)上,有相互配合的汽封齿及凹凸肩(如汽封齿为平齿,轴上没有凸肩),形成许多环形孔口和环形汽室。蒸汽通过这些汽封齿和相应的汽封凸肩时,在依次连接的狭窄通道中反复节流,逐步降压和膨胀。在汽封前后参数及漏汽截面一定的条件下,随着汽封齿数的增加,每个孔口前后的压差也相应减小,因而流过孔口的蒸汽量也必然会减小,从而达到减少漏汽量的目的。图 4.13 为 GE 公司典型的汽封系统结构图。

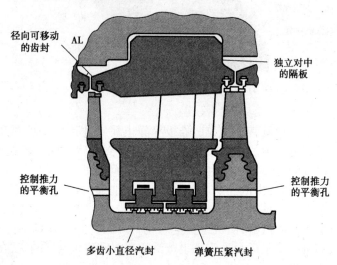

图 4.13　GE 公司典型的汽封系统结构图

轴封是汽轮机的端部汽封,D10 型汽轮机的高压排汽端、中压排汽端、低压双方向排汽端都设置有轴封装置,它能防止汽轮机内部的高压蒸汽泄漏或外部空气进入汽轮机内部,D10 型汽轮机的轴封结构如图 4.14 所示。

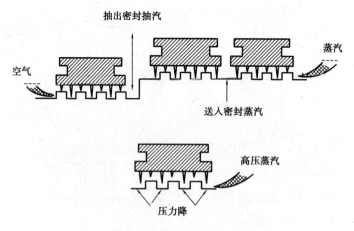

图 4.14　低、中、高压轴封结构

隔板与转子动叶之间还设置了径向叶顶汽封和根部汽封装置,以减小流通部分漏气量,提高汽轮机效率。常见布置方式如图 4.15 所示。

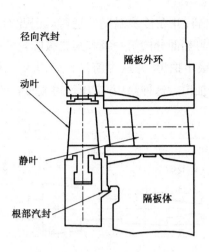

图 4.15　级间汽封

4.3.2　转子

转子即为汽轮机的转动部分,包括动叶片、叶轮和主轴(反动式汽轮机称为转鼓)、联轴器等部件。

汽轮机工作时,转子的工作条件相当复杂,它处在高温工质中,并以高速旋转,不仅承受着叶片、叶轮、主轴本身质量离心力所引起的巨大应力、蒸汽作用在其上的轴向推力以及由于温度分布不均匀引起的热应力,而且还要承受巨大的扭转力矩和轴系振动所产生的动应力,因此要求转子具有很高的强度和均匀的质量,以确保安全工作。

(1)高中低压转子

汽轮机转子可分为轮式和鼓式两种基本形式。D10 汽轮机为冲动式,采用隔板-叶轮式的结构,轴和叶轮是整体锻造后机械加工出来的合金钢转子,机械加工出来的叶轮能够承受安装在叶轮上的动叶片的离心负荷。这种设计可以减小转子直径,减少了从蒸汽通道的泄漏使热效率增加。整体的叶轮结构允许有较薄的轮缘厚度,致使分布在轮和外部燕尾上的热应力减到最小。

D10 汽轮机的两根转子都是采用无中心孔的整锻式转子。整锻转子的叶轮、轴封、联轴节等部件与主轴系由一整体锻件加工而成,没有热套部件,因而消除了叶轮等部件高温下可能松动的问题,对启动和变工况的适应性较强,适于在高温条件下运行。其强度和刚度均大于同一外形尺寸的套装转子,且结构紧凑,轴向尺寸短,机械加工和装配工作量小。

由于浇铸的钢锭在冷却过程中,中心部位最后凝结,所以在这些地方容易夹渣,在锻压转子毛坯时,中心部位的变形错综复杂,这一部位容易产生裂纹。旧的锻造工艺制造的整锻转子通常钻一个 $\phi100$ 的中心孔,其目的是将这些材质差的部分去掉,防止裂纹扩展,同时也可借助窥镜检查锻件内部质量。目前随着金属冶炼和锻造水平的提高,在高温区工作的转子和长叶片级的转子一般都采用整锻且无中心孔的结构,如图 4.16 和图 4.17 所示。

GE 公司的高压转子采用两种转子合金钢:CrMoV 及 12CrMoVCbN。当要求转子有较高的断裂强度时,或要求用在高于正常运行温度(566 ℃)时,通常采用 12Cr 钢。D10 汽轮机转子材料为 CrMoV 钢,属于常规材料,并在传统温度下运行。因此对于对流布置的高压/中压缸,在高温的作用下,一般需要对再热部分的第一级和第二级叶轮及叶片燕尾区域进行外部冷却。冷却用的蒸汽是从高压第六级中抽出,并从中跨汽封处引入。为了提高冷却效果,在混合之前,将中跨汽封漏汽的一部分抽出。这种高压/中压段对流布置的再热级叶轮及叶片燕尾区域的冷却方式,如图 4.18 所示。

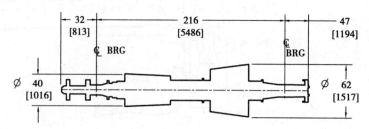

图 4.16　D10 汽轮机高、中压整锻式无中心孔叶轮转子

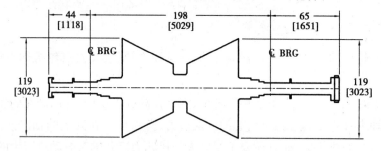

图 4.17　D10 汽轮机低压整锻式无中心孔叶轮转子

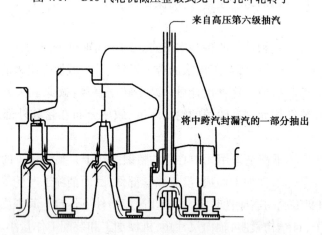

图 4.18　再热级叶轮及叶片燕尾区域的冷却方式

　　图 4.18 中的再热冷却阀 AOV-RHCV 将高压第六级抽汽送往中跨汽封处,对再热第一和第二级叶轮及叶片燕尾区域进行外部冷却。再热冷却阀 AOV-RHCV 由仪用压缩空气控制。在机组启动 L4 逻辑为 1 时,电磁阀得电,该阀打开。当主蒸汽压力达到 84 kg/cm^2 时,电磁阀失电,该阀关闭。

　　由于采用了再热转子冷却,并将中跨汽封漏汽的一部分抽出,回到再热段做功。不仅提高冷却效果,还可适当地将汽封间隙加大,防止转子中段与汽封摩擦。

（2）动叶

动叶就是随汽轮机转子一起转动的叶片，也称工作叶片。动叶安装在叶轮或转鼓上，其作用是将蒸汽的热能转换为动能，再将动能转换为汽轮机转子旋转机械能，使转子旋转。叶片是汽轮机中数量和种类最多的零件，其工作条件很复杂，除因高速转动和汽流作用而承受较高的静应力和动应力外，还因其分别处在高温过热蒸汽区、两相过渡区和湿蒸汽区内工作而承受高温、腐蚀和冲蚀作用。因此叶片结构的型线、材料、加工、装配质量等直接影响着汽轮机中能量转换的效率和汽轮机工作的安全性。实践表明，汽轮机发生的事故以叶片事故为最多，高达40%，故必须给予高度重视。

叶片一般由叶型部分、叶根和叶顶连接件组成。

1）叶型部分

叶型部分也称作叶身或工作部分，它是叶片的基本部分。叶型部分的横截面形状称为叶型，叶型决定了汽流通道的变化规律。为了提高能量转换效率，叶型部分应符合气体动力学要求。叶型的结构尺寸主要决定于静强度和动强度的要求和加工工艺的要求。

按叶型沿叶高是否变化，叶片分为叶型沿叶高不变的等截面直叶片和叶型沿叶高变化的变截面扭叶片。20世纪90年代后期开始出现按照三维流动设计的弯扭结合的马刀形叶片。

2）叶根

叶根是将叶片固定在叶轮或转鼓上的连接部分，其作用是紧固动叶，使叶片在经受汽流的推力和旋转离心力作用下，不至于从轮缘沟槽里拔出来。因此它的结构应保证在任何运行条件下叶片都能牢靠地固定在叶轮或转鼓上，同时应力求制造简单、装配方便。常用的叶根结构形式有倒 T 型、叉型、枞树型、燕尾型等几种。

如图 4.19（a）所示，为典型的高压级直叶片，用金属围带将各动叶片的外端在叶樺处系在一起。围带是分段的，上面有穿孔，将围带装配到叶樺上用手工铆接就位。

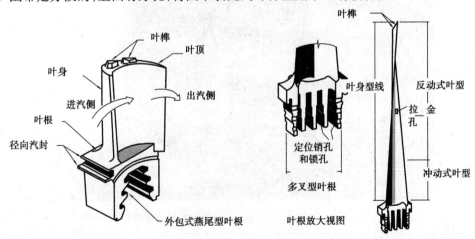

（a）典型的高压级直叶片　　　　　　　　（b）典型的低压缸扭曲叶片

图 4.19　GE 公司 D10 汽轮机典型的高压直叶片（a）和低压扭曲叶片（b）

如图 4.19（b）所示，为典型的低压级扭曲叶片。这种叶片，在接近根部的一段是冲动式叶型，而其上部一段是反动式叶型，透平有一定的反动度，越接近顶部，反动度越大，甚至是超声速的。该叶片是建立在三元流动设计基础上的，具有优良的空气动力学性能。在叶片中点处穿有拉金,在叶片顶部有叶冠,有很高的强度和很好的防震性能。

3)叶顶部分

叶顶部分包括在叶顶处将叶片连接成组的围带和在叶型部分将叶片连接成组的拉金。汽轮机同一级的叶片常用围带或拉金成组连接,有的是将全部叶片连接在一起,有的是几个或十几个成组连接。采用围带或拉金可增加叶片的刚性,降低叶片中汽流产生的弯应力,调整叶片频率以提高其振动安全性。围带还构成封闭的汽流通道,防止蒸汽从叶顶逸出,有的围带还做出径向汽封和轴向汽封,以减少级间漏汽。

如图4.19(a)所示的高、中压级叶片就是用金属围带将4~16只叶片的外端在叶榫处系在一起。围带可以有效地加强叶片的刚性,控制叶片的A型振动和扭转振动。

如图4.19(b)所示的低级叶片则是在叶片中点处穿有拉金,在叶片顶部也有叶冠,有很高的强度、刚度和很好的防震性能。

如图4.20所示,D10汽轮机末级动叶片使用的是GE公司生产的851 mm标准型长叶片。该叶片设计为整圈连接的方式,叶栅围绕叶轮连续地进行360°全周连接。在叶片中点处的套筒内穿有拉金,叶片顶部使用Z型整体式围带,使叶片在离心力作用下能自由地向圆周方向延展,但同时又保留有叶片至叶片间的高效率汽流通路。就结构而言,叶冠或套筒的连接提供了更好的刚性、模态抑制和阻尼,从而可以使用相对较薄的叶片。同时每组叶栅有较多的通路,使强度和防震性能都很好。

图4.20 D10汽轮机851 mm标准型末级动叶片

动叶片的结构特性对汽轮机运行的经济性和安全性都有很重要的意义。哈尔滨汽轮机厂对D10汽轮机进行的一系列改进措施中,其中最重要的几项内容即是对汽轮机动叶进行了改进,将汽轮机的叶根由外包式倒枞树型叶根改为倒T型或枞树型叶根;将原末级叶片的拱形围带和其余叶片的铆接围带全部改为自带围带;将末级叶片由原来的851 mm加长到900 mm,并采用了新型前掠叶片,降低了末级叶片的余速损失,提高了汽轮机的效率。目前新出厂的汽轮机全为改进型的汽轮机。

4.3.3　支撑与膨胀

(1)汽缸的支撑和滑销系统

随着机组容量的增大,转子、汽缸等部件的尺寸、质量也增加,而且再热系统的采用使得管系作用在汽轮机上的力更为复杂。因此,保证汽轮机在受热或冷却过程中汽缸能按要求自由的膨胀、收缩就显得特别重要。为保证机组安全经济的运行,须保证动静部分对中不变或变化很小。因此,汽缸的支撑定位就成为机组设计安装中的一个重要问题。其原则是:既要允许汽缸各部件的热膨胀,又要保证汽缸与转子中心线一致。

汽轮机在启动、停机和运行时,汽缸的温度变化较大,将沿长、宽、高几个方向膨胀或收缩。由于基础台板的温度升高低于汽缸,如果汽缸和基础台板为固定连接,则汽缸将不能自由膨胀。为了保证汽缸能定向自由膨胀,并能保持汽缸与转子中心一致,避免因膨胀不畅产生不应有的应力及机组振动,因而必须设置一套滑销系统。在汽缸与基础台板、汽缸与轴承座和轴承座与基础台板之间应装上滑销,以保证汽缸自由膨胀,又能保持机组中心不变。汽缸的自由膨胀是汽轮机制造、安装、检修和运行中的一个重要问题。

根据滑销的构造形式、安装位置和不同的作用,滑销系统通常由立销、纵销、横销、猫爪横销、斜销、角销等组成。热膨胀时,立销引导汽缸沿垂直方向滑动,纵销引导轴承座和汽缸沿轴向滑动,横销则引导汽缸沿横向滑动并与纵销(或立销)配合,确定膨胀的固定点,称汽轮机的绝对死点。对于整个轴系而言,其轴向位置是靠高、中压转子的推力盘来定位的,推力盘包围在推力轴承中,由此构成了机组动静之间的死点。当机组静止部件在膨胀与收缩时,推力轴承所在的轴承箱也相应地轴向移动,因而推力轴承或者说轴系的定位点也随之移动,因此称组动、静之间的死点为机组的"相对死点"。

如图 4.21 所示为 S109FA 燃气轮机联合循环发电机组轴系布置示意图。S109FA 机组有 4 根转子,组成长达 46 m 的刚性轴系。径向支撑轴承是从燃气轮机端开始进行编号:T1 和 T2 为燃气轮机支撑轴承,T3 和 T4 是蒸汽轮机高、中压缸支撑轴承,T5 和 T6 是低压缸支撑轴承,T7 和 T8 是发电机支撑轴承。轴系中的单推力轴承装在燃气轮机 T1 轴承箱中。装有 T3 轴承的高压前轴承箱通过轴向键和横向键固定在基础台板上,并用地角螺栓压紧,构成本机热膨胀的绝对死点。

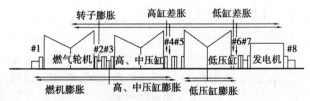

图 4.21　S109FA 燃气轮机联合循环发电机组轴系布置示意图

燃气轮机 T1 轴承座,坐落在压气机前缸上,通过两个可调轴向拉杆刚性连接到蒸汽轮机前轴承箱上,将缸体连成整体。正常运行时,机组的合成净推力朝向发电机方向。燃气轮机架的轴向运动(由推力引起)受到拉杆和固定高压汽轮机前箱的限制。从而维持住设计蒸汽轮机级间间隙。汽轮机 T3 轴承装在高压前轴承箱中;T4 轴承装在中轴承箱(在中压缸排气罩伸长部)中。

中轴承箱通过螺栓固定在排汽缸体上的垂直加工法兰上,然后密封焊接,成为排汽罩的整体部分。中轴承箱的底座通过安装在底座和基础台板之间的一个轴向滑销的引导，可以在轴向基础台板上轴向自由滑动。

高、中压汽缸调端支撑在前轴承箱上，电端支撑在中轴承箱上。电端能沿轴向自由滑动以适应汽缸的热膨胀，而汽缸横向移动受到位于高、中压汽缸和中轴承箱之间的轴向滑销的限制。

低压排汽缸支撑脚搁置在基础台板上，排汽缸由横向中心线上的横向键作轴向定位，能在这个固定的参考点附近作轴向和横向的自由移动，以允许热膨胀。T5 和 T6 低压透平轴承座与排汽缸焊接成为一个整体。排汽缸轴承箱支撑着低压内汽缸，由一个导向的塞块和键系统维持着内汽缸和排汽罩的对准，允许它们之间的热膨胀。

（2）轴承

轴承是汽轮机的一个重要组成部件。汽轮机采用的轴承有径向支持轴承和推力轴承两种。径向支持轴承用来承担转子的重力和旋转的不平衡力，并确定转子的径向位置，以保持转子旋转中心与汽缸中心一致，从而保证转子与汽缸、汽封、隔板等静止部分的径向间隙正确。推力轴承承受转子上的轴向推力，并确定转子的轴向位置，以保证通流部分动静间正确的轴向间隙。由于汽轮机转子的重力和轴向推力都很大，且转子的转速很高，故轴承处在高速重载条件下工作。为了保证机组安全平稳地工作，汽轮机轴承都采用油润滑和冷却的滑动轴承，工作时，在转子轴颈和轴承轴瓦之间形成油膜，建立液体摩擦。

1）径向轴承

径向轴承含有给轴承供油的孔，在轴旋转时，转轴把流入轴承的油带过上半瓦时吸收了轴颈的热量。一部分油被轴的旋转带到下半瓦和轴颈之间，形成了流体动力油膜，它支撑着转子的重力，防止金属间的接触。

PG9351FA 型燃气-蒸汽联合循环机组 3 号~5 号轴承为直径 19 in（1 in≈0.025 4 m）的六可倾瓦轴承 DTP Assy,6PAD）。其中，3 号、4 号轴承名义宽度为 10 in，5 号轴承名义宽度为 16 in。DTP（Double Tilt Pad）意为双精度型瓦块径向轴承。6 号轴承采用短椭圆轴承，名义直径 23 in，宽度为 11 in。

图 4.22 所示为五（或六）可倾瓦轴承视图（设计 B 和 C 型）。

图 4.23 所示为四（或六）可倾瓦轴承视图（D 型）视图，该轴承是 GE 公司最新改进型 DPT 径向轴承，用在高、中压缸，目前也用在低压缸上。

C 型和 D 型轴承的内部结构相同。

如图 4.23 所示，轴承体的外径是圆柱形的，它安装在轴承座上或直接安装在前箱及后箱机架上。轴承体的外圆柱面有两条油槽，油供到这两条油槽，再通过油槽内的油孔流往每个瓦块的交接处，每个瓦块有一组（两只）油孔。轴承体外侧的支撑板密封住油的泄漏。回油如图 4.23 C—C 剖面所示。D—D 剖面所示的是冲洗油口，供检修后进行润滑油冲洗时，只需将整个轴承按转动方向旋转一定角度，将通向轴瓦的油路旁通，在轴承体内将油路转向回油口。待冲洗完毕，再将轴承恢复原位即可。

蒸汽轮机使用的是六瓦轴承，在六块钢瓦上离心浇铸有巴氏合金的轴承表面。每块瓦支撑在轴承体上的圆孔内，上下各 3 只。瓦块背部的曲率半径比轴承体内孔的曲率半径稍小，所以它在轴的旋转方向相对支点是自由的，每块瓦可以独自形成最佳的油楔。瓦座背部沿轴向的曲率半径比轴承体内孔的曲率半径大，允许瓦块与轴颈自对中。上半瓦的 3 块瓦有圆形的调整垫片,可以调整间隙。这样增加了支撑柔性,还具有吸收转子振动能量的能力,有良好的减振性。

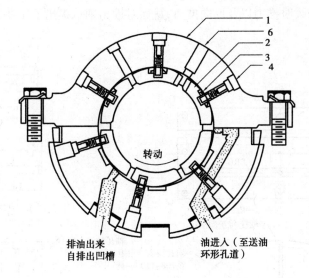

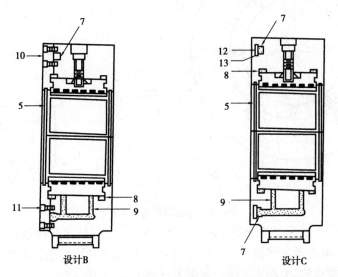

设计B   设计C

图4.22 五(或六)可倾瓦轴承视图(设计B型和C型)

1—轴承外壳;2—倾斜轴瓦;3—调节块;4—锁紧销;5—油封齿;6—振动检测器孔;
7—油送入环形孔道;8—油排出凹槽;9—单独的轴瓦送入;10—盖板;设计B;
11—盖板螺栓;设计B;12—环形盖;设计C;13—弹射带;设计C

在油膜承载压力最大的瓦块内埋有轴承表面金属温度测量热电偶,连续监视轴承的工作。正常工作温度为82～110 ℃,在启动或停机的过程中,轴承表面金属温度可以增加2.5～5.6 ℃。当轴承表面金属温度超限时(116 ℃)报警,但没有自动跳闸的信号,当轴承金属温度达到127 ℃时,应该实施手动停机。

2)推力轴承

推力轴承的作用是确定转子的轴向位置和承受作用在转子上的轴向推力。虽然大功率汽轮机通常采用高、中压缸对头布置以及低压缸分流等措施减小了轴向推力,但轴向推力仍具有较大数值,一般可达几吨至几十吨。如考虑到工况变化,特别是事故工况,例如水冲击、甩负荷等,还能出现更大的瞬时推力以及反向推力,从而对推力轴承提出了较高的要求。

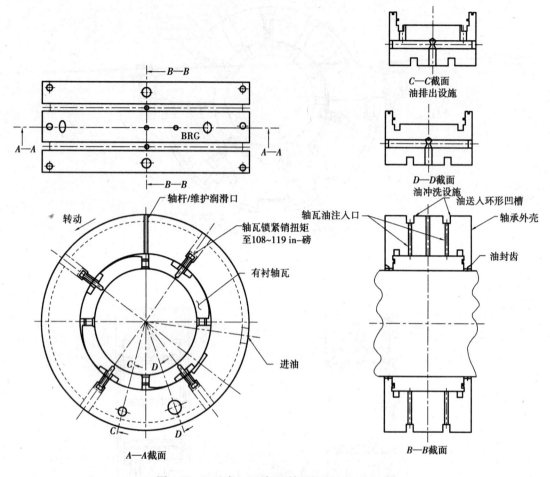

图 4.23 四(或六)可倾瓦轴承视图(D 型)视图

通常应用最广泛的推力轴承是密切尔式推力轴承,这种轴承在沿轴瓦平均圆周速度展开图上,瓦块表面与推力盘之间能构成一角度,它们之间可形成楔形油膜以建立液体摩擦。瓦块可做成固定的或摆动的,大功率机组一般都为摆动的。

推力轴承的工作原理可用图 4.24 来说明:当转子的轴向推力经过油层传给瓦片时,其油压合力 Q 并不作用在瓦片的支撑点 O 上,而是偏在进油口一侧。因此合力 Q 便与瓦片支点的支反力 R 形成一个力偶,使瓦块略微偏转形成油楔。随着瓦片的偏转,油压合力 Q 逐渐向出油口一侧移动,当 Q 与 R 及作用于一条直线上时,油楔中的压力便与轴向推力保持平衡状态,在推力盘与瓦片之间建立了液体摩擦。

汽轮机和燃气轮机共享一只可倾瓦自位型推力轴承,它位于燃气轮机的 1 号轴承处。止推轴承把转子轴向定位在汽缸中并吸收运行时产生的推力负荷。铜作为可倾瓦的支撑材料,能使接合区之间的温度分布更均匀,减轻热畸变。

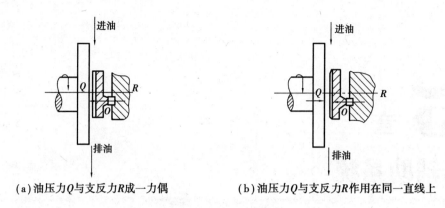

(a) 油压力 Q 与支反力 R 成一力偶　　　　(b) 油压力 Q 与支反力 R 作用在同一直线上

图 4.24　推力瓦片和推力

思考题

1. 简述联合循环汽轮机的主要特点。
2. 汽轮机的损失有哪些?
3. 汽轮机本体主要由哪些部件组成?
4. 可通过哪些措施减少级的漏汽损失?
5. 汽缸的作用是什么?
6. 简述汽轮机的支撑与滑销系统。
7. 可倾瓦轴承有哪些特点?
8. 为什么要设置汽轮机后缸喷水减温?

第 **5** 章
机岛辅助系统

一台燃气轮发电机组,除了主机(压气机、燃烧室、透平、发电机)和调节控制及保护系统外,必须配备有完善的辅助系统和设备才能正常运行。辅助系统的质量是影响机组安全、可靠、长期运行的一个十分重要的因素。因此,全面掌握燃气轮机辅助系统的组成、运行及其在机组中所起的作用是十分必要的。

本章将详细介绍 GE PG9351FA 型燃气-蒸汽联合循环机组辅助系统。GE PG9351FA 单轴燃气-蒸汽联合循环辅助系统有:

①盘车系统;

②润滑油系统;

③顶轴油系统;

④液压油系统;

⑤进口可转导叶(IGV)系统;

⑥进排气系统;

⑦进气滤反吹系统;

⑧进气抽气加热(IBH)系统;

⑨天然气前置模块系统;

⑩燃气控制系统;

⑪燃气清吹系统;

⑫燃气轮机冷却与密封空气系统;

⑬燃气轮机通风与加热系统;

⑭燃气轮机 CO_2 灭火系统;

⑮危险气体保护系统;

⑯水洗系统;

⑰调压站天然气系统;

⑱主蒸汽系统;

⑲旁路系统;

⑳疏水系统;

㉑轴封蒸汽系统；
㉒辅助蒸汽系统；
㉓凝结水系统；
㉔真空系统；
㉕闭式冷却水系统；
㉖循环水系统；
㉗密封油系统；
㉘发电机 H_2 和 CO_2 系统。

5.1　盘 车 系 统

5.1.1　系统功能

汽轮机停机后,上缸壁温受汽缸上部热蒸汽的影响高于下缸壁温,上下缸的温差将导致转轴弯曲。为了减少这种弯曲的产生,应保持盘车连续运行直至汽缸冷却完成。在启动冲转之前一般需要汽封送汽,这些蒸汽进入汽缸后大部分在汽缸上部,也会造成汽缸上下部之间的温差,若转子静止不动就会产生弯曲变形,因此必须盘动转子。

启动前盘动转子,可以用来检查汽轮机是否具备运行条件(如是否存在动静部分之间摩擦及主轴弯曲变形是否符合规定等)。

盘车也可以减少启动功率,对联合循环的机组来说,具有尤为重要的意义。

5.1.2　系统组成

盘车的主要部件包括减速齿轮组件、盘车电动机、啮合电动机、用来使盘车驱动的小齿轮和相匹配的转轴大齿轮、自动啮合的气动汽缸,以及盘车控制装置,如图5.1至图5.4所示。

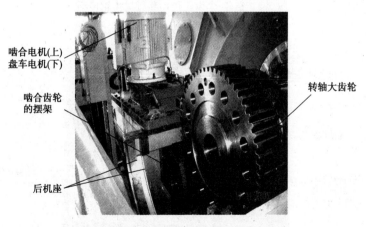

图5.1　盘车装置与盘车结构啮合

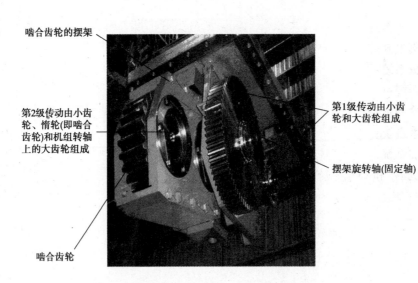

啮合齿轮的摆架

第2级传动由小齿轮、惰轮(即啮合齿轮)和机组转轴上的大齿轮组成

第1级传动由小齿轮和大齿轮组成

摆架旋转轴(固定轴)

啮合齿轮

图 5.2　吊装中的盘车装置

减速齿轮组件(第1级)

链轮和伞齿轮传动

行星齿轮传动

图 5.3　链轮-伞齿轮传动和行星齿轮传动

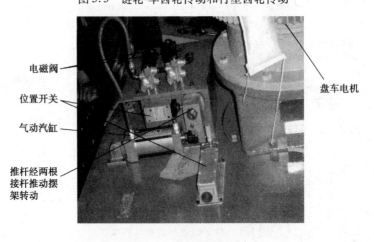

电磁阀

位置开关

气动汽缸

推杆经两根接杆推动摆架转动

盘车电机

图 5.4　摆架传动机构

电动盘车装置单独安装在汽轮机低压缸后轴承外侧,接近汽轮机和发电机联轴器的位置,以便与转轴大齿轮啮合,转轴大齿轮固定在汽轮机与发电机联轴器之间。盘车由立式电动机驱动,啮合电动机在上,盘车电动机在下,由同一根轴驱动,功率通过多级减速后传送到转轴大齿轮,带动整个轴系转动。

减速齿轮组件包括链轮和伞齿轮传动、行星齿轮传动和两级减速直齿轮传动。两级减速直齿轮传动的第 1 级是由小齿轮和大齿轮组成的减速直齿轮传动,如图 5.2 所示;第 2 级传动由小齿轮、惰轮(啮合齿轮)和机组转轴上的大齿轮组成,如图 5.1 和图 5.2 所示。小齿轮和惰轮的支架可以摆动,它的摆动中心是小齿轮的芯轴,通过摆动使惰轮与转轴上的大齿轮啮合,用来使啮合齿轮(惰轮)和相匹配的转轴大齿轮自动啮合的是气动汽缸及盘车控制装置,如图5.4所示。

在条件满足时,啮合电机启动,检测到零转速后,电磁阀得电,接通仪用压缩空气气路,推动汽缸推杆移动,经上下两根连接杆推动摆架转动,实现齿隙和齿顶配合,并通过啮合电动机转动,使减速齿轮组件带动惰轮与转轴上的大齿轮啮合到位。10 s 后,啮合电动机自动截断电源,盘车电动机启动,将机组带入盘车转速。与此同时,电磁阀失电,切断仪用压缩空气气路。

5.1.3　系统运行

盘车系统运行时间的规定和盘车中断时间以及是否满足盘车停运条件有着密切的关系。盘车装置在未满足停运条件时,由于机组内部温度较高,如果转子在机组冷却的过程中保持静止,转轴将会出现弯曲,原因是停机后热空气积聚在缸体上方,转子和缸体因上下温差和重力作用而产生弯曲变形;盘车装置在满足停运条件后停运,机组大轴长期静止也会因自重出现下垂现象。这两种情况出现的变形都随着时间增加而增加,尤其是停机后转子异常静止时更为严重,甚至会造成动静摩擦、大轴转不动等。因此,在机组启动前、停机后都必须保证足够的盘车时间。

(1)S109FA 型机组盘车时间和条件的规定

①盘车正常停运后,冷态启动前必须连续盘车 6 h,热态启动前必须连续盘车 4 h;机组正常停机,转速到零后应立即投入连续盘车,只有当汽轮机高压缸壁温度低于 260 ℃、燃气轮机轮间温度低于 65 ℃时,方可停止连续盘车。

②汽缸金属温度在 260 ℃(500 ℉)以上或停机后 4 h 应保持连续盘车,4 h 后因事故抢修需停盘车,一般不应超过 10 min,此时应保持润滑油系统连续运行。汽轮机经间断盘车再启动前,必须连续盘车 4 h 以上,转子偏心小于 0.076 mm 或恢复原始值,且动静部分无异音。

③转子停止时若不能投入连续盘车,此时可以操作盘车电机顶端的方形接口,用专用的扳手来进行手动盘车,并在转子上做好记号,每间隔 15 min 盘动转子 180°,2 h 后改为每间隔 30 min 盘动转子 180°,8 h 后改为每间隔 1 h 盘动转子 180°,直到盘车设备修复为止。

就地盘车控制盘上有一只可以选择 4 个位置的选择开关,开关上有 JOG(点动)、STOP(停止)、STANDBY(备用)、START(启动)位置。开关的正常位置是 STANDBY,用于盘车的自动投入。JOG 位置用于维修时,操作员为了将转子转动一定角度时使用。

(2)盘车启动前需要满足条件

①检查润滑油系统运行正常,润滑油压正常、润滑油温不低于 29 ℃(85 ℉),在盘车装置运行期间润滑油温应保持在 27 ~ 32 ℃(80 ~ 90 ℉);

②检查确认发电机密封油系统运行正常;

③检查确认顶轴油泵运行正常,出口压力和油膜压力正常;

④确认盘车气动啮合装置正常;

⑤确认盘车系统相关的表计及保护投入正常;

⑥检查确认转子偏心,轴向位移,差胀,高、中压外缸上、下温差,汽缸膨胀监测仪表均投入正常。

(3)盘车装置自动启动(由 MARK VI 控制)

机组停机之后,正常情况下都是自动启动方式,在这种情况下需要将就地盘车控制箱上的选择开关投入"STANDBY"位,在 MARK VI 盘车控制页面上的盘车控制投入自动(AUTO MODE)。当满足规定的条件时,MARK VI 将自动啮合盘车装置。以下为盘车自动啮合的条件:

①发电机出口断路器在分位;

②热控条件满足:油压正常(机组润滑油压力、1 号和 2 号轴承处顶轴油压)、阀门全关(低压进汽截止阀、再热截止阀 2 个和高压进汽截止阀);

③盘车选择开关在 STANDBY、JOG 位置;

④啮合电机电源开关和盘车电机电源开关在"工作"位(但接触器未闭合);

⑤盘车控制电源良好(120 V 交流);

当以上 5 个条件满足时,啮合电机启动。当啮合电机启动、阀门全关、零转速 3 个条件满足时,盘车啮合。盘车啮合后,啮合电机停止,盘车电机启动(以上 5 个条件需一直满足)。

(4)盘车装置手动启动程序(由 MARK VI 控制)

将就地盘车控制箱上的控制开关投入"STANDBY"位置,在 MARK VI 盘车页面上选择"手动控制"(MANUAL MODE),在 MARK VI 盘车页面上选择"手动啮合"(MANUAL ENGAGE),然后检查 MARK VI 盘车控制页面上的状态显示,盘车啮合 10 s 后,主盘车电机启动;观察现场的啮合状态指示灯亮、盘车电动机运行指示灯亮,确认盘车装置已启动。

(5)盘车装置就地手动启动程序(就地控制箱控制)

①将 MARK VI 盘车页面上选择"手动控制"(MANUAL MODE);

②检查就地控制盘上 L-ZSP 零转速指示灯,确认盘车装置处于啮合状态;

③将就地控制盘上的选择开关置于"START"位置,确认啮合电机启动,放开选择开关,选择开关回到"STANDBY"位置;

④检查 L-291 啮合指示灯亮,说明盘车装置已经啮合。10 s 后,主盘车电动机启动;检查 L-289 盘车电动机运行指示灯亮,确认盘车装置已启动。

(6)手动啮合盘车装置

盘车装置自动啮合不成功时需要手动啮合,这时采用扳手将肘节机构外部突出部分方端转动,把小齿轮转至啮合位置,然后观察 L-291 指示灯亮,说明盘车装置已经啮合。10 s 后,观察 L-289 指示灯亮,主盘车电动机启动,盘车装置开始运行。

(7)点动控制盘车装置

盘车装置具有点动控制功能,在检修期间或某些特殊情况需要使轴系旋转一个较小的角度。这时需要点动盘车,具体操作如下:

①将选择开关旋转到"JOG"位;

②按下"PUSH TO JOG"按钮,触发就地点动控制。当旋转至需要的角度时再松开该按钮。

(8)盘车的停运

盘车系统的停运包含两种,一种是启机时当轴系转速超过盘车转速时,盘车装置自动脱扣退出运行;另一种是停机后轴系不需要运转时或者因检修需要而进行的盘车停运。

机组启动时设有自动停盘车的顺序控制程序。当轴系转速超过盘车转速(45 r/min)时,盘车装置自动脱扣。当脱扣开关动作时,MARK VI 将停下盘车电动机。启动时,当轴系转速超过 1 500 r/min 时,MARK VI 将停下顶轴油泵。停机时当轴系转速降至 1 500 r/min 时,MARK VI 将启动顶轴油泵。

在盘车正常停运前,应检查轴封系统已停运,汽轮机高压缸壁温度低于 260 ℃、燃气轮机轮间温度低于 65 ℃时方可停止连续盘车,主要是为了防止缸体内部受热不均产生弯曲变形。满足条件后,在 MARK VI 盘车"TURNING GEAR"画面选择盘车装置"STOP",机组大轴转速下降直至为零,盘车停运。

正常运行期间,除了监视相关参数以检测会导致超限报警的任何异常情况外,盘车装置不需要操作。轴系发生异常情况,DCS 和 MARK VI 会发出相关报警信号。机组盘车期间,运行人员应巡回检查,倾听轴系内部组件的异声。

(9)盘车的应急操作

当盘车装置在机组冷却完成之前出现故障或跳闸情况,应该采取手动盘车措施保持透平继续盘动,直至盘车装置重新通电。步骤如下:

①对转子的停止位置做好标记,同时记录好偏心初始值;

②断开盘车主电机及啮合电机电源;

③将专用的盘车手柄置于啮合电机上端的凸起上;

④用活动扳手手动啮合盘车传动齿轮,缓慢转动盘车手柄,待啮合灯亮;

⑤转动盘车手柄,则转子开始转动。

5.1.4 系统常见故障及处理

盘车系统常出现的故障主要表现在盘车马达故障和机组停机后盘车投运过程中啮合失败等问题。

(1)盘车故障停运或不能投入

1)现象

①机组转速到零,盘车不能正常投入;

②盘车运行中跳闸。

2)原因

①盘车马达故障或电源失去;

②盘车传动装置故障;

③汽轮机内部动、静部分摩擦严重或动、静部分卡涩,盘车电流过大,电机过负荷;

④油系统失火无法扑灭或油管道大量漏油或油箱无油,汽轮机停止后不允许启动润滑油泵。

3）处理

①盘车因故不能运行时，如果油系统正常必须保持润滑油系统运行，至少应保持润滑油系统连续运行直至汽缸金属温度小于 260 ℃。

②凝汽器还保持真空时，盘车投不上，应立即隔绝热水热汽排入凝汽器，紧急破坏真空，真空到零后立即退轴封汽。

③运行人员应记录好转子的停止位置，并每隔 15 min 记录偏心表的读数。

④运行人员同时应记录缸温，各瓦瓦温等参数。

⑤不论何种事故造成轴弯曲盘车盘不动时不许强行盘车。

⑥油循环因故障或火灾不能运行时，禁止连续盘车但在断油情况下允许将轴翻转 180°。在重新投入盘车时，应先进行油循环直至全部轴承金属温度均低于 150 ℃，才允许投入连续盘车。

⑦因盘车马达故障不能盘车时，应每隔 15 min 人工手动翻转 180°，2 h 后改为每间隔 30 min 盘动转子 180°，8 h 后改为每间隔 1 h 盘动转子 180°，直到盘车设备修复为止。翻转 180°时应记录翻转前转子停止的角度，保证正确翻转 180°。

（2）机组在停机后盘车投运时啮合失败

1）现象

转速到零，啮合指示灯不亮，盘车电机不能启动。

2）原因

①啮合电机不启动。

②啮合电磁阀故障。

③没有使用压缩空气。

④啮合位置开关故障。

3）处理

①分析啮合失败原因，迅速消除，保证盘车投入。

②如不能马上判别啮合失败的原因，立即采取手动啮合。

③啮合成功后，注意盘车自动启动。

5.2　润滑油系统

5.2.1　系统功能

联合循环发电机组的润滑油系统有几种不同的配置形式。对于单轴机组而言，燃气轮机和蒸汽轮机通常共用一套润滑油系统；对于多轴机组，燃气轮机发电机组和蒸汽轮机发电机组可以共用一套润滑油系统，也可各自单独设置一套润滑油系统，布置形式的选择视机组总体布置而定。就润滑油系统而言，不管是共用系统还是分设系统，其设计原理及系统构成是一样的。下面以 PG9351FA 型单轴燃气轮机联合循环发电机组润滑油系统为例进行详细介绍。

PG9351FA 型单轴联合循环机组润滑油系统的作用是向燃机、汽轮机和发电机的轴承、盘车装置等部件提供充足的压力和温度适当的品质合格的润滑油。吸收轴承及各润滑部件所产生的热量,以维持零部件工作在允许的温度范围内,从而防止轴承烧毁、轴颈过热弯曲损坏,以保证机组安全可靠地运行。除此之外,顶轴油泵在启动或停机过程中向燃气轮机提供顶轴油;润滑油模块向氢冷发电机提供氢气密封油,其回油则经过发电机浮球油箱初步分离氢气,进而引入辅助氢气分离器再次分离,分离后的密封油回到油箱。

5.2.2　系统组成及工作流程

PG9351FA 型单轴联合循环机组润滑油系统主要由主润滑油箱、交流油泵、直流油泵、润滑油冷却器、润滑油过滤器、排油烟装置、润滑油净化装置等组成,还包括管道阀门、温度、压力、液位热工测量元件及润滑油加热器等附件设备。

图 5.5 为润滑油系统流程示意图,该系统是一个加压强制循环系统。交流润滑油泵(一备一用)将油箱里的润滑油加压到一定压力后通过润滑油冷却器(一备一用)进行冷却(通过润滑油温度调节阀调整冷却水量进行温度调节),以保证供给的润滑油温度维持在 49 ℃ 左右(盘车时温度为 29 ℃)。温度合适的润滑油再经润滑油过滤器(一备一用)进行过滤,滤除油中混入的杂质及油化学反应生成物,防止油品劣化及元件发生污染、磨损和堵塞。需要注意的是,PG9351FA 型单轴联合循环机组润滑油系统冷却器与过滤器为"一对一"设计,即一台冷却器对应一台过滤器,当需要切换过滤器时同时需要切换冷却器来实现。具有合适温度和一定清洁度的润滑油需经调压阀进行压力调节,该调压阀根据润滑油母管压力自动调节,以维持润滑油母管压力在 0.21 MPa 左右。通过以上设备之后,具备压力和温度适当、清洁的润滑油送至润滑油供油母管。当厂用电丢失或交流润滑油泵故障无法提供润滑油系统供时,则由事故直流润滑油泵给机组轴承提供润滑油,直流密封油泵供给密封油。直流润滑油泵属应急油泵,提供的润滑油不经冷油器、过滤器,直接送至润滑油母管,在应急情况下保证机组安全停机。

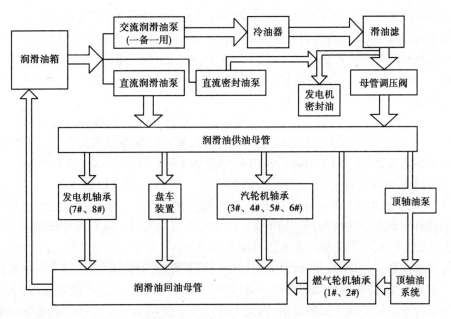

图 5.5　润滑油系统流程示意图

润滑油母管的润滑油经冷却、过滤、调压之后压力、温度合适,品质合格。分别给以下设备提供润滑、冷却用油:

①燃气轮机轴承(1#、2#);

②提供燃气轮机顶轴油系统供油;

③汽轮机轴承(3#、4#、5#、6#);

④发电机轴承(7#、8#);

⑤提供发电机密封油系统供油(详见本书密封油系统介绍);

⑥提供盘车装置的润滑冷却用油。

经过以上用油设备和润滑冷却部件后,所有的油回到润滑油箱。通过循环之后的润滑油回油中存在油烟、水分及杂质,为了保证润滑油品质合格,润滑油系统专门设置了润滑油抽油烟装置、在线循环过滤装置等辅助设备,来改善润滑油品质。当润滑油质较差、在线循环过滤装置处理不及时,还可外接移动式过滤装置来帮助改善润滑油品质。

为保证可靠供油及维持油箱正常油位,设置两个备用油箱,其中一个为净油箱,用来储存大量合格的备用润滑油,在主油箱紧急缺油时及时补充,保证机组润滑油正常供应。另一个为污油箱,用来储存受污染的润滑油,通过外接移动式过滤装置进行离线滤油,使之合格后重复利用。

为保证润滑油系统安全可靠运行,系统装有压力开关、温度开关、液位指示等相关热工检测保护元件,实现系统运行参数监测和保护功能。

5.2.3　系统主要设备介绍

润滑油系统主要由润滑油箱、交流油泵、直流油泵、润滑油冷却器、润滑油过滤器、排油烟装置、润滑油净化装置等设备组成,在系统中承担相应的任务,下面分别对这些设备进行介绍。

(1)润滑油箱

润滑油箱主要作用是储存足够的润滑油供给所需的用油设备,以满足润滑、冷却的需要。润滑油箱为封闭式容器,油箱的容积为 126.8 m^3(含停机时 11.89 m^3 的回油)。油箱内有一个挡板从油箱顶部伸到正常油位之下,位于油泵和回油之间,以保证回油分离时间。油箱上装有人孔门。油箱有竖管玻璃观察装置。油箱底部是倾斜的,有两个排油口(ODT-1,ODT-2)。

(2)交流润滑油泵(BPM-1,2)

BPM-1 和 BPM-2 是主辅交流电动润滑油泵,是垂直浸没式、单级、端部进油离心泵,由垂直电机驱动,通过弹性联轴器与泵轴联接。油泵电机垂直安装在油箱顶部,每台可方便更换。每台泵都是额定流量,压力 130 psig(896.3 kPa)时为 1 840 加仑/分(6 965 L/min)。主油泵用来提供至轴承的润滑油和氢气密封油。两台泵并联运行共用一根供油管到冷却器切换阀(FV-19),如果运行泵压力降低或没有压力,自动切换到备用交流泵运行。由于油箱也用于氢冷发电机的密封油系统的供油,所以 BPM-1 和 BPM-2 也向发电机氢密封系统供油。

(3)直流润滑油泵(EBPM)、直流密封油泵(ESPM)

直流润滑油泵,与 BPM-1 和 BPM-2 一样也是垂直安装,但管道分开,EBPM 作为 BPM-1 和 BPM-2 的紧急备用,是轴承供油的最后一道保护。EBPM 出油不经过冷油器和滤网,直接供入轴承进油总管压力调节阀上游的管道,因此 EBPM 泵不能用于正常运行。直流润滑油泵的额定值是在 351.6 kPa 回油压力时为 5 008.167 L/min 流量。直流润滑油泵流量的额定值为交流流量的 72%。

直流密封油泵(ESPM)设计为紧急情况中连同直流润滑油泵一起使用。这台泵的额定流量是在 896 kPa(130 psig)时 768 L/min(203 加仑/分(GPM))。直流应急密封油泵是一台100% 容量电动容积式氢气密封油泵。

(4)冷油器

两组全容量冷油器,冷却油温到 49 ℃向轴承供油,用切换阀选择两组冷油器之一,切换手柄在油箱顶部。冷油器是板式换热器,由于板上密封垫的排列,和"A""B"板的交替安放,两种液体进入交错的通道,例如,热的液体在偶数通道之间,而冷的液体在奇数通道之间。介质由薄金属壁隔离。在大多数情况下液体以相对的方向流动。在流体通过装置时,热介质将它的热能给予薄壁,这些热能立即再释放给另一侧的冷介质。最终,较热的介质降温,而较冷的介质加热。

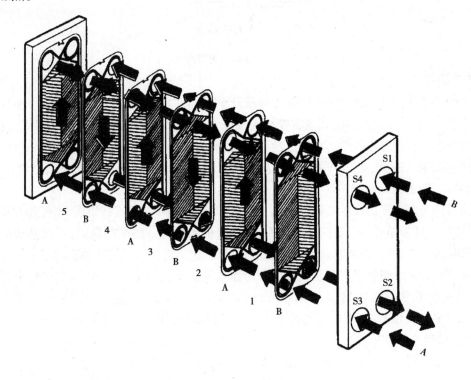

图 5.6　冷油器结构图

(5)滑油温度控制阀

PG9351FA 型机组滑油温度控制阀是设置在滑油冷却器的入口。温控阀采用三通阀形式,改变滑油冷却水量的方式来实现调节滑油温度。图 5.7 为三通调节阀结构图,阀门是 3 通道结构,一个通道连接于冷却水管道入口侧,另一通道连接到润滑油冷却器,第三通道作为旁路接到冷却水回水管道上。如果润滑油温度偏高,这个 3 通道控制阀关小旁路侧(阀芯向上),开大润滑油冷却器侧,更多的冷却水从冷却器流过。当润滑油温度偏低时,控制阀第二通道部分关小(阀芯向下),则旁路侧部分开大,始终维持三通阀出油温度在 46 ℃左右。通常在润滑油冷却器的出口装有温度探测装置,由这个温度信号来控制三通调节阀来保持滑油母管温度稳定在设定值。

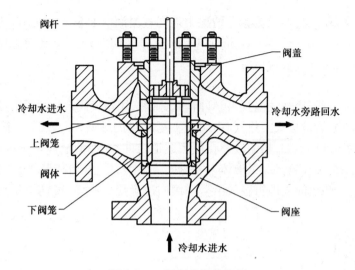

图 5.7　三通调节阀结构图

（6）滤油器

为了防止杂质进入润滑油系统，损坏轴承及润滑部件。PG9351FA 型单轴联合循环机组润滑油系统，在润滑油温度控制阀前布置有两台全容量过滤器，一台运行，一台备用。滤油器中有合成纤维滤芯以滤除微粒。在润滑油过滤器上下游之间装有一个压差开关，当过滤器压差升高到 103.48 kPa 时，差压开关将差压高的报警送至 MARK Ⅵ，说明滤网需要清洗。

（7）冷油器/滤网切换阀（FV-19）

冷油器切换阀用于切换冷油器/滤网。它是由两个蝶阀和一根连杆组成，当操作其中一个阀门时，通过连杆带动另一个阀门同时动作，可以保证始终有一路油路畅通，不会造成断油的事故，当切换阀转动时允许全容量的流量通过，这样机组不必停机切换冷油器/滤网。

注意：冷油器/滤网的不正确切换能使润滑油系统进入大量的空气，由于缺少润滑油导致汽轮-发电机轴承损坏。在转动冷油器/滤网切换阀（FV-19）之前，必须打开充油放气阀（FV-23），使备用冷油器/滤网的空气排走。冷油器和滤网管道并联，切换冷油器也切换滤网。

（8）油压调节阀（FV-17）

该阀根据母管压力设定值自动调整开度，以维持母管压力始终在设定压力值在 0.21 MPa 左右。同时此阀门有一个永久打开的内部节流孔，当阀门关闭时，能提供轴承所需的最小流量。

（9）排油烟风机（VXM-1,2）

排油烟风机是离心式风机，其驱动马达安装在油箱顶部抽取油箱内的油雾，保持油箱有一定的真空度（102 ~ 152 mm H_2O/71 ℃/14 160 L/min）。从回油管抽掉不需要的气体，排油烟风机管道上的油水分离器（油箱内）过滤出油气中的油滴使之回到油箱，两台抽油烟风机可选择一台风机运行，一台备用。

9FA 燃气轮机的邮箱真空度应高于其他燃气轮机机组，这是因为大多数燃气轮机轴承使用了压气机抽气密封。润滑油在润滑冷却轴承的同时还和热的密封空气接触，所受到的热氧化作用十分激烈。为了避免润滑油的热氧化作用，9FA 燃气轮机提高了油箱真空度，取消了燃气轮机轴承使用的压气机抽气密封，只留下轴承油挡，靠油箱的负压防止润滑油外泄。

（10）冷油器流量指示器

这些冷油器流量指示器与在冷油器和滤网上的排空气节流孔板连接并接回到油箱,当从流量指示器看到有油流出时,冷油器或滤网投入运行,或通过旁路充油阀（FV-23）排掉空气,准备投入运行。

（11）润滑油自洁系统——润滑油调节器及循环泵、加热器

由于汽轮机轴承的回油含有水蒸气,通常在润滑油系统工作时要启动润滑油自洁系统。

图5.8是润滑油自洁系统的示意图。它是一套独立的系统,由马达OCM驱动的单向电动泵、加热器OC-HTR-1/2/3/4、带分离和自动排放过滤器的调节器和"加热允许"流量开关组成。调节器拥有去除水分和颗粒的凝聚过滤器以及分离元件,能自动清除空气和水分。润滑油经循环泵增压,流过加热器进入调节器的凝聚过滤器以及分离元件,能分离出直径为 5 μm 的小水滴,小水滴凝聚成大水滴后,在重力的作用下积聚在容器的底部,送到浮子开关,在电磁阀操作下排放掉。只有流量计检测到有足够的油流过时才允许加热。调节器的额定流量为94.8 L/min。

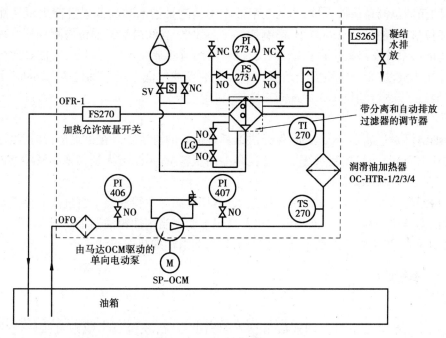

图5.8　润滑油自洁系统示意图

5.2.4　系统保护元件介绍

为了使润滑油系统安全稳定运行,在润滑油系统中装设相应的温度、压力等热工测量保护元件,实时进行运行参数监测,对异常参数及时发出报警响应及实现保护控制功能。润滑油系统主要有润滑油母管压力、润滑油母管温度、润滑油泵出口压力、润滑油箱温度、轴承金属温度及回油温度等重要测量和保护元件。下面分别对这些保护元件进行介绍。

（1）润滑油母管压力低保护

在润滑油系统中,润滑油母管压力低保护是机组运行非常重要的一个保护,它是保证机组安全运行的重要参数之一。润滑油压力过低,可能使机组轴承油膜形成不好、轴承润滑油中断

等现象,可能导致轴颈与轴瓦碰摩,烧瓦等事故发生,造成机组严重损坏。PG9351FA 型机组的润滑油供油母管装设有一个压力变送器、4 个压力开关及压力表。润滑油母管压力正常值为 2.1 bar(1 bar = 10^5 Pa),润滑油母管压力应高于 1.75 bar,当压力低于 0.69 bar 时报警;当压力低于 0.41 bar 时报警并跳机(三选二)。

(2)润滑油供油温度高保护

润滑油供油温度过高使油的黏性降低,润滑性能下降,长期运行会造成轴承及润滑部件损坏。为了使润滑油供油温度处于允许范围内,防止系统出现异常导致供油温度过高发生,PG9351FA 单轴联合循环机组润滑油母管上装设 3 个温度监测元件。机组正常运行中润滑油母管温度正常值为 49 ℃,当系统异常时,母管温度变送器检测到温度高于 60 ℃,控制系统发出润滑油供油温度高报警信号,机组自动停机。润滑油温度长期维持在高温运行,将可能导致轴承得不到有效冷却,润滑效果变差而损害轴承。因此,润滑油温度偏离正常范围,应采取相应措施,恢复润滑油温度至正常值。

(3)润滑油箱油位高、低保护

润滑油箱油位测量保护元件,作为润滑油箱油位测量指示和高低限报警提示功能。机组运行中,油位过高,油箱气空间减小,影响油气分离效果,当润滑油箱油位检测到油位高于运行油位 76.2 mm,系统发出油位高报警;油位过低,使润滑油泵吸入静压降低,可能导致泵吸入空气,润滑油压力波动,影响机组安全运行。当润滑油箱油位低于运行油位 76.2 mm,系统发出油位低报警;低于运行油位 203.2 mm,三选二,机组跳闸。

(4)润滑油滤网压差保护

润滑油滤网是过滤油中的杂质,保证供油具备良好的清洁度。在机组运行时,当滤网前后压差达到 0.103 MPa 时,控制系统发出滤网压差高报警,提示运行人员切换润滑油滤网。

(5)润滑油箱油温低保护

为保持润滑油理化特性,润滑油系统投入运行时,润滑油箱油温不宜过低。油箱油温测量元件提供油温监视和参与润滑油箱电加热器投退控制。当主油箱油温不高于 26 ℃时,润滑油加热器自动投入;当主油箱油温不低于 31.6 ℃时,润滑油加热器自动退出。

5.2.5 系统运行

(1)润滑油系统投运

润滑油系统投运是机组启动前最早投入的辅助系统,系统投运成败直接影响机组正常启动。

系统投运时,充分做好投运前的设备检查及准备工作,是润滑油系统安全顺利启动的前提条件。为了保证润滑油系统顺利启动,启动前主要检查确认系统管线阀位具备投运条件,所有的放水阀、放油阀、放气阀、取样阀、试验阀关闭,运行和备用滑油冷却器阀位正确,冷却水已正常投入,润滑油过滤器检查,确认运行和备用过滤器阀位正常;所有的测试点处的隔离阀关闭;主油箱各液位计试验阀在正常位置并闭锁。电气方面,检查系统有关的动力电源、控制电源、仪表电源已送上,各马达电气开关均投远方控制方式,且无异常报警信号。热工监测方面,燃气轮机、汽轮机监视系统需投运,系统有关联锁、保护试验已合格,所有仪表已投入在线;滑油箱油位应在高报警油位,油质化验已合格,油箱油温高于 26 ℃,若温度低于 26 ℃,则自动投入加热器。

确认与润滑油系统有关的其他系统必须满足条件,如密封油系统已具备投运条件;顶轴油系统阀位正确,具备投运条件;压缩空气系统已投运且压缩空气母管压力正常;润滑油净化系统进油阀、出油阀打开,投入润滑油净化系统运行。

完成系统启动前检查后,首先投入润滑油箱排油烟装置,在 MARK VI 上选择一台抽油烟风机启动,启动正常后将另外一台投入联锁备用。对于检修后的启动,还需调整风机进口手动阀开度,控制抽风量,以维持滑油箱内负压值位大于 27.6 kPa。

启动主润滑油泵,在 MARK VI 上投运一台主润滑油泵(交流驱动),检查各轴承以及润滑油供回油管道各连接处无油渗漏现象,各轴承回油视窗处可以见到稳定的油流;油箱油位下降后稳定在正常范围之内,确认无异常后将另外一台主润滑油泵和直流事故油泵投入联锁备用。对于检修之后的启动,需测量电机振动机及电流情况。

润滑油系统投运后,需监视润滑油冷却器、过滤器、母管压力调节阀等设备工作情况,确认润滑油供油温度维持在盘车时的温度 26.7 ~ 32.2 ℃,润滑油过滤器滤网压差显示正常,润滑油母管调压阀工作正常,润滑油母管压力维持在 0.22 MPa 左右。

运行时要检查轴承集油母管的压力,它要大于最小值,即 0.172 MPa(25 psi)。为确保盘车及机组正常运行时油温在规定的范围内,操作员应当通过改变油温控制阀 TCV-260 的设定点,控制进入冷油器的冷却水量以保持上述温度。

(2)润滑油系统停运

由于润滑油系统对各轴承润滑、冷却作用是保证机组设备安全的关键,在机组盘车停运前必须保证润滑油系统运行。如果润滑油系统没有检修安排,应当尽量保证润滑油系统的运行,尽可能降低主机缸体温度至安全范围,没有轴承乌金过热的风险时才可停运润滑油系统。

在停运润滑油系统前,必须确认机组缸体以及各轴承温度符合停止润滑油系统的条件,盘车、顶轴油系统已停运,机组转速降为零。

停运润滑油系统时首先将直流事故油泵和备用交流润滑油泵退出备用状态,即解除联锁保护,目的是防止主运行泵停运后,联锁启动备用泵及直流事故泵。

交流润滑油泵停运后,油管路里油回到油箱,确认主油箱油位上升情况。直到主油箱油位稳定之后,将备用排烟风机解除联锁,退出备用状态,最后停止主排烟风机,停运排油烟装。

润滑油系统停运后,可保持润滑油净化系统运行,对润滑油进行过滤净化,提高润滑油清洁度。

(3)润滑油泵试验

润滑油系统设置有交流润滑油泵试验电磁阀 FY-265 及直流润滑和直流密封油泵试验电磁阀 FY-266,用于对油泵备用状态的测试。试验电磁阀连接到润滑油母管,试验电磁阀前设有节流孔,当试验电磁阀通电动作时打开,电磁阀前压力下降,相应的压力开关动作,启动备用油泵。

5.2.6 系统常见故障及处理

在运行中,由于润滑油系统设备本身原因或者操作不当导致一些故障或异常发生,将直接影响机组安全稳定运行。下面针对 PG9351FA 单轴联合循环机组润滑油系统一些常见的故障处理进行介绍。

（1）润滑油供油温度高

1）现象

机组正常运行时润滑油母管供油温度维持在49 ℃左右运行,当轴承供油温度高于60 ℃,系统将发出润滑油温度高报警,机组自动停机。

2）原因

①润滑油温度控制阀故障,导致润滑油温度调节失灵,使润滑油温度升高。

②润滑油冷却器异常,冷却器长时间运行,换热管结垢,导致换热效果降低,油温上升,或者冷却器冷却水压力不足或断水,导致冷却不足。

③冷却水温度高。

④热电偶故障,测量出现偏差,导致润滑油温度偏高。

3）处理

①检查润滑油温度控制阀的运行情况,如果出现失调,及时对三通阀进行手动干预,如已经影响机组安全运行,则停机处理。

②检查冷却水系统是否正常工作,异常时尽快恢复。

③检查热电偶,如果热电偶测量异常或故障,需进行校正或更换热电偶。

（2）润滑母管压力低

1）现象

机组运行时,当润滑油母管压低至 0.069 MPa（10 psi）时,发出油压低报警,而当润滑油母管压力继续下降,压力开关三选二检测到油压低至 0.042（6 psi）MPa 时,发出油压低报警,机组跳闸。

2）原因

①润滑油泵故障跳闸,备用泵未联锁启动,供油中断。

②润滑油压力管线泄漏,导致油压降低。

③过滤器堵塞,造成供油不足。

④润滑油压控制阀故障。

⑤压力开关故障,出现误报警。

3）处理

①首先检查润滑油泵运行情况,如果主选运行泵跳闸,需确认备用泵是否启动,或者事故油泵自动启动。如果润滑油泵运行正常,出口压力正常,可能是管线泄漏导致润滑油压力降低,或者润滑油冷却器堵塞、复式滤网堵塞或压力调节阀故障造成的。

②检查润滑油系统压力管线是否存在漏油,发现漏油点时,可根据漏油情况做相应处理,如果漏油量不大,能采用临时封堵可进行临时处理,维持油压待停机后处理,运行期间需注意油箱油位情况;如果漏油量较大,难于维持机组安全运行,则采取紧急停机处理。

③检查过滤器压差,如压差高报警,则需尽快切换过滤器。

④检查母管压力调节阀的运行情况,如果出现卡死或调压阀信号管堵塞等造成调压阀工作异常,则需对调压阀进行紧急处理。

⑤以上几种情况不存在时,可能是压力测量元件故障,检查压力开关及压力变送器,核对就地压力表指示,如果测量元件异常则需校正或更换。

（3）润滑油箱油位低

1）现象

当油箱油位低于运行油位 76.2 mm 时发出液位低报警,低于运行油位 203.2 mm 时,三选二机组跳闸。

2）原因

①润滑油系统泄漏,导致油位下降。

②油位开关故障。

3）处理

①检查润滑油系统管线及设备是否存在漏油现象,同时观察润滑油压力变化情况及就地油位计指示。如果管路或阀门存在漏油,对于轻微漏油,在不影响机组安全运行情况下进行隔离或封堵,待停机后进行处理,同时,做好给油箱补油工作;对于漏油较大难于维持机组正常运行时,必须采取紧急停机处理。

②如果油箱就地油位指示正常,同时也未发现系统漏油点,可能是油位开关故障造成的假报警。检查油位开关和信号线路,更换油位开关。

5.2.7　系统维护及保养

为了使润滑油系统设备处于良好运行状态或备用状态,互为备用的转动设备需定期进行切换。同样,随着长时间运行,润滑油过滤器必然会脏污,需要切换;润滑油冷却器换热面不可避免存在结垢,同样需要切换运行。因此,润滑油系统日常运行维护包括转动设备定期切换、润滑油滤网、冷油器切换等。

（1）转动设备定期切换

互为备用的运转设备若停运时间过长,会发生电机受潮、绝缘不良、润滑油变质、机械卡涩、阀门锈死等现象,而定期切换备用设备正是为了避免以上情况的发生,对备用设备存在的问题及时消除、维护、保养,保证设备的运转性能。

润滑油系统互为备用的转动设备主要交流润滑油泵和排油烟风机,根据厂商设备保养要求及各厂制订的定期切换周期,对上述两泵定期进行切换,保证转动设备处于完好状态。

（2）冷油器/滤网的切换

①随着长时间的运行,油中杂质不断被润滑油滤网过滤,滤网脏污,当润滑油过滤器压差达0.103 MPa时,压差高报警。为了保证润滑油母管油压供应正常,需手动进行润滑油滤网切换。

②在切换之前,必须向备用冷油器/滤网充油排尽空气,防止空气进入管道、轴承,造成轴承断油。

5.3　顶轴油系统

5.3.1　系统功能

机组在低转速或盘车状态时,为了防止轴瓦与轴颈的直接接触造成损坏,联合循环机组一般都设置有顶轴油系统。对于单轴联合循环机组,因燃气轮机、蒸汽轮机、发电机同为一个轴系,虽然不同机型顶油位置不同,但通常都是共用一套顶轴油系统。对于分轴布置的联合循环机组而言,因燃气轮机和蒸汽轮机分别与各自配套的发电机连接单独组成轴系,因布置的要求可能不在同一厂房内,因此,分轴布置的机组一般单独设置一套顶轴油系统。对于顶轴油系统而言,不管共用系统还是分设系统,系统组成及功能是相同的,下面以 PG9351FA 型单轴联合循环机组顶轴油系统为例进行详细介绍。

PG9351FA 型单轴联合循环机组设置的顶轴油系统,为燃气轮机前、后轴承提供顶轴用油,将燃气轮机大轴顶至一定位置高度,防止因大轴自重下沉而造成轴瓦损坏。

5.3.2　系统组成及工作流程

顶轴油系统主要由顶轴油泵、出口过压阀、出口过滤器、热工监测元件及管道阀门等设备组成。

顶轴油系统入口取油通常有两种方式:一种通过滑油母管作为取油,另一种直接从主滑油箱取油。PG9351FA 型联合循环机组顶轴油系统从润滑油母管取油,通过两台顶轴油泵(88QB-1 与 88QB-2)增压,这两台均为交流驱动泵(一台运行一台备用),经顶轴油泵升压至 19.33 MPa、48.9 ℃、30 L/min,过滤后供给燃气轮机前、后轴承顶轴用油。经过燃气轮机前、后轴承的顶轴用油与滑油系统回油一起回到主滑油箱。系统流程示意图如图 5.9所示。

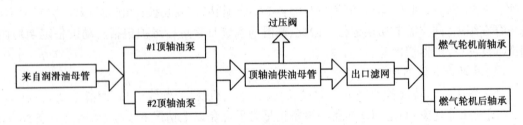

图 5.9　顶轴油系统流程示意图

两台顶轴油泵出口母管装有过滤器,在过滤器上装有压差开关以监视滤网压差情况,当压差开关报警,说明过滤器脏污,需要更换滤芯。

为了保证顶轴油压力稳定,满足机组运行要求,在顶轴油泵入口及出口母管上装设压力低保护开关及压力变送器等热工元件,监测油压变化。同时在顶轴油泵出口管装设过压阀,当压力高于设定限值时,过压阀自动打开泄压,防止油压过高损坏设备。

顶轴油系统在停机时,只要盘车运行,它就要求运行。当机组启动后,转速上升到 50% 额定转速时停止转动;当机组停机时,转速下降到 50% 额定转速时恢复工作。

5.3.3　系统主要设备介绍

顶轴系统主要由进口过滤器、顶轴油泵及母管过压阀等设备组成,下面分别进行介绍。

（1）顶轴油泵

PG9351FA 型燃气轮机联合循环机组顶轴油系统配置两台顶轴油泵,泵体型号PVWH34RSAYCNSN,均为容积式轴向柱塞泵,顶轴油泵流量为 30 L/min,出口压力为19.33 MPa。正常情况下,一台顶轴油泵运行,另外一台油泵作为备用。

柱塞泵被广泛用于高压、大流量、大功率的系统中和流量需要调节的场合。柱塞泵按柱塞的排列和运动方向不同,可分为径向柱塞泵和轴向柱塞泵。图5.10所示分别为典型的径向柱塞泵和轴向柱塞泵结构原理图。

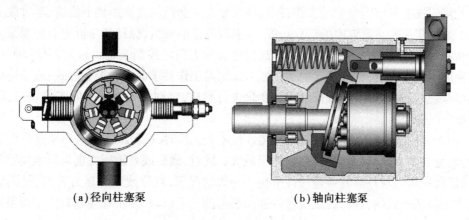

(a)径向柱塞泵　　　　　　(b)轴向柱塞泵

图 5.10　柱塞泵典型结构原理图

径向柱塞泵各柱塞排列在传动轴半径方向,即柱塞中心线垂直于传动轴中心线。泵转动时,它依靠离心力和液压力压在定子内表面上。当转子转动时,由于定子的偏心作用,柱塞将作往复运动,周期性改变密闭容积的大小,达到吸、排油的目的。通过改变偏心距的大小和方向调节排油流量,定子的偏心距可由泵体上的径向位置相对的两个柱塞来调节。

轴向柱塞泵是将多个柱塞轴向配置在一个共同缸体的圆周上,并使柱塞中心线和缸体中心线平行,内部结构图如图5.11所示。柱塞泵根据倾斜元件的不同,有斜盘式和斜轴式两种。

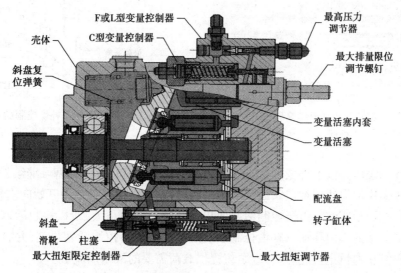

图 5.11　柱塞泵内部结构图

图5.12为斜盘式轴向柱塞泵工作原理图。当电动机带动传动轴旋转时,泵缸与柱塞一同旋转,柱塞头永远保持与斜盘接触。因斜盘与缸体成一角度,因此缸体旋转时,柱塞就在泵缸中做往复运动。它从0°转到180°位置时,即如图由上转到下面柱塞的位置,柱塞缸容积逐渐增大,液体经配油盘的吸油口吸入柱塞缸;而该柱塞从180°位置转到360°位置时,即转到上面

柱塞的位置,柱塞缸容积逐渐减小,柱塞缸内液体经配油盘的出口排出油缸。只要传动轴不断旋转,柱塞连续做往复运动,即可达到吸、排油的目的。

为了实现柱塞泵恒压变量的工作特点,柱塞泵有一套恒压变排量调节装置,通过改变斜盘倾斜角度来改变柱塞在泵缸内的行程长度,从而改变泵的流量,保持油压恒定。柱塞泵一般有两种自动控制系统,压力补偿控制系统和载荷感应压力限定控制系统。压力补偿控制系统是通过改变液压泵的流量,保持设定的工作压力来满足工作要求的一种控制方式;载荷感应压力限定控制系统,是通过对工作载荷的压力变化进行感应,自动调节液压泵的工作状态,以满足特定系统工况的要求。

图 5.13 为柱塞泵压力补偿控制原理图。柱塞泵工作时,载荷或系统压力总是作用于斜盘活塞上,斜盘活塞总保持柱塞泵的流量趋于最大。同时,载荷或系统压力也为补偿阀腔提供压力,使补偿阀腔压力与补偿的弹簧保持平衡。一般情况下,载荷或系统压力升高,是因为柱塞泵流量大于载荷所需的流量,造成过量供油而引起的。所以,控制系统通过减少液压泵排量来降低压力。

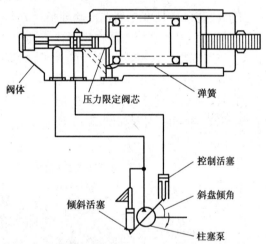

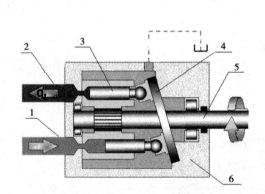

图 5.12　轴向柱塞泵工作原理图
1—吸油口;2—排油口;3—柱塞;
4—斜盘;5—传动轴;6—缸体

图 5.13　柱塞泵压力补偿控制原理图

当载荷或系统压力低于补偿弹簧设定压力时,补偿阀保持关闭,柱塞泵继续做最大排量运转。当载荷或系统压力达到补偿阀设定压力时,补偿阀芯将克服弹簧力开始向右移动,液压油将按比例流进控制活塞腔。由于控制活塞面积比斜盘活塞面积大,所以控制活塞就推动斜盘向减少柱塞泵排量的方向移动。补偿控制系统继续按比例给控制活塞供油,并且调节柱塞泵的排量直到系统压力恒定。此时,柱塞泵仅提供载荷需要的液压油流量。

当系统压力低于补偿阀设定压力时,补偿阀芯回复原位,斜盘回复到使液压泵排量为最大的位置。

(2)顶轴油泵出口过滤器

为避免某些碎片或外来物进入顶轴油泵,在顶轴油泵出口装有过滤器,过滤器过滤精度为12 μm。在过滤器上装有压差开关,当压差达到报警设定值 0.689 MPa 后,需进行过滤器更换。

（3）顶轴油母管过压阀

防止顶轴油母管油压异常升高造成设备损坏，在顶轴油母管上装有一个过压阀，该阀开启压力设定值为 21 MPa，当油压高于 21 MPa 时自动打开泄油。

5.3.4　系统保护元件介绍

（1）泵入口压力低开关

为了保护泵不受损坏，两台顶轴油泵入口均装有压力低保护开关。当入口压力下降低至 0.068 95 MPa 时，压力开关动作向 MARK VI 发出入口油压低报警，备用顶轴油泵联锁起动。

（2）顶轴油母管压力低开关

顶轴油压正常为 19.3 MPa 左右，顶轴油母管压力开关作为顶轴油压力低保护元件。当顶轴油压下降至 16.9 MPa 时，发出顶轴油压低报警，联锁启动备用交流顶轴油泵。

5.3.5　系统运行

顶轴油系统为机组大轴提供高压顶轴用油。油压的稳定决定了顶轴效果和机组安全运行。系统投运后压力应在一定范围内，如果油压偏高说明转子未充分顶起，高压油排油不畅；如果油压偏低，则表示高压管道系统有漏油现象。

在机组启动、停机及盘车过程中，必须保证顶轴系统工作正常，油压稳定，应密切监视和检查管道系统的密封性，以保证系统的正常工作。在机组正常运行中轴瓦内已能自动形成并保持完整的润滑油膜，即自动停运顶起油泵。

PG9351FA 型单轴联合循环机组启动过程中，当转速大于设定转速 1 500 r/mim，顶轴油泵自动停运；机组停机过程中，转速小于 1 500 r/min，顶轴油泵自动启动。

在盘车运行时顶轴油必须运行。投盘车时，首先需确认滑油系统运行正常，油压稳定，然后在 MARK VI 上选择启动#1 或#2 顶轴油泵，确认顶轴油压力正常，才能投入盘车。停运时，须确认盘车已停运，才能停运顶轴油泵。

系统运行维护方面，以检查系统管路密封性为重点。系统日常运行中，应做到随漏随修，根据滤油器压差指示及时更换滤芯。

5.4　液压油系统

5.4.1　系统功能

联合循环发电机组的液压油系统是向燃气轮机、蒸汽轮机的液压调节、控制执行机构提供高压液压油，实现机组调节与保护功能。下面就以 PG9351FA 型单轴燃气轮机联合循环发电机组液压油系统为例进行介绍。

液压油系统向蒸汽轮机和燃气轮机提供稳定的经冷却和过滤的高压液压油，用于蒸汽截止阀、控制阀以及燃气阀（燃气模块）和压气机进口导叶（IGV）的液压执行机构工作。液压油的供油油压为 11.03 MPa（1 600 psi 表压）。

液压油系统分为控制油和跳闸油部分,实现两种基本功能:一是在机组正常运行时控制设备;二是在事故时迅速跳闸,关闭相关燃气、蒸汽阀门保护设备。在启动、停机和机组正常运行时,只有当跳闸油部分建立压力后,系统的液压油控制部分才能按照 MARK Ⅵ 操作系统的指令调节各控制阀;当机组需要跳闸时,跳闸油系统迅速泄油快速关闭各控制阀。

S109FA 单轴联合循环发电机组的润滑油系统和液压油系统是分开的,为各自独立的系统。液压油系统布置在被称为"液压动力单元"的模块上,如图 5.14 所示。

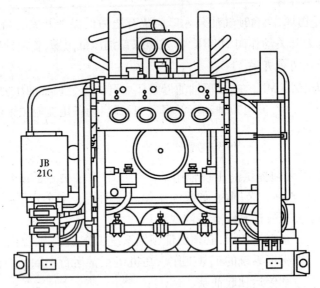

图 5.14　液压油动力单元模块外形图

5.4.2　系统组成及工作流程

液压油系统主要由动力单元模块和执行机构两部分组成,其中动力单元模块主要包括液压油箱、2 台液压油泵、液压油母管、跳闸油模块(包括 3 个电子跳闸装置 ETD,2 个锁定阀)、2 个液压油泵出口过滤器、3 个充 N2 蓄能器、液压回路的加热和冷却、辅助过滤器系统(TAFS);执行机构主要由所操纵设备的液压油动机、快速卸载阀、伺服阀、滤网、逆止阀及管道等设备组成。

图 5.15 为液压油系统流程示意图。液压油首先从油箱底部经油泵入口阀、两台液压油泵(一运一备)升压至 11.03 MPa 高压油,再经泵出口过滤器过滤后送至液压油母管。在每台液压油泵出口的过滤器前,为防止液压油压力过高造成设备损坏,设置有一个过压阀,过压阀压力设定在 13.79 MPa(2 000 psig)。当泵出口压力大于 13.79 MPa 时,过压阀自动打开泄压,将油泄回油箱。为防止液压油系统出口压力波动对执行机构工作影响,在液压油供油母管上装设两个高压蓄能器以维持供油压力的稳定。液压油分为控制油和跳闸油供给燃气轮机的 IGV、燃气速度/比例截止阀、D5 控制阀、PM1 控制阀、PM4 控制阀、高中低压蒸汽主汽阀和调节阀各执行机构。执行机构的回油通过回油管路回到油箱。

液压油箱上还设置加热冷却系统及辅助过滤系统,除去油中的杂质,保证液压油的品质和温度满足系统用油要求。

受液压油控制的有下列阀门和元件:

①截止阀:主蒸汽截止阀;再热蒸汽截止阀(左);再热蒸汽截止阀(右);低压蒸汽截止阀。

②控制阀:主蒸汽控制阀;再热蒸汽控制阀(左);再热蒸汽控制阀(右);低压蒸汽控制阀;燃气速比控制阀;燃气 D5 支管控制阀;燃气 PM1 支管控制阀;燃气 PM4 支管控制阀。

③IGV 可转导叶。

液压油模块有 5 处液压油出口,即 3 条液压油供油支管 FRS1、2、3 和 2 条跳闸油支管 FSS 和 IGVTS。它们向燃气截止阀、控制阀,各蒸汽截止阀、控制阀,IGV 执行机构及跳闸油模块供油。

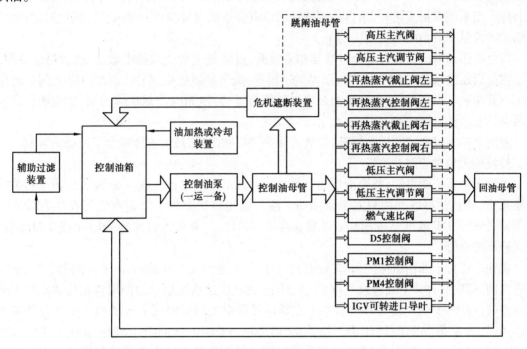

图 5.15　液压油系统流程示意图

5.4.3　系统主要设备介绍

液压油系统分为动力单元模块、跳闸油模块和执行机构 3 部分,下面对这 3 部分主要设备的结构、作用及工作原理进行介绍。

(1)动力单元模块

1)液压油箱

液压油箱的基本功能是储存、过滤液压油并排去空气,以满足燃气-蒸汽轮机液压机构用油需要。

油箱是用 300 型系列不锈钢焊制而成,带有可拆盖板以便于清洗,安装了耐断裂结构的液位计。油箱设计容量为 946 L(250 加仑),其正常运行容量约为 625 L(165 加仑)。油箱上装有空气滤清器、干燥器、电加热器和液位、温度、压力检测元件。空气滤清器和干燥器用于过滤和吸收进入油箱的空气杂质和水分,以保证系统的清洁度。

液压油为淡黄色的合成磷酸酯抗燃油,具有良好的润滑特性和稳定性。它耐火,闪点为 235 ℃(455 ℉)。

液压油中的水分会引起水解,造成酸性。所以,液压油系统要完全密封,只留一个通过油箱顶部的空气干燥器的放气口。液压油会侵蚀和软化普通材料,因此在整个液压动力单元中使用专用环氧树脂防腐漆和专用密封件,如材料为 Viton-B 的 O 形圈。

2) 液压油泵

两台液压油泵采用一运一备的运行方式。油泵形式为带最大容量止动器与键控驱动轴的可变排量、压力补偿泵。泵上装有压力补偿调节器,该压力补偿调节器保证液压油泵的出口压力在设定值 11.03 MPa(1 600 psig);最大容量止动器限制泵的流量,并使电机电流与额定电流相对应。当系统需量变化时,泵自动调整输出以符合系统流量和压力要求。在低流量运行时,泵输出零流量和最小电动机输出功率。

每台液压油泵出口装有一个过滤器和溢流阀,过滤器主要过滤油中杂质,改善供油品质,当滤网前后压差超过 0.69 MPa 时,压差指示报警,说明需要更换滤芯。泵出口溢流阀是防止泵出口管路超压损坏设备,当液压油泵出口油压超过 13.79 MPa(2 000 psig)时,溢流阀自动打开将高压液压油泄回油箱。

液压泵的布置和安装用防震架,软管连接泵进口和出口,最大程度减少了振动的影响。

3) 液压油供油管路

由液压油系统图可知,整个液压油动力单元系统由以下设备组成:1 只液压油箱及相关的过滤系统,液压油母管和两只冗余泵回路。液压油箱容积为 946 L,正常运行容量为 625 L。液压油泵 HFPM-A 或 B 从液压油箱经吸滤将液压油增压,并送入过滤器 FILT-1 或 2 过滤后,到达液压油母管。

供油母管位于油箱组件的前部,设有自动排气阀、超压安全释放阀、高压过滤器、单向阀和泵隔离阀。其中,自动空气释放气阀 FV-5、FV-6 在液压油系统启动初期能自动排放积存于油中的空气。超压安全释放阀 FV-3、FV-4 在循环过程中处理瞬间压力波动和在压力补偿器出现故障时,提供最大的限制压力。压力表 PI280A,PI280B 分别指示液压油泵 HFPM-A 和 HFPM-B 的出口压力,压力表 PI280C 指示供油回路的系统压力。供油回路装有两个高压过滤器 FILT1,FILT2,每一过滤器装有一差压开关。差压大时差压开关触点断开发差压高报警。液压油通过高压过滤器后经单向阀 CV-8,CV-9(40D) 和隔离阀 FV-8,FV-9 供给到供油母管上。

液压油供油单元母管上接有 3 个蓄能器以提供瞬间的带压流体,来满足阀门执行器的尖峰要求,以及备用系统紧急启动时维持系统压力。蓄能器隔离阀 FV-10,FV-11,FV-12 用来隔离蓄能器,允许蓄能器在线维修而不影响液压油系统运行。当蓄能器被隔离时,打开蓄能器排放阀 FV-13,FV-14,FV-15,将蓄能器内的液压油排回到油箱。

系统旁通阀 FV-7 将供油母管和油箱直接相连,以便于初次启动时系统冲洗。

远方泵联动试验电磁阀 FY-281,位于供给母管的顶部,可以对泵自启回路的功能做在线试验,试验可以远方(控制室)或就地进行。

透平运行时通常只有一个泵在工作,两台泵按"主控/备用"方式进行定期切换,以增加可靠性和延长使用寿命。在系统运行过程中,如主泵发生故障,则备用泵可立即自动启动。液压油的额定压力为 110 bar,工作时液压油母管压力不能低于 106.5 bar,当液压油母管压力(PS281B/C)下降到 89 bar 时启动备用泵;当液压油母管压力(PS281A)下降到 89.63 bar 时出现报警,当液压油母管压力(PS281D/E/F)下降到 75.84 bar 时出现报警并跳机(三选二)。

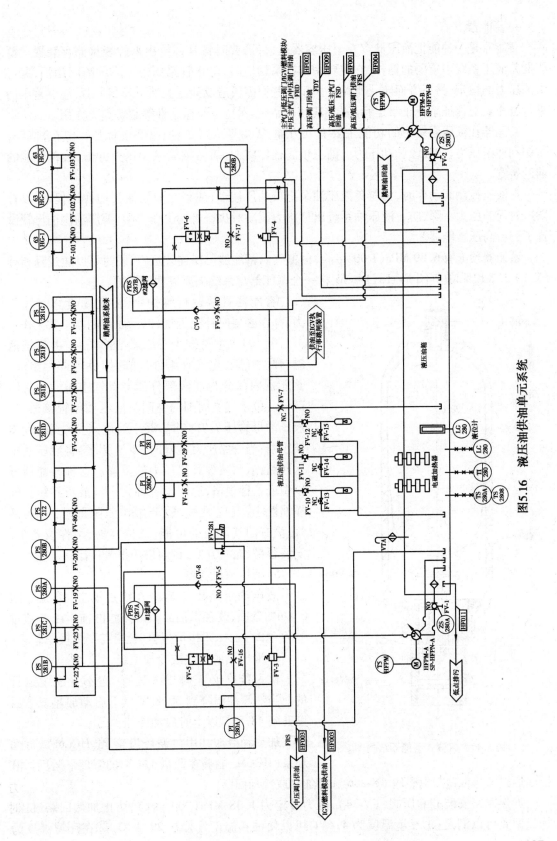

图5.16 液压油供油单元系统

4）蓄能器

蓄能器是一种能把液压储存在耐压容器里,待需要时将其释放出来的能量储存装置。蓄能器是液压系统中重要的辅件,它主要用作在泵切换时,防止管路压力下降的瞬间用油,保持供油压力的恒定,另一方面防止管路上由于某些原因所造成油压突然下降,利用蓄能器蓄压油进行补充。对保证系统正常运行、改善其动态品质、保持工作稳定性等起着重要作用。

蓄能器在液压系统中的功能主要有几方面:①短期大量供油;②系统保压;③应急能源;④缓和冲击压力;⑤吸收脉动压力。前三项属辅助能源,后两项属减少压力冲击,改善性能的辅助装置。

在液压控制阀动作时,为避免液压油泵出口油压波动,或者在液压油泵切换过程中,以补偿短时间的压力下降,防止液压油系统出口压力波动对执行机构工作影响,液压油供油母管设置了三台高压蓄能器。

蓄能器预充有 6.89 MPa(1 000 psig)的氮气。蓄能器可以连续运行,同时可以通过隔离阀 FV-10,11&12 和放气阀 FV-13,14&15 将一个蓄能器与系统隔离以便于维护。

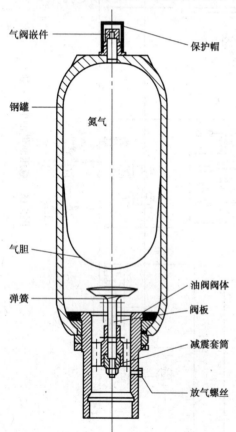

气阀嵌件

保护帽

钢罐

氮气

气胆

弹簧

油阀阀体

阀板

减震套筒

放气螺丝

图5.17　气囊式蓄能器结构图

蓄能器日常运行维护中,需定期检查氮气压力,并在必要时补充氮气,以保证蓄能器正常工作。

图 5.17 为气囊式蓄能器结构图,它由耐压钢罐、弹性气胆、充气阀组件、油阀组件等部件组成。蓄能器内部分为油液部分和带有气密封件的气体部分。位于气囊周围的空间与液压油母管接通,当液压油母管压力升高时,液压油进入蓄能器,气体被压缩;当管路压力下降时,氮气膨胀,将液压油压入回路,从而减缓管路压力的下降。这种蓄能器可以做成各种规格,适用于各种大小型液压系统。气囊惯性小,反应灵敏,适合用作消除脉动,不易漏气,没有油气混杂的可能,维护容易、附件设备少,安装容易、充气方便,目前使用得最广泛。

5）液压油过滤器

液压油泵输出均流经在线过滤器,可以去除 6 μm 的杂质,改善供油品质。当滤网前后压差超过 0.69 MPa 时,压差指示报警,说明需要更换滤芯。

6）液压油的加热或冷却系统

该系统在必需时投入运行,它不是连续运行的。当油箱油温降到 30.8 ℃ 以下启动加热或当温度升到 48.8 ℃ 以上时启动冷却。

加热和冷却共用再循环齿轮泵(HCCM),再循环泵(HCCM)能够在低至 4.4 ℃ 的温度下运行。液压油通过加热或冷却电磁阀 FY-286 选择加热或冷却回路。

加热回路安装有卸压阀(FV-34),压力设定为 1.38 MPa(200 psig),防止加热回路过压。加热回路可以满足:①环境温度为 4.4 ℃ 可以使油箱温度保持在 29.4 ℃;②在环境温度为

4.4 ℃,油箱初始温度为 4.4 ℃时,可以使油箱温度升高 2.8 ℃(5 ℉)/h。

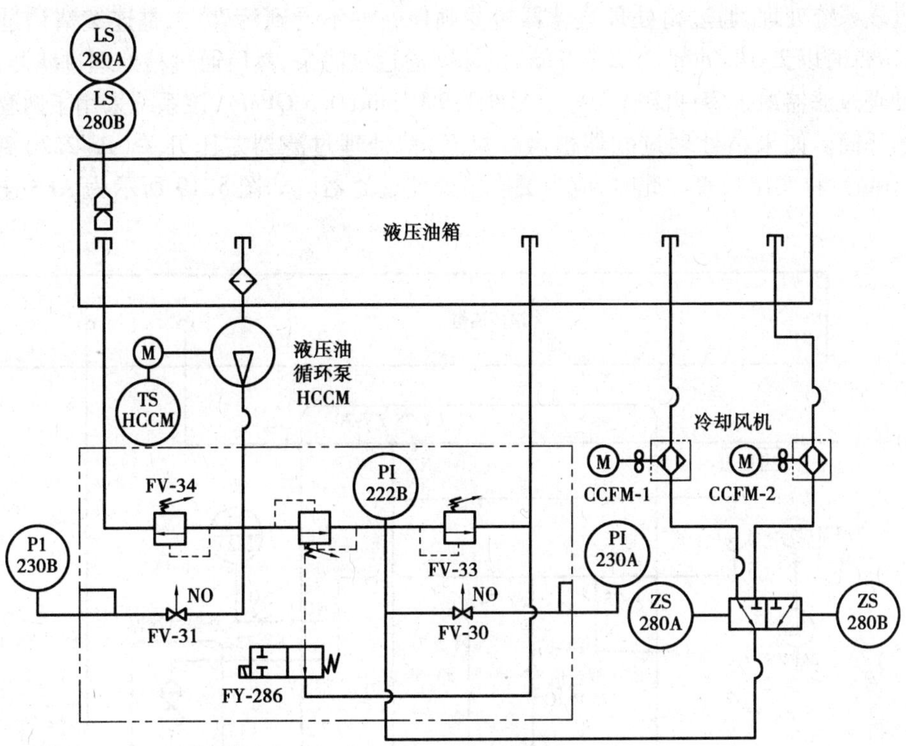

图 5.18 液压油的加热或冷却系统

冷却回路也有安全卸压阀(FV-33),设定压力为 0.17 MPa(25 psig),用以防止冷却回路过压损坏设备。

图 5.19 所示为液压油的加热或冷却系统。该系统为液压油提供加热或冷却。由选择加热或冷却电磁阀 FY-286 进行加热或冷却的特点如下:

电磁阀 FY-286 得电位置是加热方式,由温度开关 TS-280A 控制。

当油箱内的液压油温低于 31 ℃时,温度开关 TS-280A 使电磁阀 FY-286 和循环泵电动机得电,阻塞流向冷却器的通路。循环泵出口的液压油经过电磁阀 FY-286 流回液压油箱,循环中加热液压油。加热后当油温回升到 36.39 ℃时,温度开关 TS280A 使电磁阀 FY-286 和循环泵马达失电,停止加热。

电磁阀 FY-286 失电位置是冷却方式,由温度开关 TS280B 控制。

当油箱内油温高于 49 ℃时,温度开关 TS-280B 使电磁阀 FY-286 失电和循环泵马达得电,接通流向冷却器的通路。循环泵出口的液压油流向空气冷却的热交换器。并且,温度开关 TS-280B 在启动循环泵的同时也启动了冷却回路上的风扇,对液压油进行冷却。冷却过程中当油温回到 43.33 ℃时,温度开关 TS-280B 使电磁阀 FY-286 得电和循环泵马达失电,停止冷却。

7)辅助过滤系统(AFS)

辅助过滤系统的基本功能是清洁过滤液压油,它是连续再循环工作的,并且是独立泵输送系统,与主液压油回路无关。它由一只电动齿轮泵、串联连接的凝聚及分离元件过滤器和

1 μm 磨料过滤器组成,有两个功能:一是将所有新油过滤并充注到油箱中,添加到油箱的新油应先通过该系统处理,通过精处理过滤器过滤确保新油不受到污染;二是连续清洁过滤工作油,连续运行时以 7.6 L/min(2 GPM/min)的速率通过过滤泵,然后通过精处理过滤器,滤去微粒。精处理过滤器最大容许流速为每个元件 1.9 L/min(0.5 GPM),该系统采用了两套装有两个元件的滤筒。如果精处理过滤器被微粒堵塞,精处理过滤器差压开关(PS-222)到达 0.4 MPa(50 psig),将发出报警。此时,应当更换精处理过滤器。如图 5.19 所示为 AFS 连续过滤回路图。

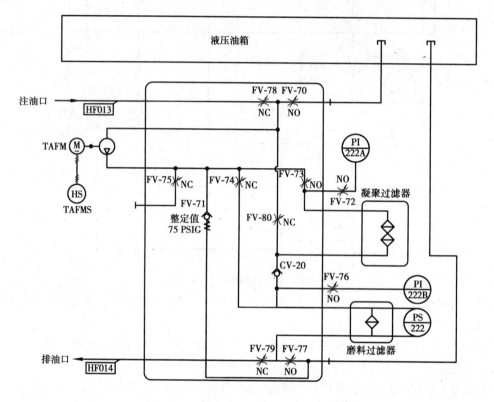

图 5.19 辅助过滤系统(AFS)连续过滤

只要实施隔离阀的不同组合对液压油进行导向就能实现不同的功能:

①注入液压油到液压油箱,确保清洁度。路径:油箱注油口—FV78—油泵—FV-74—磨料过滤器—FV-77—液压油回油。

②检修维护油箱时将液压油泵出油箱。路径:FV-70—油泵—FV-74—磨料过滤器—FV-79—油箱过滤器排油口。

③运行时通过采样接口允许周期性的从系统采样。路径:运行时打开 FY-75 采样。

④提供液压油的自洁回路。用泵将液压油从油箱泵出,经串联连接的凝聚及分离元件过滤器和 1 μm 磨料过滤器清洁和处理后,回到油箱,循环清洁液压油。路径:液压油进油—FV-70—油泵—FY-73—凝聚及分离元件过滤器—CV-70—磨料过滤器—FV-77—液压油回油。

⑤在凝聚过滤器维修时,可以将它旁路,继续使辅助过滤系统工作。(打开旁路阀 FV-74)

⑥打开 FV-80、FV-74 和 FV-77 阀可使凝聚过滤器排空液压油,并将该液压油用 TAFM 泵回到液压油箱。

（2）跳闸油系统

跳闸油系统的作用是在机组运行时建立跳闸油压,允许控制系统操作相关的燃气、蒸汽阀;在事故情况下快速动作,泄掉跳闸油,迅速关闭燃气、蒸汽阀,保证机组的快速停运,防止损坏设备或扩大事故范围。跳闸油模块允许在线试验,验证保护功能是否正常。

跳闸油系统有两套并联的电子跳闸装置:ETD-1 和 ETD-2,其中任一套动作都会引发跳机,互不干扰。正常时两套同时引发跳机,比单套电子跳闸装置更可靠。另外,压气机进口可转导叶 IGV 设置有专门的跳闸回路。

如图 5.20 所示为跳闸油系统。跳闸油系统共有 4 个回路:

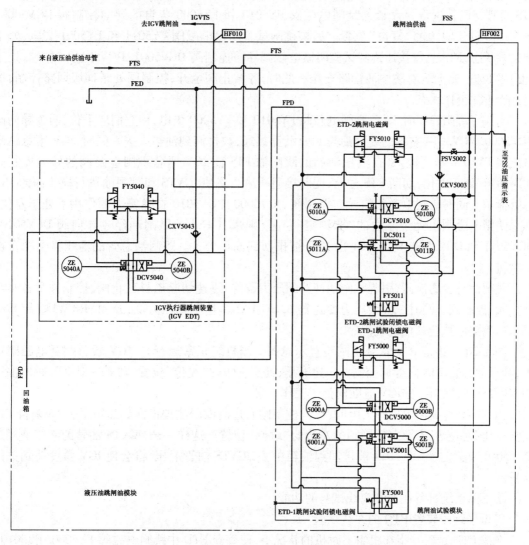

图 5.20　液压油站跳闸油系统

①FTS 跳闸油供油回路。它取自液压动力单元供油油管,并且是导向控制阀 DCV5000、DCV5010、DCV5001、DCV5011、DCV 5040 及 IGV 遮断阀的动力源。

②FSS 跳闸油回路。当机组正常运行时,紧急跳闸电磁阀 FY5010 和 FY5000 得电,导向控制阀处于右边的"复位"位置。如果跳闸试验闭锁电磁阀 FY5011 和 FY5001 失电,处于非试验状

141

态,闭锁导向阀处于左边的"复位"位置,则 FSS 接通 FTS 回路,同时切断回油回路对跳闸油总管充压建立油压。当跳闸程序启动时,FSS 回路接通回油回路使跳闸油总管泄压,机组跳闸。

③FPD 导向阀动力油回油回路。通过它,将导向阀的动力油排回到油箱中去。

④FED 跳闸油回油回路。当跳闸程序启动时,跳闸油回路 FSS 及 IGV 跳闸,油通过止回阀接通 FED 跳闸油回油回路回到油箱。

机组启动时,主保护投入使紧急跳闸电磁阀 FY5010 和 FY5000 得电,当机组转速达到 14HT(1.5% 额定转速)时,IGV 紧急跳闸电磁阀 FY5040 得电。该电磁阀居上位,使 IGV 紧急跳闸电磁阀的导向控制阀 DCV5040 处于右位,接通 FTS 油路,从而使跳闸油执行模块内的 FTS 总管充压。这将导致紧急跳闸电磁阀 FY5010 和 FY5000 各自的导向控制阀 DCV5000、DCV5010 处于右边的"复位"位置。如果跳闸试验闭锁电磁阀 FY5011 和 FY5001 失电,处于非试验状态,FTS 总管接通跳闸试验闭锁电磁阀导向控制阀 DCV5001、DCV5011 的左端,处于"复位"位置,则 FSS 对跳闸油管路充压。此时,各截止阀全开,控制阀处于伺服回路控制,机组处于正常工作状态。

当执行跳闸程序时,紧急跳闸电磁阀 FY5010 和 FY5000 失电,使它们居下位,两个导向阀 DCV5000、DCV5010 右侧的动力油与 FPD 管路接通,被排回到油箱中去。同时,IGV 紧急跳闸电磁阀 FY5040 居下位,来自液压油站的跳闸油 FTS 使 IGV 紧急跳闸电磁阀的导向控制阀 DCV 5040 处于左位,切断 FTS 油路,同时接通回油回路使 IGVTS 和跳闸油执行模块内的 FTS 总管泄压。同时跳闸电磁阀的导向控制阀 DCV5000、DCV5010 在弹簧力的作用下处于左位,如果闭锁电磁阀也处于左边的"非锁定"位置,则来自 FSS 的跳闸油经过导向阀 DCV5010、DCV5011 和 DCV5000、DCV5001 由 FED 被排回到油箱中去。跳闸油总管的泄压将会引发机组跳机。

跳闸油总管的泄压,引起跳闸油回路的压力骤降,迅速切断燃料截止阀、控制阀及各蒸汽截止阀、控制阀。同时三冗余压力变送器 63HG-1、2、3 检测到压力低,经 MARK VI 控制系统三取二判定后执行其他跳机程序。

图 5.20 左边是 IGV 紧急跳闸装置示意图。当机组正常运行时,IGV 紧急跳闸电磁阀得电,液压油总管 FTS 向导向控制阀右边充压,处于右边的"复位"位置,则 FTS 对 IGV 跳闸油回路 IGVTS 油管充压,使 IGV 遮断阀处于工作状态。

当 IGV 紧急跳闸电磁阀失电时,导向控制阀右边的液压油被排回到油箱中去,而来自 FTS 的液压油供油被引入导向控制阀的左边的"跳闸"位置。这样一来,IGVTS 油管的液压油经过 DCV5040 和逆止阀 CKV5043 被排回到油箱中去,IGVTS 油管泄压,将会使 IGV 角度关到关闭位置。

跳闸油系统具备在线和离线试验的功能。

1)电子跳闸装置 ETD 的在线试验

在线 ETD 试验是指在机组不跳机的状况下,使每套 ETD 中跳闸电磁阀 FY5000(FY5010)单独失电,相应的导向阀 DCV5000(DCV5010)动作以检查其动作正确性。试验时,闭锁电磁阀 FY5001(或 FY5011)带电闭锁 DCV5001(或 DCV5011),使在 ETD 试验时隔离跳闸油回路,阻止液压跳闸油母管泄压。在某一时间内,只能试验一套 ETD,所以在进行试验时,如机组来故障跳闸指令,另一只没有进行试验的 ETD 仍然能使机组跳闸。

在每组(共两组)跳闸电磁阀(FY5000 或 FY5010)和闭锁电磁阀(FY5001 或 FY5011)的

导向滑阀 DCV5000/DCV5010 和 DCV5001/DCV5011 的两端都有一只非接触式开关作为位置反馈,它们指示着滑阀的位置:跳闸/复位和锁定/非锁定。在指令与反馈不对应时,位置开关会提供一个故障报警指示。在试验时,它们必须处于非报警状态。在试验过程中,要观察各阀位况,如果 ETD 的动作信号有滞后或有故障报警,则机组应该停下来检修。如果机组一时不可能停下来修理,则应该经常对这套 ETD 试验。重复动作 ETD,有助于改善它的滞后性能。如果两套 ETD 都有故障或滞后性,则必须减负荷正常停机,不要使机组在带负荷时跳机。

2)电子跳闸装置的离线试验

机组启动前必须完成 ETD 离线试验。该试验不仅能使两套 ETD 分别单独失电检查它的运行状况,也是对整个跳闸系统进行试验。如果 ETD 或其他的跳闸系统部件动作迟缓或有故障,则在问题得到解决前不能启动机组。

电子跳闸装置 ETD 的离线试验只能在发电机开关已断开时完成,电子跳闸装置 ETD 的离线试验将使机组跳机。

(3)执行机构

机组液压操纵的阀门开、关及阀位调节由各自的执行机构来完成。执行机构首先接收机组控制系统发出的信号,来控制执行机构油动机,操纵阀门开、关及调节。单作用油动机由高压液压油提供打开阀门的力,操纵座弹簧提供关闭阀门的反作用力。

油动机分"开关控制"和"伺服控制"两种类型。开关控制类油动机所操纵的阀门只能在全开和全关位置,由油缸、液压块、电磁阀、快速卸荷阀、逆止阀等组件组成。而伺服控制类油动机安装有电液转换器(伺服阀)和线性位移变送器 LVDT,可以将其相应的阀门控制在中间任意位置上,以适应机组运行中控制调节的需要。PG9351FA 型单轴联合循环机组开关类油动机控制的设备有高压主汽阀、中压主汽阀、低压主汽阀;伺服控制类油动机控制的设备有蒸汽轮机的高压调节阀、中压调节阀、低压调节阀和燃气轮机的燃气速度/比例截止阀、D5 控制阀、PM1 控制阀、PM4 控制阀、IGV(进口可转导叶)。

1)油动机工作原理

为了进一步了解液压油如何实现操纵液压阀门的,首先进行油动机工作原理介绍。下面分别对开关控制类和伺服控制类进行介绍。

图 5.21 为"开关控制"型油动机工作原理图。高压液压油通过节流孔板进入油动机阀块油缸活塞腔,节流孔后的安全油进入卸载阀上腔。在机组复位时,卸载阀关闭,活塞下的液压油压力升高,并且打开蒸汽阀门;当机组跳闸信号发出,跳闸电磁阀动作打开,泄掉安全油(跳闸油)后,油动机卸载阀开启,接通液压油缸回油通路,将液压油缸的液压油快速泄掉。蒸汽阀在操纵座弹簧力的作用下迅速关闭。油动机阀块上安装一个电磁阀,作用是对阀门进行在线试验。

图 5.22 所示为"伺服控制"型油动机工作原理图。"伺服控制"油动机主要调节通过阀门的介质流量,所以油动机配备了相应的伺服控制阀和线性可变位移传感器(LVDT)。而伺服阀属于精密器件,为保证伺服阀工作可靠性,在进入伺服阀前高压供油管路安装一个 10 μm 过滤精度的过滤器,以保证进入伺服阀高压液压油的清洁度。

为了进一步了解油动机工作原理,下面以典型的"伺服控制"型油动机介绍执行机构伺服调节原理。

图 5.22 所示 高压油经截止阀、10 μm 金属筛滤器、伺服阀后进入高压油缸。首先来自 DEH 阀位指令信号与阀门反馈信号进行计算,经计算后的开大或者关小阀门的电信号由伺服

放大器放大,在电液转换器(伺服阀)中将电信号转换成液压信号,控制高压油的进、排油通道,使高压油进入油动机活塞下腔,油动机活塞向上移动,经连杆带动阀门上移使之开启阀门,或者使高压油自活塞下腔泄出,借弹簧力使活塞下移关闭阀门。油动机活塞移动时,同时带动线性位移传感器(LVDT),将油动机活塞的机械位移转换成电气信号,作为负反馈信号与前面控制系统送来的 DEH 信号相加。只有在输入信号与反馈信号相加,使输入伺服阀放大器的信号为零时,伺服阀的主阀回到中间位置,油动机活塞下腔不再进油或泄油,此时阀门才停止移动,保持在一个新的工作位置。

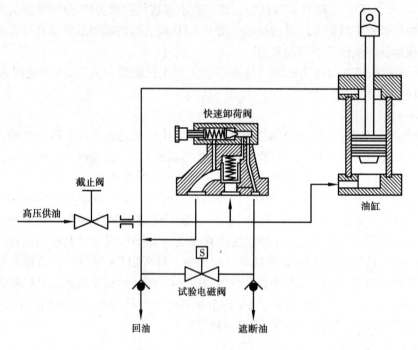

图 5.21 "开关型"油动机结构

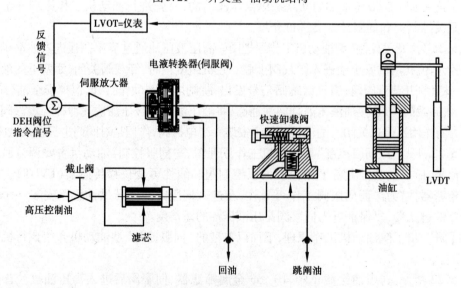

图 5.22 /典型执行机构伺服调节工作原理

快速卸载阀是由跳闸油来控制,起快速关闭调节阀的作用,此种关闭与电气系统无关。当跳闸油油压失去时,使快速卸载阀动作,它将油动机活塞下腔工作油接通回油管路排回油箱。在 PG9351FA 型单轴联合循环机组中低压调节阀未设置快速卸载阀,不受跳闸油控制。

2)伺服阀(电液转换阀)结构及工作原理

伺服阀主要由一个力矩马达、两级液压放大和机械反馈系统所组成。第一级液压放大是双喷嘴和挡板系统,第二级放大是滑阀系统。高压油进入伺服阀分成两个油路,一路经过滤后进入滑阀两端腔室,然后进入喷嘴与挡板间的控制间隙流出;另一路高压油由滑阀控制进入或排除油动机活塞。

图 5.23 为带机械反馈的伺服阀工作原理图。伺服阀当有偏差信号输入时,伺服阀力矩马达中的电磁线圈就有电流通过,在两侧产生磁场,电枢在磁场作用下产生一旋转力矩带动与之相连的挡板转动。挡板位于两个控制喷嘴中间,在正常稳定工况时,挡板两侧与控制喷嘴的距离相等,两侧喷嘴的泄油面积也相等,即喷嘴两侧的油压相等。当有偏差电气信号输入时,电枢带动挡板转动。当挡板移近一只喷嘴,这只喷嘴的泄油面积变小,流量变小,使喷嘴前的油压升高,而对侧的喷嘴与挡板的距离变大,泄油量增大,使喷嘴前的油压降低,这样就将原来的电气信号转变为力矩而产生机械位移信号,再转变为油压信号,并通过喷嘴挡板系统将信号放大。由于挡板两侧的喷嘴前油压与下部导阀(滑阀)的两侧腔室相通,因此,当两个喷嘴前油压不等时,滑阀两端的油压即不相等。滑阀两端形成的油压差使滑阀移动,由滑阀上的凸肩控制油口开启与关闭,以控制高压油通向油动机活塞下腔的油量,克服弹簧力打开阀门,或者将活塞下腔通向回油,使活塞下腔的油泄掉,由弹簧力关小或关闭阀门。为了增加调节系统的可靠性,在伺服阀中设置了反馈弹簧,在反馈弹簧调整时设有一定的机械偏零。这样,假如在运行中突然发生断电或失去电信号时,借机械力量最后使滑阀偏移一侧,使阀门关闭;反馈弹簧还有一个重要的负反馈作用,它可以增加调节系统的稳定性。当电气信号输入使挡板移动后,在滑阀两端面有一压差,使滑阀移动,此时反馈弹簧产生弹性变形,平衡掉一些滑阀压差力,防止在阀滑两端面压差力作用下,滑阀由中间位置被推向一端的极限位置,使油动机活塞移动过大,导致调节过程中产生振荡等情况。

3)快速卸载阀结构及工作原理

快速卸载阀安装在油动机液压块上,主要作用是当机组发生故障必须紧急停机时,使油动机活塞下腔的高压油经快速卸载阀快速释放,在弹簧力作用下,使阀门关闭。图 5.25 为典型的快速卸载阀结构原理图。在快速卸载阀中有一杯状滑阀,杯状滑阀下部的腔室与油动机活塞下腔的高压油路相通。针型阀右侧复位油腔室与危急遮断油路(跳闸油)相通,针型阀左侧腔室与回油通道相连。在正常运行时,杯状滑阀上部的油压等于杯状滑阀下部的油压,由于杯状滑阀上部弹簧力作用,将杯状滑阀压在底座上,使油动机活塞下腔的高压油路与泄压通路关闭。当危急遮断油泄掉时,复位油腔室及杯状滑阀上部油压失去,滑阀下部高压油将顶开滑阀,打开排油口,使油动机活塞下腔的高压油经快速卸载阀快速释放至回油管路,阀门在阀门座弹簧力作用下迅速关闭。

快速卸载阀的节流孔是提供快速卸载阀复位油的,机组挂闸时,通过此节流孔给遮断油路充油,建立油压,机组复位。一旦该节流孔堵死,则会产生复位油降低或失压的现象,将会直接影响执行机构的正常运行。阻尼孔对杯状滑阀起稳压作用,以免在系统油压变化时产生不利的振荡。

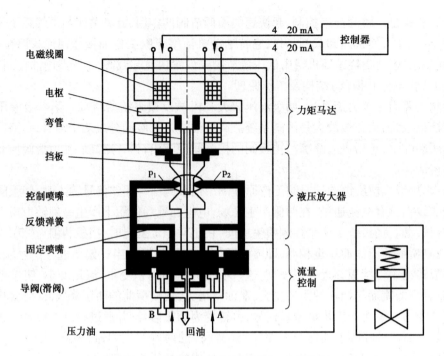

图 5.23 带机械反馈的伺服阀工作原理图

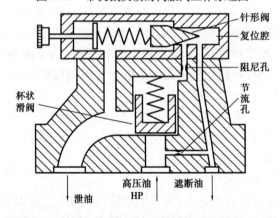

图 5.24 典型快速卸载阀结构图

机组正常运行中需做手动卸载试验时,首先关闭高压油进口截止阀,以防止高压油大量泄掉,再缓慢开启针形阀手柄,慢慢降低快速卸载阀的复位油压力,观察阀门和油动机移动到关闭位置。当要打开阀门时,将针形阀手柄完全压死在阀座上,然后缓慢打开截止阀。

5.4.4 系统保护元件介绍

为了使液压油系统安全稳定运行,在液压油系统中装设相应的温度、压力等热工测量保护元件,对运行参数进行监测及对异常参数发出报警提示等,实现保护控制功能。液压油系统主要有液压油母管压力、跳闸油压力、事故油中间油压、液压油箱油位和温度等重要监测保护元件。下面分别对这些保护元件进行介绍。

(1)液压油供油母管压力低保护

液压油供油母管压力监测元件是监测液压油泵出口压力变化情况,为了保证供油压力满足执行机构的供油要求,设有压力低报警和联锁启动备用泵功能。液压油供油压力正常值为 11.03 MPa。当压力低于 8.96 MPa 时,发出压力低报警信号,启动备用液压油泵。运行人员应检查原因,采取相应的措施处理,尽快恢复到正常油压。当压力低于 7.58 MPa 时,三选二机组跳闸。

(2)跳闸油压力低保护

跳闸油压力正常与否是确保机组液压阀执行机构正常工作的必要保障,如果油压过低将导致执行机构工作异常,导致机组误动跳机事故发生,所以必须对跳闸油压力进行监测。跳闸油压力在液压油系统中是一个非常重要的监测参数,在跳闸油母管上安装有一个压力开关 PS282 和 3 个压力开关 63HG-1、2、3。其中,3 个压力开关 63HG-1、2、3 用于油压低保护跳闸。跳闸油正常油压为 11.03 MPa 左右,当 3 个压力开关中有两个同时检测到跳闸油压力低于 5.52 MPa 时,机组保护动作跳闸。另外一个压力开关 PS5 用于机组挂闸复位后的跳闸油建立油压检测,当油压低于 5.52 MPa 时油压报警触发,压力恢复机组复位。

(3)液压油箱温度监测元件

液压油要求在正常油温运行,过高或过低将影响油的正常特性,当温度升到 48.8 ℃ 以上时启动冷却循环,液压油箱温度≥51.7 ℃,油温高报警发出;当油箱油温降到 30.8 ℃ 以下启动加热循环,液压油箱温度≤18.3 ℃,油温低报警发出。对于发出的异常报警,需检查相应设备并作出处理,尽快恢复油温正常。

(4)液压油箱油位监测元件

在液压油箱上装有两个油位检测元件(LS-280A 和 LS-280B),用于监测油箱油位情况。液压油箱正常运行油位在 0 mm 处,以此为基准设置高低报警限制。当 LS-280A 油位开关检测到液压油箱油位高于正常值 203.2 mm 时,油位高报警;当 LS-280B 检测到油位低于正常值 203.2 mm 时,油位低报警。

5.4.5　系统运行

(1)液压油系统投运

系统投入运行前,检查与准备是保证系统启动成功的必要工作,同时也是保证系统投入时设备不受到损坏的关键步骤。液压油系统启动前,需检查确认系统设备的控制电源、仪表电源、动力电源已经投入,信号、指示正常;检查系统所有监视点处的隔离阀打开,所有的放水阀、放油阀、放气阀、取样阀关闭。蓄能器正常冲压至 6.89 MPa,并确认蓄能器进油阀开启,排放阀关闭;确认液压油箱油位正常,对于长期停运的液压油系统,需确认油品化验合格;确认两台液压油泵、滤油泵、冷却循环泵、两台冷却风扇电机绝缘合格并已送电。

液压油系统检查完成,首先启动循环油泵进行液压油箱油循环过滤。对于油温较低时,需提前启动循环油泵循环加热;天气寒冷,长期停运的液压油系统再次投运时,需考虑启动电加热器提高液压油油温。

手动启动一台液压油泵,检查油泵及系统各设备工作正常,确认电机电流、转动声音正常,管道系统无泄漏,液压油母管压力正常,约为 11.03 MPa。各远方及就地表计指示值正确;然后将备用泵投入联锁备用状态;检查确认液压油泵出口滤网差压正常。

对于大修后的液压油系统启动,必要时,需做液压油泵联动试验,确认液压油泵联动正常;做电子跳闸装置离线试验,确认装置工作正常。

（2）液压油系统停运

机组停运后,方可停运液压油系统。首先解除备用液压油泵联锁,防止主泵停运,备用泵联锁启动;然后手动停运行液压油泵,确认液压油泵已停运,液压油母管压力逐渐下降至零。液压油过滤循环油泵一般保持运行,以达到循环净化的效果。

5.4.6 系统常见故障及处理

液压油系统日常运行中,常见的故障有液压油供油压力低、跳闸油压力低、液压油箱油位异常、液压油箱油温高等。下面分别对这些故障进行原因分析和处理方法介绍。

（1）液压油压力低

1）现象

当液压油压力低于 8.96 MPa 时,系统发出压力低报警信号并且备用油泵联锁启动。

2）原因

①液压油泵故障导致液压油泵出力降低,供油压力降低。

②液压油供油滤网堵塞也将影响液压油压力的降低。

③安全阀故障开启,将液压油泄放至油箱,供油压力无法维持正常值。

④液压油管路泄漏导致油压难于维持,导致油压低。

⑤液压油箱油位过低,导致液压油泵吸油量不够,泵出力不足。

⑥液压油压力传感器故障。

3）处理

①根据以上分析,如果是液压油泵故障导致液压油泵出力降低,对此应切换至备用泵运行,并观察供油压力情况;如果压力恢复正常,说明泵本身故障所致,应进行隔离,通知检修人员紧急处理,尽早恢复可用,保证机组正常运行。

②对于液压油供油滤网堵塞影响液压油压力的降低,应检查滤网差压是否过大,如滤网堵塞、滤网压差高报警。在机组运行时,可采取切换液压油泵方式,保证机组运行,待停机后对滤网进行更换清洗。

③液压油管路泄漏导致油压难于维持,导致油压低。检查液压油管路,如果发现泄漏,尽量隔离泄漏点,如不能隔离,应采取紧急停机处理。

④如果是安全阀故障开启,将液压油泄放至油箱,供油压力无法维持正常值,对此需检查安全阀动作值,若动作值不对,则重新调整压力设定。

⑤液压油箱油位过低,导致液压油泵吸油不足,泵出力不足,供油压力降低,对此应及时补油。

⑥以上均不存在,可能是液压油压力传感器故障,通过检查对比压力表压力指示值,确定压力传感器故障,应检查压力传感器,校准压力传感器。如果压力信号管泄漏或者堵塞,则由检修人员进一步处理。

（2）跳闸油压力低

1）现象

在跳闸油管路上装有 3 个压力开关,当其中一个检测到跳闸油压低于 5.52 MPa 时,发出压力低报警。如果 3 个压力开关中有 2 个检测到压力低于 5.52 MPa,机组的燃料阀和蒸汽阀关闭,机组跳闸。

2）原因

①液压油供油压力不足导致跳闸油压力低。

②跳闸油管线泄漏。

③跳闸油电磁阀故障。

④压力开关故障,将导致跳闸油压力低报警或跳机情况发生。

3）处理

①如供油压力不足,分析原因,尽快消除。

②检查跳闸油管线,如果发现泄漏,如果泄漏点不影响机组安全运行的情况下,可以隔离则隔离;如果泄漏量较大且无法隔离,则需紧急停机处理。

③跳闸油电磁阀故障,通过电磁阀在线试验,检查跳闸油电磁阀故障情况。如果发现电磁阀故障导致跳闸油油压降低,则需停机更换电磁阀。

④压力开关故障将导致跳闸油压力低报警或跳机情况发生,需检查校准压力开关;如果压力信号管泄漏或者堵塞,则需检修处理。

（3）液压油箱油位低

1）现象

当油箱油位低于设定值（低于正常油位 203.2 mm）时,系统发出低报警。

2）原因

①油箱油位低,可能液压油系统存在漏油。

②油位开关故障,发出假报警信息。

3）处理

①油箱油位低,需检查液压油所有管路是否存在泄漏点,对发现漏点后根据泄漏点情况,在不影响机组安全运行的情况下做封堵或隔离,给液压油箱进行加油,等待停机后处理;如果泄漏点泄漏量较大,油位难于维持,影响机组安全运行,则紧急停机处理。

②如果不存在漏油,可能是油位开关故障,发出假报警信息,需核对就地油位计指示,确认油位开关是否故障。如果确实是油位开关故障,需检修或更换油位开关。

③若液压油箱油位自动下降至某一值后不再下降,应检查蓄能器胶囊是否破裂、胶囊内 N_2 气压力是否过低。

（4）液压油箱油温高

1）现象

机组正常运行时,液压油箱油温高于正常范围,系统发出油温高报警信号。

2）原因

①液压油箱加热回路异常,没有自动退出。

②液压油冷却回路堵塞或冷却风机故障,影响冷却效果。

③液压油箱温度热电偶测量故障。

3）处理

①就地对比液压油箱温度计显示值,如果显示温度高,则可排除温度热电偶故障的可能;如果就地温度正常,则可能是温度热电偶测故障,需进行更换和处理。

②如果液压油箱就地温度显示值同时上升,需检查液压油箱冷却回路是否正常,液压油冷却风扇是否运行,否则应切换冷却回路运行。

③检查温度变送器是否有问题,检修或更换温度变送器。

5.4.7　系统维护及保养

为保证液压油系统运行正常,需对液压油系统进行必要的维护和保养工作,主要有液压油品质控制,液压油泵的定期联动试验,冷油器切换,蓄能器充氮等。

(1)液压油品质控制

为了保证液压油的理化特性,使执行机构具有良好的工作条件,必须对液压油品进行监测和控制,定期对液压油进行化验,检查油的成分、性质、颗粒分布级别等是否满足厂商要求值。对于不满足情况,需对油品进行过滤等处理。对受到严重污染、无法再使用的油品,需更换。

(2)液压油泵定期联动试验

为了保证液压油泵联动保护可靠性,建议每月进行一次联动试验。

(3)冷油回路定期切换

为了保证冷却回路可靠运行,需定期进行切换。

(4)蓄能器充氮

定期进行储能器氮气压力检查,必要时进行充氮,维持蓄能器正常压力。

1)常用的囊式蓄能器充氮方法

①充氮前关闭蓄能器进油截止阀,缓慢打开蓄能器放油阀,使压力油流回油箱,同时注意压力表指示变化,压力表指示先是慢慢下降,达到某压力值后急速下降至零。

②将蓄能器顶盖打开,再将里面的盖帽旋开,把充氮专用工具的手柄逆时针旋到最大位置连接蓄能器,连接管另一头连接充氮气瓶。

③将专用工具手柄按顺时针方向旋转,当听到有气体出来的声音后,观察工具上的压力表指示,再缓慢打开氮气瓶手柄,观察工具上的压力表,当升到充氮压力时,关闭氮气瓶手柄,再把充氮专用工具的手柄逆时针旋到最大位置。

④卸下专用工具,关闭蓄能器放油阀,缓慢打开蓄能器进油截止阀,直到蓄能器压力表指示接近系统供油压力,充氮完成。

2)蓄能器充氮注意事项

①蓄能器充氮前需对蓄能器进行检查,检查蓄能器是否有泄漏,气囊是否破损、蓄能器压力表指示完好等。

②充氮必须使用专用工具。

③充氮前必须泄掉蓄能器内的压力油,充氮时应缓慢进行,防止气压过猛而冲破气囊。

④对充入气体的性质进行确认。向蓄能器充入的气体应当使用如氮气的惰性气体,严禁使用氧气和可燃气体,否则有引发火灾或爆炸的危险。

5.5　压气机进口可转导叶系统(IGV 系统)

5.5.1　系统功能

压气机进口可转导叶(IGV)系统是通过改变 IGV 叶片角度达到控制进入压气机的空气流量的目的,从而实现以下功能:

①防止喘振。在燃气轮机启动或停机过程中,为避免压气机出现喘振而关小 IGV 的角度,可减少进气流量和改变进气角度,扩大压气机的稳定工作范围。

②IGV 温控。IGV 温控是指通过调节进口可转导叶的开度,调节燃气轮机的排气温度,实现 IGV 温度控制,以满足联合循环变工况时余热锅炉的温度要求,提高联合循环机组变工况的经济性。在燃气-蒸汽联合循环中,为保证余热锅炉的正常工作和最理想的效率,往往要求燃气轮机排气温度处于比较高的温度值。因此,燃气轮机在部分负荷运行时要适当关小 IGV,相应减少空气流量而维持较高的排气温度,其结果是使联合循环的总效率得到提高。

③减少启动时耗功。由于机组启动时 IGV 打开角度小,压气机空气流量减少,使机组的启动阻力矩变小,减少启动过程中压气机的功耗,有利于减少启动装置的配置功率。在启动功率不变的情况下,可以缩短启动加速时间。

④在单轴联合循环机组的启动、停机过程中,通过调节进口可转导叶的开度调节燃气轮机的排气温度,实现燃气轮机排气温度与蒸汽轮机汽缸温度的匹配。

⑤采用干式低氮燃烧室 DLN2.0 + 的机组,减小 IGV 的最小全速角的设定值,辅之以进气加热,能够扩大预混燃烧的运行范围。

5.5.2　压气机喘振的发生及防喘措施

在 IGV 系统的几种功能中,防止压气机喘振是其最主要功能之一,那么它是如何实现这一功能的呢?下面就此问题作简单分析:

压气机在运行期间不一定总是在设计工况下运行,如果偏离设计工况太远的话,压气机就会在不稳定工况下运行,此时压气机就会出现失速、喘振和阻塞等现象。当出现喘振时,压气机的空气流动会忽大忽小,压力忽高忽低,甚至会出现气流倒流回入口处,并伴随有巨大的声响和强烈的震动。

(1)压气机喘振的产生

压气机喘振的发生一般认为是与压气机通流部分中出现的气流脱离现象有密切关系。图 5.25 就给出了在轴流式压气机流道中,发生气流脱离现象时的物理模型。

当压气机在设计工况下运行时,气流进入工作叶栅时的冲角很小近乎零。但是当空气体积流量增大时(见图 5.25(a)),气流的轴向速度 c_{1a} 就要加大。假如压气机的转速恒定不变,那么 β_1 和 α_2 角就会增大,由此就会产生负冲角($i<0$)。如果空气体积流量继续增大而使负冲角加大到一定程度时,在叶片的内弧面上就会发生气流边界层的局部脱离现象。但是,由于气流沿着叶片的内弧侧流动时,在惯性力的作用下,气体的脱离区会朝着叶片的内弧面方向靠近,这个脱离区不会继续发展,因而可以防止脱离区的进一步发展。此外,在负冲角的工况下,压气机的级压缩比有所减小,即使产生了气流的局部脱离区,也不至于发展形成气流倒流现象。

当流经工作叶栅的空气体积流量减小时(见图 5.25(b)),情况将完全相反。那时气流的 β_1 和 α_2 角都会减小,当 β_1 和 α_2 角减小到一定程度后,就会在叶片的背弧侧产生气流边界层的脱离现象。只要这种脱离现象一出现,脱离区就有不断发展扩大的趋势。这是由于当气流沿着叶片的背弧面流动时,在惯性力的作用下,存在着一种使气流离开叶片的背面而分离出去的离心力。此外,在正冲角的工况下,压气机的级压比会增高,因此当气流发生较大的脱离时,气流就会朝着压气机的进气方向倒流,这就为发生喘振现象提供了条件。

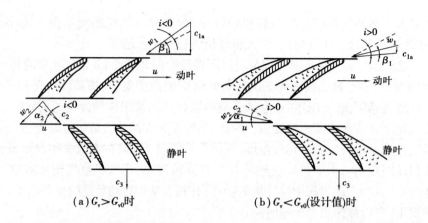

（a）$G_v > G_{v0}$时　　　　　　　（b）$G_v < G_{v0}$（设计值）时

图 5.25　当空气的容积流量偏离设计时,在动叶和静叶流道中发生的气流脱离现象

试验表明:在叶片较长的压气机中,气流的脱离现象多半发生在叶高方向的局部范围内（例如,叶片的顶部）。但是在叶片较短的级中,气流的脱离现象却有可能在整个叶片的高度上同时发生。

实验表明:上述气流脱离现象往往并不是在压气机工作叶栅的整圈范围内同时发生的。在环形叶栅的整圈流道内,可以同时产生几个比较大的脱离区,而这些脱离区的宽度只不过涉及一个或几个叶片的通道。而且,这些脱离区并不是固定不动的,它们将围绕压气机工作叶轮的轴线,沿着叶轮的旋转方向,以低于转子的旋转速度连续地旋转着。因而这种脱离现象又称为旋转脱离。旋转脱离一般分为两类:如果在失速的运行区内,压气机的特性是连续的,则称渐进失速;另一类失速是突变失速,它经常发生在大轮毂比的级中,沿全部叶片的高度方向几乎全部失速,并且会迅速扩展到圆周的一半以上。总的来说,压气机在低速区工作时经常出现旋转失速现象。如果发生此类现象,可能使整台压气机遭到破坏。

但是必须注意,假如在压气机通流部分中产生的旋转失速比较微弱的话,压气机并不一定就会马上进入喘振工况。只有当体积流量继续减小,致使旋转失速进一步加强后,在整台压气机中才能出现不稳定的喘振现象。那时,压气机的流量和压力就会发生大幅度的、低频的周期性波动,并伴随有风啸似的喘振声,甚至有空气从压气机倒流到大气中去。在这种情况下,压气机就不能正常工作。

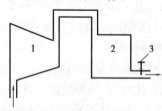

图 5.26　压气机的工作
系统简图
1—压气机;2—工作系统
（容器）;3—阀门

压气机发生的旋转失速为什么会发展成为喘振呢? 下面用图 5.26 来简单地说明一下喘振现象的发生过程。假如压气机后面的工作系统可以用一个容积为 V 的容器来表示,流经压气机的流量可以通过装在容器出口处的阀门来调节。那么,当压气机的工作情况正常时,随着空气体积流量的减少,容器中的压力就会增高。但是,当体积流量减少到一定程度时,在压气机的通流部分中将开始产生旋转失速现象。假如空气的体积流量继续减小,旋转失速就会强化和发展。当它发展到某种程度后,由于气流的强烈脉动,就会使压气机的出口压力突然下降。那时,容器中的空气压力要比压气机出口的压力高,这将导致气流从容器侧倒流到压气机中去;而另一部分空气则仍然会继续通过阀门流到容器外面去。由于这两个因素的同时作用,容器的压力就会立即降低下来。假如当时压气机的转速恒定不变,那么随着容器压力的下降,流经压气机的空气体积流就会自

动地增加上去;与此同时,在叶栅中发生的气流失速现象逐渐趋于消失,压气机的工作情况将恢复正常。当这种情况持续很短的时间后,容器的压力会再次增高,流经压气机的空气流量又会重新减少下来,在压气机通流部分中发生的气流失速现象又会再现。上述过程就会周而复始地进行下去。这种在压气机和容器之间发生的空气流量和压力参数的时大时小的周期性震荡,就是压气机的喘振现象。

喘振对压气机有极大的破坏性。出现喘振时,压气机的转速和功率都不稳定,整台机组都会出现强烈的振动,并伴有突发的、低沉的气流轰鸣声,有时会使机组熄火跳闸。倘若喘振状态下的工作时间过长,压气机和燃气透平叶片以及燃烧室的部件都有可能因振动和高温而损坏,所以在燃气轮机的工作过程中绝不允许出现压气机的喘振工况。

需要强调的是,旋转失速是喘振的前提,但是两者又是完全不同的气流脉动。喘振是压气机的流量出现了大幅的波动,而旋转失速是围绕压气机轴旋转的低流量区,此时通过压气机的平均流量是不变的。

综上所述,压气机的喘振现象可以总结为以下几点:

①级压缩比越高的压气机或者是总压缩比越高和级数越多的压气机,就越容易发生喘振现象。这是由于在这种压气机的叶栅中,气流的扩压程度比较大,因而也就容易使气流生产脱离(失速)现象。

②多级轴流式压气机的喘振边界线不一定是一条平滑的曲线,而往往可能是一条折线,其原因可能是由于在不同的转速工况下,进入喘振工况的级并不相同的缘故。

③在多级轴流式压气机中,因最后几级气流的旋转失速而引起的喘振现象会更加危险,因为那时机组的负荷一定很高,而这些级的叶片又比较短。气流的失速现象很可能在整个叶高范围内发生,再加上当地的压力又高,压力的波动比较厉害,因而气流的大幅度脉动就会对机组产生非常严重的影响。

④进排气口的气流流动不均匀的压气机就越容易发生喘振现象。

(2)防喘措施

根据喘振产生的原因,防止压气机发生喘振现象可以从以下几个方面来进行:

①在设计压气机时合理选择各级之间流量系数 $\Phi = c_a/u$ 的配合关系,扩大压气机的稳定工作范围。

如前所述,随着流量系数值的减小,气流的正冲角将增大,压气机级就会逐渐接近于喘振工况。当 ϕ 到达某个极限值时,在压气机的级中就会产生强烈的气流脱离现象,以致进入喘振区。由于在低速工况下,压气机的前几级最容易发生喘振,因而在设计经常低于设计转速工况下运行的压气机时,就应把压气机前几级的流量系数选得大些。也就是说,这些级的外加功量应该取得小些,这样就能保证压气机前几级不容易进入喘振工况。反之,在设计转速恒定不变的压气机,或者运转速度允许比设计转速稍微高一些的压气机时,人们就应该把这类压气机的后几级流量系数选得大些,以扩大后面几级叶栅的稳定工作范围。

②在压气机通流部分的某一个或几个截面上,安装防喘放气阀的措施。

鉴于机组在启动工况和低转速工况下,流经压气机前几级的空气流量过少,以致会发生较大的正冲角,使压气机容易进入喘振工况,于是就可以在容易进入喘振工况的某些级的后面开启一个或几个旁路放气阀,强制让大量空气流过放气阀之前的级,就有可能避免在这些级中产生过大的正冲角,从而达到防喘的目的。

在设计使用防喘放气阀时,其安装位置至关重要。实践表明:把防喘放气阀安装在压气机的最前几级，并不能获得很好的效果;把防喘放气阀安装在压气机的最后几级，甚至于安装在压气机后的排气管道上，则能更好地扩大压气机的稳定工作范围。但是放在后几级放气压力较高，由旁路放气阀排出的空气所带走的能量损失就很大。因此，人们往往采用分布在压气机通流部分的若干截面上的方法。这样既能改善那些流动情况最为恶劣的压气机级的工作条件，又能使放气能量不至于太大。

在 PG9351 型燃气轮机上，为了防止机组在启动过程中进入喘振工况，除了采取可转导叶的措施外，还在压气机第 9、13 级后面的抽气管路上安装了 4 个防喘放气阀。从机组的启动瞬间开始，一直到机组转速升高到 3 000 r/min，机组并网之前，第 9 级和第 13 级两个防喘放气阀将始终保持打开。当机组并网以后，这 4 个阀门才关闭。而在停机过程中，机组脱网后 4 个防喘放气阀均保持打开。

③在轴流式压气机的第一级，或者前面若干级中，装设可转导叶的防喘措施。

图 5.27(a)中表示:当压气机采用固定导叶时，在压气机第一级动叶前，由于空气流量的改变而引起了气流速度三角形的变化关系。那时，气流流进动叶时的绝对速度:c_1、c_1'、c_1'' 的方向实际上是不变的。因此，当动叶的圆周速度 u 恒定不变时，或者是当气流的轴向速度 c_2 与圆周速度 u 不能按照同一个比例关系进行变化时，那么，气流流进动叶时的冲角 i 就要发生变化。图中的①表示:在设计工况下，气流进入动叶时的流动情况，那时，进气冲角 $i=0$;②表示:空气流量大于设计值时，或者是气流轴向速度的增长率大于圆周速度增长率时(反之，当轴向速度的减小率小于圆周速度的减小率时)气流的流动情况，那时将产生负冲角($i<0$);③则表示:空气流量小于设计值时，或者是气流轴向速度的增长率小于圆周速度的增长率时(反之，当轴向速度的减小率大于圆周速度的减小率时)气流的流动状况——这种情况正是燃气轮机启动时，在压气机中经常遇到的状况，那时，将产生正冲角($i>0$)。由此可见，在低转速情况下，压气机的前几级是很容易进入喘振工况的。

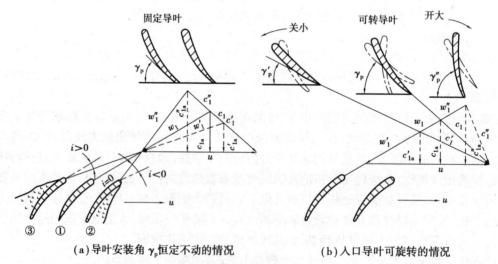

(a)导叶安装角 γ_p 恒定不动的情况 (b)入口导叶可旋转的情况

图 5.27 压气机入口导叶恒定不动和可以旋转时，气流速度三角形的变化情况

从图 5.27(b)中可以清楚地看出压气机入口可转导叶的作用。当流进压气机的空气流量发生变化时，可以关小或开大可转导叶的安装角 γ_p，使气流绝对速度:c_1、c_1' 和 c_1'' 的方向发生变化，这样就能保证气流进入动叶时的相对速度:w_1、w_1'、w_1'' 的方向恒定不变。由此可见，在变工况条件下，当压气机中出现了轴向速度与圆周速度的配合关系如图 5.28(a)中③那样的情况

时,只要把压气机导向叶片的安装角 γ_p 关小,就能减小或消除气流进入动叶时的正冲角,从而达到防喘的目的。

由于在低转速工况下,压气机的前几级最容易进入喘振工况,因而通常总是把压气机的第一级入口导叶,设计成为可以旋转的,从而可以控制入口导叶的安装角。采用可转导叶的措施不仅可以防止压气机的第一级进入喘振工况,而且还能使其后各级的流动情况得到改善。因为当压气机动叶中气流的正冲角减小时,级的外加功量就会下降,也就是说,在压气机第一级出口处,空气的压力比较低,这样就可以增大流到其后各级中去的空气体积流量,使这些级的气流冲角适当减小,因而有利于改善这些级的稳定工作特性。

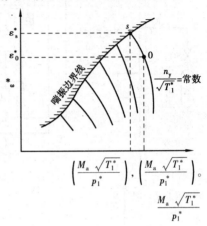

还应该指出:在燃气轮机启动时,关小压气机入口导叶安装角的措施,对于减小机组的启动功率也是有好处的,这是由于在这种情况下,流进压气机的空气流量将会大大减少的缘故。

④合理地选择压气机的运行工况点,使机组在满负荷工况下的运行点离压气机喘振边界线有一定安全裕量。

实践表明:对于特性曲线已经设计确定了的压气机来说,假如能使机组在满负荷工况下的运行点(图5.28),离压气机的喘振边界线有一定的安全裕量,那

图 5.28　选择机组运行点时对防喘安全裕量的考虑

么,机组在满负荷工况时就不会发生喘振现象。在设计和运行机组时,必须考虑这个原则。

⑤把一台高压比的压气机分解成为两个压缩比较低的高、低压压气机,依次串联工作,并分别用两个转速可以独立变化的透平来带动的双轴(转子)燃气轮机方案,也可以扩大高压比压气机的稳定工作范围。

总之,通过以上 5 个措施,可以防止在压气机中发生具有破坏性的喘振现象,有利于扩大整台机组稳定工作的范围。

5.5.3　进口可转导叶(IGV)结构

进气可调导叶(IGV)系统安装在进汽缸轴流式压气机第 1 级动叶片的前面,如图 5.29 所示为进口可转导叶系统,该系统由液压控制系统和可转导叶回转执行机构组成。IGV 动作执行装置包括一个可双向动作的液压油缸,一个液压组件。液压组件装有一个截止阀、一个液压油滤网、两个 IGV 位置传感器(96TV-1,2)、一个控制伺服阀(90TV)、一个 U 形驱动夹、一个电气接线盒和一个安装底座。

如图 5.30 所示,PG9351FA 燃气轮机 IGV 叶片主要由轴部和叶片组成。端部加工有一带斜度的通孔,用弹簧销与 IGV 执行机构联结键相联结,通过油动机控制可改变导叶的开度。

IGV 可变导叶系统的执行机构如图 5.30 所示。IGV 叶片的轴部套在套筒后穿过压气机进汽缸上的孔,伸出孔外的轴端用弹簧销与联结键连接,联结键与可变机构转动环连接。滚轮支架固定在压气机进汽缸上,滚轮固定在滚轮支架上。圆环底部通过一个托架与油动机相连,当给出控制信号时,油动机就会牵引操纵转动环转动,转动环带动联结键,联结键带动滚轮,IGV 叶片也随之转动,以达到调节可变导叶安装角度的目的。

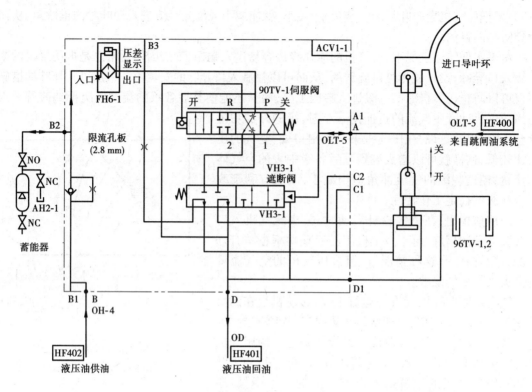

图 5.29　进口可转导叶系统

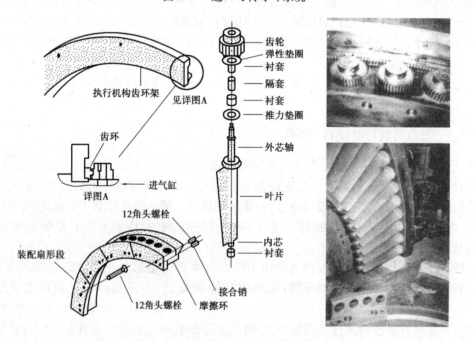

图 5.30　进口可转导叶执行机构

IGV 系统上装有位置传感器。位移传感器检测 IGV 的角度反馈给控制系统与给定值进行比较,然后将差值传给伺服机构进行角度的修正。

5.5.4　进口可转导叶(IGV)工作流程

对照图 5.30,在机组启动前,90TV-1 伺服阀处于平衡位置。高压液压油经过 15 μm 过滤器 FH6-1 和限流孔板直接流向 VH3-1 遮断阀。由于 IGV 紧急跳闸电磁阀 FY5040 在转速继电器 14HT(1.5% 额定转速)动作前是失电状态,OLT-5 跳闸油路处于泄压状态,因此遮断阀处于左边的工作状态。液压油直接流入油动机活塞的下腔室,活塞上腔室的油经 VH3-1 接通回油管路,油动机将进口可转导叶关到最小位置。可转导叶处于初始状态。

当机组在转速继电器 14HT(1.5% 额定转速)动作时,FY5040 跳闸电磁阀带电,来自 FTS 油路的液压跳闸油进入 OLT-5 建立油压,推动 VH3-1 阀向左移动,使该阀处于右边位置。这时来自 OH-4 的液压油接通 90TV-1 伺服阀和油动机之间的油路,使可转导叶 IGV 处于可调整状态。GE FA 型机组的 IGV 调整角的配置见表 5.1。

表 5.1　PG9351FA 机组 IGV 调整角的配置表

机组型号	MS9001FA	MS9001FA + e	MS9001FA + e
导叶形式	中弧线叶片	中弧线叶片	非中弧线叶片
燃烧系统配置	DLN2.0	DLN2.0 +	DLN2.0 +
齿轮环关闭最小角度	23	23	24.5
执行机构关闭最小角度	26	25	26.5
电子关闭最小角度	27	27	28.5
最小运行角度(带进气加热)	48	48	49
最小运行角度(不带进气加热)	不用	不用	不用
电子开启最大角度	84/86	88/89	89.5
执行机构开启最大角度	87	92	91.5
齿轮环开启最大角度	90	91	93.5

对于具有非中弧线叶片的 IGV 机构,IGV 关闭最小角度为 28.5°,最小运行角度(带进气加热)是 49°,开启最大角度应为 89.5°。

5.5.5　系统运行控制

机组启停或运行中,IGV 角度由控制系统自动进行。IGV 的角度调节在部分转速时是一样的,并网后根据所处简单循环或联合循环不同运行方式而选择不同的调节规律。

(1)部分转速时

在启动升速过程中,为了防止压气机在低转速下发生喘振,IGV 处在最小位置 28.5°,当机组达到约 85% 修正转速至约 89% 修正转速时,IGV 从 28.5°打开至最小运行角。而停机降速时则刚好相反,当机组降到约 89% 修正转速至约 85% 修正转速时,IGV 从最小运行角关至 28.5°。

IGV 最小运行角决定了燃气轮机正常运行时 IGV 允许的最小角度,其值大小将影响压气机的安全运行。考虑机组低负荷运行期间燃烧稳定、DLN 燃烧室运行范围等因素,实际运行的 IGV 最小运行角由以下 3 部分的最大值来决定。

1)手动设定 IGV 最小运行角

程序允许手动设定 IGV 最小运行角,允许用户设定值范围为 49°~88°。出于安全考虑,此功能一般不对用户开放。

2）进口抽气加热 IGV 最小运行角

在装设有进口抽气加热装置的机组上定值为 49°。

3）超速 IGV 最小运行角

超速 IGV 最小运行角为转速的函数。在机组甩负荷时，一方面通过开大 IGV 角度来增加空气流量，产生更大的压气机负荷，阻止转速飞升；另一方面提升压气机的排气压力，以减少燃料喷嘴的压降，减少甩负荷后喷入的燃料流量。超速 IGV 最小运行角控制值为：

$$(TNH - 102\%) \times 6.4 + 43.5$$

其中 TNH 为机组的实际转速。

为了防止甩负荷时，盲目开大 IGV 导致燃烧不稳定，超速 IGV 最小运行角作为 IGV 的最小运行角输出的条件比较苛刻，以联合循环运行方式为例，超速 IGV 最小运行角，只有在联合循环 IGV 温控基准已动作，IGV 开度大于 55.5°且转速大于约 103%时（即因转速飞升太快或燃气控制阀没有及时关小燃料流量）才会被选用，作为 IGV 的最小运行角输出。

（2）全速时

根据燃气轮机运行所处的不同状态、不同阶段，选择不同的温控基准，利用 IGV 调节燃气轮机进气流量来控制排气温度，达到提高效率或配合启动的目的。IGV 的温控基准有以下 3 部分组成。

1）Simple Cycle IGVTemp Control Reference（简单循环 IGV 温控基准）

当燃气轮机处于简单循环运行方式时，透平排气通过旁路烟囱排入大气，此时燃气轮机的效率对压气机压比较敏感。在保证燃烧稳定的前提下，设法及早开启 IGV 以提高压比，来提高燃气轮机的效率。PG9351FA 燃气轮机的简单循环 IGV 温控基准为 700 ℉，即一旦选择简单循环温控模式，IGV 在最小运行角至 88°开度范围内进行调节以保持燃气轮机的排气温度为 700 ℉（371.1 ℃）不变。此后若负荷继续增加，IGV 退出控制在此负荷以上 IGV 将保持 88°开度直至额定负荷。降负荷则刚好相反。

2）Temperature Matching Setpoint Rate ControlledIGV（IGV 温度匹配设定点）

当燃气轮机处于联合循环运行方式时，为了使余热锅炉主汽温度与不同状态的汽轮机金属温度相匹配、协调汽轮机的启动、延长汽轮机寿命、防止高温金属部件受冷却、防止产生动静摩擦，MARK VI 设有专门的温度匹配程序。当发电机开关闭合后，激活 MARK VI 温度匹配程序，MARK VI 将以汽轮机高压缸一级缸温加上 230 ℉（110 ℃）作为透平排气温度匹配的目标值，通过 IGV 调节来达到目标排气温度。当机组热态启动时，由于旋转备用负荷时所能达到的燃气轮机排气温度还未能达到目标排气温度，在这种情况下要对燃气轮机加负荷来增加排气温度，以达到设定值，而此时 IGV 将保持在最小运行角。

3）Part Load IGVT emperature Reference（联合循环部分负荷 IGV 温控基准）

当燃气轮机处于联合循环运行方式时，其联合循环效率对燃气轮机的透平进口温度比较敏感。因此在保证透平进口温度不超温的前提下，尽量晚开启 IGV，以提高透平的进口温度，提高整套联合循环的总体效率。此时联合循环 IGV 温控基准参照 FSR（燃料基准）温控基准，其目的是保证燃机最佳工况，控制燃气透平进口温度在允许的范围。

5.5.6 IGV 的故障

IGV 的故障分为两类：IGV 故障检测和 IGV 未跟踪命令值。

（1）IGV 故障检测

当 IGV 开度反馈值小于 26.5°或命令为全关而开度大于 29.5°并延时 5 s 后，发出 IGV 位置故障报警并自保持。此报警状况消失时，报警不会自动复归，需执行主复位来复归。

当 IGV 伺服电流小于 30% 额定伺服电流并延时 5 s 后，发出 IGV 伺服电流报警并自保持。此报警状况消失时，报警不会自动复归，需执行主复位来复归。

（2）IGV 未跟踪命令值

当 IGV 开度反馈值与命令值 CSRGV 相差 ±7.5°并延时 5 s 后，发出 IGV 控制故障报警。

当 IGV 开度反馈值与命令值 CSRGV 相差 ±7.5°并延时 5 s 且机组转速小于 95% 额定转速时，发出 IGV 控制故障跳闸信号使机组跳闸。此报警状况消失时，报警不会自动复归，需执行主复位来复归。

当机组转速大于 95% 额定转速时，IGV 开度小于 39.5°，发出 IGV 控制故障跳闸信号使机组跳闸。此报警状况消失时，报警不会自动复归，需执行主复位来复归。

5.6　进排气系统

5.6.1　系统功能

（1）进气系统

空气的质量对燃气轮机的性能和可靠性有着巨大影响，且空气质量本身也受机组周围环境的影响，即使在同一地点，空气的质量在一年内的不同时间，甚至在几个小时内都可能有显著的变化。空气质量差会导致压气机堵塞，在压气机严重堵塞的情况下，燃气轮机的输出功率会大大降低。

为了保证燃气轮机的有效运行，需要对进入燃机的空气进行处理，滤除杂质。因此，进气系统的功能如下：

①改善供给压气机进口的空气质量。经过专门设计的进气系统以改善在各种温度、湿度和污染状态下的空气质量，使之更适用于燃气轮机。

②消声器能消除压气机的低频率噪声，以及降低其他频率范围的噪声。

③将进气压降保持在允许范围，保证燃气轮机的性能。

（2）排气系统

排气系统由一内部绝热的扩压器管道组成，它把燃机透平排出的废气引进余热锅炉或旁路烟囱。标准部件包括前挠性密封膨胀节，内部绝热的扩压器管道和用螺栓与基础连接的钢支架。另可加设人员保护用的建筑围护板，全高度的隔音墙和后膨胀节。

5.6.2　系统组成与工作流程

（1）进气系统

进气系统组成如图 5.31 所示，进口过滤室包括进口滤网和带自动过滤清洗系统的滤芯。在进口过滤室后，顺气流而下安装有进气加热母管。进气加热系统包括控制阀、压力传感器、位置指示器和抽气加热管道。抽气加热管道将压气机抽气引入进气加热母管，有助于防止压气机入口结冰，扩大燃机预混燃烧的范围以减少 NO_x 排放污染。紧靠抽气加热管道后面有一排消声器,用来降低来自压气机的低频率噪声,然后弯管重新将空气向下引入进气室。弯管内有两层格栅式滤网,防止异物损坏燃气轮机。弯接头有助于现场安装,并将进气系统与燃气轮机隔离开来。设有两个膨胀节,一个位于过滤室与进口消声器组件之间,另一个位于过渡导管与进气室之间。

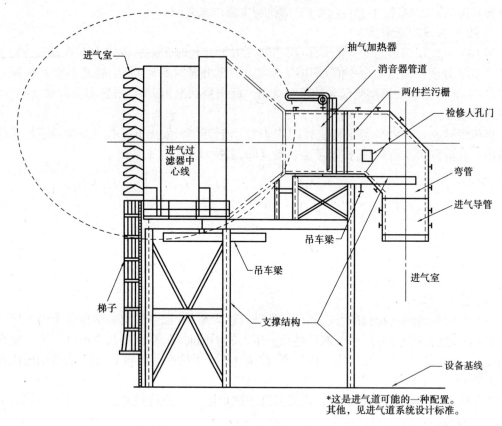

图 5.31　燃气轮机进气系统主要结构和管道

　　过滤室上配置了过滤脉冲清洗系统,可以用它清洗进口过滤器滤芯。脉冲清洗系统提供压缩空气脉冲,使空气暂时反向流过滤芯,驱除积聚在滤芯进气侧的积灰,从而延长滤芯的使用寿命,有助于保持过滤器效率。脉冲清洗系统使用的纯净干燥空气来自燃气轮机压气机排气,然后再经过空气处理单元冷却、净化和干燥而得到的。

　　在过滤器模块下面有一只螺旋式除尘推送器,用来运送过滤器系统自洁运行中清除的污物或灰尘。推送器系统可以选择两种运行模式,可以通过就地控制屏安装的选择开关进行选择。当开关处于自动模式时,在完成每个整体过滤器清洁周期后,推送器系统会自动运行,并继续运行一段时间从系统中清除槽内现存的灰尘。当开关处于手动模式时,推送器连续运行,与脉冲系统设定值无关。当推送器电动机不运行时,热敏温控电动机空间加热器运行,以便在停机期间将水分积聚减至最低程度。在用户接线盒内提供了可锁断开关。当可锁断开关处于关闭位置时,电动机和电动机空间加热器的所有电源被切断。为了保护人员,在推送器槽的入口处提供了不锈钢保护屏。此外,该系统还包括监测、控制和保护仪表装置。

　　PG9351FA 燃气轮机的进气系统设计额定流量为 31.598 m³/min,最大进气温度为 80 ℃。当机组启动时,将由 MARK Ⅵ 控制系统控制燃气轮机、压气机的升速,同时燃气轮机进气系统也开始运行。空气流过进口过滤器,进口过滤器差压(63TF-1A)将随时受到监控,并将在152.4 mm H_2O(6.0in H_2O)时报警。若差压继续升高,差压开关(63TF-2A,63TF-2B)将使机组在203.2 mm H_2O(8.0in H_2O)时自动停机。

机组到达基本负荷之前,流过过滤器的空气流量将继续增大。空气流量仅受到机组负荷、环境条件和过滤器差压的影响。一旦机组达到基本负荷,进口空气流量将保持相对恒定。

（2）排气系统

排气系统的前膨胀节由搭接的高温合金 INCO 718 板构成,该板与透平的后法兰用螺栓连接并夹紧在固定于排气系统进口的导板上。搭接板形成挠性的气体密封具有优良的气体密封性和较长的使用寿命。挠性板在现场用一层陶瓷纤维绝热,并用金属薄板保护免遭日晒雨淋影响,金属薄板用金属丝捆扎在燃机外部绝热罩壳上。

排气扩压器是一锥形管道。它将排气流量逐渐扩散,最大程度地恢复排气的压力,从而提高联合循环的性能。前排污系统用来收集压气机清洗期间所有冲洗水或启动失误造成的液体燃料。管道上有贯穿管子用于在启动时对压气机第9和第13级抽气排气。

支撑结构在扩压器管道水平中心线提供安装法兰。法兰的设计可以补偿轴向和径向的热膨胀。支撑结构通过标准化的轨迹用螺栓与基础连接。支撑结构可以根据现场的特定要求进行设计,通过安装围护板或隔音墙,达到人员保护或隔音的目的。

后膨胀节是一种"冷对冷"设计,需要在现场安装内衬板。

5.6.3　系统主要设备介绍

（1）进口过滤室

电站燃气轮机通常采用两种不同方式的进气过滤器,即三级惯性分离过滤装置和脉冲空气自清洗过滤装置。三级惯性过滤装置包括惯性分离器、预过滤器、精过滤器3部分。脉冲空气自清洗过滤装置的过滤组件为圆柱形过滤器、锥形过滤器,或将它们串联使用。过滤器的滤芯一般采用高效木浆纤维滤纸制造。

PG9351FA 燃气轮机采用脉冲空气自清洗过滤装置,将圆柱形过滤器、锥形过滤器串联使用,有 672 对滤芯。滤芯的结构如图 5.32 所示。

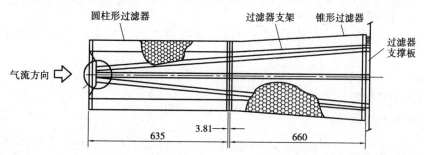

图5.32　带自动过滤清洗系统的滤芯结构

（2）进口消音器组件

进口消音器组件的基本功能是消除压气机的基本音频以及衰减其他频率的噪音。消音器组件处还装有进气加热母管,用于将压气机排出的热空气引入进口以加热空气流。

进口消音器由声学内衬管道组成,它包含由低密度隔离材料制造的消音板,用多孔板钢封装。消音器管道壁和消音器管导下游壁内的声学内衬有类似结构。垂直平行板概念专用于消除压气机基本音频和衰减其他频率的噪音。进口管道和消音器及加内衬的管道所用多孔板是用不锈钢制造的。

（3）膨胀节

膨胀节的功能是使得进口管道到过滤室和进气室到进口管道能适应运行环境条件和温度变化所导致的管道膨胀和收缩。

在过滤室消音器连接点处采用无内衬的保护罩型膨胀接头，在进气室到导管连接点处采用保温的保护罩型膨胀接头。

（4）进气室

进气室基本功能是提供到压气机进口一个带有方向变化的流道，该流道有助于形成平滑稳定的气流，确保最小的紊流。

进气室是一个空气动力设计型的壳体，由有声学隔音的外壁[7.62 cm(3 in)]和多孔板内衬组成。

5.6.4 系统常见故障及处理

进排气系统常见故障包括排气压力高等，下面针对这些常见故障的故障现象、故障原因以及处理方法进行简单描述。

（1）燃机排气压力高（63EAH-ALM）（设定点：49.8 mbar，20.00 in 水柱表压）

1）现象

排气导管压力高报警。

2）原因

①排气压力测点故障。

②排气压力取样管堵塞。

3）处理

验证排气压力是否已经升到超过设定值。

4）后续措施

如果压力确已升到超过设定值，则应对仪表进行重新标定校准；检查排气压力取样管是否堵塞。

（2）排气压力高高跳机（63ETH-ALM）（设定点：5.972 ± 0.1244 kPa 或 24.00 ± 0.50 in 水柱表压）

1）现象

①排气压力高报警。

②机组保护动作跳闸。

2）原因

①排气压力测点故障。

②排气压力取样管堵塞。

3）处理

证实机组已经跳闸，按紧急停机处理。

4）后续措施

①如果压力确已升到超过跳闸设定值，则应对仪表进行重新标定校准。

②检查排气压力取样管是否堵塞。

5.7　进气滤反吹系统

5.7.1　系统功能

当大气中的空气进入压气机进气滤网时,颗粒聚集在过滤器介质外层,滤芯两侧的差压增加。这时需要空气处理装置(APU)将燃机压气机抽气冷却、干燥和调节后供压气机进口过滤器脉冲反吹,降低滤网前后压差,达到清洁滤网的作用。

5.7.2　系统组成与工作流程

进气滤反吹系统由隔离电磁阀20AP-1、进气滤芯反吹压力调节阀VPR67-1、双塔干燥器、空气冷却器、气水分离器、凝聚过滤器、除尘过滤器以及脉冲控制组件等组成。

来自压气机排气抽气口AD-3的压缩空气经空气冷却器冷却、分离、过滤、除尘、干燥和调压后,向压气机进气过滤器的脉冲清洁管路提供纯净干燥空气,其压力为0.59~0.76 MPa,温度低于61 ℃。图5.33所示为空气处理单元系统流程图。

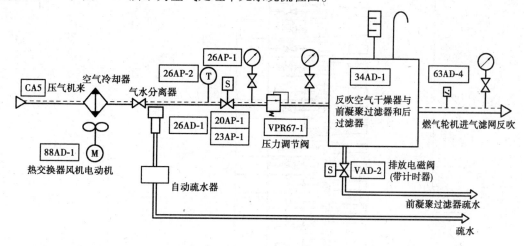

图5.33　空气处理单元系统流程图

26AP-2—进口空气温度开关;20AP-1—空气处理单元隔离电磁阀;
VPR67-1—进气过滤反吹压力调节阀;26AD-1—冷却风扇温度开关;
26AP-1—伴热温度开关;63AD-4—低压力开关

5.7.3　系统运行控制

(1)空气处理单元(APU)的冷却、调压、分离、过滤、除尘、干燥过程

空气处理单元(APU)的运行由模块式组件内的一系列过程组成,每个过程有着单独的功能:

①由压气机引入的空气通过垂直安装的翅片管并流到空气热交换器组件得到冷却。

②空气通过标准隔板式压力调节器,降低压力。

③通过聚结过滤器清除微粒、油雾和凝结水,并在聚结过滤器室装有一个接到模块疏水集管的疏水管。

163

④通过空气干燥器干燥。该空气干燥器有两个室,填有除湿干燥剂颗粒层。

⑤最后的过滤器过滤从干燥剂颗粒层带走的干燥颗粒,保护下游气动部件。

(2)进气滤网的吹扫

吹扫来自空气处理单元的纯净干燥空气,进入图5.34所示的吹扫母管对过滤器进行分段吹扫。现场脉冲选择开关可以选择3种运行模式:连续模式、间断模式和自动/请求模式。

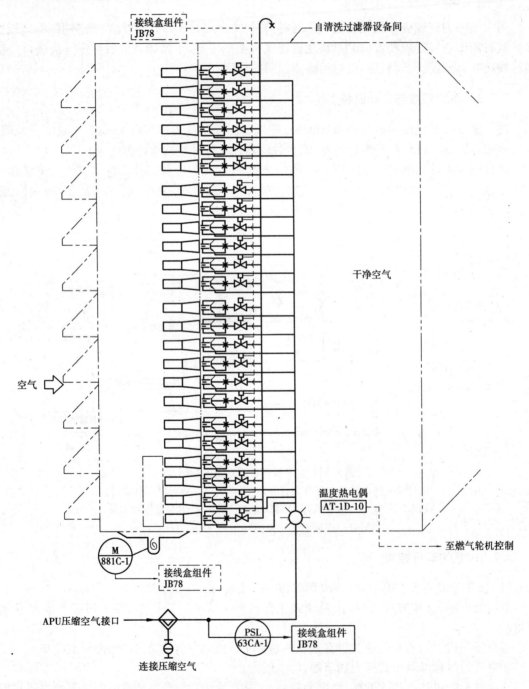

图5.34 燃气轮机进气滤芯的脉冲清洁系统

　　自动/请求模式是透平运行时推荐的正常位置。在这一模式下,可按以下 3 种情况进行自动清洗:

　　①时钟控制清洗系统。由操作员安排每天的清洗时间,也可以为该时钟编程,控制器能够使过滤器执行正常的清洗循环。

　　②若相对湿度超过 80%,过滤器清洗系统将启动脉冲清洗,直至相对湿度下降方停止清洗。

　　③当进气过滤装置两侧的总差压达到仪表预设定的"高位"总差压时即启动自动脉冲。通常高位差压选为 105 mm H_2O。当差压大于该值时,将触发差压开关,过滤器脉冲系统将启动。脉冲屏初始向滤芯顶行的阀门发出脉冲信号。然后,在可调时间延迟之后(一般设定在 30 s),脉冲触发阀门的下一行,并继续其脉冲顺序直至差压降到 105 mm H_2O 以下方停止工作。否则,过滤器脉冲系统在机组停机更换过滤器之前,将一直保持在连续脉冲模式。

5.7.4　系统主要保护元件介绍

　　为实现对燃气轮机的保护,有 3 个过滤器差压开关(63TF-1、2A 和 2B)安装在进口过滤室,保护燃机,防止由于过滤器的脏污引起高差压情况。开关(63TF-1)提供报警功能,当过滤器差压到达 152.4 mm H_2O(6.0 in H_2O)时报警,警告运行人员进口滤网发生异常状况。若差压继续升高,差压开关(63TF-2A,63TF-2B)将使机组在 203.2 mm H_2O(8.0 in H_2O)时自动停机,防止压气机损坏。另安装有一个过滤器差压变送器(63TF-1A),供给 MARK Ⅵ 监视差压输入。

5.7.5　系统常见的故障及处理

　　进气滤反吹系统常见故障包括:空气处理单元(APU)供气压力低,滤网差压高等,针对这些常见的故障现象以及处理方法进行简单描述。

　　(1)进气过滤器反冲清洗系统进口供气压力低(L63AS4L-ALM)

　　(设定点:4.218±0.351 5 kg/cm^2 或 60±5 psi)

　　1)现象

　　进气过滤器反冲清洗系统进口供气压力低信号报警。

　　2)原因

　　①供气系统有泄漏。

　　②供气隔离阀关闭。

　　③APU 供气电磁阀(20AP-1)未全开。

　　④空气处理装置疏水系统工作不正常。

　　⑤减压阀 VPR67-1 工作不正常。

　　3)处理

　　①证实脉冲过滤器清洗系统的供气压力在现场表盘显示压力低。

　　②如果压力低,应检查供气系统有无泄漏,如果不存在泄漏则应着手执行附加措施。

　　③如果存在泄漏,则应隔离供气系统以防其他用户的压缩空气都失去。

4）附加措施

①核实供气隔离阀是开着的。

②如果阀门关闭着，则应检查过滤器清洗控制系统以便确定阀门被关闭的原因。

③如果阀门打开着，那就检查过滤器清洗控制系统有无泄漏。

④检查供气电磁阀 20AP-1 是否卡住，处在打开位置。如果电磁阀被卡住了，则应设法人工将其释放（轻轻敲打）。

⑤检查疏水系统及减压阀是否工作正常。

（2）进气过滤器差压高（L63TF1H-ALM）

（设定点：152.4 mm/（6.0±0.25 in）水柱压力或（1.493±0.062 2）kPa）。

1）现象

①进气过滤器差压高报警。

②进气滤网差压变大。

③进气压降达一定值时（大于 75 mm H_2O）系统自动进行反吹。

2）原因

①进气过滤器脏污。

②过滤器存在大的外来物导致高压差。

③空气中浮尘较多或空气湿度过大。

3）处理

①验证在过滤器脉冲清洗系统的现场表盘差压计上过滤器的差压是否过高。

②如果差压高应启动过滤器脉冲清洗系统。

③检查过滤器以确定不存在大的外来物导致压差过高。

④保持过滤器脉冲清洗系统运行直到差压稳定下来。

⑤如果差压未能快速地下降到正常范围内，就应降低负荷以防机组停机。负荷应该降低到过滤器的差压处在正常范围内为止。

⑥如果因过滤器差压高，机组处于不安全运行的工作点上，应停机并更换过滤器。

（3）进气过滤器差压高自动停机（L63TFH-ALM）

（设定点：203.2 mm/（8.0±0.25 in）水柱压力或（1.991±0.062 2）kPa）

1）现象

进气过滤器差压高保护动作自动停机。

2）原因

进气过滤器脏污或堵塞。

3）处理

①监控机组停机过程有无其他异常。

②在停机过程中如发生报警，则应相应地进行检查并且作出反应。

4）后续措施

①检查过滤器以确定它不再存在大的异物引起差压高。若有异物，应清除。

②检查过滤器差压监控系统并证实其运行正常。

③更换过滤器。

5.8 进气抽气加热(IBH)系统

5.8.1 系统功能

进气抽气加热系统通过将少量压气机排气抽出,再循环到进口气流,实现对压气机进气加热。主要作用有:①在寒冷的冬天,燃气轮机的进气加热可以防止压气机进口结冰;②在DLN2.0+燃料喷嘴的PG9351FA燃气轮机中,它还可以扩大DLN2.0+燃烧室预混燃烧工作范围;③可以限制压气机压比超限的作用。

(1)防止压气机结冰

环境温度低于4.44℃(40.0℉),并且压气机进口温度和露点温度之差(过热度)小于5.6℃(10.0℉),为了防止冰冻,将自动启动进口抽气加热功能。起初,防结冰装置运行时,命令进口抽气加热控制阀抵达行程的50%位置。为取得最佳的稳定防冰控制,采用了露点温度的比例积分闭环控制,以使进口空气温度保持在高于露点温度5.6℃(10.0℉),以防止低于0℃(32℉)时凝结水结冰。在露点传感器发生故障时,应将环境温度偏置参考值作为湿度传感器的反馈指令。

露点传感器位于进口管内进口过滤器下游。环境温度热电偶在进口抽气加热总管上游。差压开关(63TF-1)监控进口过滤器压降是否超出范围,压降过大说明已发生冻结,即触发一个报警,警告操作员有结冰现象。压气机抽气加热母管位于进口空气过滤器下游。在进口位置需要安装遮风雨装置以防雪防冻,使防冻系统更好地发挥效能。

该系统还提供有手动控制方式,作为进口防冻抽气加热控制的一部分。通过MARK VI控制器,允许操作员手动发出升、降VA20-1控制阀的命令来启动进口抽气加热系统。

(2)扩大DLN2.0+燃烧室预混燃烧工作范围

对均相预混湍流天然气火焰传播燃烧特性的研究表明,按火焰温度为1 430~1 530℃这个标准来选择燃料与空气的混合比是比较合适的。这样才有可能使燃烧室的NO_x和CO的排放量都比较低。但是,均相预混可燃混合物的可燃极限范围比较狭窄,而且在低温下,火焰传播速度比较低,CO排放量又会增大。故为防止熄火,并使适应燃气轮机负荷变化范围很广的特点设计的干式低污染燃烧室,除了要合理地选择均相预混可燃混合物的实时掺混比和火焰温度外,通常还采用了分级燃烧的方式以扩大负荷的变化范围,如GE公司早期的DLN1.0预混燃烧室就是串联式分级燃烧的,以扩大负荷的变化范围。近期GE公司研制开发的DLN2.0、DLN2.0+、DLN2.6都是并联式分级燃烧的,同样能达到此目的。

在采用了DLN预混燃烧室后,受一次空气通流面积固定的影响,燃料与空气实时掺混比只能在一定的范围内保持预混燃烧稳定。如果能控制各种工况下特别是低负荷工况下的预混燃烧所需的空燃比,就能扩大预混燃烧的工作范围。日本三菱公司在M701F燃气轮机的燃烧系统中设置了旁路阀,旁路阀安装在燃烧室尾部区域,可将压气机的出口空气直接导入过渡段,调节绕过燃烧室火焰的空气量,以控制低负荷工况时的预混燃烧所需的空燃比,以此来扩大预混燃烧的工作范围。而GE公司则采用有限度地减小进口可转导叶的最小全速角,辅以进气加热,降低进口流量,确保达到预混燃烧所需的空燃比的负荷值较低,以此来扩大预混燃烧的工作范围。

例如,PG9351FA 燃气轮机使用 DLN2.0 + 燃烧系统,最小全速角从 55°减小到 49°,亚预混燃烧向预混燃烧的过渡点将从 70% 负荷工况点提前到 40% ~ 50% 负荷工况点,扩大了预混燃烧的运行范围。

但是当以降低的 IGV 的最小全速角的设定值运行时,随着扩大预混燃烧模式到较低的负荷,必然会减少燃气轮机压气机设计的喘振裕度。同时,IGV 角度的减少会引起较高的压力降,它将导致在一定的环境温度下在第一级静叶片形成结冰。需要通过使用再循环压气机排气去对进口空气加热。用这种对压气机出口压力卸压和增加进口空气流的温度的方法,即抽气加热进气的方法能防止因降低 IGV 的最小全速角的设定值运行可能带来的压气机失速,同时还能防止压气机第一级静叶片结冰。

(3)压气机压比超限保护

由压气机的通用特性曲线可知,压气机必须运行在极限压比之下,而极限压比又是 IGV 角度、经温度修正过的折合转速的函数。各种因素共同作用,如极冷的大气温度、很小的 IGV 角度、高的燃气初温、低热值的燃料组分等,都会引起压气机压比接近设计的极限值。所以在机组的加载运行中,压气机压比超限保护设置了下列保护:

①利用抽气加热进气对压气机压比进行保护。在机组的加载运行中,当压气机压比达到工作极限基准时,打开抽气加热控制阀。

②在快速负荷变化时或是在进气抽气加热有故障时,用燃气轮机 FSRCPR(压气机压比燃料控制基准)去限制燃料量,对压气机压比进行保护。

5.8.2 系统组成与工作流程

进气抽气加热系统主要由手动进口隔离阀 VM15-1、进气抽气加热控制阀 VA20-1、压力传感器 96BH-1/2 以及控制阀的气动控制回路组成。

如图 5.35 所示,进气抽气加热系统由压气机排气段抽气,经过手动进口隔离阀 VM15-1、进气抽气加热控制阀 VA20-1 后,进入燃机进气道入口。

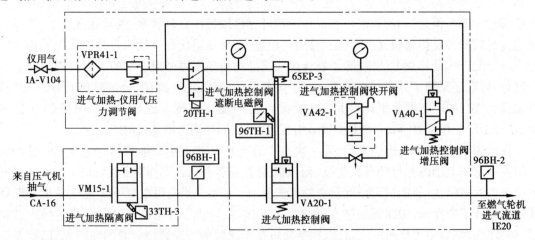

图 5.35　进气抽气加热(IBH)系统流程

抽气加热控制阀由带有 I/P（电流/气动压力）转换器的气动执行机构 65EP-3 驱动，96TH-1 是远程位置调节器。仪表空气来自压缩空气站，引入后经恒压阀 VPR41-1 将压力保持在 0.31 MPa。当控制系统输出不同的电流时，经 I/P 转换后，控制阀在不同的气压作用下有不同的开度。

5.8.3　系统运行控制

进口抽气加热系统将压气机排气温度信号 CTD 作为进口抽气加热空气流的温度，同时由 96BH-1/2 压力变送器可以测量出 VA20-1 控制阀的进口压力和压力降。根据这些参数，以及利用制造厂提供的调节阀流量特性曲线，可以计算出不同阀门行程时的质量流量。而控制阀的进口压力和压力降又是压气机进口可转导叶的函数。精心设计的调节阀阀门型线可以确保压气机抽气流量是进口可转导叶 IGV 开度的单值函数，呈线性关系。

如图 5.36 所示，以某机组为例，机组根据参数计算出进口抽气加热流量与 IGV 的关系为：进口抽气加热流量 = (61.5 − IGV 角度)/3，且最大流量控制在 5%。由图可知进气抽气加热控制阀在进口可转导叶 IGV 小于 46.5°时都是保持在最大流量，但是在机组发启动令后，燃机转速大于 95%时，进口可转导叶 IGV 角度直接由 29°增加到 49°，这时 IBH 才满足条件打开，直到进口可转导叶 IGV 在 63°时关闭。在 IGV 角度减少的过程中，当 IGV 的角度为 58.5°时打开控制阀。它由 65EP-3 电/气动转换伺服阀（或称为气动执行器）操纵，输入 4 mA 电流时全开，输入 20 mA 电流时全关。控制系统从远程位置调节器反馈的电流信号决定输入电流的大小，使抽气加热控制阀停留在不同的开度。

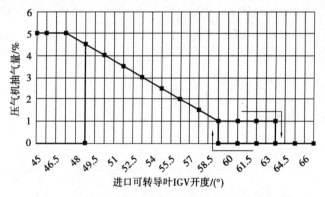

图 5.36　进气抽气加热-压气机抽气量与 IGV 的关系

进气抽气加热控制阀 VA20-1 调节压气机出口抽气的流量，并且将抽气引入位于压气机进气流道中的母管加热进气。抽气的流量最大可以控制 5%的压气机进气流量。

为了在应急的情况下能快速打开控制阀，系统中设计了控制阀快速开启回路。当 I/P 转换器向气动执行器输入 4 mA 电流或 20 TH-l 失电时，快速开启回路的 VA40-1 和 VA42-l 阀放空，迅速把控制阀开启。

如图 5.37 所示为某机组热态启动时功率、可转导叶开度、进气加热控制阀开度关系曲线。

如图 5.38 所示为该机组停机时功率、可转导叶开度、进气加热控制阀开度关系曲线。

进气加热控制阀打开时的功率及从亚预混燃烧向预混燃烧切换时的加热控制阀开度、

IGV 开度和功率见表 5.2。

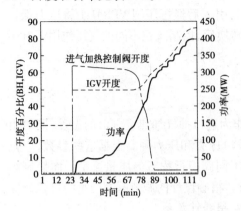

图 5.37　热态启动时功率、可转导叶开度、　　　图 5.38　停机时功率、可转导叶开度、
　　　　　进气加热控制阀开度关系曲线　　　　　　　　　　进气加热控制阀开度关系曲线

由表 5.2 可知:

①从亚预混燃烧向预混燃烧切换时机组的功率约为 200 MW,相当于 50% 基本负荷。

②进气加热控制阀在机组启动时是在 95% 转速以上开启的,关闭时的功率为 269 MW。在停机时进气加热控制阀开启的功率为 284 W,在 95% 转速时关闭。

表 5.2　进气加热控制阀打开时的功率及从亚预混燃烧向预混燃烧切
换时的加热控制阀开度、IGV 开度和功率

启动状态	进气加热控制阀打开、关闭工况				从亚预混燃烧向预混燃烧切换时		
	开始打开		全关闭时		GV 开度/%	进气加热控制阀开度/%	功率/MW
	IGV 开度/%	功率/MW	IGV 开度/%	功率MW			
热态启动	49	95% 转速	63	269	52	39	200
停机	58.5	284	49	95% 转速	51	48	220

由此可见,无论是机组的启动或停机,进气抽气加热的关闭或开启都是在较高的负荷下进行的,这将会对机组效率有负面影响。所以,在 265～295 MW(分别对应夏季和冬季)的负荷区间,要注意监视 IBH 的工况,加负荷要快速,减负荷时要缓慢。

5.8.4　系统常见的故障及处理

进气抽气加热系统常见故障包括:抽气加热系统手控隔离阀未打开,控制阀不跟踪等,下面针对这些常见故障的现象以及处理方法进行简单描述。

(1)抽气加热系统手控隔离阀未打开

1)现象

①MARK Ⅵ 发出报警 L33TH3-ALM。

②如在启动前机组无法复位。

2）处理

①检查系统的校准状态，验证控制阀是否关闭，并打开阀。

②监控系统运行，是否有异常工况。

③若燃机停机，应重新校准行程开关。

（2）进口抽气加热系统控制阀不跟踪

1）现象

MARK VI 发出报警 L3BHF1-ALM 。

2）处理

①监控系统运行，是否有异常状态。如果燃机未能安全运行，应停机。

②若燃机安全运行，排除故障并修复控制阀。

5.9　天然气前置模块系统

5.9.1　系统功能

天然气前置模块系统是将来自调压站的天然气做一系列的处理后，以适当的压力、温度和流量输送到燃气轮机的燃烧组件，以满足燃气轮机启动、加速和负载要求。

该系统是按下列设计原则进行的标准设计：

①提供适合于燃气轮机燃烧系统关于当量韦伯指数调整要求的加热系统。

②防止水热交换器的管道泄漏或破裂而流入燃气轮机燃烧系统。

③当热交换器投入时确保水的压力高于燃气的压力。

④提供热交换器管道故障指示。

⑤当热交换器有故障时防止燃气进入给水系统。

⑥去除燃气中的颗粒。

⑦对燃气轮机气体燃料加热系统的管道和组件进行过压保护。

5.9.2　系统组成与工作流程

如图 5.39 所示为天然气前置模块处理单元图。该系统由一套双联前置过滤器、一套串联的性能加热器、一套启动用电加热器、一套终端过滤器、流量计和变送器（96FM-1）以及各单元的系统控制等组成。

来自调压站的燃气首先经过两只 100% 容量的并联前置过滤分离器，除去燃气中的液滴和颗粒。前置过滤分离器是一只两级过滤/分离装置，垂直布置。

第一级用惯性分离除去较大的液滴和颗粒，第二级是一只聚凝式过滤器，燃气从内侧经过，外侧流出，聚凝在过滤器外侧的液滴在重力作用下收集到收集箱，可以去除直径在 0.01 ~ 4 μm 的雾滴。

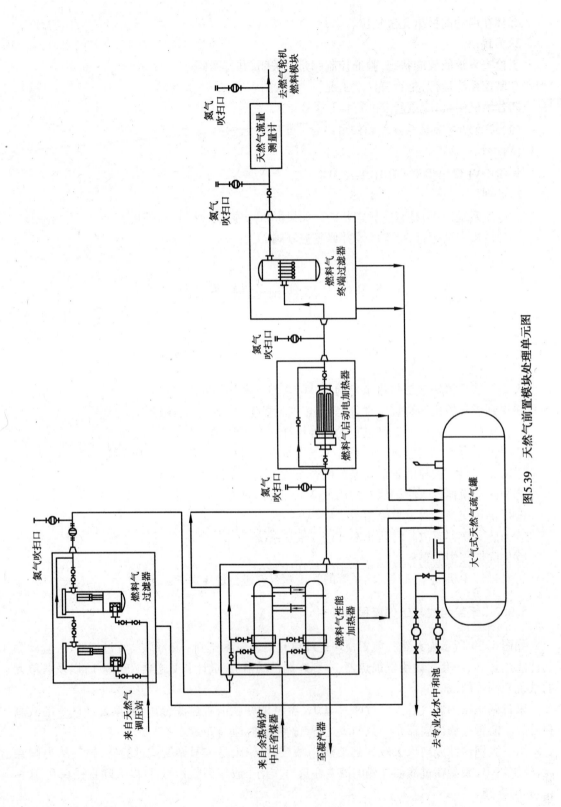

图5.39 天然气前置模块处理单元图

燃气从前置过滤分离器出来,进入性能加热器模块,经锅炉给水加热以满足燃气温度的要求。该模块由两台壳一管式热交换器串联而成。燃气从壳侧流过,而管内则是给水通道。在壳侧最低点有液滴收集室,安装有液位指示,用来提供泄漏或管束破裂的早期预报,并且自动控制疏液阀。当液位达到高液位时发出报警,并打开疏液阀;当液位达到高-高液位时除报警外,还切断加热器的水源;当液位达很高液位时,除报警外,燃气轮机跳闸。

该模块有一条旁路管线,必要时性能加热器可以退出工作。性能加热器的控制由 MARK VI 完成。压力变送器向 MARK VI 控制系统提供入口给水和气体压力的信号。温度变送器向 MARK VI 控制系统提供燃气和给水的进出口温度信号。该模块具有阀门限位开关和各种控制阀的其他控制部件,以便通过 MARK VI 使阀门得到控制。

性能加热器由余热锅炉中压省煤器出口的水作为加热介质。燃气出口温度由位于水出口管道上的温度调节阀控制。

性能加热器的下游安装有启动用的电加热器,用在机组启动时,当燃气还未达到最低过热度要求的温度时,通过电加热器保证燃气的过热度。通常,该温度为 27.8 ~ 48 ℃或更高。当性能加热器的换热能力超过这一过热度要求的温度(48 ℃)时,切断电加热,投入性能加热器。启动加热器为工业电加热器,它由就地控制屏控制,可以在流量为 10% ~ 100% 范围时保持所设定的温度。控制屏报警信号可以向 MARK VI 输出,MARK VI 在燃气温度超出范围时将向操作员报警。

电加热器出口温度由可控硅整流器(SCR)控制。

最后被加热了的燃气进入燃气终端过滤器,提供燃气进入燃气轮机前的最后一级颗粒过滤和去除燃气中带入的小水滴。终端过滤器是一只"干式"洗涤器,由多路惯性分离器去除液态或固态物质,效率很高。洗涤器有两个液位指示计监测下部的液位。高液位开关执行报警和自动打开排放阀。高-高液位开关三取二表示探测系统的严重泄漏,并发出跳机信号。

燃气"干式"洗涤器下游管路上安装有燃气流量测量管,由孔板和两只差压变送器、3 只测温组件和 1 只压力传感器组成。燃气轮机控制系统读出信号提供给这些仪表计算出经压力和温度补偿的燃料流量。

所有排出的液滴经汇集后排至前置模块水凝槽。

5.9.3　系统主要设备介绍

(1)前置过滤分离器

前置过滤分离器为凝聚过滤器,用于清除燃气流中的液体和固体颗粒以满足燃气系统的性能要求。如图 5.40 所示为前置过滤器内部结构图。过滤模块包括两个 100% 负荷容器,每个容器有一个分离器部分和一个凝聚过滤器部分,可在不停机的情况下进行维护。

将固体和液体污染物与气体燃料分离是通过惯性分离和过滤完成的。当燃气进入下分离器部分时靠重力作用,清除大的液体和固体粒子,并聚积在下收集箱内。气体流经凝聚过滤器滤芯,以机械方式过滤固体粒子和夹带的液体。液滴通过滤芯,凝聚成较大粒子。从气体中清除出来的液体排到上收集箱内。液体控制系统给两收集箱排水,不用运行人员操作(每个收集箱有一个系统)。高液位报警告知运行人员任一收集箱内的高液位。

下分离区(第 1 级)由机械分离器组成,在这里清除较大比例的液体和固体。机械分离器包含有叶片或旋风分离器以及选用的折流板、除雾器等,尽可能多地清除引入的湿气/颗粒,以防止凝聚过滤器堵塞。

过滤器上分离区(第2部分)由多玻璃纤维或微纤维合成材料的凝聚滤芯(平行立式安装在支撑管上)组成。此种布置保证滤芯仍在液位上方。

分离器装有自动疏水阀以及液位开关(71GS-1,71GS-2A,2B),用以监视分离器疏水阀操作。开关(71GCF-1A 和 B,2A 和 B)提供报警功能,开关(71GCF-3A 和 B,4A 和 B,5A 和 B)提供机组跳闸功能。

安装在过滤器两侧的差压开关(63GCF-A 和 B)监视压差,在需清洁或更换滤芯时报警。此报警设置在 1.03 bar(15 psi)。

(2)性能加热器模块

燃气性能加热器模块由两个层叠壳管式串联热交换器组成,如图5.41所示。热交换器是单流程固定管板型,并设有壳上的膨胀补偿波纹管。热交换器安装在共用基座上,中压给水在管内流动,燃气通过壳体流动。

由于水压高于气体燃料压力,在管泄漏或有裂纹后,气体不会进入给水系统。

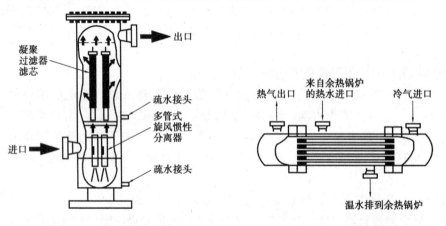

图 5.40 前置过滤分离器   图 5.41 性能加热器

每个热交换器在每个壳体进口和出口管板处装有限流孔板。孔板用于限制因严重的管破裂导致流出的水量。设计要求对给水系统的影响减至最小并限制进入气流的水量。

每个热交换器在壳体一端装有疏水箱。这些疏水箱装有液位测量仪表,在燃机运行前和运行期间提供管泄漏/破裂的指示。

燃气加热系统的热交换器泄漏检测采用三级液位报警及自动控制。当疏水箱液位高一值时,发出报警并打开排水阀;高二值时关闭加热器给水进、出口阀,切断加热器给水;高三值时机组跳闸。

燃气温度由 MARK VI 控制系统控制,它监视燃料供给温度并将控制信号送到温度控制阀(TCV 4233),通过温度控制阀 TCV-4233 调节加热器的燃料出口温度。

MARK VI 还监视和探测燃料温度高或低报警,提醒运行员超限范围的状态。

(3)启动电加热器

当燃气供应不能满足所需最低过热值时,点火时需启动电加热器。加热器提供燃料流升温,直至性能加热器可保持此温度。电启动加热器容量不能保持燃料流超过此值时的过热值。

燃气电加热器结构是模块单元形式,如图 5.42 所示。构成加热器的所有部件、控制器和仪表是厂家设计、安装和互连的,可作为模块组件发运和现场安装。

电加热器由可控硅整流器(SCR)控制温升。

(4)终端过滤器

终端过滤器为干燥气体涤气器,结构如图 5.43 所示,用途是清除污染的液滴和燃气中尺寸绝对值大于 10 μm 的粒状物。燃气的清洁度可限制燃气系统部件腐蚀和控制阀、喷嘴和热气体通路部件的颗粒冲蚀。

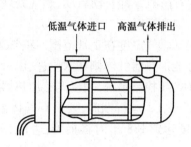

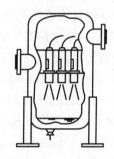

图 5.42　启动用电加热器　　　　　图 5.43　终端过滤器

干燥气体涤气器工作原理是以旋流分离为依据。脏的气体进入四周并建立旋流运动。由于离心力的作用,固态和液态粒子抛向外侧,并从管壁向容器底进入储液区。旋流气体与涡流反向,通过管的出口部分升起。此设计可高效清除粒子。

为防止燃气供应系统压力调节器故障引起系统超压,设有涤气器安全阀(VR14),保证容器压力在设计裕度的最大安全压力下。

固体/液体滴入下方装有液位检测器的疏水箱,液位自动控制并可手动定期排放到排污箱。

高液位报警开关和两个高-高液位跳闸开关接到 MARK VI 控制盘,实现高报警和高-高跳闸保护,设有液位监视孔供检查液位控制系统和液位开关的功能是否正常。

5.9.4　系统运行

(1)正常启动

启动前的准备工作包括按燃料处理系统的运行要求校准电气装置、仪表装置和 MARK VI 控制系统;校准仪用空气系统;校准废水排放系统;校准天然气调压站系统。系统检修后的启动,还应检查阀门在正确的阀位上,送上燃气启动电加热器电源,就地进行系统检查,验证系统的完整性。启动前的检查工作包括复查燃料处理系统 MARK VI 的报警。若有报警,应校正报警状态。

一旦操作员向燃气轮机发出启动命令,燃气轮机达到启动转速并点火,燃料开始流动,将允许启动燃气启动电加热器(EH-1)。燃气温度低于设定点,则加热器控制器触发加热部件。在未投入性能加热器之前,启动电加热器将保持运行。

燃料流量建立后,燃气过滤器和终端过滤器将在燃料流过的同时分离出液体和沉淀颗粒。只要燃料流动,燃气过滤器和终端过滤器就继续运行。

在满足下列条件时,燃料性能加热器将投入运行:

①中压给水温度高于 52 ℃。

②性能加热器放气阀顺序控制完成。

③发电机断路器合闸。

④燃气温度控制阀已具备运行条件。

⑤性能加热器将继续为保持所要求的燃气温度提供加热功能。一旦性能加热器出口燃气温度达到 52 ℃,启动电加热器将断电。

（2）正常运行

一旦操作员从燃气轮机控制屏上选择启动程序,机组即自动启动,燃气处理系统随之投入运行,燃气轮机控制系统监控燃气处理系统的启动和运行。

机组启动的初期,启动电加热器投入运行保证燃气温度在正常范围。正常运行期间,启动电加热器将断电,由性能加热器给燃气加热。性能加热器气体侧和水侧进、出口配置了温度组件和变送器。这些仪表提供的信号输送给 MARK VI 控制系统,用以调整加热器水侧出口位置的流量控制阀,将燃气的温度保持在 185 ℃（365 ℉）。运行期间,要进行气体温控器调整,并监控供给燃气轮机的燃气的温度。当燃气的温度达到 188 ℃时将报警,达到 193 ℃时将出现高-高报警并停机。

正常运行时,应监视前置过滤分离器、性能加热器及终端过滤器的疏水器液位正常。

（3）正常停机

MARK VI 上已配置停机顺控逻辑,它控制了燃气处理系统安全停用的方式和时间。在燃气处理系统正常停运期间,除了应对系统参数加以监控外,一般不要求操作员干预。

燃气轮机正常停机期间,应注意当给水系统退出运行时,必须退出性能加热器,防止性能加热器投运时燃气压力大于给水压力。

（4）紧急停机

燃气轮机发出紧急停机信号,应立即切断燃气供给。性能加热器将随之响应,关闭给水阀和打开给水通风阀。一旦停机,应立即检查系统,验证状态是否正常。对于异常状态、报警或故障,应加以调查并尽快加以纠正。

5.9.5 系统常见故障及处理

天然气前置模块系统常见故障包括:过滤分离器差压高,前置过滤分离器液位异常,性能加热器疏水液位高,气体燃料温度高等,下面针对这些常见故障的现象以及处理方法进行简单描述。

（1）前置过滤分离器差压高（L63GCFAH-ALM）

1）现象

前置过滤分离器差压高报警。

2）原因

前置过滤分离器脏污或堵塞。

3）处理

①切换到备用的前置过滤分离器。

②将处于报警状态的过滤器的凝聚滤网拆下清理。

4)后续措施

①目检在线设置的气体绝对分离器以便确认它运行正常,而且系统也已回复到正常的运行状态;

②当检修完毕时,应将系统回复到正常状态。

(2)前置过滤分离器液位异常

包括:#1 前置过滤分离器下段高液位;(L71GCFA1H_AL)、#1 前置过滤分离器上段高液位;(L71GCFA2H_AL)、#1 前置过滤分离器液位传感器故障;(L71GCFAH_SN)、#2 前置过滤分离器下段高液位;(L71GCFB1H_AL)、#2 前置过滤分离器上段高液位;(L71GCFB2H_AL)、#2 前置过滤分离器液位传感器故障;(L71GCFBH_SN)。

1)现象

相关信号报警发出。

2)原因

①液位控制系统故障。

②液位计故障。

③天然气含水量高。

3)处理

①目检燃气绝对分离器液位计和其他系统参数,以便确定系统运行是否安全,如不安全则应停机。

②检查燃气性能加热器和终端过滤器(洗气器)中的疏水液位,以确定系统中是否有大量的液体污染。

③如果只是前置过滤分离器中液位高,则应部分打开手动疏水阀降低其液位。

④应调整第 2 台前置过滤分离器并使之投入运行。

⑤如果液位仍然高,则应实施停机。

⑥检查控制系统和液位计。

4)后续措施

①如果实施停机,则应在惰走过程中监控系统,观察有何异常情况。

②如未实施停机,则应在故障诊断和检修过程中监控装置、系统,观察有何异常情况。

③应对气体燃料调节和加热系统故障或气体燃料供给故障进行诊断和检修。

④当检修完毕时,应将系统回复到正常状态。

(3)#1 前置过滤分离器液位高高跳闸(L71GCFT1_ALM)、#2 前置过滤分离器液位高高跳闸(L71GCFT2_ALM)

1)现象

前置过滤分离器液位高高报警,保护动作跳闸。

2)原因

①控制系统故障。

②液位计故障。

③疏水系统故障。

3)处理

①查证跳闸是否已经发生,燃气流量是否已经截止。

②目检前置过滤分离器液位观察窗。

③如果液位高,则可部分打开手动泄放阀降低液位。

4）后续措施

①应在惰走过程中监控装置系统,观察有何异常情况。

②对前置过滤分离器的泄放系统进行故障诊断和检修。

③当检修完毕时,应将系统回复到正常状态。

（4）天然气#1 性能加热器疏水液位高（1EKLS4223XZ01）、天然气#2 性能加热器疏水液位高（1EKLS4222XZ01）

1）现象

天然气性能加热器疏水液位高高报警。

2）原因

①疏水阀故障或未打开。

②加热器发生泄漏。

③天然气含水量高。

3）处理

①检查天然气性能加热器和其他系统参数以便确定系统运行是否安全,如不安全则应实施停运。

②如果液位高,则应查证疏水阀是否已经打开。

③如果液位仍然高,则应实施停运。

④如果实施停运,则应在惰走过程中监控装置系统,观察有何异常情况。

⑤如未实施停运,则应在故障诊断和检修过程中监控系统,观察有何异常情况。

⑥如果加热器已经发生泄漏,就应打开气体燃料旁路并将气体燃料同加热器隔离。

⑦对性能加热器进行故障诊断和检修。

⑧当检修完毕时,应将系统回复到正常状态。

（5）天然气#2 性能加热器疏水液位高高（1EKLS4222A,1EKLS4222B,1EKLS4222C）

1）现象

天然气#2 性能加热器疏水液位高高保护动作跳闸。

2）原因

①疏水阀故障或未打开。

②加热器发生泄漏。

3）处理

①查证跳闸是否已经发生,控制系统是否已经转换到冷燃料模式。

②如果性能加热器已经发展到泄漏,就应打开气体燃料旁路并将气体燃料同性能加热器隔离。

③对性能加热器进行故障诊断和检修。

④当检修完毕时,应将系统回复到正常的校正状态。

（6）气体燃料温度高,性能加热器跳闸（L30FTGH_ALM）

1）现象

①气体燃料温度高,性能加热器跳闸报警。

②性能加热器出水调整门关小。

2)原因

①性能加热器进水门、出水调整门失灵。

②燃料加热控制系统故障。

3)处理

①查证控制系统是否已经按照系统工况作出了反应,性能加热器进口给水阀是否关闭。

②验证控制系统是否已转换到冷燃料控制模式,是否已减小负荷以满足燃机相应参数要求。

③应检查燃气轮机控制系统参数以便确定系统运行是否安全,如不安全则应实施停机。

④如果实施停机,则应在降速惰走过程中监控系统,观察有何异常情况。

⑤如未实施停机,则应在故障诊断和检修过程中监控系统,观察有何异常情况。

⑥如果需要,应对性能加热器控制系统故障进行诊断和检修。

⑦若性能加热器出水调整门失灵,应关闭出水至凝汽器隔离门,开启出水至开放水箱门节流调整。

⑧当检修完毕时,应将系统回复到正常的校正工况或负荷等级。

(7)气体燃料温度高高,机组跳机(L3FTGHH_ALM)

1)现象

气体燃料温度过高保护动作跳机。

2)原因

燃气加热控制系统故障。

3)处理

①查证跳闸是否已经发生,气体燃料流量是否已经截止。

②如果实施了停机,则应在降速惰走过程中监控系统观察,有何异常情况。

③应对燃气加热器控制系统故障进行诊断和检修。

④当检修完毕时,应将系统回复到正常的校正状态。

(8)天然气终端过滤器(洗气器)液位高(L71GS1H_ALM)

1)现象

天然气终端过滤器(洗气器)液位高报警。

2)原因

①疏水阀故障或未打开。

②控制系统故障。

③天然气含水量高。

④性能加热器泄漏。

3)处理

①目检天然气终端过滤器(洗气器)液位观察窗和其他系统参数以便确定系统运行是否安全,如不安全则应实施停机。

②如果液位高,则可部分打开手动泄放阀降低液位。

③如果液位仍然高,则应实施停机。

④如果实施停机,则应在惰走过程中监控装置系统,观察有何异常情况。

⑤如未实施停机,则应在故障诊断和检修过程中监控装置系统,观察有何异常情况。

⑥应对天然气终端过滤器(洗气器)泄放系统故障进行诊断和检修。

⑦当检修完毕时,应将系统回复到正常状态。

(9)天然气终端过滤器(洗气器)液位高-高跳闸(L71GSHT-ALM)

1)现象

天然气终端过滤器(洗气器)液位高-高保护动作跳闸。

2)原因

①疏水阀故障或未打开。

②控制系统故障。

③天然气含水量高。

④性能加热器泄漏。

3)处理

①查证跳闸是否已经发生,燃气流量是否已经截止。

②目检天然气终端过滤器液位观察窗。

③如果液位高,则可部分打开手动泄放阀降低液位。

4)后续措施

①应在惰走过程中监控装置系统,观察有何异常情况。

②检查性能加热器并查证有无管子损坏。

③对天然气终端过滤器的泄放系统进行故障诊断和检修。

④当检修完毕时,应将系统回复到正常状态。

5.10 燃气控制系统

5.10.1 系统功能

燃气控制系统的作用是以适当的压力、温度和流量向燃烧室输送燃气,以满足燃气轮机运行时启动、加速和加负荷的所有要求。

5.10.2 系统组成与工作流程

如图5.44所示,燃气控制系统的主要部件包括测流孔和变送器(96FM-1)、入口滤网、燃气截止阀(VS4-1)、燃气速比截止阀(VSR-1)、燃气排气阀(VA13-15)、燃气控制阀(VGC-1,VGC-2,VGC-3)、燃气压力传感器(96FG-1,96FG-2A,2B和2C)、温度传感器(FTG-1A,1B,2A,2B)、燃机内输送支管和喷嘴等。主要控制部件组装在一个模块上,并封闭在位于燃气轮机旁的气体燃料小室里。燃气输送管道和燃气喷嘴装在燃气轮机本体内。

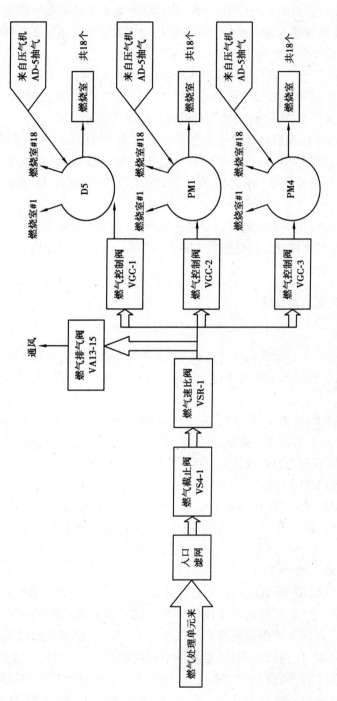

图5.44　燃气控制系统

干式低 NO_x 2.0 + (DLN2.0 +)燃烧系统有 3 种气体燃料系统支管:扩散燃烧支管 D5、预混燃烧支管 PM1 和 PM4。每个燃烧室有 5 个 DLN2.0 + 燃气喷嘴。扩散气体燃料输送系统的每个燃烧室包含有 5 个扩散式燃气喷嘴。PM4 气体燃料输送系统的每个燃烧室包含有 4 个预混式燃气喷嘴。PM1 气体燃料输送系统的每个燃烧室包含有 1 个预混式燃气喷嘴。燃气控制阀(GCVs)调节输入每个气体燃料支管的总燃气流量百分比。

燃气的流量受控于燃气辅助截止阀(VS4-1),速度/比例阀(VSR-1),D5 燃气控制阀(VGC-1),PM4 燃气控制阀(VGC-3)和 PM1 燃气控制阀(VGC-2)等。速度/比例阀(SRV)和燃气控制阀(GCVs)协同工作,对输入燃气轮机的总燃气流量进行调节。

GCV 是根据控制系统燃料指令要求和燃料冲程基准 FSR(fuel stroke reference)控制所需燃料流量。速度/比例阀(VSR-1)用于维持 GCV 上游的预定压力 P_2,根据以全速百分比表示的透平转速信号 TNH 和来自 P_2 压力传感器 96FG-2A、B 和 C 的反馈,调准 SRV,就可控制 GCV 上游压力 P_2。

燃气控制阀和速度/比例截止阀开度由液压油控制,由来自控制系统的电信号驱动伺服阀来调节执行器油缸中的液压油。线性位置传感器(LVDTs)安装在每个阀上向控制系统提供位置反馈信号实现闭环控制。

5.10.3 系统主要设备介绍

(1)双联过滤器

燃气供气管道中配有一套双联气体过滤器,通常连续运行时应选用 150 μm 的滤芯,使气体燃料进入速比截止阀前,滤去外来微粒。过滤器壳体底部有一排污管路,应对它定期放空,清洁过滤器。

机组运行时,放空阀被锁定在关的位置,停机更换滤芯时先隔离天然气的供应,打开滤芯和辅助管道上的放空阀,再送氮气置换出危险气体。检查压力表 PI-FG-1,并且检查压力变送器 96FG-1 的输出,完成压力检查确认安全后,打开过滤器顶盖,更换滤芯。

(2)辅助截止阀(VS4-1)

燃气辅助截止阀装在速度/比例截止阀的上游,它是一个气动阀,由一只电磁阀操纵的两位气动滑阀控制,启动时打开,机组熄火时关闭。辅助截止阀有限位开关(33VS4-1 和 2),用以检测阀位。

(3)速度/比例截止阀(VSR-1)

速度/比例截止阀(SRV)有两种作用。第一,是它作为截止阀工作,使其成为保护系统中的一部分,保证机组在正常停机或事故停机时能够既迅速又严密地切断送往燃烧室的天然气。第二,调节进入燃气控制阀前的天然气压力 P_2,使 P_2 成为机组转速的函数。在启动时从点火到全速,速度/比例截止阀后、燃气控制阀前的压力 P_2 随机组转速呈线性变化,点火时 P_2 为 41.4 kPa,当转速在 100% 时 P_2 为 2 937 kPa。此时燃气控制阀的开度保持不变,依靠速度/比例截止阀慢慢地打开升压。在此后的升负荷过程中,速度/比例截止阀维持 P_2 压力不变(2 937 kPa),由燃气控制阀的开度增减负荷。供气压力随转速/负荷的变化如图 5.45 所示。

如图 5.46 所示,该阀作为截止阀使用,当跳闸油 FSS 泄压时,滑阀 VH5-1 的阀位在右位,使液压油缸的上腔室和下腔室与液压油泄油回路接通,SRV 在弹簧力的作用下迅速关闭。作为压力调节阀使用时,控制系统利用 SRV 调节气体控制阀上游压力 P_2,这时,跳闸油 FSS 充压,使滑阀 VH5-1 的阀位在左位,液压油供油经 FH7-1 过滤后,进入伺服阀 90SR-1。由于这时滑阀 VH5-1 的阀位在左位,液压油供油接通液压油缸的下腔室,对油缸的下腔室充油,使速度/比例截止阀开启。只要不断调整伺服电流,就可控制该阀在不同的开度上。

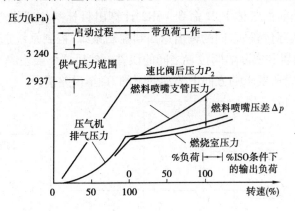

图 5.45　供气压力随转速/负荷的变化

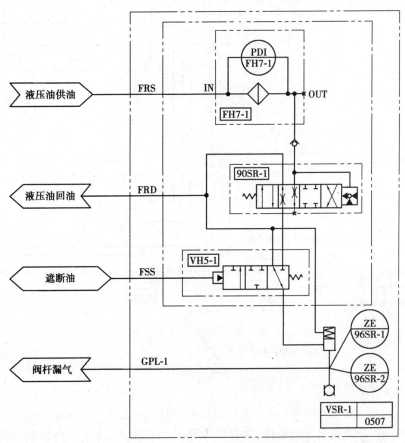

图 5.46　燃气速度/比例截止阀(VSR-1)PID 图

如图 5.47 所示为速度/比例截止阀控制原理图,在把 SRV 的位置控制环路看作内控制环路,压力控制环路看作外控制环路时。燃气轮机转速信号在软件中乘以适当增益常数和加以零偏置的调整,输出值 FPRG 经硬件处理实现 D/A 转换,计算出 P_2 压力基准 FPRGOUT,此指令是 TNH 的线性函数。3 个压力传感器用来检测实际的压力 P_2,经筛选后得到实际的 P_2 压力 FPG。比较 FPRGOUT 和实际的 P_2 压力 FPG 之间的误差,得出的误差通过特定算法得到阀位指令,该算法使用当前的气体 FSR 命令 FSR2 计算出目标阀位置指令。两个 LVDT'S 传感96SR-1/2 检测 SRV 实际位置,它们的输出返回到控制系统,控制系统选择最大的反馈信号来比较要求的 SRV 阀位置和实际的阀位置之间的误差。然后这个误差成为伺服放大器的输入,放大器在减少位置误差所要求的方向上驱动伺服阀,直至误差消失。

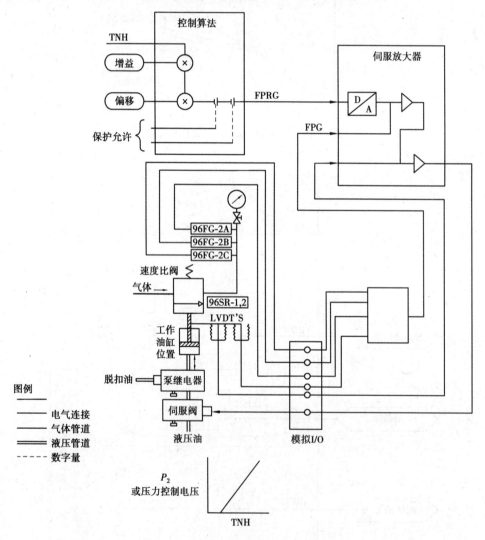

图 5.47　速度/比例截止阀控制原理图

打开 SRV 前,必须满足下列条件:主保护电路必须启用;气体燃料系统吹扫阀必须关闭;火焰探测控制装置必须启用,或者点火允许电路必须启用。

在紧急跳闸或正常停机时 FPRGOUT 命令输出一个负的 P_2 的压力值。这个负压力驱动

SRV 伺服阀进入负饱和并且迅速关闭 SRV。在这些情况下,液压油从 SRV 执行器油缸排出将允许 SRV 返回弹簧在伺服阀放空油缸之前把阀关好。

　　如图 5.48、图 5.49 所示为速度/比例阀阀体结构和分解图。该阀是一只 V 形球体阀。随着 V 形球体阀阀芯的旋转,其通流部分面积是线性变化的。当阀前压力恒定时,其阀后压力成比例增加。当阀芯旋转到一定位置的时候,其通流部分面积保持不变,其阀后压力保持恒定。它由伺服阀操作。液压执行机构执行,按控制系统的指令调节阀后压力 P_2。图 5.50 所示为速度/比例阀阀门执行机构的视图,阀芯的旋转由传动机构将直线运动化为旋转运动。

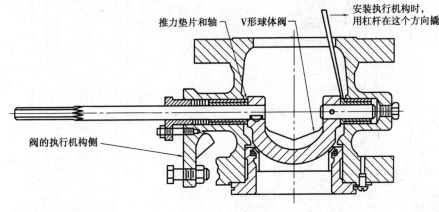

图 5.48　速度/比例阀阀体结构

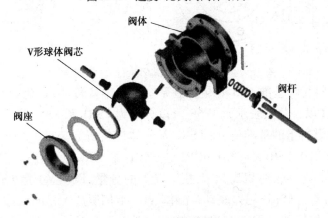

图 5.49　速度/比例阀阀体分解图

（4）燃气控制阀

　　燃气控制阀的作用是根据转速和外界负荷变化的要求,不断地改变燃气控制阀的开度（阀门通流面积）,以调整送入燃烧室的天然气流量。如图 5.51 所示,燃气控制阀的阀芯设计成带有裙边的碟形体,阀座则设计成缩放型的拉伐尔管,能提供与阀冲程成比例的流通面积。由于设计时已考虑到在所有的工况下,阀门前后的天然气压力比总是满足小于临界压力比的条件,因而流过燃气控制阀的天然气流量与阀门前后的压力降无关,仅是阀前压力 P_2 和阀截面积（或阀门行程）的函数。如果在机组启动时通过速度/比例截止阀调节进入气体控制阀前的天然气压力 P_2,使 P_2 成为机组转速的函数,则当机组进入全速以后,保持 P_2 不变,流过燃气控制阀的天然气流量仅是阀门行程的函数。三个控制阀综合位置与燃料行程基准 FSR2 成比例关系,所以燃气控制阀的功能是使其开度随 FSR2 而变化。

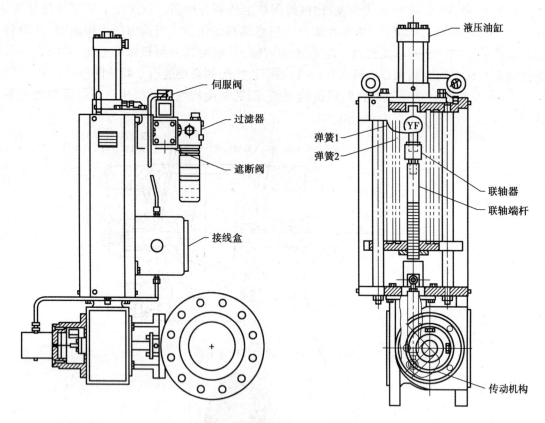

图 5.50　速度/比例阀阀门执行机构的视图

　　控制系统的燃料行程基准 FSR 是主控制系统用以维持转速、负荷或其他运行参数的所需燃料量的基准值(以百分数表示)。FSR 可以分解为 FSR1 和 FSR2 两部分。FSR1 是用于控制液体燃料系统燃料量的基准值,而 FSR2 是气体燃料所需流量的基准值。FSR2 又可以分解为三个部分:FSRD、FSRPM1 和 FSRPM4。FSRD 是 FSR2 送到燃料喷嘴扩散通道的分量,FSRPM1 是 FSR2 送到燃料喷嘴预混通道 PM1 的分量,FSRPM4 是 FSR2 送到燃料喷嘴预混通道 PM4 的分量。FSRD 用作驱动控制阀 VGC-1 伺服放大器的基准。FSRPM1 用作驱动控制阀 VGC-2 的伺服放大器的基准,FSRPM4 则用作驱动控制阀 VGC-3 伺服放大器的基准。

　　控制系统的每个通道计算它自己的 FSR2、FSRD、FSRPM4 和 FSRPM1。阀的控制软件中,FSR2 乘以适当增益常数和加以零偏置后成为 FSROUT 作为阀位基准。每一个阀门上装有两个 LVDT(可变线性差动变送器)作为位置传感器。它们的反馈信号与各自的 FSROUT 在运算放大器 PI 前进行比较,若有差别则不断改变去电液伺服阀的输出电流,按要求驱动液压执行机构以减少差值,直至此差值消失。

　　燃气控制阀位置控制回路。位置控制回路表示在图 5.52 中。在每个气体控制阀上使用了两个 LVDT'S 作位置传感。它们的反馈信号经过伺服放大器,那里有两个独立的变压器和一个鉴别器电路把 LVDT ac 输出解调成可接受作位置控制用的 dc 反馈信号。最高信号是受二极管门控制的并且由放大器按比例变换成正确的阀行程校准。

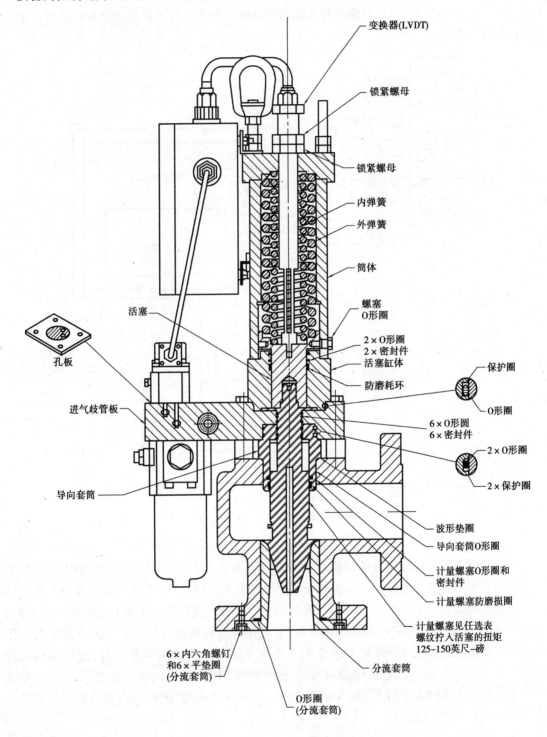

图 5.51 燃气控制阀及其执行机构

　　就是这个 dc 信号被反馈并且在伺服驱动器电路中的误差放大器的相加点上与 FSR 比较。对稳定的控制,放大的误差以正确的比例去命令集成放大器驱动伺服阀 65GC。当 LVDT 反馈等于 FSR 输入信号时,伺服驱动放大器相加点满足要求。控制规范对特定的机组给出了正确的位置环路设定。

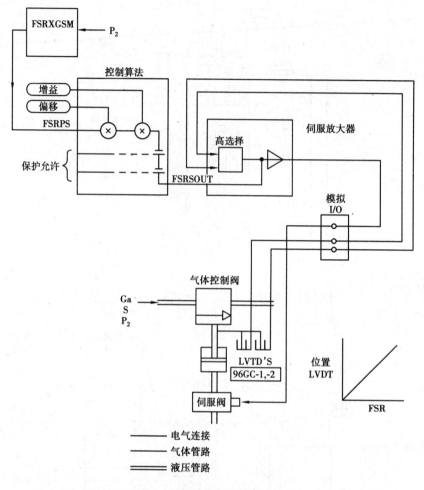

图 5.52　燃气控制阀控制原理图

　　SRV 和燃气控制阀装备有液压执行的弹簧返回泄放阀。泄放阀由称为跳闸脱扣油的液压油供给以保持在正常工作状态。脱扣油系统是三重冗余的,以保证单个装置故障时不会影响发电机组的运行。如图 5.53 至图 5.55 所示,在跳机时,跳闸油 FSS 泄压,滑阀 VH5-2/3/4 的阀位在右位,使滑阀 VH5-1 的阀位在右位,使液压执行机构油缸的上腔室和下腔室与液压油泄油回路接通,控制阀在弹簧力的作用下迅速关闭。作为控制阀使用时,液压油供油经 FH8-1/2/3 过滤后,进入伺服阀 65GC-1/2/3,此时滑阀 VH5-2/3/4 的阀位在左位,液压油供油接通液压执行机构油缸的下腔室,开启控制阀。只要不断调整伺服电流,就可控制该阀的开度,也就控制了天然气流量。

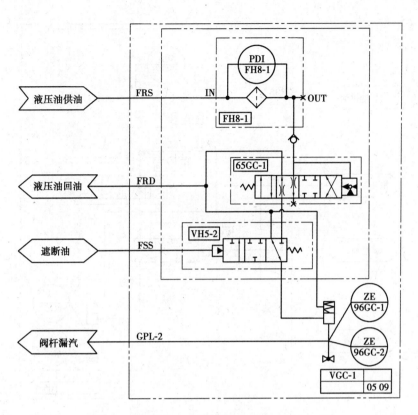

图 5.53　燃料气 D5 支管控制阀（VGC-1）PID 图

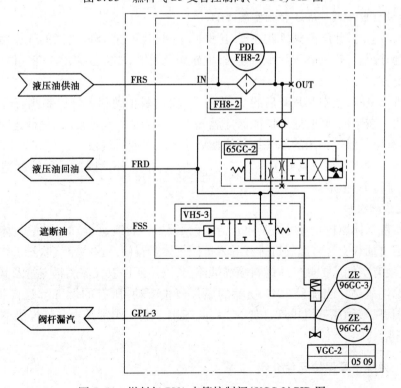

图 5.54　燃料气 PM1 支管控制阀（VGC-2）PID 图

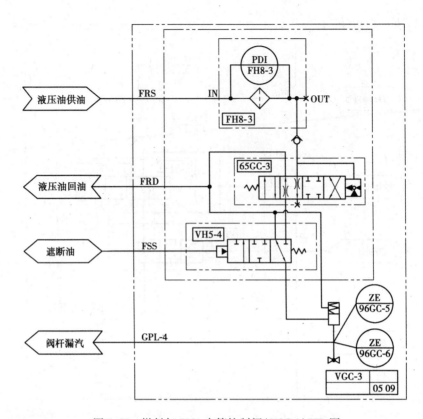

图 5.55　燃料气 PM4 支管控制阀(VGC-3)PID 图

(5)燃气放空电磁阀 20VG 和放空阀 VA13-15

当电磁阀断电时,此电磁阀排放速度/比例截止阀和燃气控制阀之间的气体燃料。当主控保护电路通电时,燃气轮机高于盘车转速时,电磁阀就通电,放空阀关闭。在气体燃料运行时,它会一直关闭。

燃气轮机停机时,放空阀是开启的,因为速度/比例截止阀和燃气控制阀有金属阀芯和阀座是不严密的。在停机期间,通风口能保证燃气压力不会集聚在速度/比例截止阀和控制阀之间,而且不会有燃气漏过关闭的燃气控制阀聚集在燃烧室或排气段。

如正常运行时放空阀失灵或关不上,SRV 会增加开度,补偿因通风阀泄漏造成的流量损失,从而继续维持 P_2 恒定。

(6)燃气系统吹扫

当流经扩散气体燃料喷嘴的燃料停止流动(预混燃料通道运行)时,扩散气体燃料吹扫系统就启动。通过抽气支管将压气机排气导入扩散气体燃料管。这些空气吹扫了扩散气体燃料喷嘴,需不断地有空气从扩散气体燃料喷嘴端流出,以保证扩散气体燃料支管及其相连的管道里不会积聚易燃气体。当流经 PM4 喷嘴的燃气停止流动,所有的燃气都流向扩散喷嘴时,PM4 吹扫阀打开,接纳压气机排气,以吹扫 PM4 喷嘴。吹扫阀都是电—气操纵的带旋转机构的 V 形球体阀。

5.10.4　系统主要保护元件介绍

燃气控制系统共设置三条燃料支路,控制着各支路燃料的压力和流量。每个控制阀都设置有位置变送器,用来监测控制阀的开度,同时将信号送到控制系统并与控制系统的指令阀位进行对比,以检查燃气控制阀是否发生了故障。每个流量控制阀还设有两个压差变送器,用来调节控制燃气压力控制阀开度,以使燃气流量控制阀进出口压差保持恒定,同时用来监测燃气压力控制阀是否发生故障。

所有阀误动作会产生报警,阀的反馈信号和控制信号都要与正常工作极限作比较,如果超限,就会有报警。下面是典型的报警:

①反馈丢失。

②阀在允许打开之前打开。

③伺服电流信号丢失。

④在工作时 P_2 压力(96FG)为零。

⑤阀位反馈不跟踪指令。

当燃料控制阀的信号输出和实际阀位偏差达到 ±5% +10 s 及以上时,燃气轮机跳闸并发出报警。

伺服阀供货时带有机械零偏移偏置,能在伺服阀线圈信号或电源丢失时使气体控制阀或速度比阀走到零行程位置(故障安全状态)。在跳闸或不运行状态时,伺服线圈上有正电压偏置保持阀关闭的位置。

5.10.5 系统运行

①在启动过程的点火前和停机过程的熄火后,要分别进行天然气启动和停机泄漏试验。如不能通过该试验,则禁止点火。

②正常运行。正常运行期间,操作员不需要采取什么措施,只要监控各系统参数和监测可能会触发超出极限报警的异常运行工况即可。

③正常停机。MARK VI 已配有停机顺序逻辑,它控制如何和何时安全停用燃气控制系统。在燃气控制系统正常停机时,操作员不需要采取什么措施,只要监控各系统参数和监测可能会触发超出极限报警的异常运行工况即可。

④紧急停机。设备紧急停机时,操作员不需要采取什么措施,只要监控各系统参数和监测可能会触发超出极限报警的异常运行工况即可。发出燃气轮机紧急停机的信号后,燃气控制系统会在液压油遮断的情况下跳闸。液压油遮断时,燃气阀会因弹簧压力而关闭。停机后,要立即检查系统,检查工况是否正常。如有异常工况、报警或故障,应尽快调查并纠正。

5.10.6 系统常见故障及处理

(1)启动燃料流量过大(L2SFT_ALM)

1)现象

启动燃料流量过大报警。

2)原因

①启动 FSR 基准值过大造成启动燃料量过大。

②燃料控制阀或速度/比例截止阀故障,造成控制系统给出的流量值过大。

③放气电磁阀 20VG-1 失电打开,使燃料供给压力降低。

④燃气压力过低。

⑤启动时燃料控制伺服及反馈系统故障。

3）处理

①目检气体燃料系统流量表以及其他系统参数以确定系统运行是否安全。如果不安全，则应实施停运。

②如果实施停机则应在惰走过程中监控装置、系统，观察有何异常情况。

③如未实施停运，则应在故障诊断和检修过程中监控装置、系统，观察有何异常情况。

④对系统故障进行诊断并加以检修。

⑤当检修完毕时，应将系统回复到正常状态。

（2）气体燃料液压跳闸油压力低（L63HGL_ALM）

1）现象

气体燃料液压油跳闸回路油压力低报警。

2）原因

①气体燃料液压油跳闸油系统故障。

②液压油 IGVETD 或试验模块工作不正常。

3）处理

①检查液压油系统和其他系统参数，以便确定系统运行是否安全，如不安全则应实施停机。

②如果实施停机，则应在惰走过程中监控装置、系统，观察有何异常情况。

③如未实施停机，则应在故障诊断和检修过程中监控系统，观察有何异常情况。

④对系统故障进行诊断并加以检修。

⑤当检修完毕时，应将系统回复到正常状态。

（3）气体燃料压力低（L63FGL_ALM）

1）现象

气体燃料压力低报警。

2）原因

①调压站出口压力低。

②速度/比例截止阀调节故障。

③过滤器堵塞或管道泄漏严重。

④放气阀误开。

3）处理

①检查放气阀和其他系统参数以便确定系统运行是否安全，如不安全则应实施停机。

②提高调压站出口压力。

③联系维护人员处理速度/比例截止阀。

④检查管道泄漏或过滤器堵塞情况，联系维护人员处理。

（4）气体燃料压力高（L63FG2H_ALM）

1）现象

气体燃料压力高信号报警。

2）原因

①调压站出口燃气压力高。

②速度/比例截止阀调节故障。

3）处理

①检查气体燃料供应系统和其他系统参数以便确定系统运行是否安全,如不安全则应实施停机。

②检查调整调压站出口燃气压力。

③检查速度/比例截止阀工作情况。

（5）燃气辅助截止阀位置故障（L33VS4_ALM）

1）现象

燃气辅助截止阀位置故障报警。

2）原因

燃气辅助截止阀位置不正确。

3）处理

①查证控制系统是否已经按照系统工况作出了反应。

②检查辅助截止阀位置。

③应检查辅助截止阀的正确位置以及其他的燃气轮机控制系统参数,以便确定系统运行是否安全,如不安全则应实施停机。

④对系统故障进行诊断并加以检修。

⑤当检修完毕时,应将系统回复到正常的负荷工况或负荷等级水平。

（6）扩散方式时先导预混方式 PPM 锁定（L86M_LO_ALM）

1）现象

扩散方式时 PPM 锁定信号报警。

2）原因

燃气轮机气体燃料控制系统故障。

3）处理

①查证控制系统是否已经按照系统工况作出了反应。如未作反应,则应确定哪个系统参数造成预混模式的锁定。

②应检查燃气轮机控制系统参数,以便确定系统运行是否安全,如不安全则应实施停机。

4）后续措施

①如果实施停机,则应在惰走过程中监控装置系统,观察有何异常情况。

②如未实施停机,则应在故障诊断和检修过程中监控系统,观察有何异常情况。

③如果需要,应对系统故障进行诊断并加以检修。

④当检修完毕时,应将系统回复到正常工况或负荷。

（7）预混锁定（L86H_LO_ALM）

1）现象

①预混燃烧锁定信号报警,功率限定在先导燃烧模式。

②功率升不上去。

2)原因

燃气轮机气体燃料控制系统故障。

3)处理

①查证控制系统是否已经按照系统工况作出了反应。如未作反应,则应确定哪个系统参数造成预混合锁定。

②应检查燃气轮机控制系统参数以便确定系统运行是否安全,如不安全则应实施停机。

③如果实施停机,则应在惰走过程中监控系统,观察有何异常情况。

④未实施停机,则应在故障诊断和检修过程中监控系统,观察有何异常情况。

⑤如果需要,应对系统故障进行诊断并加以检修。

⑥当检修完毕时,应将系统回复到正常工况或负荷。

(8)燃气温度低-预混锁定(L3FTG_M_ALM)

1)现象

燃气温度低-预混锁定信号报警。

2)原因

燃气加热控制系统故障。

3)处理

①查证控制系统是否已经按照系统工况作出了反应。如未作反应,则应人工提高加热器出口温度。

②应检查燃气轮机控制系统参数以便确定系统运行是否安全,如不安全则应实施停机。

4)后续措施

①如果实施停机,则应在惰走过程中监控系统,观察有何异常情况。

②如未实施停机,则应在故障诊断和检修过程中监控系统,观察有何异常情况。

③如果需要,应对燃气加热器控制系统故障进行诊断和检修。

④当检修完毕时,应将系统回复到正常工况或负荷。

(9)扩散燃烧燃气温度高(L26FTGPL_ALM)

1)现象

扩散燃烧燃气温度高信号报警。

2)原因

燃气加热控制系统故障。

3)处理

①查证控制系统是否已经按照系统工况作出了反应。如未作反应,则应人工降低燃气供应温度。

②应检查燃气轮机控制系统参数以便确定系统运行是否安全,如不安全则应实施停机。

③如果实施停机,则应在惰走过程中监控装置系统,观察有何异常情况。

④如未实施停机,则应在故障诊断和检修过程中监控系统,观察有何异常情况。

⑤如果需要,应对燃气加热器系统故障进行诊断和检修。

⑥当检修完毕时,应将系统回复到正常状态或负荷。

（10）燃气温度高,应降低燃气温度或加负荷进入到先导预混（PPM）内,以防止卸载（L26FTGP_ALM）

1）现象

燃气温度高,应降低燃气温度或加负荷进入先导预混信号报警。

2）原因

燃气加热控制系统故障。

3）处理

①查证控制系统是否已经按照系统工况作出了反应。如未作反应,则应人工增加负荷或降低燃气供应温度。

②应检查燃气轮机控制系统参数以便确定系统运行是否安全,如不安全则应实施停机。

③如果实施停机,则应在惰走过程中监控系统,观察有何异常情况。

④如未实施停机,则应在故障诊断和检修过程中监控系统,观察有何异常情况。

⑤如果需要,应对燃气加热器系统故障进行诊断和检修。

⑥当检修完毕时,应将系统回复到正常状态或负荷。

5.11　燃气清吹系统

5.11.1　系统功能

燃气清吹系统的功能是:对于未投入使用的燃气喷嘴流道,用抽出的压气机排气对燃气进行吹扫,以防止在相关的燃气轮机燃气管道中形成燃气积聚和燃烧回流现象。

燃气喷嘴的吹扫空气来自压气机排气 AD6 接口。提供吹扫空气的管路系统称为燃气吹扫管路系统。

5.11.2　系统组成与工作流程

燃气轮机清吹系统主要由安装在冷却和密封空气系统、燃气控制系统和压气机之间的下列部件组成:

①4 只燃气吹扫阀（VA13-1,2,5 和 6）。

②2 只燃气吹扫放空阀（VA13-8 和 13）。

③2 只燃气吹扫放空阀的电磁阀（20VG-2 和 4）。

④10 只燃气吹扫阀和放空阀的位置开关（33PG）。

⑤4 只吹扫电磁阀（20PG-1,2,5,6）。

⑥4 只吹扫阀执行机构快速排气阀（VA36-1,2,9 和 10）。

⑦6 只压力开关（63PG-1A,1B,1C,3A,3B 和 3C）。

⑧1 只 VA13-1 吹扫阀的仪用空气压力调节阀（VPR54-22）。

⑨6 支 K 型热电偶。

⑩1 只吹扫阀的远程位置调节器。

该系统所述的所有部件均布置在燃气模块辅助小室内。

如图 5.56 所示,来自压气机排气 AD6 接口的吹扫空气分为两路:一路通往扩散燃气喷嘴流道(D5),另一路通往预混燃气喷嘴流道(PM4)。经过两只串联布置的吹扫阀进入各自的环形供气管。在两只串联布置的吹扫阀之间各有一只放空阀。

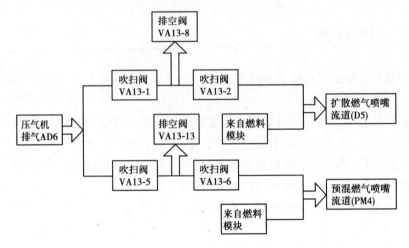

图 5.56　燃气清吹系统

当流经扩散气体燃料喷嘴的燃料停止流动(预混燃料通道运行)时,就要启动对扩散燃气喷嘴流道(D5)的吹扫。通过抽气支管将压气机排气导入扩散气体燃料管,吹扫扩散气体燃料喷嘴。需要不断地有空气从扩散气体燃料喷嘴端流出,以保证扩散气体燃料支管及其相连的管道里不再积聚有易燃气体,并且冷却燃料喷嘴。当流经 PM4 喷嘴的燃气停止流动,所有的燃气都流向扩散喷嘴时,PM4 吹扫阀打开,接纳压气机排气,吹扫 PM4 喷嘴流道。

当燃气吹扫支管不工作时,支管上的放空阀打开,排空积聚在管道内的残留气体,能保证燃气不会倒流聚集在两只串联布置的吹扫阀之间。

5.11.3　系统主要设备介绍

(1)燃气吹扫阀

燃气吹扫阀的基本功能是既可让吹扫空气流动到所需系统,也可让系统介质与吹扫系统隔离。

阀的设计包括一只电气电磁阀,此电磁阀把空气导通到吹扫阀以便把它开启,也可通过开启快速排气阀同时关闭电磁阀来使此阀关闭。用于系统的吹扫阀都装有各种压力调节器及一台供给源压力计,该压力计可指示进入气体燃料系统吹扫阀的仪表用压缩空气供给源压力。

电磁阀可提供控制接口并向控制阀位置变换所需的支配空气。

吹扫阀装有限位开关向 MARK VI 控制系统发送阀位置反馈信号。

吹扫阀(VA13-2)装有一只 I/P(65EP-G1P)电/气伺服装置,可实现满量程移动 0%(关闭)到 100%(开启)给阀 VA13-2 定位并且用来给系统供给吹扫空气。

（2）吹扫放空阀

吹扫放空阀的基本功能是当系统隔离时放气。放空阀是用电磁阀 20VG-2（D5）和20VG-4（PM4）来开启、关闭时。当两只串联布置的吹扫阀都关闭时，该放空阀就可用来除去两阀之间的压力并释放任何滞留气体。

阀的设计包括一只电气电磁阀,此电磁阀提供控制用压缩空气到吹扫放空阀以便把阀开启或把阀关闭。该电磁线圈位置信号是由 MARK Ⅵ 控制系统提供的。

（3）阀门的控制

本系统的吹扫阀、放空阀是气动阀,其执行机构的气源由仪用压缩空气源供应。放空阀和吹扫阀的开启和关闭则由电磁阀间接控制。放空阀执行机构的气源由电磁阀直接操纵,而吹扫阀的执行机构由受控于电磁阀的气动滑阀操纵。吹扫阀的开启速度是不同的,其中 VA13-1、VA13-5、VA13-6 吹扫阀开启速度为（35±5）s,它靠手动调节气动滑阀管路上游的针形计量阀调节吹扫阀的开启速率。VA13-2 吹扫阀的执行机构也是由受控于电磁阀的气动滑阀操纵的,但在它的气动滑阀管路上游有一只调节器 VPR54-22 与一只 I/P（65EP-GIP）电/气伺服装置,可以远程、全量程地调整 VA13-2 的阀位,达到慢慢地向系统提供吹扫空气的目的。

根据需要,在检修后进行燃烧调整,会对 VA13-2 吹扫阀开度调整。这样可以调整燃烧温度,降低 NO_x 产生量。VA13-2 吹扫阀动作过程如图 5.57 所示,在燃烧切换至预混模式 PM 后,电磁阀 20PG-2 开始带电,清吹调节阀开始动作,前 60 s 按照函数曲线以一定的斜率打开至 50%,然后按照燃烧温度 TTRF1 自动调整开度。以某厂为例,它以每秒 2.5% 的速率关至 20%,但是也可以根据现场情况对该阀门开度进行调整。

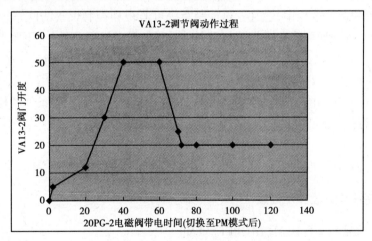

图 5.57　D5 清吹调节阀动作过程图

气动滑阀还起到快速排放仪用压缩空气的作用,当电磁阀失电时,将在少于 4 s 内关闭所有的吹扫阀。

压力开关 63PG-3A、3B、3C（用于 PM4 通道）以及 63PG-1A、1B、1C（用于扩散通道）位于两只串联布置的吹扫阀之间的管道上,这些压力开关向 MARK Ⅵ 控制系统提供管道间系统压力信号。这些压力开关可用来确认吹扫阀是开启的,还可用来确认吹扫阀的阀座漏气。

10 只燃气吹扫阀和放空阀的位置开关（33PG）都安装在相应的阀上。这些位置开关向

MARK VI 控制系统提供阀门位置信号。

扩散气体燃料支管安装有 6 只 K 型热电偶,向 MARK VI 控制系统提供温度输入。

5.11.4　系统主要保护元件介绍

燃气清吹系统是对扩散燃气喷嘴流道(D5)、预混燃气喷嘴流道(PM4)两条支路的吹扫,而控制阀设置有位置变送器,用来监测控制阀的开度,同时将信号送到控制系统并与控制系统的指令阀位进行对比,以检查燃气吹扫控制阀是否发生了故障。每个吹扫流动中还设有两个压力变送器,用来检测吹扫阀是否关闭不严有泄漏。

所有阀误动作会产生报警,阀的反馈信号和控制信号都要与正常工作极限作比较,如果超限,都会有报警。典型的报警如下:

①扩散燃气喷嘴流道(D5)中吹扫阀 VA13-1 及 VA13-2 两个阀门处于全关位时,气体燃料系统 D5 支管吹扫气压力(63PG-1A、63PG-1B、63PG-1C)> (344.8 ± 13.8) kPa(< (310.1 ± 13.8) kPa)三个开关中有两个动作时会发跳机信号。

②预混燃气喷嘴流道(PM4)中吹扫阀 VA13-5 及 VA13-6 两个阀门处于全关位时,气体燃料系统 PM4 支管清吹气压力(63PG-3A、63PG-3B、63PG-3C)> (344.8 ± 13.8) kPa(< (310.1 ± 13.8) kPa)三个开关中有两个动作时会发跳机信号。

③在燃烧切换至 PM 后,D5 吹扫阀要求打开 20%,如果开度小于 9%,燃烧切换由 PM 切回 PPM;同样指令与反馈作比较,如果相差 7%则延时 3 s,燃烧切换由 PM 切回 PPM。

5.11.5　系统运行

在机组启动和运行过程中,燃气轮机控制系统可监视和控制燃气清吹系统。操作人员除了监视各系统参数,发现可能造成超限报警条件的任何异常运行条件外,不要求进行任何其他工作。

燃气清吹系统装备有停机顺序逻辑,可控制系统何时、如何安全停用。在燃气清吹系统正常停机过程中,操作人员除了监视各系统参数,发现可能造成超限报警条件的任何异常运行条件外,不要求进行任何其他工作。当接收到透平停机信号时,吹扫系统继续运行,并对燃气系统的各种变化作出响应。

当透平紧急停机时,吹扫系统继续运行,并响应燃气系统中的各种变化。

5.11.6　系统常见故障及处理

(1)气体清吹系统故障跳闸(L4GPFT_ALM)

1)现象

气体清吹系统跳闸故障报警。

2)原因

①气体清吹控制故障。

②清吹系统阀门误动。

③限位开关松动或接线损坏。

3）处理

①如果机组尚未停机，则应检查清吹系统以便确定机组运行是否安全。如不安全，则应对燃气轮机实施停机。

②应在惰走滑行过程中监控机组，观察其有何异常情况。

③检查限位开关看其安装是否松脱或者引线有无损坏。

④检查各阀门以确定其机械状况。

⑤当机组已降速时可击打阀门以诊断跳闸故障的原因。

⑥应对系统故障进行诊断和检修。

⑦当检修完成之时，应让系统回复到正常启动校正状态并启动机组。

（2）扩散通道（D5）气体燃料喷嘴清吹系统压力高（L63PG1_ALM）、主预混通道（PM4）气体燃料喷嘴清吹系统压力高（L63PG3_ALM）

1）现象

相关信号报警。

2）原因

①清吹系统压力开关故障。

②气体燃料喷嘴清吹控制系统故障。

3）处理

①检查其他机组参数以便确定机组运行是否安全。如不安全，则应实施停运。

②检查来自清吹系统压力开关（63PG-1A/B/C，63PG-3A/B/C）的输入，以便确定哪个系统压力高。

③如果压力高而机组不跳闸，则应诊断存在的问题并确定机组运行是否安全。如不安全，则必须停机以便进行检修。

④应在惰走过程中监控机组，并根据需要对报警作出反应。

⑤对于显示压力高的故障部件应进行诊断和检修。

⑥当检修完成之时，应让系统回复到正常的启动校正状态并启动机组。

（3）燃气喷嘴清吹阀不能关（L33PGFT）

1）现象

燃气喷嘴清吹阀不能关报警。

2）原因

①燃气喷嘴清吹电磁阀故障。

②燃气喷嘴清吹阀卡涩。

3）处理

①应检查相应的机组参数以便确定机组运行是否安全，如不安全则应实施停机。

②确定清吹阀的位置，如果阀门关闭着则可着手附加措施。

③如果阀门未关，则应核实它是否正按命令在关闭过程中。

④如果阀门事实上确实开着，那么就应确定在当前情况下机组运行是否安全。如不安全，就应停机。

4）后续措施

①应在惰走滑行过程中监控装置并根据需要对报警作出反应。

②应对故障的限位开关或阀门进行诊断和检修。

③当检修完成之时，应让系统回复到正常的运行配置。

（4）燃气喷嘴清吹阀不能打开（L33PGO_ALM）

1）现象

燃气喷嘴清吹阀不能打开报警。

2）原因

①燃气喷嘴清吹阀故障。

②燃气喷嘴清吹阀卡涩。

③压缩空气系统故障。

3）处理

①应检查相应的机组参数以便确定机组运行否安全，如不安全则应实施停机。

②确定清吹阀的位置，如果阀门打开着则可着手附加措施。如果阀门未开，则应核实它是否正按命令在打开过程中。

③如果阀门事实上确实关着，那么就应确定在当前情况下机组运行是否安全。如不安全，就应停机。

4）后续措施

①应在惰走滑行过程中监控装置并根据需要对报警作出反应。

②应对故障的限位开关或阀门进行诊断和检修。

③当检修完成之时，应让系统回复到正常的运行配置。

5.12　燃气轮机冷却与密封空气系统

5.12.1　系统功能

该系统从压气机抽出适量的空气，向燃气轮机转子和静子的各个部件提供必需的冷却空气，防止在正常运行过程中零部件过热，并防止压气机喘振。对某些型号的燃气轮机，此系统也为透平轴承提供密封空气。但 PG9351FA 机组有一处于真空运行状态的润滑油回油系统，通过降低轴承回油腔室压力，而不是依靠提高轴承密封腔的压力为密封轴承提供必需的压差，因此不必为透平轴承提供密封空气。

燃气轮机运行时，从轴流压气机的第 9 级和第 13 级以及压气机出口抽取空气。而基座外的离心式风机将空气送入透平排气框架和 2 号轴承区进行冷却。

5.12.2　系统组成与工作流程

如图 5.58 所示为燃气轮机冷却和密封空气系统，包括透平汽缸中专门设计的气道、透平喷嘴和旋转部件、压气机抽气管道和各种相关的部件。用于此系统的相关部件包括：

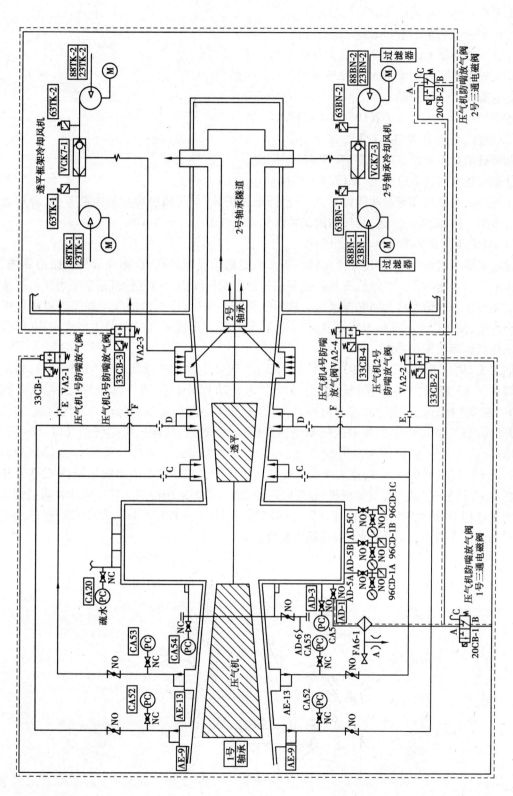

图5.58　燃气轮机冷却和密封空气系统图

①透平框架冷却风机(88TK-1/2);

②2 号轴承冷却风机(88BN-1/2);

③空气过滤器 FA6-1(配有多孔固体滤芯);

④压气机防喘放气阀(VA2-1/2/3/4);

⑤电磁阀(20CB-1/2);

⑥压气机排气压力变送器(96CD-1A/1B/1C);

⑦分流式止回阀(VCK7-1/3);

⑧风机出口压力开关(63TK-l/2 和 63BN-l/2);

⑨防喘放气阀的限位开关(33CB-1/2/3/4)。

系统提供的冷却和密封功能如下:压气机防喘保护,冷却受高温影响的内部零件,冷却透平排气框架,冷却 2 号轴承区,为气动阀提供操作用空气源。

(1)带喘振保护的压气机抽气分系统

轴流式压气机的压力、转速和流量特性要求机组启动过程的点火、加速远离喘振边界线,防止机组发生失速喘振。在停机减速时也要求机组有喘振保护。燃气轮机通常采用压气机抽气和变化可转导叶角度作为防喘振措施。在压气机特性图中,压气机抽气增加了进入压气机的折合流量,使工作点远离喘振边界线;关小可转导叶角度可使压气机喘振边界线左移,同样可使工作点远离喘振边界线。

如图 5.59、图 5.60 所示,PG9351FA 机组配备有气动控制的防喘阀(VA2-1/2/3/4),将从第 9 级和第 13 级的抽气排放掉。这些阀设定为自动打开和关闭。启动时,三通电磁阀(20CB-1 和 20CB-2)处于失电状态,各自的气路不通,防喘阀的气动执行机构与大气相通,它们是全开的。当需要关闭时,则使电磁阀得电,打开各自的气路,从压气机排气抽气口 AD-1 获得气压(有的机组从仪用压缩空气获得气压),接通防喘阀的气动执行机构,关闭防喘阀。VA2-1/2 从压气机第 9 级抽气,排入燃气轮机排气扩压段,由 20CB-1 电磁阀控制;VA2-3/4 从压气机第 13 级抽气,排入燃气轮机排气扩压段,由 20CB-2 电磁阀控制。并网成功时防喘阀关闭。停机过程中,解列时防喘阀打开。防喘阀的限位开关 33CB-1/2/3/4,提供启动程序的允许逻辑和保证在启动时是全开的,并且提供报警。

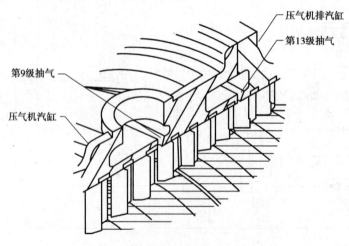

图 5.59　PG9351FA 机组抽气管道剖视图

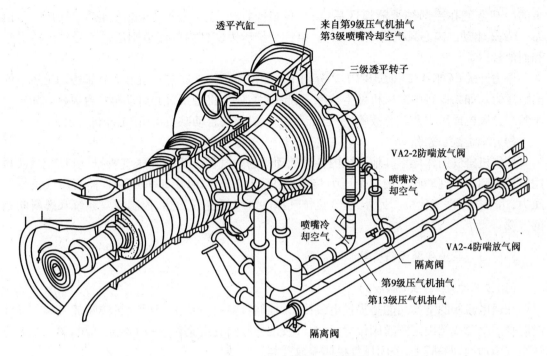

透平汽缸　　来自第9级压气机抽气
　　　　　　第3级喷嘴冷却空气

三级透平转子

VA2-2防喘放气阀

喷嘴冷却空气

喷嘴冷却空气

VA2-4防喘放气阀

隔离阀

第9级压气机抽气

第13级压气机抽气

隔离阀

图 5.60　PG9351FA 机组空气抽气管道轴测图

（2）透平冷却空气供给分系统

透平组件的冷却回路由内回路和外回路组成。第一级和第二级动叶、第一级喷嘴和第一级护环由内冷却回路提供冷却空气，而第二、第三级喷嘴则由外冷却回路提供冷却空气。

内冷却回路的冷却空气分成两路，第一路来自压气机排气，自第一级喷嘴上下两端进入喷嘴冷却通道，冷却第一级喷嘴和第一级护环。第二路来自第 16 级和第 17 级级间的环形间隙，经过第 16 级叶轮内的导向叶轮，进入压气机转子后联轴节上的 15 个轴向孔，流到透平前半轴与压气机转子后联轴节相应的 15 个轴向孔。在 15 个轴向孔的出口处，即透平前半轴后端面有一只导向叶轮，冷却空气流过导向叶轮再经过透平叶轮中心孔，进入第一级和第二级叶轮间的腔室，此回路也经过透平叶轮中心孔进入第二级和第三级叶轮间的腔室去冷却叶轮轮间隔块，然后径向流入第一级和第二级动叶的冷却孔。

外冷却回路的冷却空气分别来自第 13 级和第 9 级压气机抽气，分别冷却第二、第三级喷嘴和护环。

（3）排气框架和 2 号轴承冷却风扇分系统

冷却排汽缸和排气框架的空气来自安装在燃气轮机机座外的两台电动机 88TK-1/2 驱动的离心风机。这些风机的进口带有滤网和消声器，排气经过各自的单向阀 VCK-1 流入框架外环上的喷嘴去冷却排气框架，部分冷却空气从排气框架与第三级护环的交接处排出。其他冷却空气拐弯经过若干根排气框架支柱与其翼形之间形成的空间，流过双锥装置进入第三级透平叶轮后空间，冷却叶轮后汇入透平排气，同时阻止燃气从第三级透平叶轮后空间外泄。

来自 88BN 驱动的离心风机的冷却空气经过各自的单向阀 VCK-3 流入三个扩压段支柱中的一个，进入 2 号轴承隧道区。被过滤除去对轴承有害的颗粒后的冷却空气进入 2 号轴承隧道区，在 2 号轴承回油真空吸力的作用下，部分冷却空气进入 2 号轴承左端作为轴承密封。其余的冷却空气在冷却轴承隧道区后,由扩压段支柱中的另一个排至燃气轮机间后间,再由88BD-1/2 驱动的离心风机排至厂房外。第三个扩压段支柱内的流道则通过 2 号轴承的进油和回油管。

压力开关 63TK-1/2 和 63BN-1/2 分别用来测定排气框架冷却风机和 2 号轴冷却道风机的出口压力。如果运行中的风机发生故障,引起压力丧失,将会报警并启动第二台风机。如果由于第二台风机或压力开关有故障,引起压力丧失,机组会自动减负荷,直至停机。

(4)压缩空气气源

压气机排气用作操作其他系统内各种气动阀的空气源。为此在压气机排气口取空气,再用管道接到各个气动阀。用三个压力传感器:96CD-1,96CD-1B 和 96CD-1C 监视压气机排气压力,用于控制燃气轮机。另外,压气机排气提供压气机进气加热、控制空气系统和燃料吹扫的气源。

5.12.3 系统主要设备介绍

(1)三通电磁阀(20CB-1/2)

三通电磁阀的基本功能是提供电气接口,控制气流打开或关闭压气机防喘放气阀。设计阀时采用电磁线圈确定三通阀位置,让空气按两种不同流道流动。一个流道通风,第二个流道让空气施加到阀隔膜上,关闭压气机防喘放气阀。

MARK Ⅵ 发送电信号控制电磁阀。此信号以电功率形式接通电磁线圈或断开此功率打开阀。

(2)压气机防喘放气阀(VA2-1/2/3/4)

压气机防喘放气阀的基本功能是在机组启动或停止时将部分气流排入排气室,防止压气机喘振损坏,同时还提供透平的冷却空气。

由电磁阀(20CB-1 和 2)供给或排放进入执行机构汽缸中的空气来控制这些阀。由限位开关(33CB-1,2,3 和 4)反映阀的位置,发送信号到 MARK Ⅵ,进行阀的逻辑控制。

(3)空气过滤器 FA6-1

多孔介质空气过滤器的基本功能是过滤空气,防止损坏电磁阀(20CB-1 和 2)和压气机防喘放气阀(VA2-1,2,3 和 4)。

当多孔介质被堵塞时,需更换它们。

(4)流量控制孔板

系统内安装的流量控制孔板的基本功能是决定各种冷却功能所需的空气流量。它还起限制从压气机抽出的抽气流量的作用,以防止压气机损坏或效率下降。设计采用流动截面积限制,限制通过节气门的流量。该设计考虑了由供压和孔尺寸所决定的设定流量。

管道上提供有测量仪表连接点,如需要可用于安装临时的表监视节流孔差压。

(5)#2 轴承冷却风机(88BN-1 和 2)

#2 轴承冷却风机的基本功能是给供气管路提供足够的冷却空气流量,充分冷却#2 轴承区。设计采用由电动机驱动的离心式风机,给#2 轴承冷却系统管路提供经过滤的压缩空气。

风机的运行方式为一用一备,当监测到第一台风机跳闸或出口压力低时,第二台风机启动。

压力开关(63BN-1 和 2)安装在每个#2 轴承冷却风机的出口,给 MARK Ⅵ 提供信号,用于系统的监视和风机的控制。

(6)排气框架冷却风机(88TK-1 和 2)

排气框架冷却风机的基本功能是给供气管路提供足够的冷却气流,充分冷却排气框架区域。设计采用电动机驱动的离心式风机,给排气框架冷却系统管路提供经过滤的压缩空气。

风机的运行方式为一用一备,当监测到第一台风机跳闸或出口压力低时,第二台风机启动。

压力开关(63TK-1 和 2)安装在每个排气框架冷却风机的出口,给 MARK VI 提供信号,用于系统的监视和风机的控制。

5.12.4　系统运行

启动前,应向防喘放气阀的控制电磁阀提供清洁、干燥的临时性压缩空气,进行压气机防喘放气阀测试。验证阀操作平稳、无卡涩,能在要求时间内开启。验证所有压气机防喘放气阀处于全开位置,即没有任何一个防喘放气阀触发启动闭锁信号。

启动时,一旦机组达到 95% 的额定转速时,一台排气框架冷却风机 88TK-1/2(主控风机)投入运行。暖机结束后,一台 2 号轴承冷却风机 88BN-1/2(主控风机)投入运行。一旦机组已并网,压气机防喘放气阀(VA-1/2/3/4)关闭。

正常运行期间,操作员不需要采取什么措施,只需监控各系统参数,监测可能会触发超出极限的报警及异常运行情况。

机组正常运行时,冷却和密封空气系统的运行状态是:所有压气机防喘放气阀(VA2-1/2/3/4)关闭,第 9 级空气通入第三级喷嘴冷却,第 13 级空气通入第二级喷嘴冷却。一台 2 号轴承冷却风机(88BN-1 或 2)和一台排气框架冷却风机(88TK-1 或 2)运行提供冷却空气。此外,应调整各管道阀门状态,保证压气机排气正常提供进气加热、燃气吹扫以及控制空气系统的用气。

正常停机时,当机组解列信号发出时,电磁阀 20CB-1/2 就失电打开,压气机抽气经 VA2-1/2/3/4 排入排气扩压段,以防止压气机喘振。

2 号轴承冷却风机 88BN-1/2 在机组熄火后 24 h 停运。排气框架冷却风机 88TK-1/2 在机组降到全速 14HS 时停运。

当机组紧急跳闸时,电磁阀 20CB-1/2 就失电打开,压气机抽气经 VA2-1/2/3/4 排入排气扩压段,以防止压气机喘振。2 号轴承冷却风机和排气框架冷却风机会按正常逻辑在不需要冷却时停止工作。

停机后,要立即检查系统,若有异常情况、报警或故障,应尽快分析并处理。

5.12.5　系统常见故障及处理

(1)排气框架冷却空气压力低(L63TK_ALM)

1)现象

①63TK-1/2 压力开关指示压力低。

②排气框架冷却空气压力低信号报警。

③当压力降至一定值时备用风机自启动。

2）原因

①88TK-1 或 88TK-2 运行不正常，出力降低。

②系统有泄漏。

③88TK-1 或 88TK-2 出口压力开关（63TK-1 或 2）故障。

④冷却风道堵塞。

3）处理

①检查相应的机组参数以便验证机组是否可安全运行，如果不安全则应实施停运。

②核实有一台风机（88TK-1 或 88TK-2）正在运行。如果没有风机运行则手动启动一台风机。

③通过检查 63TK-1 或 63TK-2 的输出信号证实压力的确低。

④如果压力开关指示的压力低就检查第二台风机启动，并检查低压指示信号是否消失。如果不消失，则让第二台风机运行，而将原运行风机停运，并检修故障的压力开关。

⑤检验有无系统泄漏。

⑥如果存在泄漏，则启动第二台风机并一直运行到泄漏修复为止。

（2）排气框架冷却系统故障-降负荷（L90TKL）

1）现象

①排气框架冷却系统故障报警。

②机组负荷下降。

2）原因

①冷却空气系统泄漏。

②风机出力不足或故障。

3）处理

①检查相应的机组参数以便验证燃气轮机是否可安全运行，如不安全，则应实施停运。

②检查核实有一台风机（88TK-1 或 88TK-2）在运行。如果没有风机在运行则手动启动一台风机。

③监控燃气轮机卸载有无报警。

④通过检查 63TK-1 或 63TK-2 的输出信号验证压力事实上是否低。

⑤如果压力开关指示压力低，那就该启动第二台风机并检查低压指示信号是否消失。如果不消失那就该让第二台风机运行，而将原运行风机停运，并检修有故障的压力开关。

⑥检验有无系统泄漏。

⑦如果泄漏存在，则应启动第二台风机并一直运行到泄漏修复为止。

（3）#2 轴承区冷却风机电动机过载（L49BN_ALM）

1）现象

#2 轴承区冷却风机电动机过载。

2）原因

①电动机故障。

②风机机械故障。

3）处理

①检查相应的机组参数以便验证机组是否可安全运行，如不安全则应实施停机。

②检查核实一台风机(88BN-1 或 88BN-2)在运行。如果没有风机在运行,则应手动启动第二台风机。

③对系统进行故障诊断并确定运行风机电动机过载的原因。

5.13　燃气轮机通风与加热系统

5.13.1　系统功能

配置通风和加热系统的目的:

①使燃气轮机各间室保持在允许温度范围内,从而保证人员的安全和设备的防护。

②燃气轮机各间室的通风系统还提供了稀释泄漏的烟气和燃气等气体的功能,并且连续吹扫掉积聚在室内的泄漏气体。

③燃气轮机各间室通风系统还通过保持汽缸四周温度均衡,有助于维持燃气轮机动静叶片间隙的作用。

通风和加热系统包括燃气轮机间(含燃气模块小室)、负荷轴间。而燃气轮机间有一个间壁将后间与前间分隔,后间又称为排气扩压段间,实现分段通风。

5.13.2　系统组成与工作流程

(1)燃气轮机间

燃气轮机间采用轴流式负压通风系统,安装了两台风机(由电机88BT-1/2 驱动的离心风机),一台运行一台备用。设有压力开关63AT-1/2 用于压力低时联运备用风机,并设有空间加热器23BT-1/2 用于防潮,两台风机应定期切换运行。图5.61 为燃气轮机通风和加热系统图。

在负压状态下,空气通过8 个重力作用挡板进入燃气轮机间前间。这些进口挡板的位置,两个在前机座侧,两个在后机座侧,两个在燃气轮机间侧,两个在燃气模块小室前和后面。侧挡板用来减少停滞在隔间内的可能导致有害气体积聚的气穴。空气通过隔间顶部管道离开隔间,管道一分为二,每根管道连接单独的风机。

系统内使用了重力作用控制的进口挡板和 CO_2 锁闩出口挡板,从而在灭火系统动作时可自动保证隔间密闭。CO_2 卸压,使得锁紧杆松开,从而使 CO_2 出口挡板保持在打开位置。CO_2 排放时,施加在门闩上的压力迫使活塞顶住弹簧,松开门闩,推动锁紧杆,从而使出口挡板关闭。在正常运行恢复前,必须手动复位 CO_2 出口挡板。当检测到火灾并且 CO_2 排放后,CO_2 气体挡板将关闭,通风将终止。由于通风中断将导致重力作用进口挡板关闭,使隔间封闭。

若隔间温度高于设定点(176.7 ℃),最大隔间温度开关26BT-2 即报警。该温度开关位于隔间透平上方,是用于保护隔间中的设备,防止过热。

若隔间门打开,门开关即向控制室发送一个信号,门打开将影响通风系统的性能。

燃气轮机隔间空间加热器23HT-3A/3B 用于控制湿度,由温度开关26HT-3(降到37.78 ℃开)进行控制。另外,在北方天气冷的地方设有空间加热器23HT-1A/1B 用于防冰冻,由温度开关26HT-1(降到10 ℃开)进行控制。

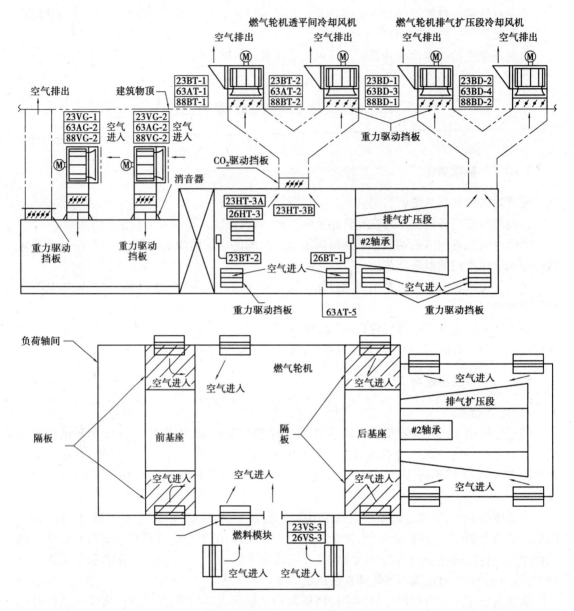

图 5.61　燃气轮机通风和加热系统

（2）排气扩压段间

排气扩压段间采用轴流式负压通风系统，安装了两台风机（由 88BD-1/2 驱动的离心风机），一台运行一台备用。设有压力开关 63BD-3/4 用于压力低时联运备用风机，并设有空间加热器 23BD-1/2 用于防潮，两台风机应定期切换运行。

在负压状态下，空气通过 6 个重力作用挡板进入排气扩压段间，4 个在前下方，2 个在后下方。空气从厢体下方的百叶窗挡板吸入，绕流扩压段壳体四周，用来减少停滞在隔间内的可能导致有害气体积聚的气穴。然后空气通过隔间顶部管道离开隔间，管道一分为二，每根管道连接单独的风机。

（3）负荷轴间

负荷轴间使用两台由88VG-1/2驱动的离心风机，一台运行一台备用。设有压力开关63AG-1/2用于压力低时联运备用风机，并设有空间加热器23VG-1/2用于防潮，两台风机应定期切换运行。与燃气轮机间的通风不同，负荷轴间使用正压通风，不设火灾检测与保护系统。

（4）燃气模块小室

燃气模块小室包括两个空间加热器23VS-1用于防冰冻（北方电厂），23VS-3用于控制湿度。23VS-1加热器包括一台轴流式风机，它为隔间加压并使空气通过出口挡板流入燃气轮机隔间，然后由88BT抽出排到厂房外。

当燃气轮机火灾保护系统动作时，重力作用挡板的进口和出口自动关闭，使模块隔间密闭。

5.13.3　系统主要设备介绍

（1）透平隔间风机（88BT-1/2）

由电机88BT-1/2驱动的离心风机，在启动过程中机组点火时启动；机组停运时，位于隔间前方的温度开关26BT-1控制着主风机的运行，当隔间温度低于35 ℃（95 ℉）时停运；如果温度超过46 ℃（115 ℉）启动风机。有火灾信号时停运；停运状态时出现危险气体浓度高报警时开机。

每台风机配有差压开关63AT-1或2，监视燃气轮机间的负压，若正在运行的风机差压开关低于设定点（10 mmH$_2$O），则发送一个启动备用风机的信号。

（2）排气扩压段间风机（88BD-1/2）

由电机88BD-1/2驱动的离心风机，其启停与88BT同步。

每台风机配有一个差压开关63BD-3或4，监视排气扩压段间的负压，若正在运行的风机差压开关低于设定点（10 mmH$_2$O），则发送一个允许启动备用风机的信号。

（3）负荷轴间风机（88VG-1/2）

由电机88VG-1/2驱动的离心风机，只要无火灾，机组转速大于或等于14HT（允许投盘车转速）就运行。

5.13.4　系统运行

机组启动前，要检查所有CO$_2$气体挡板开启，所有重力作用挡板关闭，所有燃气轮机隔间门关闭。

机组正常运行和停机期间，除了应对检测任何异常运行状态的系统参数加以监控外，不要求操作员干预。

一旦火灾保护系统检测到明火，CO$_2$气体释放，挡板关闭，透平跳闸，并中断所有通风风机的运行。

5.13.5　系统常见故障及处理

（1）负荷轴间通风风机压力低（L63AG1_ALM或L63AG2_ALM，设定点：10.16 mm/0.4 in水柱压力或0.099 5 kPa）

1）现象

①负荷轴间通风风机压力低报警。

②备用风机自启动。

2)原因

①负荷轴间运行风机跳闸或出力低。

②压力开关63AG-1(63AG-2)故障。

③重力驱动挡板卡涩。

3)处理

证实另一台风机在运转。

4)后续措施

①证实压力开关63AG-1(63AG-2)正常,否则应处理。

②证实88VG-1(88VG-2)的开关未跳闸。

③验证重力驱动的风门无卡涩。

(2)燃机间通风风机压力低(L63AT1_ALM 或 L63AT2_ALM,设定点:10.16 mm/0.4 in 水柱压力或 0.099 5 kPa)

1)现象

①燃机间通风风机压力低报警。

②备用风机自启动。

2)原因

①燃机间运行风机跳闸或出力低。

②压力开关63AT-1(63AT-2)故障。

③重力驱动挡板卡涩。

④CO_2 驱动挡板未打开或卡涩。

3)处理

证实另一台风机在运转。

4)后续措施

①证实压力开关63AT-1(63AT-2)运行正常。

②证实88BT-1(88BT-2)的开关未跳闸。

③验证重力驱动的风门无卡涩。

④验证 CO_2 驱动挡板应打开。

(3)燃机间空气差压低(L63AT5_ALM,设定点:0.2 in 水柱压力或 0.049 8 kPa)

1)现象

①燃机间空气差压低报警。

②备用风机自启动。

2)原因

①燃机间运行风机跳闸或出力低。

②压力开关63AT-5 故障。

③燃机间进出口门未关严。

④CO_2 驱动挡板未打开或卡涩。

3）处理

证实备用风机启动。

4）后续措施

①证实压力开关63AT-5的运行正常。

②证实88BT-1,2的开关未跳闸。

③验证重力驱动的风门无卡涩。

④验证CO_2驱动挡板应打开。

（4）燃机排气扩压段间冷却风机压力低（L63BD3_ALM 或 L63BD4_ALM,设定点：10.16 mm/0.4 in水柱压力或0.099 5 kPa）

1）现象

①燃机排气扩压段间冷却风机压力低报警。

②备用风机自启动。

2）原因

①燃机排气扩压段间运行风机跳闸或出力低。

②压力开关63BD-3（63BD-4）故障。

③重力驱动挡板卡涩。

3）处理

证实另一台风机88BD-1（88BD-2）在运转。

4）后续措施

①证实压力开关63BD-3（63BD-4）的正常,否则应处理。

②证实88BD-1（88BD-2）的开关未跳闸。

③验证重力驱动的风门无卡涩。

（5）燃机间温度高（L26BT1H_ALM,设定点：46.11±2.778 ℃/115.0±5.00 ℉）、（L26BT2H_ALM,设定点：176.7±1.11 ℃/350.0±2.00 ℉）

1）现象

①燃机间温度高信号报警。

②备用风机自启动。

2）原因

①燃机间运行风机跳闸或出力降低。

②温度开关26BT-1（26BT-2）故障。

③重力驱动挡板卡涩。

④CO_2驱动挡板未打开或卡涩。

3）处理

证实备用风机在运行。

4）后续措施

①证实燃机间温度开关26BT-1,2的运行,否则应处理。

②证实风机开关未跳闸。

③检查重力驱动的风门挡板无卡涩。

④检查CO_2驱动挡板应打开。

5.14 燃气轮机二氧化碳灭火系统

5.14.1 系统功能

燃气轮机机组所配备的二氧化碳灭火系统,是为将机组隔间内的空气中氧气含量从大气的正常含量21%体积浓度降低到不足以维持燃烧所必需的水平(通常为15%体积浓度),从而达到灭火的目的。为减少氧气含量,该系统能在1 min内将相当于或超过隔间体积34%的二氧化碳(CO_2)释放到受保护的隔间内,同时考虑到接触高温金属的易燃物在火灾扑灭后有再次复燃的可能性,该系统还提供持续排放装置,以便在较长时间维持空间内的CO_2在灭火浓度范围内,使复燃的可能性降到最低。

5.14.2 系统组成与工作流程

(1)系统组成

燃机二氧化碳灭火系统由一个二氧化碳低压储罐、一台制冷压缩机、火灾保护系统控制盘、管道分布系统以及相应的喷嘴、孔板等组成。二氧化碳低压储罐通常位于离座平台的模块上,通过一台制冷压缩机将饱和液态二氧化碳维持在储存压力为300 psig($21.09 kg/cm^2$)、温度为0 ℉(-18 ℃)的水平。火灾保护系统控制面板也安装在该离座模块上。系统动作时,通过现场管道和分布的喷嘴将二氧化碳释放到相应的燃机隔间。

如图5.62所示,燃机二氧化碳灭火系统采用两套独立的分配系统:初放系统和续放系统。在动作后数秒内,充足的二氧化碳从初放系统进入燃机间,快速建立起熄火浓度(通常为隔间体积34%)。为补偿燃机间二氧化碳的泄漏,续放系统逐渐释放出更多的二氧化碳以维持一定的浓度(通常为隔间体积30%)。二氧化碳的流量由每个隔间内初放和续放系统的喷嘴孔径控制。初放系统的喷嘴孔径较大,允许快速释放二氧化碳以很快达到熄火浓度。续放系统的喷嘴孔径较小,允许相对较小的二氧化碳流量,长时间维持灭火浓度,从而将再次起火的可能性减小到最低程度。

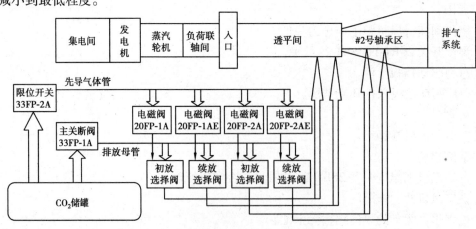

图5.62 燃机二氧化碳灭火系统图

每台单轴燃气—蒸汽联合循环机组设置有两个火灾保护区:燃机间(1 区)和#2 轴承通道(2 区),每个区由一个初放系统和一个续放系统组成。这两个火灾保护区允许每个区独立于其他区动作,1 区有火灾不会在 2 区释放二氧化碳,2 区有火灾不会在 1 区释放二氧化碳。

这种区域保护、探测功能通过使用独立的热敏火灾探测器"A"和"B"回路来实现。每个火灾探测器接入火灾保护控制面板,单个探测器能启动对应区的报警,需要"A 回路"和"B 回路"探测器的信号才能启动对应区的二氧化碳排放装置。

闪光器、报警器以及二氧化碳警示符置于燃机间隔间内外适当的位置以提醒相关人员二氧化碳已释放。#2 轴承通道区(2 区)不设置闪光器和报警器,如果检测到火灾或二氧化碳将释放到这个区,将会激活燃机间(1 区)门上的闪光器和报警器。

(2) 工作流程

火灾在被保护区发生时,热敏火灾探测器的接点将闭合,接通电气回路,打开位于先导控制盘上的电磁阀 20FP-1A 和 20FP-1AE(1 区初放和续放),电磁阀 20FP-2A 和 20FP-2AE(2 区初放和续放)。这些电磁阀的动作让二氧化碳从储罐出来,加压到位于二氧化碳释放母管上的初放续放选择阀的操作活塞上。然后,二氧化碳通过初放续放选择阀从储罐流入管道分布系统和隔间的特定区域。

该系统也可通过位于电气控制盘外的手动触发器开关(1 区的 43MRFP-1A 和 2 区的 43MRFP-2A)来动作,如果需要,也可由安装在燃机间外壁上的手动释放开关来动作。这些装置通常有 1 区的 43MRT-1A 和 2 区的 43MRT-1B,它们都配有一枚销子,在按下按钮激发系统释放二氧化碳前,必须将其拔出。自动或手动中的任何一个使系统的动作,都将使燃机跳闸、通风系统关闭,并释放二氧化碳。

对火灾保护系统和燃机进行维护时,关闭位于储罐顶部的主关断阀 33FP-1A 或初放续放选择阀的限位开关 33FP-2A 中的任一个都可防止二氧化碳的意外释放。如果需要,也可关闭安装在燃机间外壁上的手动闭锁开关 86MLT-1A,86MLT-1B 来防止二氧化碳的意外释放。

初放和续放定时器 2FP-1A、2FP-1AE(1 区),2FP-2A、2FP-2AE(2 区)位于电气控制盘内的控制面板上,它们控制电磁阀的带电时间从而控制二氧化碳的释放时间。二氧化碳释放后,按下位于电气控制盘上的复位按钮(1 区的 62FP-1A 和 2 区的 62FP-2A)将定时器复位,这也将关闭警报。预先释放定时器(一般为 30 s 以便让人员撤离隔间,但如果需要可现场更改)也位于控制板上,它控制火灾探测和电磁阀动作之间的时间。

注意:如果要保证二氧化碳火灾保护系统有效,隔间的门必须关闭,系统有足够的二氧化碳去补偿通过通风口泄漏的二氧化碳,通风口由重力挡板或二氧化碳压力操作的挡板(必须手动复位)关闭。

警告:二氧化碳在足够灭火的浓度下,将对生命造成危害。在二氧化碳系统释放二氧化碳后,人进入隔间是极其危险的。任何人由于吸入二氧化碳呈现出无意识状态,必须尽可能快地抢救,使其马上苏醒。这种紧急情况下,有必要由受过充分训练的人员采取正确的行动。一旦检测到起火,应使透平处于安全状况,下列触点在排放二氧化碳之前向控制系统提供机组脱扣及风机停运的信号。

每个保护区安装有触点 94F-1A(1 区),94F-2A(2 区),在二氧化碳排放之前关闭通风系统。每个区也装备着触点 94F-1B(1 区),94F-2B(2 区),它们连接到控制系统在 CO_2 排放之前停运燃机。63FP-11A(1 区),63FP-12A(2 区)的压力开关位于导向管线上,这些开关决定二氧化碳压力什么时候传入选择阀并且依据二氧化碳释放情况发送信号到控制系统关闭通风系统和停运燃机。

阀位限位开关 33FP-1A,33FP-2A 和先导气体管压力开关 63FP-1D 监控系统是否准备就绪。如果这些开关中的任何一只状态不正确,触点 30FP-3A 闭合,发出报警。

触点 30FP-2A 是故障触点,如果任何监视的装置有故障,这个触点闭合发出报警。它反映以下装置故障状态:监控电路的短路/开路、接地故障、二氧化碳储罐压力超限,导向电磁阀电路故障,制冷系统故障等。

触点 30FP-1A 是组合的"未准备就绪/故障"信号,它接回到控制系统。该信号会警告控制室操作人员在系统中有故障,并要求操作人员到就地控制面板确认、处理。

5.14.3 系统主要设备介绍

(1)二氧化碳低压储罐

二氧化碳低压储罐用于将液态二氧化碳保持在 20.69 bar(300 psi)的压力以及对应的饱和温度约 −17.77 ℃(0 ℉)上。二氧化碳低压储罐容量为 7 257 kg(16.000 1 bs)。它是由一个焊接钢高压容器构成,通过聚氨基甲酸乙酯泡沫绝缘层与焊接钢外壳分隔开。

二氧化碳低压储罐通过压力开关 63FP-4A 来维持储罐压力,此开关在储罐压力为 20.34 bar(295 psi)时启动制冷压缩机,并在 21.03 bar(305 psi)时停运制冷压缩机,维持储罐压力在 20.69 bar(300 psi)左右。就地安装有一支储罐液位指示器和一个储罐压力表。

(2)压缩机 88RC-1A 及系统

制冷压缩机能把 CO_2 储罐的压力维持在 20.69 bar(300 psi)。它使用 R22 作为制冷剂,制冷系统可在大约 0 ℉恒温及 20.69 bar(300 psi)压力时,把储罐内的 CO_2 维持为液态。该制冷系统主要部件有空气冷凝装置、观察窗、过滤干燥器、自动膨胀阀、报警压力开关、制冷压力控制开关、警钟以及安装在储罐内的管线。

该系统中有一个报警压力开关 63FP-1A,在储罐压力超过 22.408 bar(325 psi)或低于 18.9 bar(275 psi)时发出报警。

(3)手动控制阀(43CP-1A/2A)

手动控制作为自动控制的备用,它的功能与电磁辅助控制阀的功能一样。在自动系统不工作时候,手动控制阀也可以启动对单个区域喷入 CO_2。在手动启动 CO_2 系统时,对Ⅰ区喷入 CO_2 不能出现延迟。

手动控制装置安装在电气控制箱内,并要加贴标签,标明排放区以及启动排放的持续时间。控制箱有两个压力开关 43MRFP-1A、43MRFP-2A。通过活塞把开关的压力运行端口连接到初始排放和持续排放两端。不管是自动控制装置启动还是手动启动控制装置,都会使开关通电以便指示该系统已排放。

(4)释放电磁阀(45CR)

初始排放和持续排放管路都配有释放电磁阀 45CR。当释放电磁阀带电时,接通 CO_2 汽雾引导管线,于是打开装在排放总管上的选择阀,先打开初放选择阀,后打开续放选择阀。每只电磁阀与排放计时器 2CP 连接,由它控制释放时间。初始排放电磁阀自动地受控于来自热敏感的火灾探测器电信号的作用,这些探测器固定在燃气轮机组各间隔的关键部位。对于

PG9351FA 机组,初始排放设定时间为 1 min,Ⅰ区持续排放设定时间为 30 min,Ⅱ区持续排放时间为 60 min。

(5)火灾探测器(45FT-1A/1B-2A/2B-3A/3B,45FA-6A/6B-7A/7B,45FT-20A/20B-21A/21B)

每个防火的间隔都配有火灾探测器,可及时探测火灾。CO_2 保护区域有两个,即燃气透平区隔间和#2 号轴承通道隔间。

每个探测器的线路都连接到消防控制盘上,必须使探测器 A 和 B 都通电闭合时才能排放 CO_2。机组划分为两个独立的火灾保护区:燃气轮机间和燃气模块间为Ⅰ区,#2 号轴承隧道为Ⅱ区。在一个区域通电闭合的火灾探测器不会引起其他区域排放 CO_2。

(6)闪光器和报警器(SL-1A,SL-1B,SL-1C)

频闪光器和报警器安装在隔间内外容易看到和听到的地方,频闪光器和报警器同时启动。这些闪光器和报警器通电后,延长一段时间供人员撤离后保护动作,CO_2 喷入。

(7)二氧化碳驱动的挡板闩锁

在火灾保护的隔间设有 CO_2 驱动挡板。挡板闩锁的 CO_2 驱动管道与初始排放管的 T 形管相接。挡板闩与隔间通风风机相配合协调工作,当出现火灾时,隔间通风风机自动停运,挡板闩自动闭合。一旦 CO_2 排放完毕,需手动复位门闩。挡板闩安装在燃机间顶部。

(8)二氧化碳喷嘴和管道

每一个要求防火的隔间都配置有初始和持续排放的管道及喷嘴。喷嘴位于每个隔间的上部空间,不妨碍其他设备,不影响 CO_2 在隔间内的均匀分配。CO_2 从排放管道流入,喷嘴置于 T 形支管上,T 形管的端头用管盖封口,管盖可拆卸,必要时可拆除管盖,用压缩空气清除积在管子里的污物。

火灾系统通过孔板用34%的最低浓度进行初始排放 1 min 就可使二氧化碳以很快的速度达到灭火浓度,接着通过较小和相对缓慢的速度,用30%的浓度持续排放 30 min,保证在整个持续期限内维持灭火浓度。

(9)辅助控制阀

每个 CO_2 排放装置都配有辅助控制电磁阀。每个电磁阀都与电子排放定时器电气连接。

(10)辅助控制柜

辅助控制柜装有控制电磁阀,手动控制阀,压力开关和往复开关。

(11)电源

来自 MCC 的 120 VAC 电源以及 20 VDC 蓄电池电源。

5.14.4　系统运行

机组启动前,应按燃机 CO_2 灭火系统的操作要求准备好电气系统;验证就地消防控制盘上无报警;检查 MARK Ⅵ 上燃机 CO_2 火灾保护系统警报,如有问题,及时纠正;验证通风挡板已复位;验证 CO_2 储罐内的液位和压力。总之,CO_2 火灾保护系统是允许启动燃气轮机的先决条件,只有允许启动条件满足后才能启动燃气轮机。

正常运行期间,不论机组是否在运行,CO_2 火灾保护系统始终投入运行,不需要操作员采取什么措施,只需监控系统的参数,监测会不会触发超出极限的报警异常运行情况。制冷压缩机会在二氧化碳储罐压力开关 63CT-1 触发时启动,以维持 CO_2 存储压力在 2.0 MPa(290 psig)和 2.137 MPa(310 psig)之间。

燃机 CO_2 灭火系统已配有停用顺序逻辑,它能控制该系统如何以及何时停用才是安全的。该系统正常停用时,操作员不需要采取什么措施,只需监控各系统参数,监测会不会触发超出极限的报警异常情况。

因燃机 CO_2 灭火系统而引起紧急停机时,应执行下列各项任务:

①如隔间里有人,应全部撤出。

②向有关方发出通知。

③确认燃气轮机已跳闸。

④确认通风机已关停。

⑤确认通风挡板已关闭。

⑥确认二氧化碳排放电磁阀在工作。

⑦确认在 MARK VI 上相应区的排放压力开关发生报警。

⑧检查释放二氧化碳时就地控制盘和管线是否有结冰。

5.14.5　系统维护及保养

(1)日常维护与检查

1)每日检查项目

①检查 CO_2 储罐液位表,当液位低于 90% 时,需重新充注。

②检查压力表,检查储罐压力是否在 19.99 bar(290 psi)到 21.37 bar(310 psi)之间。

③检查控制箱和二氧化碳压缩机的电源是否正常。

④检查充注和排放阀是否已关紧。

2)每月检查项目

①检查所有阀门的填料压盖、螺纹接头和安全泄压阀的阀座处是否有二氧化碳泄漏。

②检查是否有外部损坏,如局部隆起或生锈。清洗损坏部位要重新上漆。

每年应进行一次测试 CO_2 挡板和通风风机的联锁装置是否正常工作,以及在燃气轮机大修时进行二氧化碳灭火系统所有仪表装置的重新校准。

(2)二氧化碳浓度测试

每年一次测试二氧化碳挡板和通风风机的联锁装置是否能正常工作。本测试涉及由每个保护区域的初放和续放组成的全部二氧化碳浓度测试。二氧化碳灭火系统动作,初放持续 1 min,同时续放至少持续 30 min 或者更长。为完成浓度测试,需安排一合格的技术人员在现场以保证测试正确进行。

二氧化碳浓度测试必须按照下述步骤进行:

①检查燃机间二氧化碳操作闭锁开关的挡板应在"OPEN"位。

②验证位于控制面板内的预先释放定时器设定在厂家建议的延迟 30 s,以便在二氧化碳释放前让相关人员有时间撤离。如果需要不同的延迟时间,可以在现场更改预先释放定时器的设定时间。

③验证所有受二氧化碳保护的隔间(除#2 号轴承通道以外)最少有两个外部二氧化碳警告标志可用,警告人员用的标志每个隔间的每边有一个。

④疏散隔间内的所有人员,关闭隔间门。为确保隔间完全密封,必须将任何明显的裂缝密封。

⑤每个区的初放和续放必须单独测试,触发控制面板释放开关来释放二氧化碳。开始释放二氧化碳后,燃机间和其他任何隔间内的火灾报警闪光器和报警器应该动作并能清楚听到。测试中,检查每个隔间外面,观察是否有大量二氧化碳从套板的裂缝漏出,如果有则意味着隔间密封的严密性没有达到。

⑥停止释放二氧化碳后,操作过的开关必须复位,并检查隔间内的所有通风挡板都动作正确。一旦此项操作完成,必须将挡板复位至"OPEN"位。警告:二氧化碳被驱散前任何人员不得进入已测试的隔间。

⑦对低压二氧化碳系统(通常设计为两次完全排放),当二氧化碳可以再充时,应将低压二氧化碳储存罐再充至其容量的 90% ~ 95%。

⑧二氧化碳浓度测试成功完成后,必须将浓度测试的结果进行评估和验收。

5.14.6　系统常见故障及处理

(1)第 1 区段(燃气轮机隔间)火灾报警(L94F1B_ALM)

1)现象

①第 1 区段(燃气轮机隔间)火灾报警:频闪灯亮和警报器响。

②机组跳闸。

2)原因

①第 1 区段(燃气轮机隔间)发生火灾。

②火灾探测器故障误报警。

③燃机间燃气泄漏,造成高温,导致火灾探测器动作。

3)处理

①确定机组跳闸,检查 CO_2 系统初放和续放阀动作正常。

②检查所有机组隔间的通风挡板是否已经关闭,所有的隔间风机是否已经停运。

③所有在隔间里的人员都应撤离。

(2)第 2 区段(2#轴承区)火灾报警(L94F2B_ALM)

1)现象

①第 2 区段(2#轴承区)防火报警:频闪灯亮和警报器响。

②机组跳闸。

2)原因

①第 2 区段(2#轴承区)发生火灾。

②燃机间燃气泄漏,造成高温,导致火灾探测器动作。

③火灾探测器故障误报警。

3)处理

①确定机组跳闸,检查 CO_2 系统初放和续放阀动作正常。

②检查所有机组隔间的通风挡板是否已经关闭,所有的隔间风机是否已经停运,所有留在隔间里的人员都应从此处撤离。

（3）CO₂ 储罐压力低

1）现象

CO₂ 储罐压力低报警。

2）原因

①灭火用去 CO₂ 导致储罐压力和液位低。

②压力开关 63FP-1A 故障。

3）处理

①检查 CO₂ 储罐压力和液位。

②检查压缩机运行情况，在储罐压力高报警时应该运行，而在储罐压力低报警时停运。

③如果液位低，则应再充注储罐。

④如果压力开关 63FP-1A 不准，应重新校准。

5.15 危险气体保护系统

5.15.1 系统功能

S109FA 单轴联合循环机组以天然气为燃料，发电机为 390H 型氢冷发电机。天然气和氢气同属易燃易爆气体，这些气体一旦泄漏并积聚在周围环境中，极为可能酿成燃烧、爆炸等恶性事故。为了保证电厂设备及人员安全，燃气轮机发电机组设有危险气体检测系统。燃机间、燃气模块小室、发电机集电器间分别装设了危险气体检测探头，用于检测危险气体的浓度，一旦这些房间中的危险气体浓度超过预先设定的数值，布置于电子室中的危险气体检测屏上将发出报警及保护信号，并通过燃气轮机 MARK VI 控制系统引发相应的保护动作，确保机组安全运行。

S109FA 机组采用 BENTLY 3500/63 危险气体监测系统。

5.15.2 系统组成与工作流程

BENTLY 3500/63 危险气体监测系统由危险气体探头、3500 机架、电源（直流 110 V）、63 卡件、接口机及监视系统软件构成。

危险气体监测探头分布于下列场所：

（1）发电机集电端 3 个

45HGT-7A、45HGT-7B 和 45HGT-7C，用于监测氢气浓度。当氢气浓度为 10% LEL 时报警；当 2/3 探头氢气浓度为 25% LEL 时，机组跳机；当任一探头氢气浓度大于 10% LEL 时，机组禁止启动。

（2）发电机间 2 个

45HGT-1 和 45HGT-2，用于监测氢气浓度。当氢气浓度为 10% LEL 时报警；当任一探头氢气浓度为 25% LEL 时，机组跳机。

（3）燃机间 6 个

通风导管内布置有 45HT-5A、45HT-5B、45HT-5C 和 45HT-5D，用于监测甲烷浓度。当甲烷浓度为7% LEL时报警;当2/4探头甲烷浓度为17% LEL时,机组跳机;当任一探头甲烷浓度大于5% LEL时,禁止启动。

燃机间内布置有45HT-1,45HT-2,用于监测甲烷浓度。当甲烷浓度为10% LEL时报警;当任一探头甲烷浓度为25% LEL时,机组跳机。

(4)燃气小室5个

45HA-9A、45HA-9B和45HA-9C,用于监测甲烷浓度。当甲烷浓度为10% LEL时报警;当2/3探头天然气浓度为25% LEL时,机组跳机。当任一探头甲烷浓度大于10% LEL时,禁止启动。

45HA-7和45HA-8,用于监测甲烷浓度。当甲烷浓度为10% LEL时报警;当任一探头天然气浓度为25% LEL时,机组跳机。

危险气体监视器位于组装式电气和电子控制中心(PEECC)里面,如图5.63所示,由带传感器输入的系统组成。对于每个冗余信号,读取并转换成4~20 mA的信号,信号集合在一起并经继电器发给透平控制屏,经表决后与两个设定为"高"和"特高"定值进行比较后发出报警或跳机信号。图5.64和图5.65给出了危险气体监视器和控制系统之间的逻辑信号通信情况。

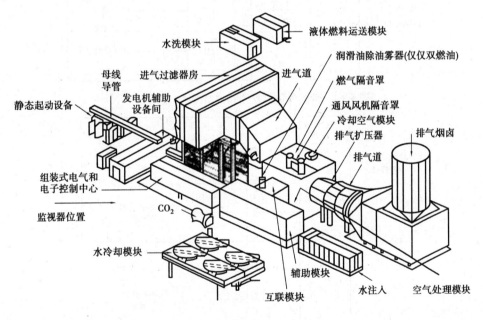

图5.63 危险气体监视器位置

5.15.3 系统主要设备介绍

(1)监测探头(探测器)

对天然气的检测采用GM Model 4802A催化式传感器,激励电压为24 V DC,如图5.66所示。催化式传感器的核心是惠斯顿电桥,由检测组件和补偿组件配对组成电桥的两臂,选用气敏组件作为检测组件。气敏组件根据催化燃烧效应原理进行工作,当它遇到可燃性气体时,可燃气体在有催化剂的电桥上无焰燃烧,桥臂电阻值因温度升高而升高,检测组件电阻升高引起桥路输出电压变化,该电压变量随气体浓度增大而成正比增大。补偿组件起对比和温度补偿作用。

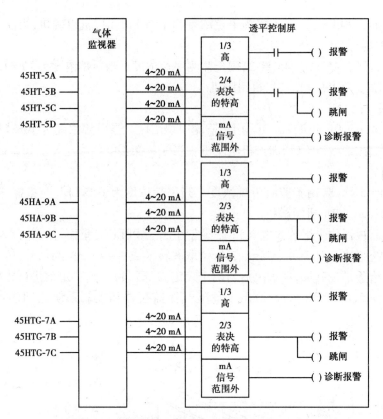

图 5.64　危险气体监视器和控制系统之间的接口

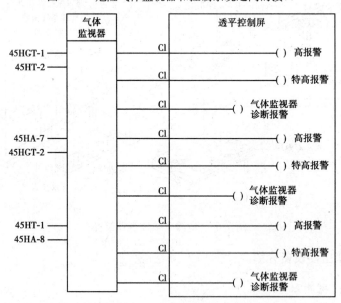

图 5.65　危险气体监视器和控制系统之间的接口

　　由于催化燃烧方式的检测器对氢气有引爆性,对氢气的检测应选用专用的催化式氢气检测器。

　　危险气体浓度测量值由 LEL 的百分比表示。LEL 是着火浓度下限值的缩写,单位通常用百分比表示,指在空气(或氧化剂)中含有某种气体的份额占着火浓度下限值的百分比。

(2)监视器(3500/63 系统)

监视器如图 5.66 所示,该系统包括下列卡件:

①3500/20 接口卡:负责机架上各卡件的数据传输,必须安装于机架第一个插槽。

②3500/63 监测卡:用于检测空气中危险气体的浓度,每模块提供 6 个输入信道,每个信道配有独立的危险气体监测探头;6 个模拟量输出通道,将探头产生的毫伏信号以电流的形式传送至 MARK VI 模拟量处理卡,4~20 mA 对应 0~100% LEL。63 卡可安装在机架 2~15 插槽的任一位置。

③3500/33 开关量输出卡:输出超限报警开关量信号,该信号由 3 500 监测系统内部组态处理输出。信号供 MARK VI 保护逻辑使用,共 16 通道。

④3500/92 通信卡:网关,负责 3500 危险气体监测系统与各机组接口机之间的以太网通信。

⑤用户接口机:标准 PC 机,使用触摸屏技术,提供功能强大的组态和监视软件;通过以太网通信,便捷地对各套机组的 3500 系统进行配置、监控和校验。

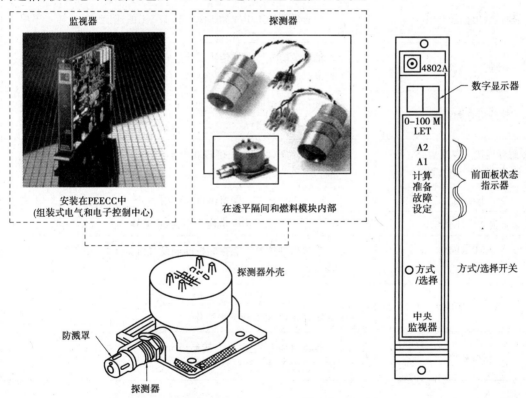

图 5.66　探测器及监视器　　　　　　　图 5.67　监视器显示面板

5.15.4　保护元件介绍

如图 5.67 所示为 PEECC 中的危险气体监视器 4802A 面板。当接收一个新报警信号时,数字发光二极管(LED)显示器和前面板状态指示灯(A1 或 A2)将开始闪烁。LED 显示器闪烁指出有一个实际报警(探测到危险气体)或者是指出有一个出错"故障"。故障信息采用在闪烁的 LED 显示器上显示出表 5.3 所示代码之一。

为了确认某个报警信号,按 ACCEPT 按钮,LED 显示器将停止闪烁。

表 5.3　故障代码及措施

说　明	代　码	措　施	设定点
低报警	A1	核对实际报警状态 进行检查以证实实际危险状态 不允许进入隔间	大于 10% LEL
高报警	A2	核对实际报警状态 进行检查以证实实际危险状态 不允许进入隔间 如果程度达到 60% LEL,则手动停机	大于 25% LEL
故障报警	FAULT	核对实际报警状态 由下面的故障排除指南来确定故障原因	不用
模拟输出信号开路	F1	检查后部端子引线插脚 20d 和 22d 上的连接	不用
不能完全校准	F2	消除危险气体并使传感器接触空气至少 5 min,然后 校准,如果失败,则更换传感器	不用
软件检查和错误	F3	这个故障可能在监视器初次上电时发生。断电并重 新给监视器通电	不用
传感器连接开路或短路; 或使用过度零位漂移	F4	确保传感器接线正确连接在监视器后部。重新校 准,并且如有需要,更换传感器	不用
不使用	F5	保留供将来使用	不用
电源电压低	F6	确保供电电压至少为 24 V DC	不用
EEPROM 校验失败	F7	如果微处理器不能存储校准或设置信息在 EEPROM 中,这个故障就会发生	不用
没有完成设置	F8	在 setup 模式期间或之后可能发生这个故障。按 MASTER RESET 开关来清除	不用
校准超时	F9	校准气体在传感器上接触 6 min 以上会发生此故 障。消除气体并使传感器接触空气	不用

有两种形式报警信号:闭锁和不闭锁。当报警条件不再存在时,不闭锁报警器都自动地复位;闭锁报警必须通过按"RESET"按钮进行手动复位。

5.15.5　系统运行

(1)启动

在完全停机或大修结束后,对危险气体保护系统应进行相应的检查,然后才能投入运行,其具体步骤如下:

①核对所有设备的检修工作已结束、检修标志已去除；

②启动前验证报警和设定点正确；

③检查危险气体保护系统以确保监视器和所有探测器都已经连接好并准备就绪；

④验证火灾保护系统已投入；

⑤检查所有隔间门已关闭；

⑥确认 MARK VI 控制系统在运行中监视有无危险气体报警；

⑦激励危险气体监视器,在首次通电时,所有的 LED 显示器会闪烁,在短时间延迟后,显示器将指示"0"；

⑧如果在 LED 显示器上指示出任何报警或故障,则参照前述故障代码表所示来确定其原因并纠正。

（2）正常运行

在正常运行期间,除了监视各种系统参数以发现可能激发报警状态的任何异常外,不需要人员进行操作。由于危险气体保护动作而导致紧急停机时,应阻止人员进入受影响的隔间,采取必要的措施来使该隔间通风,并检查系统以核实状态是否正常,尽快查明气体积聚的原因并予以纠正。

5.15.6　系统维护及保养

（1）监测探头安装中的注意事项

①必须安装在爆炸性混合物最容易积累的地方。

②为使探头运行正常,安装位置周围应保持一定的空间。

③需安装在无冲击、无振动、无电磁场干扰的场所,并用焊锡包裹裸露线头。

④被测气体甲烷和氢气比空气轻,要求探测仪位置必须安装在被监测设备上方位置。

（2）系统校验

催化式探头一般情况能连续工作数年,如 GM Model 4802A 催化式传感器理论寿命为 3～5 年,但是定期对探头进行校验仍是必要的,厂家说明书中强烈建议每 90 天对探头进行一次校验。此外,每当更换新探头或更换卡件时,在重新校验后系统方能正常工作。值得注意的是,当探头暴露在浓度超过着火浓度下限值的天然气或氢气数分钟,必须对其重新校验,在系统发生危险气体超限报警后,也应及时对报警探头进行校验。

（3）校验原理

将危险气体监测探头暴露在已知着火浓度下限值 LEL 的标准气下进行标定,使 3500/63 卡件中待校通道的参数被正确设定,使之能准确反映工作环境中被测气体的 LEL 数值。建议使用浓度为 20%～50% LEL 的标准气进行校验。

校验工作均在 3500 RACK CONFIGURATION 组态软件下进行,任何时间只能校验一个通道。不能多个通道同时进行校验。

（4）校验步骤

①使用 3500 RACK CONFIGURATION 组态软件连接控制器并上载组态,然后用系统 ULITY 菜单下的 SOFT SWITCH 将被校验通道 BYPASS。

②在 OPTION 下选择被校验通道,设定正确的 LEL 百分量。

③用压缩空气清吹被校探头周边,使其能正确标定零位;单击"CALIBRATE"按钮,进行自动零位标定。

④完成零位标定后系统将弹出对话框,提示零位标定完毕,可开始正式校验;此时用标准校验装置的罩杯覆盖探头,并释放标准校验气体,待标准气笼罩探头后,方可单击对话框"确定"按钮继续进行校验。如系统提示零位标定失败,则需要检查探头至 63 卡件的接线极性是否正确。

⑤完成校验后,系统给出成功提示,并自动取消被校通道的 BYPASS 软锁。如果校验失败将显示系统超时,此时需要确认被校通道是否和当前探头对应。

⑥系统复位,按插槽 1 接口卡的"RESET"按钮。系统退出校验状态,进入正常监测。

(5)系统监视

3500 危险气体监测系统在其盘内接口机上提供了 3500 OPRATER DISPLAY 软件监视平台供用户监视、分析整个系统的运行情况。用户可以在 3500 RACK CONFIGURATION 组态软件中设定各通道的各级报警 LEL 限值,并通过事件记录功能查询系统运行情况及报警信息。

5.16　水洗系统

5.16.1　系统功能

(1)概述

在燃气轮机运行期间,压气机所吸入的空气中可能含有灰尘、粉尘、昆虫和油烟,这些大部分会在进入压气机前被进气过滤器除去,而少量的干性污染物和湿性污染物会沉积在压气机的通流部件上,造成燃机的出力及效率下降。因此应设置相应的水洗系统,定期对压气机内沉积污染物做清洁处理,恢复机组性能。

对于烧重油的燃气轮机机组,还会有重油的残渣在燃气透平上结垢,如重油中的灰分、积炭、水溶件组分、不溶解的灰尘和腐蚀性介质。如果发生了叶片腐蚀,腐蚀介质将助长沉积并使其稳定。因此,必须在水洗压气机的同时对燃气透平进行清洗。而对于烧天然气的燃气轮机机组,只配备有压气机水洗装置。

(2)功能说明

在水洗过程中,操作员启动水洗泵并操作水洗装置上的相应控制阀门,则清水或带洗涤剂的水溶液经由管道以适宜的混合比例、压力、温度与流量输送到压气机,对压气机进行清洗。压气机入口水洗管道上的节流孔对水流量进行控制。水洗离心泵按设定的程序动作,以满足水洗的需要。进入水流的洗涤剂流量通过文丘里管的洗涤剂管道上的阀门进行控制,设有流量计可以观察到洗涤剂的流量。

压气机的水洗方法分为两种:在线水洗与离线水洗。

①在线水洗：在机组接近基本负荷时，将除盐水喷射到压气机中进行清洗的方法称为在线水洗。其优点是可在机组运行期间进行清洗而不必停机，但效果没有离线水洗的效果好。所以，在线水洗只是作为离线水洗的补充，而不能替代离线水洗。

②离线水洗：在机组冷拖状态下，将加入了洗涤剂的清洗液喷射到压气机中进行清洗的方法称为离线水洗。因为允许压气机在清洗液中浸泡一段时间，所以确保了此种方法的清洗更彻底有效。

5.16.2　系统组成与工作流程

（1）系统组成

如图 5.68 所示为 PG9351FA 燃气轮机压气机水洗系统。该系统主要由含喷嘴的水输送管路和压气机水洗模块两部分组成。

1）水输送管路

该管路分为在线水洗管路和离线水洗管路两个分支。它们由各自的进口控制阀和分布于压气机进气喇叭口的喷嘴组成，主要包括：

①在线水洗管路：在线水洗管道、孔板、喷嘴（18 个）和带 20TW-6 电磁阀的进口阀 VA16-3。

②离线水洗管路：离线水洗管道、孔板、喷嘴（9 个）和带 20TW-4 电磁阀的进口阀 VA16-1。

③另外水洗后的排水管路主要包括进气室、燃烧室、排气框架和排气管的排水管道。

2）压气机水洗模块

由下列主要部件组成：

①水洗箱。

②水洗加药箱。

③具有可移动顶盖的模块外壳。

④单级离心泵 88TW-1。

⑤外壳通风扇。

⑥隔间空间加热器。

⑦水加热器 23WK-1。

⑧电动机控制柜。

⑨文丘里喷射器。

⑩Y 向粗滤器。

⑪压力、温度、液位和流量指示器。

⑫压力、液位和流量开关以及热电偶。

⑬浮球阀、球阀、针阀利和止回阀。

（2）工作流程

如流程图 5.69，用于说明脉冲模式离线水洗的正确动作步骤。

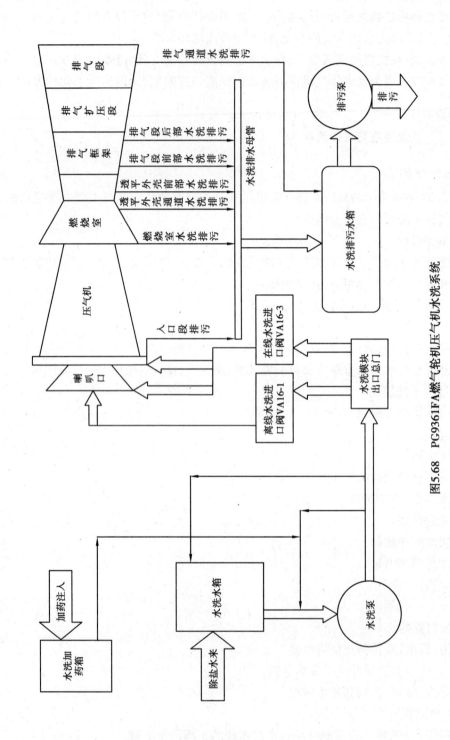

图5.68　PG9361FA燃气轮机压气机水洗系统

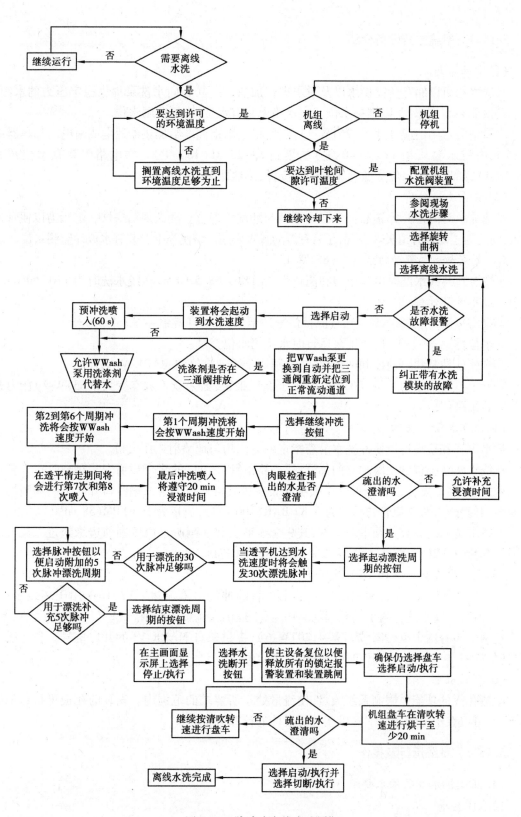

图 5.69 脉冲式离线水洗周期

5.16.3　系统主要设备介绍

（1）水洗水箱

水洗水箱可以储存所需供水以及对水进行加热、保温，并向水洗泵提供稳定压力的水源。在水箱顶部装有浮球阀，以维持水位。在水箱上装有水位计，可监测水位。

水箱中的水温由温度开关（26TW-4）控制，根据水箱温度给加热器通电或断电。加热器能在 15 h 内将水温从 4.44 ℃（40 ℉）加热到 82.22 ℃（180 ℉）。在电路中装有水位开关（71TW-1），如果水箱水位降低到非安全水位，加热器即断电。

（2）水洗洗涤剂箱

水洗洗涤剂箱提供所需洗涤剂，经由管道与冲洗水混合。洗涤剂箱提供一定压力以便管道吸入，而且为了防止管道吸入空气，还装有浮动式吸入阀。该洗涤剂箱装有水位计监测水位。

（3）交流电动机驱动的水洗泵（88TW-1）

水洗泵在离线水洗时出口压力和流量为 95 PSIG、58.5 GPM；在线水洗时为 110 PSIG、38 GPM。泵系统装置有：

①泵出口流量表（80WW-1），将流量信号送至 MARK VI 控制系统。

②水位传感器 71TW-1，保证泵运行时水洗箱水位充足。

③有就地控制和自动控制两种模式，分别用于手动启停和 MARK VI 启停。

④泵接有两只压力开关，（63TW-1）用于低压报警，如果吸入真空变大，（63TW-2）压力开关就会使泵跳闸。

（4）喷水集管和喷嘴

喷水集管和喷嘴可以使冲洗水沿着指定的方向均匀地喷射入压气机。

在线水洗系统包含两路独立的集管：第一路集管（前向）的 9 个喷嘴安装在喇叭口外轮廓前凸缘附近，第二集管（后向）的 9 个喷嘴安装在压气机入口上游的喇叭口外壳上。喷嘴均为等间隙均匀分布，两路集管的压力为 6.89 BAR（100 PSI），流量为 144 LPM（38 GPM）。

离线水洗系统只有一路单环集管，其 9 个喷嘴安装在喇叭口内轮廓前边缘附近。集管的压力为 5.86 BAR（85 PSI），流量为 221 LPM（58.5 GPM）。

（5）气动喷射阀（VA16-1&VA16-3）

气动喷射阀可以开启和关闭流入各个集管的冲洗溶液流量。VA 16-1 用于离线水洗，VA 16-3 用于在线水洗。两个阀只起隔离用途，不提供变流量的控制。

这两个阀有两个电磁阀（20TW-4,20TW-6），提供来自 MARK VI 的开启信号。在电磁阀开启时，压缩空气导通并且开启阀（VA16-1,VA16-3）。

（6）限流孔板

限流孔板的功能是限制系统流量，使流量处于所要求的范围内。安装的孔板可机械地限制流量，可以在给定的压力下提供压气机最佳的计算流量。

5.16.4　系统运行及操作

（1）压气机水洗的基本要求

1）水质要求

燃气轮机对离线水洗和在线水洗的水质要求见表5.4。

表 5.4　燃气轮机水洗的水质要求

项　目	离线水洗	在线水洗
固体颗粒(水溶的和非水溶的)	100×10^{-6}	5×10^{-6}
钠加钾(Na + K)	25×10^{-6}	0.5×10^{-6}
其他引起高温腐蚀金属(Pb,V)	1.0×10^{-6}	0.5×10^{-6}
pH 值	$6.5 \sim 7.5$	$6.5 \sim 7.5$

2)洗涤剂质量要求

①洗涤剂应按制造厂说明的浓度与清洗水混合,其纯净状态应符合表 5.5 的要求。

②灰含量不超过 0.01%。

③储存稳定性好,不变色,无分离,钢标本试验无腐蚀。

④在加压条件下与水混合无结块或不出现胶状物。

⑤Persky-Marten 闪点应超过 60 ℃(140 ℉)(ASTM D93)。

表 5.5　洗涤剂纯净状态要求

项　目	最大含量/ $\times 10^{-6}$	项　目	最大含量/ $\times 10^{-6}$
钠加钾(Na + K)	25	铅(Pb)	0.1
镁加钙(Mg + Ca)	5	硫(S)	50
钒(V)	0.1	氯(Cl)	40

3)水洗周期

离线水洗的周期推荐为:当压气机的性能由于阻塞而下降或机组在基本负荷的条件下经大气温度和压力修正后的输出功率下降 10%或更大时,在两次离线水洗的间隔期内可穿插数次在线水洗,每次在线水洗时间不要超过 30 min。在实际生产过程中,一般周期为一季度离线水洗一次。

4)允许水洗条件

在线水洗时压气机的进气温度(MARK Ⅵ控制盘上大气温度 CTIM)必须大于 10 ℃,以防止 IGV 进口和压气机进口结冰。CTIM 必须是在切断进气抽气加热状态下的数据。

当投入进气抽气加热系统时,不能进行在线水洗。同时,不能为了立即进行在线清洗而强制切断进气抽气加热系统。

CTIM(进气温度)小于 4 ℃时不能在冷拖工况下进行离线水洗。

5)水洗设计条件

表 5.6 列有燃气轮机在离线水洗和在线水洗时对清洗介质的压力和流量要求,通过压力指示器监视水泵出口压力。水泵出口压力应平稳并处于 $6.3 \sim 8.4$ kg/cm^2。

6)水洗模块的备用状态

水洗前水洗模块水箱水温大于 24 ℃(75 ℉),如水温达不到要求,应检查水箱加热器;水箱水位在 3/4 以上。在满足该条件后,应对输水管线进行暖管,打开压气机水洗进水管总阀,打开压气机水洗电磁阀20TW-4和20TW-6前端排放阀,即使二位三通阀处于旁通状态。全开水洗泵进水阀,手动启动水洗泵88TW-1,全开水泵出水阀,进行供水管段暖管,直到有热水流出为止(约1 min),手动停止水洗泵88TW-1,将入口三通阀转到正常阀位。

表5.6　燃气轮机对清洗介质的压力和流量要求

项　目	压力/(kg·cm^{-2})	流量/(L·min^{-1})
在线水洗	7	144
离线水洗	6	221

7)水洗注意事项

在对燃气轮机的压气机或透平机部分进行水洗时,要注意不要让水进入由压气机排气各用户的部件内,这很重要。为防止水进入部件内,在相应管道上均配备有隔离阀。在燃气轮机正常运行期间,这些隔离阀均打开。在开始水洗操作之前,必须将隔离阀关闭并打开排水阀。在水洗结束时,必须打开隔离阀,关闭排水阀,以便允许燃气轮机正常运行。

(2)压气机的手动离线水洗

在离线水洗前,燃气轮机应处于停机状态,停机前2~3 h做机组热力性能计算。待洗机组必须充分冷却,第二级轮间温度值不得超过65.6 ℃(150 °F),水质和洗涤剂质量符合要求,燃气轮机要做好水洗隔离措施,然后手动启动透平排气框架冷却风机和2号轴承冷却风机,同时MARK VI选择水洗状态,方可进行压气机的离线水洗。水洗分下列几个阶段进行:

1)清水冲洗浸泡

在MARK VI上选定离线水洗,使机组按冷拖方式运行,可转导叶IGV开度自动达到最大角度,开始清水冲洗,喷射60 s。

2)加洗涤剂清洗

在完成清洗液置换后,在MARK VI的水洗页面中单击"Initiate wash"(初次水洗),打开压气机离线水洗电磁阀,加洗涤剂清洗开始,电磁阀共有8次清洗喷射。

第1次清洗液喷射发生在冷拖转速(18%额定转速)时,在完成第1次喷射后,机组将进入清吹转速(14.5%额定转速)。在第1次结束后,经4 min延时将开始第2~6次喷射,每次喷射持续60 s,每次喷射之间有4 min间隔时间。第6次喷射完成后,经2 min延时,将LCI切断,机组开始惰走到盘车转速。在第6次喷射完成3 min以后,当机组惰走时,将进行第7次喷射。这次喷射至少持续1 min,再延时3 min,开始第8次喷射。第8次喷射持续到慢转速盘车开始继电器(L14HT)失电时为止。然后,在慢转速盘车转速下浸泡20 min。

在压气机的手动离线加洗涤剂清洗时,需关闭再循环管线球形阀以防止洗涤剂进入主水箱。

3)漂洗

浸泡期间完成清水置换。在完成清水置换后,在MARK VI上离线水洗页面中单击"Initiate Rinse"(初次漂洗),打开压气机离线水洗电磁阀,进入漂洗阶段。随着选择漂洗,机组开始加速到水洗14.5%转速,漂洗循环开始。将会激发30个漂洗脉冲,引发30次清水喷射(包括漂洗前的1次循环)。每次喷射60 s,每次喷射前有3 min间隔时间。在漂洗周期内,水洗泵再循环回路打开,部分水再循环回到水箱。

在初次漂洗完成后,可按下增加漂洗循环按钮"5 Extra Rinse"(5 次额外的漂洗)或结束漂洗循环按钮"End Rinse"(结束漂洗)。如选用"5 Extra Rinse"按钮,则漂洗程序继续进行,直到认为漂洗干净时,按下"End Rinse"按钮,漂洗程序结束。

在漂洗循环完成以后,在 MARK VI 的 HMI 上选择"Stop"(停机)。发出"Stop"令机组停机,机组将惰走到盘车转速,排除机组内残留的水。最后在 MARK VI 水洗页面上选择"Off Line Water Wash OFF"(停止离线水洗)。

4)盘车和冷拖

盘车半小时,再选择"CRANK"冷拖半小时,检查 D5、PM1 和 PM4 环管低点疏水口及排污口已完全干燥后,停机。

5)水洗隔离措施的恢复

恢复水洗隔离措施,最后在燃气轮机主控显示页面上选择"OFF"按钮。24 h 内启动燃气轮机至全速空载烘干 5 min;水洗模块恢复备用。

(3)压气机的自动在线水洗

在线水洗一般不推荐使用洗涤剂,其水质应符合要求。机组必须运行在全速,并且在在线水洗过程中不能停机。

启动前在水洗模块的控制盘上要做好在线水洗前的准备。机组应该在基本负荷附近运行。在线水洗是自动进行的,一旦许可条件满足,操作员选定在线水洗投入按钮,机组应该卸负荷约 3%,稍低于基本负荷,使燃气轮机从温度控制过渡到转速控制。水洗循环时将阻止机组进入尖峰负荷运行。机组控制系统发出指令打开在线水洗进口阀,并发出水洗泵启动信号。如果"允许"条件满足,在线水洗将开始,并且持续 30 min。在在线水洗循环结束时,机组将自动选择停止水洗。操作员可在任何时候选择中止在线水洗。在停止或中止在线水洗后,操作员选择基本负荷或预选负荷运行,使机组回到正常运行状态。

5.16.5 系统维护及保养

轴流式压气机上结垢的种类和形成的速率取决于其工作的环境和进口处的过滤作用。经验表明污垢沉积物由不同数量的水分、油、烟灰、水溶性成分、不溶解的脏物以及压气机叶片材料腐蚀的生成物等组成。在压气机进口处,当潮湿的空气冷却至露点以下时便形成了水分,污垢沉积物一般由水分和油粘合在一起。如果产生了叶片腐蚀,腐蚀的生成物会促进和稳定这种积聚。

确定压气机的清洁程度有两种基本方法:外观检查和性能监控。

(1)外观检查

外观检查的步骤包括停运机组,取下进气室的窗盖,检查压气机的进口部位、嗽叭口、进口导叶和压气机前几级叶片。

如果包括尘屑或薄膜状的任何沉积物在这些地方达到可以擦拭掉或刮掉的程度,说明压气机的污垢已足以影响到性能。外观检查还能确定哪些沉积物带油的还是干的。

如果是油的沉积就需要用水加清洗剂来清洗。在冲洗前还得找一下油的来源而加以纠正,以防止这种污垢的重现。如果是干的沉积物,那么单是用水清洗就足够了。

（2）性能监控

性能监控包括在正常运行期间取得燃气轮机的运行数据，然后与性能试验的数据对比，以得出燃气轮机性能变化的趋向。

当机组在稳态基本（BASE）载荷下运行时，取得的性能数据包括功率输出、排气温度、进口空气温度、大气压力、压气机的排气压力和温度以及燃料消耗等。

热耗率数据可以用燃机性能曲线修正成标准状态下的数值，然后可以作出压气机压缩比和效率的分析，可以将目前的运行数据进行比较，将有助于找出问题所在。如果运行性能的分析说明压气机已污染，应通过外观检查来予以证实。

5.16.6　系统常见故障及处理

水洗系统常见故障包括：水洗泵进出口压力低、水洗模块跳闸报警继电器、水洗泵出口流量丢失等，下面针对这些常见故障的故障现象以及处理方法进行简单描述。

（1）水洗泵出口压力低报警

1）现象

当水洗泵出口压力低于 641.2 kPa，系统发出出口压力低报警信号 63TW-1。

2）原因

①压力开关故障或取压管泄漏。

②水洗管道泄漏。

③水洗箱水位低。

④水洗泵或电机出现故障。

⑤水洗泵进、出口门误关。

⑥水洗泵入口滤网脏或堵塞。

3）处理

①检查就地泵出口压力表确认压力低。

②检查系统有无泄漏。

③检查水洗箱水位。

④检查水洗泵运行情况是否正常。

⑤检查水洗泵出口门位置正确。

⑥检查并清洗入口滤网。

（2）水洗泵入口压力低跳闸

1）现象

当水洗泵出口压力低于 −13.55 kPa，系统发出进口压力低报警信号 63TW-2。

2）原因

①压力开关故障或取压管泄漏。

②水洗管道泄漏。

③水洗箱水位低。

④水洗泵入口门误关。

⑤水洗泵入口滤网脏或堵塞。

3）处理

①检查泵已跳闸。

②确认压力开关动作正确。

③检查系统有无泄漏。

④检查水洗箱水位。

⑤检查水洗泵入口门位置正确。

⑥检查并清洗入口滤网。

⑦检查水洗泵有无损坏。

（3）水洗模块跳闸报警继电器

1）现象

系统发出水洗模块跳闸报警信号86WWX。

2）原因

①水洗系统泄漏。

②仪表和控制元件运行不正常。

③水洗箱水位低。

④水洗泵或电机出现故障。

⑤水洗泵入口滤网脏或堵塞。

3）处理

①检查水洗模块已跳闸。

②检查系统有无泄漏。

③检查仪表和控制元件是否运行正常。

④检查水箱水位是否足够。

⑤检查水洗泵与电机有无损坏。

⑥检查并清洗入口滤网。

（4）水洗泵出口流量丢失

1）现象

当水洗泵出口流量低于 0.45 m^3/h，系统发出水洗泵出口流量低报警信号88WW-1。

2）原因

①水洗系统泄漏。

②仪表和控制元件运行不正常。

③水洗箱水位低。

④水洗泵或电机出现故障。

⑤水洗泵入口滤网脏或堵塞。

3）处理

①确认水洗泵出口流量是否低。

②检查系统有无泄漏。

③检查仪表和控制元件是否运行正常。

④检查水箱水位是否足够。

⑤检查水洗泵与电机有无损坏。

⑥检查并清洗入口滤网。

5.17　调压站天然气系统

5.17.1　系统功能

　　天然气调压站是 PG9351FA 联合循环机组重要的辅助设备之一,它能够在各种运行工况下将来自上游供气管道的天然气降压或稳压,从而确保天然气在所要求的压力和流量下连续输入下游燃机天然气前置模块的配气管道,通过前置模块的进一步调节,满足燃气轮机燃烧要求。与此同时,天然气调压站还能够有效地将所输送的天然气中的固体颗粒杂质及液滴清除出来,使之能满足燃机燃气前置模块的清洁度要求。另外,天然气调压站还能够保护其下游配气管道系统设备,即使出现调压器发生故障的情况,也不会使上游过高压力的天然气危害到调压站下游的设备和管道。

5.17.2　系统组成与工作流程

　　天然气调压站主要由入口及计量系统、过滤系统、调压系统、智能压力控制系统、电气仪表系统及相应的照明、充氮、接地等辅助系统组成,还包括相应的调压站外管道(包括自厂区交接点至调压站入口前的一根母管和调压站出口至每台燃气轮机前置模块入口前的管道)。图5.70 至图 5.73 分别为天然气计量系统、过滤系统和典型的天然气调压系统。

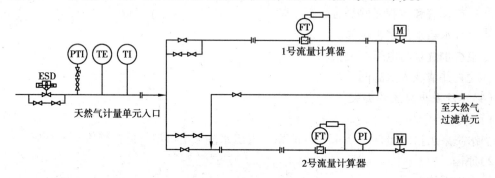

图 5.70　天然气计量系统

（1）入口及计量系统

1）系统组成

　　调压站的入口及计量系统由绝缘接头、超声波流量计及入口紧急切断阀(ESD 阀)三部分组成。

2）工作流程

　　来自上游输供气管道的天然气首先到入口单元,在入口处安装有绝缘接头,用于将静电隔离在本调压站之外,确保调压站在运行中的安全。

　　天然气流经绝缘接头后进入超声波流量计。在这里,天然气的流量得到计量,并由流量计算机调校为标准状态下的温度、压力下的流量,气体流量可由流量计算机的显示器即时显示。同时,与流量计一起还配有气相色谱仪,用于天然气的气质分析。

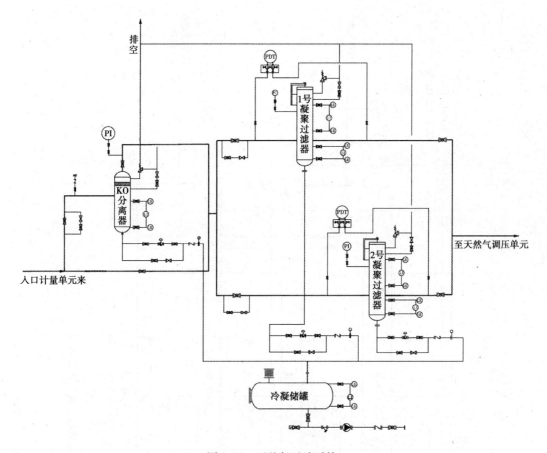

图 5.71　天然气过滤系统

天然气经过流量计后进入入口 ESD。该 ESD 的开与关决定整个调压站以及后续燃机系统能否通气,同时该 ESD 还承担着调压站及燃机在特殊情况时,保证能够紧急切断天然气,确保整个供气系统乃至整个电厂的安全。

(2)过滤系统

1)系统组成

该过滤系统包括 KO 分离单元和凝聚过滤单元两部分。

2)工作流程

天然气经过入口及计量系统后,首先进入 KO 分离单元,本单元为 1 × 100%(150 000 Nm³/h)全厂容量的分离器,用于天然气中大的固体颗粒及液滴的分离,以保护下游设备的安全。分离器为分离、除雾两级式结构,天然气经分离器入口喷嘴进入分离器,分离部分初步清除大的尘粒和液滴,大的液滴和固体颗粒被分离出来,并跌落到分离器的底部,然后进入不锈钢制的除雾器。除雾部分配置不锈钢除雾器,进一步清除天然气中的液滴。

天然气经过 KO 分离单元后便进入凝聚过滤单元。过滤器设计成两台,每台过滤器设计为 100%(1 500 001 Nm³/h)的最大流量,其中一台工作,另一台备用。天然气进入过滤分离器后,首先进入挡板分离部分进行分离,清除天然气中大的固体颗粒及液滴。分离出来的固体颗粒及液滴等污物沉落到过滤器底部,然后进入滤芯进一步清除天然气中的固体颗粒杂质,并沉落在过滤段底部,天然气经出口引出。

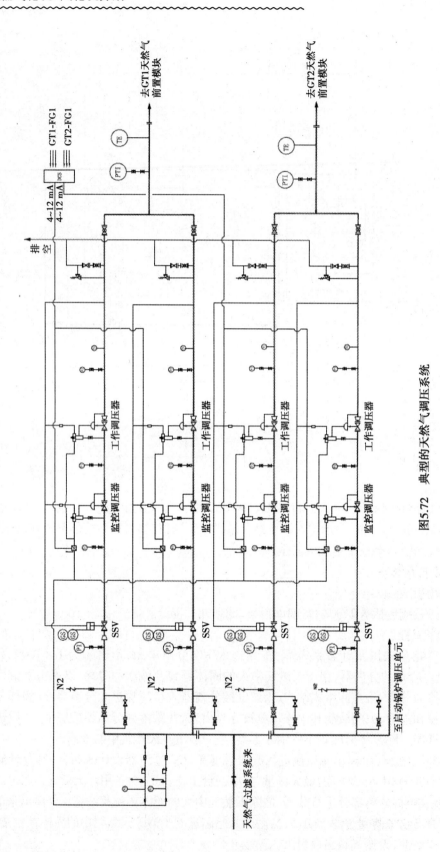

图5.72 典型的天然气调压系统

3）辅助配置

KO 分离器和凝聚式过滤器进出口均配有隔离球阀,用于更换滤芯及检修过滤器。每台旋风分离器和过滤器及冷凝水箱均配有全流量的安全阀用于超压保护,另外还设有双隔断阀用于手动放散,每台过滤器均配有充氮接口。另外,分离器和过滤器及冷凝水箱均配备了自动疏液系统,可在设备高液位时自动排液并在低液位时关闭。自动疏液系统由电磁阀、气动阀、仪表供气装置、隔断阀及止回阀组成。

4）系统过滤效率

5 μm 以上的颗粒,过滤效率为 100% ;

3 ~ 5 μm 的颗粒,过滤效率大于 99.9% ;

2 ~ 3 μm 的颗粒,过滤效率大于 99.5% ;

0.5 ~ 2 μm 的颗粒,过滤效率大于 95% 。

（3）调压系统

1）系统组成

当天然气经过分离过滤单元后,便进入减压单元。调压部分用于将天然气的压力降低至适当的压力,并在流量变化时保证一定的压力变化率,以满足燃机的运行要求。

每台燃机的调压系统由两条调压线路组成(一用、一备),每条调压线路由安全阀 SSV、监控调压器及工作调压器组成。调压线路设定(在附加设定值 =0 的条件下)为:

工作线:SSV——38.0 bar, 监控调压器——33.30 bar, 工作调压器——33.00 bar;

备用线:SSV——38.5 bar, 监控调压器——33.30 bar, 工作调压器——32.70 bar;

附加设定值:PLC 输出燃机前置模块的差压信号来动态改变调压器的设定值。

2）工作原理

正常运行时,工作调压器调节天然气调压站的出口压力。工作调压器为自力式调压器,它通过一个叫做指挥器的装置来实现,指挥器感应调压阀的入口压力和出口压力,并通过其内部的特殊结构设计,将调压器的阀杆稳定在一个固定的位置。这样,当流量一定时,调压阀的前后压降就不会发生变化,调压器的出口压力也就不再发生变化,达到调压的目的。在运行时,我们始终要将指挥器的设定压力设为一个定值。当指挥器感应到调压器的出口压力变化时,指挥器与调压器的膜片处相互配合,使调压器重新达到一个新的平衡(尽管引起调压器出口压力发生变化的因素很多,但流量的变化是主要原因,这在燃机的负荷变化时常见)。

以上调节方式为常规调节,并且在燃气电厂比较普遍,它只是控制调压器出口的压力稳定。不过,一般从调压器出口至燃机之间仍然有一些设备(如:精滤系统、加热器等,称为燃机前置模块)。这样,天然气在这部分就会产生压降,而这个压降的大小与流量有直接关系,所以,在燃机负荷发生变化时,这部分的压降是个变量。这样,如果只是控制调压器出口的压力稳定,就不能保证燃机之前的压力稳定,而燃机之前的压力却是要控制的压力,尽管波动不是很大。

综上所述,为了能够更精确地控制燃机之前的压力稳定,该套调压系统采用了更先进的控制方式,即采用 PLC 控制。PLC 系统将燃机前置模块的压力降作为附加值传给工作调压器的指挥器系统,并将这个附加值直接加入指挥器的设定值中。这样,指挥器(或者说工作调压器)的设定压力就会随着前置模块压力降的变化而变化,这个变化值正好等于燃机前置模块的压力降。而调压器出口处的压力与燃机前置模块的压力降的差值保持不变,这个差值就是燃机前的压力,从而达到控制燃机入口的压力稳定。

3)调压回路运行与自动切换原理

正常工作情况下,监控调压器全开,工作调压器调节压力。当工作调压失效时,出口压力上升,当压力高于监控调压器的设定值后,监控器开始接替原工作调压器进行调压工作。如果监控调压器也失效,则下游压力继续升高,当压力达到切断阀设定点时切断阀切断动作。此时,备用回路工作调压器将投入运行来控制天然气调压站的出口压力。

调压系统主要是通过对各个调压器的压力设定的差异达到自动切换的目的。若主回路工作调压器压力设定为 3.30 MPa,则监控调压器的设定压力要略高于主调压器,为 3.33 MPa。而备用调压回路的工作调压器设定值应略低于主调压回路工作调压器的压力设定值,为 3.27 MPa。同样,备用调压回路的监控调压器的压力设定值应略高于其工作调压器的压力设定值,为 3.33 MPa。

以某厂为例,正常工作情况下,主调压回路的工作调压器负责压力的调节,出口压力为 3.30 MPa,主调压回路的监控调压器保持全开状态。当主调压回路的工作调压器失效,工作调压器将处于全开状态,调压器出口压力升高至 3.33 MPa,此时压力信号通过取样管反馈至监控调压器,监控调压器将开始负责压力的调节。若监控调压器也失效,下游压力将继续升高至切断阀的设置值 3.80 MPa,此时主调压回路切断阀切断,主调压回路停止供气,但下游燃气轮机继续用气,此时调压站出口压力降下降,降至 3.27 MPa。此压力信号通过取压管反馈至备用调压回路的工作调压器,备用回路的工作调压器将开始工作,负责压力的调节。同样备用调压回路也配有监控调压器,即使在备用回路工作调压器失效的情况下,此监控调压器也可负责压力的调节。

调压回路还设有保护措施,如果由于某种原因造成调压器出口压力超高,当该压力高于安全放散阀的起跳压力时,安全阀开始放散。如果此时压力继续升高,并高于 SSV 的高压切断值时,SSV 将在 1 s 内紧急切断,此时该调压线路停止工作。当工作线调压故障造成调压单元出口压力低至备用线调压器压力设定值时,备用调压线路开始工作(这是通过工作线与备用线的调压器及 SSV 的设定值不同来实现的)。

(4)电气仪表控制系统

电气仪表控制系统由现场仪表设备及安装在控制室内控制器两部分组成。

现场仪表设备包括压力变送器、温度变送器、差压变送器、液位开关、阀位开关、调压器阀位变送器、电动执行机构、电磁阀、可燃气体探测器及智能压力控制装置。

控制室内的控制器包括可编程控制器(PLC)、智能压力控制器、流量计算机、气相色谱分析仪控制器。当然,调压站的控制器也可安装在现场适当的位置。

天然气调压站仪控系统的功能为监测天然气进口压力、天然气进口温度、天然气流量、燃气轮机入口压力、燃气轮机入口温度、过滤器差压、天然气泄漏、切断阀及隔断阀的阀位、调压器的阀位,远程控制电动执行机构及气动执行机构,远程控制调压器的压力设定以确保燃气轮机入口压力满足技术规范书的要求。

天然气调压站各撬体的远传仪表信号线连接至相应的现场防爆接线箱中,然后再由防爆接线箱连接至控制室中的 PLC 柜。PLC 柜完成现场的数据采集工作,并通过 RS485 通信模块与 DCS 通信,DCS 可实现对天然气调压站的监控。另外,KO 分离器、凝聚式过滤器及冷凝水箱都配备有自动疏液控制系统,由高低液位开关、电磁阀、气动疏水阀及相应的仪表等组成。

5.17.3　系统主要设备介绍

（1）绝缘接头

来自上游长输供气管道的天然气首先到入口单元,在入口处安装有绝缘接头。绝缘接头主要用于燃气输配系统和燃气调压站中,其作用是将上、下游管线间或调压站与外部管线间相互绝缘隔离,保护其不受电化学腐蚀,延长使用寿命,与管道或法兰直接焊接使用。适用介质为天然气、人工煤气、液化气、空气等腐蚀性介质。

绝缘接头结构如图 5.73 所示。整体式绝缘接头由上、下导管,套筒,绝缘件,密封垫,绝缘涂层组成。在绝缘接头的上、下导管对接端面间,夹有绝缘件和密封件,形成具有绝缘性能的双密封结构。套筒采用坡口焊接或与上导管直接焊接两种形式,将绝缘件和上、下导管牢固封裹在里面,形成"密封容器",从而既保证了良好的绝缘效果,又大大提高了绝缘接头的承压能力。

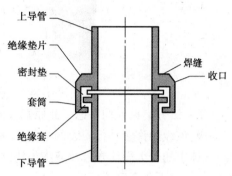

图 5.73　绝缘接头结构图

（2）超声波流量计

1）流量计（传感器）工作原理

气体超声波流量计是通过测量高频声脉冲传播时间得出气体流量的推导式流量计。该流量计对管内沿斜线方向传播的声脉冲沿顺流方向和逆流方向的传播时间进行测量,并使用数字技术计算在工作条件下通过流量计的气体平均轴向流速和气体体积流量。

2）信号处理单元（流量变送器）

气体超声流量计的信号处理单元（流量变送器）是以微处理器为核心,准确、稳定、可靠地将被测介质的流量转换为标准的高频脉冲信号（0 ~ 5 000 Hz）、数字信号（RS-485）及模拟信号（4 ~ 20 mA（带 HART 协议））的装置。信号处理单元的供电电源采用 24 V DC。

计量仪表的两端与直管段法兰连接。流量计可接收现场温度和压力信号,并且随同本身信号通过 485 接口或 4 ~ 20 mA 传至计算机进行计算标况流量。测量压力的压力变送器引压口在本流量计表体上,温度变送器安装在其下游。保证一定精度的流量范围为读数的 2% ~ 100% 量程。

超声波流量计具备声道补偿能力,当出现某声道故障,其余声道能够进行补偿并报警。

（3）紧急切断阀（ESD）

在启动 ESD 之前,要确保整个天然气系统具备通气条件,各个设备、阀门处于正确的位置,否则,决不可以打开该 ESD。更重要的是:进气前要有燃机控制室指挥人员的统一指挥来决定是否开启该 ESD。同时,在运行过程中,如果调压站系统或其他相关系统出问题需要切断气源时,应第一时间关闭该 ESD,切断气源。

（4）旋风（KO）分离器

旋风分离器根据力学原理设计,主要考虑离心力、冲击力及重力。旋风管是一个利用离心原理的管状物,其结构及原理如图 5.74 所示。待过滤的燃气从进气口进入,在管内形成旋流,由于固、液颗粒和燃气的密度差异,在离心力的作用下分离,清洁燃气从上导管流走,固液颗粒从下导管落入分离器底部,从排污口排走。

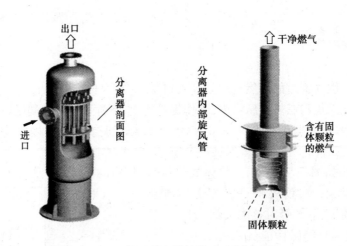

图 5.74　旋风分离器结构及工作原理图

每一级分离设计均考虑了此原则。此分离器为多级旋风分离器。天然气进入旋风分离器第一级,该级中许多平行安装的立管构成旋风分离组件,在这一级腔室中气体的流速大大下降,气体中的较大固体颗粒及液滴很快跌落至容器底部,较小的固体颗粒及液滴撞击到旋风分离组件上并下落至容器底部。然后,气体进入旋风分离器第二级,气体进入旋风分离管,流向被迫逆时针向下。此时气体流速增加,气体中的颗粒及液滴在离心力的作用下分离出来并下降到容器底部。最后,气体经过精心设计的管道上升至旋风分离器出口流出。

分离器配套及附件有:12 in 入口、出口隔断球阀;12 in 旁路系统;液位计,高、低液位报警及开关;就地压力表;氮气置换接口;自动放散阀、手动排放阀;双隔离手动放散阀;自动排污阀。分离器可以消除 5 μm 以上固体颗粒 99.9% ,30 μm 以上液滴 99.5%。

(5)凝聚式过滤器

凝聚式过滤器是一个多级分离器,形式为立式挡板/滤芯型,可以去除天然气中的固体颗粒及液滴,保护下游的燃气轮机,直径大于等于 2 μm 的液滴去除率 99.5% 以上,直径大于等于 2 μm 的尘土去除率 99.5% 以上。第一级分离通过重力及离心力的作用去除气体中较大的固体颗粒及液滴,第二级分离由多个玻璃纤维聚丙烯凝聚组件组成,气体从过滤组件进口流向出口,内部的过滤组件去除亚微颗粒,中部的玻璃纤维捕捉微小液滴并凝聚为较大液滴。这些较大的液滴在过滤组件积聚并通过重力作用流向容器底部。过滤器自备有检修平台、楼梯,并配有更换滤芯维修的开盖工具及吊杆等专用工具,实现快速更换滤芯。

每套过滤系统的主要组成如下:

①自动放散阀:用于在过滤系统超压时自动泄压,该阀设定值为 45 bar。

②手动放空:连接有一个球阀和一个截止阀,卸压时先打开球阀再缓慢打开截止阀。

③吹扫接口:由 0.5 in 球阀和充氮接头组成,用于维修时或开车前的天然气置换。

④排污系统:由一个气动排污阀、两个隔断球阀和一个限流孔板组成,运行时要保证两个隔断球阀处于全开状态,尤其要保证排污罐的入口球阀处于全开状态。该排污系统由电磁阀来控制气动排污阀的开启和关闭,电磁阀通电,排污阀开始排污;电磁阀断电,排污阀关闭;液位监控系统通过现场液位计及液位开关信号来实现。

⑤磁性液位计:共两套。一套(下方)用于挡板分离出来的凝结物;一套(上方)用于凝聚式过滤芯分离出来的凝聚物;磁性液位计用于现场液位的监控。

⑥液位开关:用于控制气动排污阀进行排污及紧急情况下报警。

⑦差压变送器:两套,这两套差压变送器的功能一样,用于显示过滤器进出口处的差压。该差压表示滤芯的污染程度,因为滤芯的污染程度越高,天然气的流通能力越小,阻力就越大,也就是过滤器的前后压差就越大;当压差大约达到 400 mbar 时,应考虑及时更换滤芯。更换滤芯时,先检查备用过滤器系统各阀门、仪表是否处于待运行状态,检查完毕确保无误后,先将备用过滤器进口处的旁路小球阀缓慢打开至全开状态,再将该旁路截止阀缓慢打开,向过滤器充压,当压力不再上升时,缓慢开启过滤器入口球阀,关闭旁路球阀和截止阀,然后缓慢打开该过滤器的出口球阀。完成上述步骤后,关闭另一台过滤器(即欲更换滤芯的过滤器)的进出口球阀,这时过滤器切换完毕;然后打开欲更换过滤器的手动放空阀,将过滤器内的天然气放散至常压,然后进行 N₂ 置换,再打开过滤器顶部法兰盖,准备更换滤芯。

⑧储液罐:用来收集过滤器排放出来的冷凝物。磁浮子液位计指示储罐内液体的高度,定期排放。

(6)调压器

BAAI 调压器广泛应用于大型工业用户的燃气调压计量系统,采用轴流式,具有压力损失小(最小差压仅为 0.05 MPa)、流通能力大、启动压力低(< 0.5 bar)、低噪音、调压精度高、可靠性好、耐用性好(调压器皮膜不受气体直接冲刷)、稳定性高和高速反应能力的特点。特制的鼠笼式销音器可直接降低来自噪声源的噪声,而不是通过噪声衰减的方式,因而特别有效。

表 5.7 调压器和监控器基本参数

型 号	整体式 BAAI-R100S	设计压力	50 bar(g)
工作温度	−50 ~ +50 ℃	环境温度	−50 ~ +60 ℃
调压站进口压力	3.8 ~ 4.4 MPa	工作路出口压力	3.241 ~ 3.538 MPa
监控路出口压力	3.207 ~ 3.503 MPa	反应时间	≤1 s
调压精度	≤ ±1%	超压切断精度	不大于 ±1‰

(7)安全切断阀

安全切断阀为轴流式的切断阀,它具有以下特点:轴流式;可适应任何位置安装;可超高压切断及超低压切断;配有手动切断按钮,可手动切断;配有手柄,可手动人工复位;配有阀位开关,可远传阀位;切断精度:小于 ±1%;反应时间:小于 1 s。

表 5.8 安全切断阀基本参数

型 式	安全切断阀单体配置	设计压力	50 bar(g)
工作温度	−10 ~ 60 ℃	主路动作压力	3.796 MPa
监控路动作压力	3.796 MPa	反应时间	≤1 s
调压精度	≤ ±1%	超压切断精度	不大于 ±1%

(8)冷凝储罐

过滤器有一套自动疏液系统。该疏液系统主要由一个 1.0 m³ 的污液收集罐、排污阀、液位计、阻火器等组成,接收来自分离器及过滤分离器产生的污液(包括水、碳氢化合物、固体颗粒),并配有防爆排污泵,配套设备及附件有:上下游均采用 2″球阀隔断,并设置一个 2″球阀的旁路阀门;阻火设备、安全排放阀、双放散阀,与排放系统相接;就地显示液位计和两只高低位液位开关,液位开关的信号远传接入电厂 DCS 系统;立式防爆排污泵(扬程 10 m、流量 5 m³/h、1.1 kW)。

(9)PLC 控制柜

系统内的所有 DI、DO 及 AO 信号由系统内的端子箱通过点对点的方式传送至每台机组室内的 PLC 柜。PLC 柜采用 AB 公司生产的 LOGIX5000 系列的产品。其中包含了电源模块、CPU 模块、2 个 16 点 AI 输入模块(变送器模拟信号)、5 个 16 点 DI 输入模块(无源触点信号)、1 个 6 点 AO 输出模块(DCS 对 FG1 的要求压力设定值)、1 个 16 点 DO 输出模块(电动头的远程控制信号)和 1 个 MODBUS 通信模块。所有信号输入输出模块均备用了 20% 的余量。所有的数据经过 PLC 的处理转换成 RS485 数据信号通过总线直接传送至用户的 DCS 系统。因此,用户 DCS 系统只需预留一个 RS485 的数据输入接口,以接收 PLC 所传送的信号,以监测调压系统内的运行参数,其配置方案见表5.9。

表 5.9　调压系统 PLC 控制柜配置方案

序　号	部　件	型　号	部件描述	数量
1	电　源	1756-PA72	CONTROLLOGIX 120/240 V AC	1
2	CPU	1756-L55M23	CONTROLLOGIX 控制器(配有 1.5 M 数据和逻辑内存,208 kB I/O + 并带有非易失内存)	1
3	AI 输入模块	1756-IF16	模拟量输入——电流/电压 16 点	2
4	DI 输入模块	1756-IB161	10 ~ 30 V DC 输入 16 点	5
5	AO 输出模块	1756-OF6CI	模拟量输出——电流 6 点	1
6	DO 输出模块	1756-OW161	继电器输出 16 点	1
7	通信模块	MVl56-MCMR	MODBUS 通信模块	1
8	机　架	1756-A17	17 槽 COTROLLOGIX 机架	1
9	软　件	9324-RLD300NXENE	RSLOIX5000W/RS NETWORK FOR CONTROLNET& DEVICENET	1

(10)LCC-21 智能调压系统

1)系统组成及运行原理

LCC-21 系统通常由两个主要部分组成:控制器及电气执行机构。

系统的主要功能是通过改变指挥器的压力设定远程控制调压器的出口压力,而无需运行人员现场改变调压器的压力设定。

LCC-21 系统接收安装于压力控制点管道上的压力变送器传来的实际管线压力信号,也接收来自 DCS 系统发出的管线所需要的压力信号,同时与实际管线压力信号作比较。如果实际压力值低于所需要的管线压力值,控制器将计算出其差压;然后控制器发出信号,打开电气执行机构上的增压电磁阀。增压电磁阀的开启将导致储气罐压力升高,直接升高了至调压器指挥器的"指挥压力",这将使作用在调压器指挥器膜片上的压力升高,从而升高了调压器的出口压力。随着调压器出口压力升高,管线控制点的压力也将升高,从而维持管线控制点所需要的压力。

2）主要功能描述

调压器的出口压力设定通常由调节指挥器弹簧的压缩率来达到,且通过弹簧作用到指挥器膜片上的压力决定了调压器的出口压力。除了弹簧作用在指挥器膜片上的压力外,LCC-21系统可导入气压进入指挥器,并作用在膜片上,导入的气压值决定调压器出口压力的变化。

电气执行机构由一个天然气压力储罐、两台调压器、增压电磁阀、泄压电磁阀、泄放阀、手动压力疏水阀、压力变送器、压力表及相应的隔断阀组成。

压力储罐作为调压器指挥器的"压力储备",通常由一根直径为50.8 mm的容器组成,最大允许压力为2 MPa(g),通过信号管直接与指挥器相连,其中有一针形隔断阀,因此储罐内的压力与施加在指挥器膜片上的压力相同,储罐内的压力因此也可认为是指挥器的"指挥压力"。压力储罐的压力源来自调压器上游的天然气。这个来自上游的压力最高可至8 MPa(g),并通过两个SA2的减压阀减压。在上游压力进入压力储罐前,第一个SA2减压阀把压力减至储罐压力为0.6 MPa(g)。第二个SA2减压阀把压力减至比储罐压力高0.06 MPa(g),这就确保了储罐的充气压力始终比储罐的实际压力高0.06 MPa(g),存在这个微小但固定的差压足够可使压力储罐以可控的方式增压,从而可避免上游压力过快地进入压力储罐导致储罐超压。在第二个SA2减压阀之后安装了一个双向电磁阀SV9432,电磁阀通常处于"关"位,当电磁阀打开后,SA2之后的压力将进入压力储罐,储罐压力升高,同样至指挥器的"指挥压力"升高。为了对压力储罐泄压,储罐配备了根出口放散管道与大气相通,它由TARTARINI公司生产的减压阀SA2及一台电磁阀(常关)SV9431组成。当储罐需泄压时,这台电磁阀打开,SA2将使出口压力减至0.02 MPa(g)并排放至大气。储罐的压力可通过安装在储罐上的一台1.6 MPa(g)的压力表P19431观察,还可通过控制器监控,由储罐上的压力变送器PT9431传来的压力信号进行控制。

为了避免储罐超压,储罐上方也配备了一台泄放阀,压力设定为1.6 MPa(g)。若发生故障,储罐内的压力升高至1.6 MPa(g)时,泄放阀将动作,把多余的压力排放至大气中。

储罐配备了一只压力表及手动排放阀用于维修。

控制器为微处理器。控制器需220～230 V AC电源供应,它通过降低或升高电-气执行机构的气体压力改变指挥器的设定压力,为了达到远程控制的目的,控制器有5个外部接口,分别是:

①由压力控制点管道上压力变送器传来的4～20 mA模拟量信号反映管道实际压力值。

②由DCS系统发出的4～20 mA的模拟量信号反映所需要的压力值。

③由安装在电-气执行机构储罐上的压力变送器传来的4～20 mA信号反映至指挥器的"指挥压力"值。

④由控制器发出的开关信号用于增压电磁阀的开、关。

⑤由控制器发出的开关信号用于泄压电磁阀的开、关。

作为天然气调压系统的主要设备,调压器由指挥器控制其出口压力,保证出口压力的稳定,这可以看作天然气调压系统的初步压力控制。当使用了LCC-21系统之后,调压器的指挥器将与电-气执行机构的储罐相连,储罐将施加给指挥器一个附加压力,此压力与所需要改变的调压器的设定压力成正比。

5.17.4 系统保护元件介绍

天然气调压站各单元都配置了必要的保护元件,在故障发生时,发出报警或启动相应保护。在本节的系统流程、设备和运行说明中已对一些保护设施做了说明,故此处不再重复,这里介绍还未说明的保护元件。

(1)可燃气体泄漏报警器

调压站布置有大量可燃气体检测报警器,以及时发送天然气泄漏警报,避免酿成事故。

可燃气体报警器与可燃气体检测器配套使用,采用红外式补偿检测原理。测量范围是可燃气体爆炸下限浓度的 0 ~ 100%。可燃气体报警器输出的模拟信号送到站控系统 PLC 及电厂的集中控制室,从而可以监测调压站是否泄漏。如果空气中天然气含量超过设定值,则保护会动作,关闭相应的火警关断阀(紧急切断阀)。

(2)火警消防系统

消防和火灾探测由消防控制主机和火焰检测探头、智能手动报警按钮、闪光报警器、泄露探测器等组成。火焰检测探头采用红外/紫外复合型检测,输出故障和报警信号到消防控制主机。消防控制主机输出的报警和故障信号,与泄露探测器的报警和控制信号一起通过火警通讯网络送往全厂消防控制主机。

(3)入口单元入口压力变送器

该压力变送器负责检测调压单元入口天然气压力,正常压力在 4.0 MPa 左右。此压力变化过大时,电厂运行人员要和厂外天然气末站联系,消除天然气压力的异常,以免给厂内设备造成损坏或机组运行带来破坏。当压力升高至 4.9 MPa,系统自动切断 ESD 紧急切断阀。

(4)旋风(KO)分离器以及凝聚式过滤器差压变送器

该压力变送器负责检测旋风(KO)分离器以及凝聚式过滤器前后压差,在压差达到 0.055 MPa 时触发保护系统发出报警,提示需要更换过滤器滤芯。

(5)调压单元出口至机组压力变送器

该压力变送器是检测调压单元出口至机组的压力,异常时会触发保护系统发出报警,低报警值是 3.2 MPa,高报警值是 3.6 MPa。当该处压力异常报警出现后,要及时检查处理,以免影响机组正常运行。异常检查处理时,首先要检查其他单元压力情况,如无异常,就要检查本单元的调压阀、压力监控阀动作是否正常,总之要及时消除此处的压力异常。

5.17.5 系统运行

天然气调压站正常运行时就地无人值守,所有测量和控制设备均通过通信或硬接线与 DCS 系统连接。但在机组启停及正常运行过程中,有些系统运行事项是需要运行人员重点关注的,比如要详细检查确认系统设备在操作中的响应是否正确以及巡视检查时要重点关注系统部位等,本节总结了以下几项注意事项以供参考。

(1)气密性试验

气密性试验要在系统充氮气及引入天然气之前来完成。气密试验压力为 0.6 MPa(a)。在进行气密性试验之前,要确保整个系统的输送配气管道已经完成了水压试验(强度试验),并对系统进行了全面的吹扫工作。

气密试验的步骤如下:首先检查已经与上下游完全隔断;再用压缩空气将系统充压至 0.6 MPa 稳压;然后用肥皂水对各个连接处进行检查;如果在连接处有气泡出现,就需要紧固;如果紧固后仍然有泄漏,要泄压并处理后重新检查;待所有漏点处理完毕后,稳压 6 ~ 12 h,如果压力没有下降,证明系统密封良好,如果压力有下降,则必须用肥皂水查出漏点并处理,并继续稳压 6~12 h,直到压力不再下降为止;系统泄压,气密试验结束。

（2）调压站供气管路的置换操作

当系统设备出现故障需要检修或者机组长期停运时,需要对供气管路进行气体置换操作。管道气体置换的原则是避免管道中天然气与空气并存,按照此原则,供气管道从停用检修到恢复备用的气体置换过程包括以下三步:先将管线中的天然气置换为 N_2 后进行检修操作,检修完成后进行 N_2 置换空气的操作,最后再用天然气置换 N_2 将管道投入备用状态。下面对气体置换的操作进行详细说明。

调压站系统的置换应当根据设备状况进行判断采取分段置换还是整段置换。当调压站全停大修时,推荐对调压站进行整段置换,便于缩短置换操作的时间。如果只是设备故障需要部分置换时,应当首先确定隔离范围,然后对隔离范围内的设备进行置换。

置换的关键步骤和注意事项:

①首先确认要置换管路处于完全隔离状态。充气时都是用进出口阀的平衡阀来充气,而用管路放散阀排气,这样会充气均匀。

②天然气置换成 N_2。

天然气置换成 N_2 时,首先要将管线内天然气通过放散塔排掉,排天然气时,要注意检查管道压力,当确认管道内压力下降至 0.01 MPa 时,就要停止排气,防止空气倒灌。

然后开始向管线内充 N_2,打开调压站入口单元管路的充氮阀,来自 N_2 汇流排的 N_2 充入管道,并将剩余天然气逐渐从各调压支路出口手动放散阀排出,注意更换 N_2 汇流排 N_2 瓶,保证 N_2 压力稳定(0.5 MPa)。

充注 N_2 半个小时后,开始用可燃气体检测仪在各单元排空阀处检测管道内的可燃气体浓度,若浓度大于 4% ,则继续充排 N_2 直到可燃气体浓度下降至 4% 以内。

当所有单元各段管路均检测到浓度下降至接近于 0 时,通知化学人员检验置换是否合格,不合格则继续充排 N_2,合格则置换完成。

关闭各调压支路出口手动阀前的手动放散阀,将整段系统内 N_2 压力升至 0.5 MPa 并维持,防止空气混入。

③充 N_2 置换空气。

充 N_2 置换空气时要注意保证 N_2 压力稳定(0.5 MPa);充注 N_2 半个小时后,开始用气体检测仪在各单元排空阀处检测管道内的氧气浓度,若浓度大于 4% ,则继续充入 N_2 直到氧气浓度下降至 4% 以内;当所有单元各段管路的氧气浓度都下降至接近于 0 时,通知化学人员检验置换是否合格,不合格则继续充排 N_2,合格则置换完成。

④充天然气置换 N_2。

充天然气置换 N_2 时,充注 N_2 半个小时后,开始用可燃气体检测仪在各单元排空阀处检测管道内的可燃气体浓度,若浓度小于 96% ,则继续充排天然气;当所有单元各段管路的可燃气体浓度都上升至接近 100% 时,检验置换是否合格,不合格则继续充排 N_2,合格则置换完成。置换合格则关闭各调压支路出口处至放散塔的手动放散阀,将调压站压力缓慢升至 1 MPa,经检查无泄漏,并且各单元设备投入正常后,可逐渐将系统升压至 5.3 MPa,注意各个调压支路监控调压阀、工作调压阀能否正常投入运行。

当各调压支路出口处的压力表显示压力已经上升至工作压力且压力值已经稳定时,恢复入口单元火警关断阀的手操按钮,打开火警关断阀,并检查入口处的压力正常。

（3）紧急切断阀（ESD）的操作

①开启步骤：首先使两个气动回路控制电磁阀通电，气动执行机构内的汽缸与大气相通。然后手动开启 ESD 旁路的球阀，缓慢打开旁路截止阀，直至 ESD 出口压力与入口压力平衡。液压回路的控制电磁阀通电，使液压缸与液压泵的管路连通。通过开启手动液压泵向执行机构液压缸中充液来打开 ESD（为避免误操作，紧急切断阀仅具备手动液压开启功能）。ESD 开启后，应及时关掉液压回路控制电磁阀，使液压缸与液压泵的回路关闭，使液缸与液压槽的回路连通。

②关闭步骤：在集控室或就地同时按下两个紧急关闭按钮，使气动回路的两个控制电磁阀断电，气动回路连通，气动执行机构动作，使紧急切断阀（ESD）关闭。

（4）KO 分离器排污系统的运行

排污系统由自动排污系统和手动排污旁路组成，正常运行时，自动排污系统的两个手动球阀打开，旁路两手动门关闭，通过液位信号来控制自动排污阀的开启和关闭进行分离器的排污。当自动排污故障不工作时，可手动打开排污旁路阀（两个）进行排污。

（5）凝聚式过滤器排污系统的运行

分离/过滤器排污系统分为分离段排污系统与过滤段排污系统两部分，两个排污系统的运行方式是类似的。两排污系统都是由自动排污系统和手动排污旁路组成，正常运行时，自动排污系统的两个手动球阀打开，通过液位信号（分离段液位或过滤段液位）来控制自动排污阀的开启和关闭，进行分离段或过滤段的排污。当自动排污故障不工作时，可手动打开排污旁路阀（两个）进行排污。

（6）系统停运

调压站或者调压站的任一部分需要停运检修时，要将该部分完全切断并将压力泄掉。为防止形成爆炸混合物，这部分管线必须用氮气置换后方可进行检修，检修完毕后要再次进行氮气置换，然后方可充天然气。

5.17.6　系统维护及保养

在调压站正常运转过程中，不需要操作者在现场，定期巡检除外。只有当系统报警时，才需要操作人员到达现场。

（1）调压站系统的日常巡检维护

①检查是否有燃气味，有无漏气声，如有则应立即检漏。

②检查供气系统各压力点压力是否正常。

③检查分离器以及过滤器液位。

④过滤器压力及差压。

⑤冷凝储罐液位。

⑥燃机天然气调压器出口压力及温度。

⑦PLC 等电气系统的运行状况。

（2）注意事项

①所有增压及减压操作必须缓慢操作。

②所有阀门的开关应缓慢操作以避免冲击。

③松动任何仪表连接或堵头时应先将隔离阀关闭。

④设备停止使用时,应通过调压器下游排出管道内留存气体,不能在调压器前放气,不能出现气体倒流过调压器的现象。

⑤调压站在使用时,必须保持放散阀前隔离阀处于开启状态。

5.18 主蒸汽系统

5.18.1 系统功能

S109FA 机组联合循环蒸汽系统采用三压、再热系统。余热锅炉中产生的蒸汽有三种压力,即高压(HP)蒸汽、再热(RH)蒸汽和低压(LP)蒸汽,它们相应地进入汽轮机(ST)的高、中、低压缸做功。

主蒸汽系统的范围,从余热锅炉蒸汽出口开始至汽轮机高、中、低压进汽点,并从汽轮机(高压缸排汽)开始至余热锅炉再热器止。本节主要介绍高压蒸汽系统、再热蒸汽系统与低压蒸汽系统。

主蒸汽系统的作用是将余热锅炉产生的蒸汽送入汽轮机做功,同时保证机组的安全启停。

(1)高压蒸汽系统

高压蒸汽系统将来自余热锅炉高压过热器出口的高温高压蒸汽输送到汽轮机高压缸进口,通过高压主汽阀和高压调节阀组合阀(简称高压主汽联合阀)进入高压缸做功。

(2)再热蒸汽系统

再热蒸汽系统又分冷再热蒸汽系统和热再热蒸汽系统。冷再热蒸汽系统将高压缸排汽输送到余热锅炉再热器入口,并与中压过热蒸汽汇合;热再热(HRH)蒸汽系统将来自余热锅炉再热器出口的再热蒸汽输送到汽轮机中压缸入口,通过两组中压主汽阀和中压调节阀(简称中压蒸汽联合阀)进入中压缸做功。

(3)低压蒸汽系统

低压蒸汽系统将来自余热锅炉低压过热器出口的蒸汽输送到汽轮机低压缸入口,通过低压主汽阀和低压调节阀在连通管内与中压排汽混合,进入低压缸做功,乏汽最终排入冷凝器。

5.18.2 系统组成与工作流程

主蒸汽系统包含高压主蒸汽系统、中压(再热)主蒸汽系统和低压主蒸汽系统三个部分。其中,中压主蒸汽系统又分为两部分,高压缸排汽至锅炉再热器入口部分称为冷再热蒸汽系统;锅炉再热器出口至中压缸部分称为热再热蒸汽系统。

主蒸汽系统采用单元制的连接方式,结构简单、阀门少、阻力小,有利于整套机组的自动化控制与减少管道损失。

主蒸汽系统工作流程如图 5.75 所示。

(1)高压主蒸汽系统

高压过热蒸汽由余热锅炉的高压过热器联箱出口引出,经过高压主汽联合阀进入汽轮机高压汽缸喷嘴室,去高压汽缸膨胀做功。主汽联合阀 MSCV 由主蒸汽截止阀 SV 和主蒸汽控制阀 CV 串联而成,在主汽联合阀前有一条高压蒸汽的旁路管道,在必要时将多余的高压蒸汽经减温、减压后排向凝汽器。

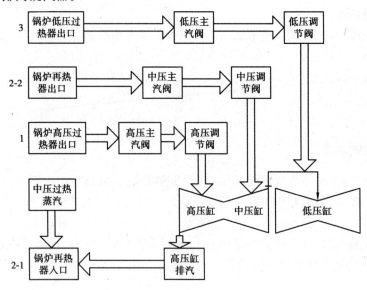

图 5.75　主蒸汽系统工作流程

1—高压主蒸汽系统;2-1—中压冷再热蒸汽系统;2-2—中压热再热蒸汽系统;
3—低压主蒸汽系统

（2）中压主蒸汽系统

中压主蒸汽系统依据再热器的前后划分,可分为冷再热蒸汽系统和热再热蒸汽系统两部分。冷再热蒸汽系统为:蒸汽轮机的高压缸排汽经冷再热蒸汽管道回到余热锅炉,在进入再热器之前与余热锅炉中压过热器出来的蒸汽混合,进入再热器。

热再热蒸汽系统为:从余热锅炉的再热器联箱出口的再热蒸汽,直接接至蒸汽轮机中压缸的中压主汽阀和中压调节阀,进入汽轮机中压部分做功。

来自余热锅炉再热器的中压再热蒸汽,经过两只并联的再热蒸汽联合阀进入蒸汽轮机中压汽缸喷嘴室,去中压汽缸膨胀做功。再热蒸汽联合阀 CRV 由再热蒸汽控制阀 IV 和再热蒸汽截止阀 RSV 串联而成。

来自余热锅炉过热器的中压过热蒸汽和高压汽缸排出的蒸汽汇合后进入余热锅炉再热器。在汇合前,来自余热锅炉过热器的中压过热蒸汽经气动调压阀调压,所以机组运行时调压阀执行压力控制,完成中压过热蒸汽与高压汽缸排汽的并汽任务。在调压阀前有一条中压蒸汽的旁路管道,在必要时将多余的中压蒸汽经减温、减压后排向凝汽器。

（3）低压蒸汽系统

来自余热锅炉的低压过热蒸汽,经过低压蒸汽进汽截止阀 ASV 和低压蒸汽进汽控制阀 ACV,将低压过热蒸汽汇流到汽轮机中压汽缸和低压汽缸之间的联通管内,去低压汽缸膨胀做功。低压蒸汽进汽截止阀 ASV 和低压蒸汽进汽控制阀 ACV 都是带液压执行机构的蝶阀。它们之前有一条低压蒸汽的旁路管道,在必要时将多余的低压蒸汽经减温、减压后排向凝汽器。

5.18.3　系统主要设备介绍

系统配备有一个高压联合截止控制阀（包括截止阀 SV 和控制阀 CV）,两个中压联合截止控制阀(包括截止阀 IV 和控制阀 CRV),一个低压主汽阀 ASV 和一个低压调节阀 ACV。

(1)主蒸汽联合截止控制阀

1)联合截止控制阀的特点

主蒸汽控制阀主要功能是进行速度和负荷控制,也是防止透平超速的防线。它由伺服阀操纵,接受来自电液控制系统的电信号。当转速升到超过规定的数值时,控制阀将被全关。

主蒸汽截止阀是为了提供应急保护用的,它是紧急跳闸系统的一部分。该阀的功能是为正常运行时的事故状态或应急控制装置动作提供防线。它由一只电磁阀操纵,控制液压执行机构全开(跳闸油压建立时该阀全开)或全关(跳机时全关)该截止阀。

联合截止控制阀是使用在汽轮机高压缸入口的主蒸汽管线上的阀门,包括截止阀(SV)和控制阀(CV)两个阀门。它们被放入一个阀室内并且具有同一个阀座,但是这些阀门具有各自的操作和控制机构。

如图 5.76 所示,控制阀与截止阀组合在一个外壳中,而且是专门为滑压运行设计的。它们的运动部件和液压执行机构是相互独立的,这样可增加可靠性。正常运行时,控制阀在全开位置。

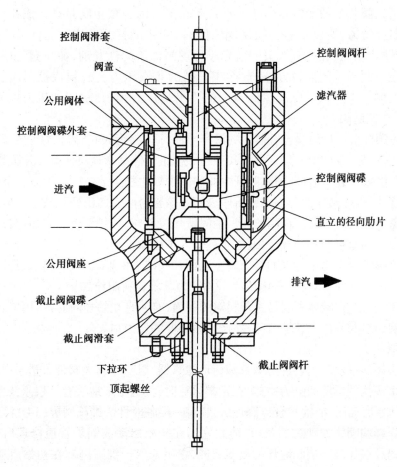

图 5.76　高压主蒸汽截止和控制组合阀体剖面图

控制阀的阀碟位于截止阀的阀碟之上并包围着截止阀的阀碟。控制阀的阀杆连接着阀碟并垂直向上伸出阀盖,与液压执行机构相接。而截止阀的阀杆则垂直向下经过一只压力密封头和滑套伸出阀盖,与另一个液压执行机构相连。

控制阀的液压执行机构在关的方向除液压外附加了一只弹簧的双重作用。控制阀关闭力是由弹簧和蒸汽压力提供的。控制阀设计为蒸汽压力为全压力时能打开。

通过阀体顶部的止口配合使阀盖和阀体保持对中,并且用弹性缠绕垫片密封,用紧固螺栓紧固。在阀盖的下侧有一只定位销给圆柱形蒸汽滤网定位。阀杆由一只硬质滑套导向,而该滑套又被埋入阀体头的中心孔内。控制阀阀碟外套的背座上有一凸肩,在阀全开位置时,控制阀阀杆拉动阀碟,使阀碟紧靠在阀碟外套的背座上,以消除在阀全开位置上的蒸汽泄漏。控制阀阀杆由氮化的因科洛依合金制成。

控制阀阀杆的蒸汽泄漏,除阀杆泄漏外,在上滑套的中部还有一环形空间,它的泄漏通管道引入本体疏水箱。只有在控制阀全关或未全开时才有泄漏。但控制阀全开时不应该有蒸汽泄漏。

截止阀的液压执行机构,在关的方向控制方式是只有弹簧作用的单作用控制方式。当泄去液压后,在弹簧力的作用下即能关闭截止阀。但是,当控制阀打开时,液压只有在克服弹簧力和作用在阀芯上的蒸汽压力才能打开截止阀。因为截止阀是设计成压力不平衡的,液压只能克服弹簧力,所以只有当控制阀关闭时,它才能打开。这就提供了一个附加的安全特性:机组跳机以后,在控制阀关前和应急跳闸油压力恢复前,截止阀是不能够被再打开的。因为在控制阀关闭前,阀前一直存在有高的蒸汽压力。必须待控制阀全关,通过截止阀的阀碟上的一个放汽小孔减少阀盘上的不平衡压力,直到跳闸油压力恢复,打开截止阀,然后再打开控制阀。

截止阀的阀杆由一只硬质合金制造的滑套导向,而该滑套的凸肩正好坐在阀体下部的中心孔内,中间由垫片密封,用一只下拉环和顶起螺栓组合件紧紧地拉住滑套并压紧垫片。阀杆由氮化的因科洛依合金制成,以消除阀杆弯曲和减少氧化物生成。阀杆上有一个台阶,在截止阀全开时,此台阶正好贴住滑套内的密封座表面。该密封座表面正好是截止阀全开的终止点,并正面抵住高压蒸汽的泄漏。在阀的任一中间行程位置,阀杆是不密封的,有阀杆漏汽。在下滑套的中部有一环形空间,泄漏蒸汽通过管道引入本体疏水箱。

截止和控制组合阀的密封表面是由阀座表面和阀碟表面形成。这些表面是用司太立合金嵌入的或者是由抗冲蚀材料(因科洛依或 12 铬)为基础材料制作的。

由图 5.78 可知,在阀体上腔与进汽相对的一面,有一直立的径向肋片,用来防止产生蒸汽环流。这种旋流对阀的流动特性有害,并产生不必要的压力损失。

2)滤汽器

在公用阀体的进汽室内设计有一只圆筒形滤汽器,以防外物经阀带入透平中。

滤汽器由多孔的厚壁圆缸为主体,在正常运行时,其上牢牢地装有一层永久件的粗筛网屏(5 目)。在初始启动时,或锅炉管道修理后,装有一层临时性的细筛网屏(14 目),它用来捕捉小的粒子如焊缝和喷丸处理过的灰渣,防止它们在初始启动或锅炉管道修理后带入透平中。在细筛网屏的外层还有一层临时性的粗筛网屏,它用来保护细筛网屏在初始启动期间免受机械损伤。这三层网屏都焊在多孔圆缸上并用铆钉铆接。正对进汽的部分既未钻孔又未用网屏覆盖,这是为了防止外部物质直接撞击网屏。滤汽器的上下面由定位销定位,使既未钻孔又用网屏覆盖的部分正对进汽。

网屏的固定有两种方式:整体压条式和焊接压条式。

如图5.77所示,在新机组安装好以后,两层临时性的网屏运行的推荐周期是最大8个月,其中超过50%负荷的时间不超过8个星期,满负荷时间至少24 h。但也可根据实际情况确定,定期停机进行滤网清洗和修理,待清洗后更换网屏。安装了临时性网屏的阀门,在满负荷时汽流通过阀门的压降在2%时是正常的。由于外来杂物的堵塞,使压降达到10%的来流压力时,应该停机进行滤网清洗和更换严重损坏的滤网或降负荷运行。目前GE公司提供两套滤汽器,在机组管道冲洗干净后,换成机组正常运行的网屏结构。

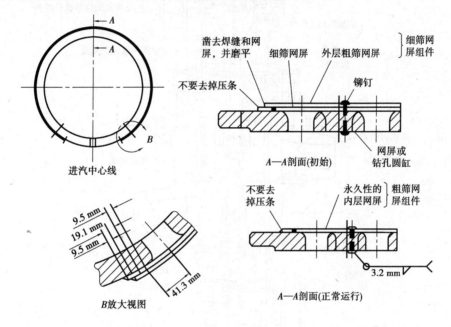

图5.77　滤汽器的临时性网屏的拆除方法

3)主蒸汽控制阀液压执行机构

图5.78所示为截止和控制组合阀(MSCV-1)总图。主蒸汽控制阀液压执行机构在组合阀体之上,截止阀液压执行机构在组合阀体之下。

主蒸汽控制阀液压执行机构由液压控制组件和执行机构的快装执行组件组成。它们之间用联轴端杆连接,端杆的一头用螺纹连接于液压控制组件,另一头由半环组件与快装执行组件螺栓连接。快装执行组件由弹簧、隔离套筒和弹簧内套组成,其下端通过十字接头联轴器与控制阀杆相接。

图5.79所示为主蒸汽控制阀液压控制原理图。在主蒸汽控制阀的液压控制组件上配备有伺服阀,用来控制阀门的不同开度,同时还配备有遮断阀和快速遮断电磁阀。在正常工作时,快速遮断电磁阀处于失电状态,在接通跳闸油供油FSS压力的作用下遮断阀处于右位,切断阀门液压执行机构活塞两边的回油,使控制阀只受伺服阀控制。当快速遮断电磁阀在紧急状况下接受MARK VI快速关闭的信号得电时,快速遮断电磁阀处于右位,使作用在遮断阀的油压泄压,此时遮断阀处于左位,迅速接通阀门液压执行机构活塞两边的回油,从而使蒸汽控制阀快速关闭。

主蒸汽控制阀的电液伺服阀使用的是MOOG公司的4路3线圈电液伺服阀,额定流量为25.0 GPM(在1 000 psig时)。

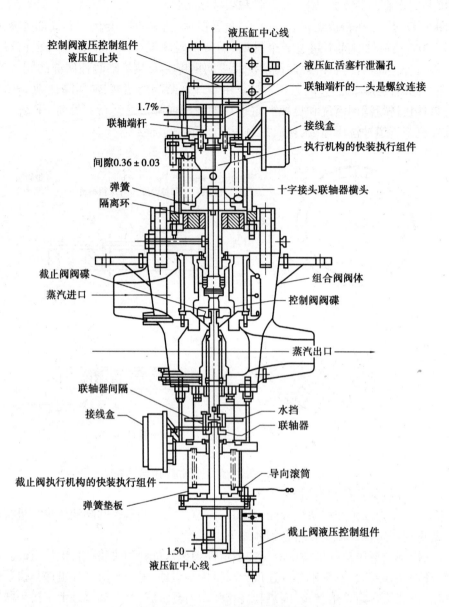

控制阀液压控制组件
液压缸止块

液压缸中心线

液压缸活塞杆泄漏孔

联轴端杆的一头是螺纹连接

1.7%
联轴端杆

接线盒

执行机构的快装执行组件

间隙0.36±0.03

弹簧
隔离环

十字接头联轴器横头

截止阀阀碟

蒸汽进口

组合阀阀体

控制阀阀碟

蒸汽出口

联轴器间隔

接线盒

水挡
联轴器

截止阀执行机构的快装执行组件

导向滚筒

弹簧垫板

截止阀液压控制组件

1.50

液压缸中心线

图 5.78   截止和控制组合阀总图

4）主蒸汽截止阀液压执行机构

图 5.80 所示为主蒸汽截止阀液压控制原理图。

主蒸汽截止阀液压控制组件配备有遮断阀和试验电磁阀。在机组跳机时跳闸油压丧失，遮断阀处于下位，截止阀油缸上下油压失去，在弹簧力作用下截止阀迅速关闭。

对于蒸汽截止阀，可以在线进行部分关闭截止阀的试验。该试验是为了检查机组跳机时截止阀是否能够自由灵活地关闭。试验时，控制系统使试验电磁阀 FY-200 得电，部分泄放掉作用在阀门液压执行机构活塞上的液压油，从而使蒸汽截止阀杆向关闭方向移动。当阀杆移动到试验位置（ZS203D）时，电磁阀失电，并使液压油泄放停止。于是作用在活塞上的液压增加,使主蒸汽截止阀杆又回到100%全开的位置。阀位反馈信号 ZS203D 由 LVDT 提供。

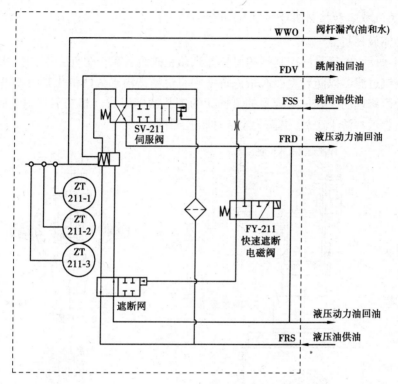

图 5.79　主蒸汽控制阀液压控制原理图

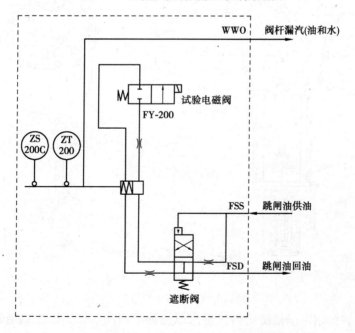

图 5.80　主蒸汽截止阀液压控制原理图

　　主蒸汽截止阀液压执行机构由液压控制组件和执行机构的快装执行组件组成。快装执行组件的弹簧垫与截止阀的端杆之间用键连接,端杆与阀杆则用联轴器连接。

　　(2)再热蒸汽截止和控制组合阀(CRV-1/2)

　　1)组合阀体设计特点

　　如图 5.81 所示,再热蒸汽控制阀和再热蒸汽截止阀组合在一个外壳中。在组合阀碟周围有一个柱形蒸汽过滤器以防外物经阀带入透平中。过滤器由永久性粗孔滤网和用来防止来自安装或锅炉管道修理的杂物进入透平的可拆卸的细孔滤网组成。和主蒸汽组合阀相同,在调试完成及蒸汽管道冲洗干净后,更换为永久性粗孔滤网。

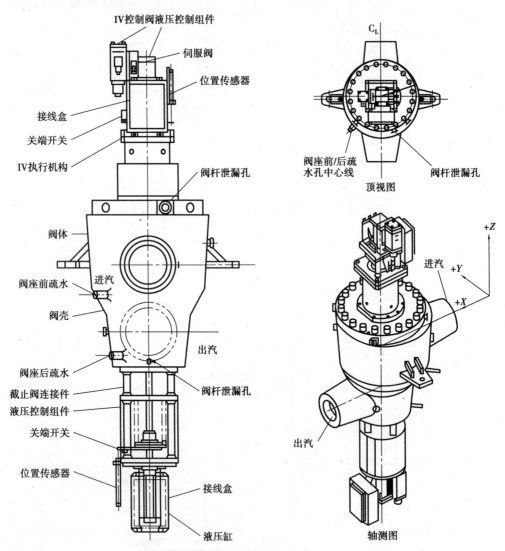

图 5.81　再热蒸汽截止和控制组合阀

　　再热蒸汽控制阀的作用是防止再热蒸汽源使透平超速。作为防止机组超速的第一道防线,它被一只伺服阀操纵,接收来自电液控制系统的电信号。机组启动时,再热蒸汽控制阀 IV 与截止阀 RSV 同时打开;正常运行时,控制阀在全开位置。当转速升到超过规定的数值时控制阀将被设计成从全开到全关防止超速。

　　当阀位指令与实际阀位之间的最大差值与最大允许差值进行比较,一旦超过了触发限值时,IV 阀将被快速关闭。此时快速关闭电磁阀动作,放掉液压缸两侧的液压油,在弹簧力的作用下,快速关闭控制阀。当位置差恢复到正常值时,快速关的指令被取消,控制阀回到伺服控制。

　　截止阀完全是为了提供应急保护用的,它是紧急跳闸系统的一部分,主要功能是在不正常工况下尽快切断到透平的蒸汽流。截止阀被跳闸油回路所操纵,控制液压执行机构,在跳闸油压力建立时该阀全开,在跳闸油压力丧失时该阀全关。在有跳机信号时,全关截止阀,这样在控制阀或控制装置有故障时,提供了保护。

　　2)阀体和滤汽器

　　与主蒸汽截止和控制组合阀的相似,它们的尺寸比主蒸汽组合阀要小。

　　3)再热蒸汽控制阀(IV)液压执行机构

　　图 5.82 所示为再热蒸汽控制阀(IV)的液压控制原理图。

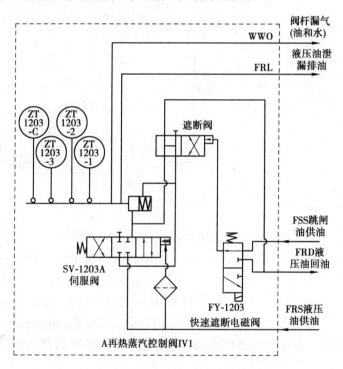

图 5.82　再热蒸汽控制阀(IV)的液压控制原理图

　　如图 5.82 所示,在它们的控制机构上都配备有伺服阀,用来控制阀门的开度,同时还配备有遮断阀和快速遮断电磁阀。正常工作时,快速遮断电磁阀处于失电状态。快速遮断阀处于上位,在接通跳闸油供油 FSS 压力的作用下遮断阀处于右位,切断阀门液压执行机构活塞左边的油路,使控制阀只受伺服阀控制。在紧急状况下,当快速遮断阀接受 MARK VI 快速关闭的信号而得电时,快速遮断阀电磁阀处于下位,使作用在遮断阀的油压卸压。此时遮断阀处于左位,迅速接通阀门液压油缸活塞两边的油路排油,在执行机构的快装执行组件弹簧力的作用下,使蒸汽控制阀快速关闭。

再热蒸汽控制阀(Ⅳ)的液压执行机构由液压控制组件和执行机构的快装执行组件组成。它们之间由半环组件与快装执行组件螺栓连接。快装执行组件由弹簧、隔离套筒和弹簧内套组成,其下端通过螺纹加十字接头联轴器与控制阀杆相接。

再热蒸汽控制阀使用的电液伺服阀与主蒸汽控制阀的电液伺服阀相同,都是 MOOG 公司的 4 路 3 线圈电液伺服阀,额定流量为 25.0 GPM(在 1 000 psig 时)。

4)再热蒸汽截止阀(CRV)液压执行机构

图 5.83 所示为再热蒸汽截止阀的控制原理图。再热蒸汽截止阀液压控制组件配备有遮断阀和试验电磁阀。在机组跳机时跳闸油压丧失,遮断阀处于下位,截止阀油缸上下油压失去,在弹簧压力作用下截止阀迅速关闭。

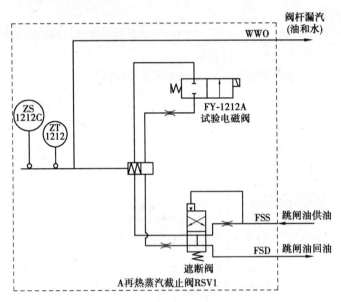

图 5.83　再热蒸汽截止阀的控制原理图

对于再热蒸汽截止阀,可以在线对两只再热蒸汽组合阀中的一只进行关闭截止阀的试验。该试验是为了检查机组跳机时其截止阀是否能自由灵活地关闭。试验时,控制系统使试验电磁阀 FY-1212A 或 FY-1213A(阀)得电,使作用在阀门液压执行机构活塞上的液压油泄压,从而使蒸汽截止阀向关闭方向移动。当阀杆移动到位时,电磁阀失电,并使液压油泄压停止。于是作用在活塞上的液压增加,使被试验的再热蒸汽截止阀回到 100% 全开的位置。

截止阀的液压执行机构的设计尺寸是液压能平衡弹簧力加上 15% 的蒸汽压力差,因此它有能力在蒸汽压力差大约为 15% 的最大再热蒸汽压差时再打开。

(3)低压进汽截止阀(ASV)

低压进汽截止阀(ASV)的主要功能是切断来自低压进汽源进入透平的蒸汽,接受主跳机或应急跳机系统的跳机信号,迅速关闭。

图 5.84 所示为低压蒸汽进汽截止阀(ASV)平面图。它是带有偏心轴的、由多层密合圈材料制成的密合型蝶阀;使用单作用式的液压执行机构,跳闸油经孔板进入液压执行机构,靠液压打开蝶阀;当遮断阀失去液压时,在弹簧力的作用下快速关闭。

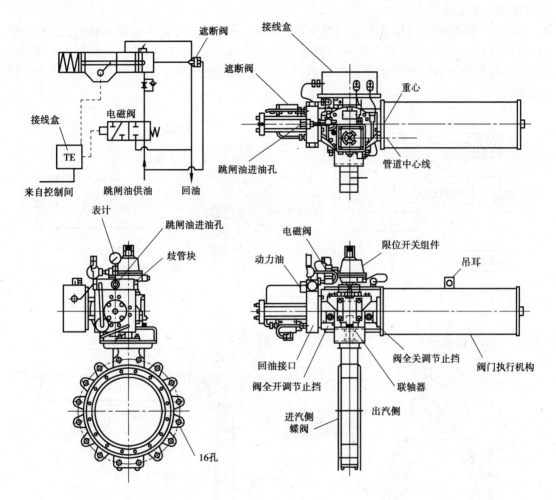

图 5.84　低压蒸汽进汽截止阀(ASV)平面图

截止阀由限位开关反馈阀位,除全开和全关阀位外还有一个中间锁定位置反馈,用于该阀的在线试验。在现场有就地阀位指示。

锁定位置受试验电磁阀控制,当试验电磁阀得电时,油缸接通回油油路,使截止阀慢慢关闭。试验时只要操作员在页面上按下试验按钮,试验电磁阀得电时,油缸接通回油路,使截止阀慢慢关闭到锁定位置。操作员在页面上按下终止试验按钮,截止阀慢慢开到全开位置。

在正常运行时,它被跳闸油回路所操纵,遥控液压执行机构,跳闸油压力建立时该阀全开或跳机时全关。

(4)低压蒸汽进汽控制阀(ACV)

低压蒸汽进汽控制阀(ACV)的主要功能是调节低压进汽压力,它也作为防止由于低压进汽蒸汽源使透平超速的第一道防线。

作为防止超速的第一道防线,ACV 位置受来自 MARK Ⅵ 控制系统的信号调节。这个信号(及控制阀位置)与轴转速成反比;该阀在速度上升到额定速度的 101% 时开始关闭,在额定速度的 103.5% 或之前就完全关闭。当达到 103.5% 时,速度检测信号完全超越低压进汽控制

257

信号使阀完全关闭。

如图 5.85 所示为低压蒸汽进汽控制阀(ACV)平面图。它是带有偏心轴的,由多层密合圈材料制成的密合型蝶阀。使用单作用式的液压执行机构,液压油经孔板进入伺服阀,经伺服阀调节后,液压执行机构将蝶阀打开到所需的阀位。机组遮断时,由伺服阀将控制阀关闭。

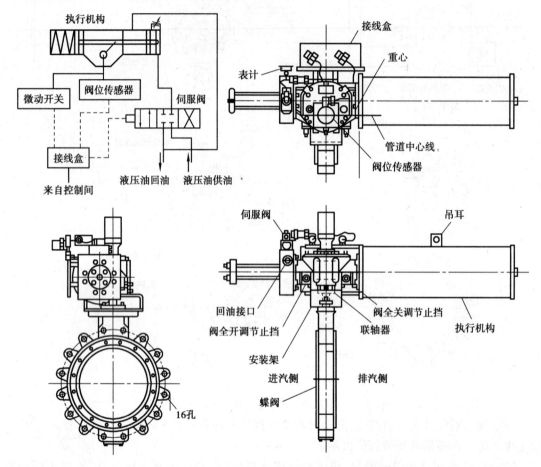

图 5.85　低压蒸汽进汽控制阀(ACV)平面图

低压进汽控制阀使用的也是 MOOG 公司的 4 路 3 线圈电液伺服阀。

在单轴联合循环机组中该阀还有一个重要的作用,即在机组启动时蒸汽未进入汽轮机以前,汽轮机在燃气轮机的带动下旋转会产生摩擦鼓风损失。为了带走这部分热量,要求向低压联通管送入辅助蒸汽去冷却汽轮机通流部分。当转速升至75%～77%额定转速时,ACV 阀打开,根据测量到的中、低压汽缸间的连通管压力,调节辅助冷却蒸汽的流量。

(5)高压抽空阀(FV2685)和中压抽空阀(FV2695)

高压抽空阀(FV2685)和中压抽空阀(FV2695)是用来在机组启动把高、中压透平保持为凝汽器真空状态,防止和带走摩擦鼓风产生的热量。对中压和低压透平,辅助冷却蒸汽在转速升至75%～77%时投入。冷却蒸汽 ASV 进入汽轮机并且在正常方向(正向)流过低压缸到凝汽器,反向流过中压透平经 FV2695 排出到凝汽器。

在主蒸汽控制阀(MCV)打开的同时,关闭高压抽空阀(FV2685)和中压抽空阀(FV2695)。

图 5.86 所示为高压抽空阀(FV2685)平面图;图 5.87 所示为中压抽空阀(FV2695)平面图。

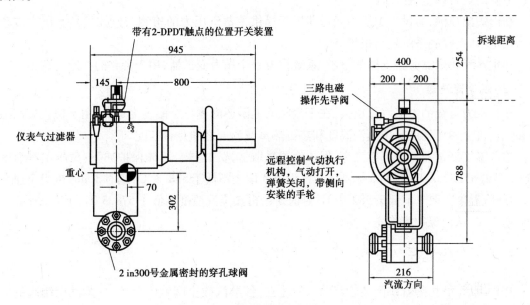

图 5.86   高压抽空阀(FV2685)平面图

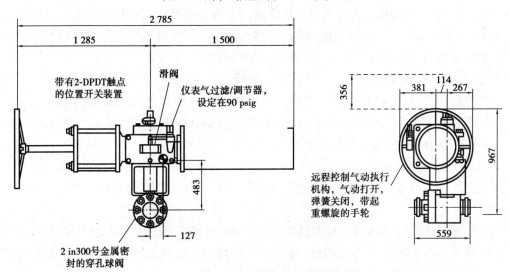

图 5.87   中压抽空阀(FV2695)平面图

5.18.4   系统主要保护元件介绍

在主蒸汽系统中,为了及时反映设备的运行工况、正确及时提供热工信号,并为运行人员提供操作依据、实现自动控制保护等功能,各压力等级蒸汽管道上主要配置了以下两种测量元件:

（1）压力变送器

在各压力等级的主蒸汽管道和主汽阀的上游，都配有一对压力变送器，其目的是对主汽阀和调节阀的运行调整、控制提供信号。

在锅炉出口侧，另设一个压力变送器用于提供主蒸汽压力的检测与监控信号。压力波动超出设定值时，控制系统发出报警。

在主蒸汽管道靠旁路支路的下游，系统设置一个压力变送器，用于旁路的控制与调整。

（2）温度变送器

在各压力等级的主蒸汽管道上，在主汽阀的上游还配置一个温度变送器，用于检查蒸汽温度和汽轮机金属温度或高压蒸汽温度和热再热蒸汽温度之间是否匹配。

这些温度变送器一般都有三个，保护设置采取三选二逻辑，具体保护如下：高压主汽温度3取2不低于582.2 ℃，延时5 s、高压蒸汽温度3取2不低于578.3 ℃，延时3 min机组全速空转；再热汽温度3取2不低于582.2 ℃，延时5 s、再热蒸汽温度不低于578.3 ℃，延时3 min机组全速空转，从而保护机组。

5.18.5　系统运行

在机组启动时，随着跳闸油管路油压的建立，各蒸汽截止阀就已全开，各蒸汽控制阀的伺服回路可以投入工作。燃机进入旋转备用后，将维持在该负荷下，MARK Ⅵ"温度匹配允许"投入，机组进入燃气轮机排气温度与汽轮机高进汽室金属温度的匹配程序。选择高压缸进汽室金属温度，加上100 ℃作为燃气轮机排气温度标的值。燃气轮机排气温度标的温度的最大值和最小值分别为566 ℃（1 050.8 ℉）和371 ℃（700 ℉）。

有两种途径可以使燃气轮机达到排气温度的值：

①冷态启动时，要有较低的燃气轮机排气温度去对应较低的汽轮机金属温度。可以将IGV的角度从49°（全速时的最小开度）开大，以增加在最低输出功率时的空气流量，降低排气温度。IGV打开的最终角度位置取决于温度匹配值。

②热态启动时，最低输出功率时的燃气轮机排气温度在IGV的角度在49°时尚低于汽轮机金属温度匹配值，在这种情况下要对燃气轮机加负荷来增加排气温度，以达到温度匹配所要求的值。

当余热锅炉的高压过热蒸汽压力达到它39 bar（最低进汽压力）时，高压蒸汽的旁路阀PCV1001打开开始控制压力，将多余的高压蒸汽经减温后排向凝汽器。当下列条件都满足时，打开高压蒸汽控制阀CV，汽轮机进入负荷控制：

①S109FA输出功率超过17 MW。

②燃气轮机排气温度与蒸汽温度匹配程序结束。

③高压蒸汽旁路阀PCV1001的开度已大于20%。

④高压段疏水程序已完成。

⑤高压蒸汽压力超过37 bar（许可压力略低于最低压力39 bar）。

⑥高压蒸汽温度超过汽轮机高压喷嘴室温度或高压蒸汽温度不低于燃气轮机排气温度40 ℃。

⑦高压蒸汽过热度大于 41.7 ℃。

此时,高压蒸汽调节阀 CV 以应力控制逻辑确定的初始速率打开。再热蒸汽调节阀 IV 在转速达到 14HT 时已经打开;高压抽空阀 FV2685 和中间再热抽空阀 FV2695 关闭。

随着 CV 逐渐打开,蒸汽流入汽轮机,高压蒸汽旁路阀 PCV1001 将关闭。当该阀关闭到 10% 开度后会以固定的速率至全关位置,此时主蒸汽压力控制由旁路控制切向 CV 控制,汽轮机进入进口压力控制模式(IPC IN)。在 IPC IN 投入以前,如果 CV 的开度变得大于 95%,进一步提升高压旁路阀 PCV1001 的压力设定值,以阻止 CV 达到全开。

只有当燃气轮机 MARK VI 的温度匹配逻辑在蒸汽轮机的初始加载过程完成,蒸汽轮机进入进口压力控制方式(IPC IN))下运行时,机组才退出蒸汽温度匹配程序。如果是冷态启动,为了"温度匹配"而开大 IGV 角度时,燃机 IGV 将关回到 49°,燃气轮机才开始进一步加负荷。

在条件具备时,相继投入中压蒸汽系统和低压蒸汽系统。

主(或再热)蒸汽进汽温度已超过最大温度设定点 566.7 ℃ 达到 569.6 ℃,延时 60 s,报警。

主(或再热)蒸汽进汽温度已超过最大温度设定点 566.7 ℃ 达到 573.9 ℃,延时 15 min;达到 578.3 ℃,延时 3 min;达到 582.2 ℃,机组全速空载。

高压排汽温度高到 412.8 ℃,报警,延时 3 min;达到 426.7 ℃,机组全速空转。

当主(再热)蒸汽进汽温度每分钟变化值分别超过设定值时会发出报警。

当 MARK VI 接收到正常停机指令时,燃气轮机就开始卸载:燃机以 8.3%/min 的速率降负荷至排气温度低于 566 ℃,IGV 关到 49°。当 IGV 关到 49° 时,汽轮机高压主蒸汽调节阀 CV 和中压汽包控制阀 PCV5121 关闭,各自的旁路阀打开,燃气轮机和汽轮机同时继续卸负荷,直至逆功率断开发电机出口断路器。当 CV 和 PCV5121 全关时,高压、中压抽空阀 FV2685、FV2695 打开。

在机组减速时,汽轮机低压控制阀 ACV 继续控制进口压力,接受来到余热锅炉的低压蒸汽。

5.18.6　系统常见故障及处理

主蒸汽系统联系余热锅炉和汽机本体,在运行中发生任何事故,特别是设备损坏性事故,将给整个联合循环发电机组带来重大损失。所以,我们应细心操作,精心维护,杜绝事故发生。一旦事故发生时,应该准确判断、果断处理,防止事故扩大。

(1)主蒸汽系统的主要报警

①主/再热蒸汽压力故障报警;主/再热蒸汽压力传感器故障;低压进汽压力传感器故障报警。

②主/再热蒸汽温度、高压排汽温度、低压蒸汽进汽温度超限;汽轮机末级蒸汽温差报警;第二十一级温度分散度超标;第一级喷嘴室上半部内侧金属温度与下半部内侧金属温度分散度超标;再热蒸汽进汽室温度分散度超标;热电偶有故障。

③主/再热蒸汽进汽温度每分钟变化率已超过温度限值。

④高压主蒸汽 MSV 限位开关故障;MSV 阀故障关闭时间太长;再热蒸汽控制阀 IV 快关电

磁阀故障;IV 阀门试验有故障;截止阀 RSV 故障关闭时间太长;低压蒸汽截止阀 ASV 限位开关故障。

⑤高压抽空阀位置故障;中压抽空阀位置故障。

⑥冷却蒸汽压力低(设定点:下降时为 20 psig;上升时为 22 psig);转速升到 75% 未通冷却蒸汽;停机时转速降到 73% 未关冷却蒸汽。

(2)系统常见故障及处理

1)蒸汽及给水管道损坏

现象:

①管道有轻微漏泄时,会发出响声,保温层潮湿或漏汽滴水。

②管道爆破时,发出显著响声,并喷出汽水。

③蒸汽或变化异常,若爆破部位在流量表前,流量表读数减少。若在流量表之后,则流量表读数增加。

④蒸汽压力压力下降。

原因:

①蒸汽管道暖管不充分,产生严重的水冲击。

②蒸汽管道超温运行,金属强度降低。

③蒸汽品质差,造成管壁腐蚀。

④管道局部冲刷,管壁减薄。

⑤管道的支架装置安装不正确,影响管道自由膨胀。

⑥管道安装不当,制造有缺陷,材质不合格,焊接质量不良。

处理:

①若蒸汽管管轻微泄漏,能够维持锅炉给水,且不致很快扩大故障时,可维持短时间运行。

②若故障加剧,直接威胁人身或设备安全时,则应立即停机。

2)高、中压主蒸汽温度高

现象:高、中压主蒸汽温度高报警。

原因:

①燃气轮机排气温度过高,IGV 温控故障。

②减温水自动失灵,使减温水调节门关小或由于减温水系统故障造成减温水量减少引起过热汽温过高。

③主蒸汽压力控制故障,使主蒸汽压力升高,流量减少,从而使温度上升。

处理:

①高、中压蒸汽温度升至 568 ℃,应立即进行调整,如汽温仍长时期不下降或继续上升超过 573 ℃应迅速减负荷直至解列停机。

②如果减温水自动故障,则把减温水控制阀切至手动开,加大减温水量。

③如主蒸汽压力过高,可手动开启蒸汽旁路降低主蒸汽压力。

3)高、中压主蒸汽温度低

现象:高、中压主蒸汽温度不正常下降。

原因:

①燃气轮机排气温度过低,IGV 温控故障。

②减温水自动控制失灵,减温水量过大。

③主蒸汽压力控制故障,使主蒸汽压力过低,流量增大,从而使温度下降。

④汽包汽水分离不好,蒸汽带水。

处理:

①高、中压主蒸汽温度下降应及时恢复,不能维持时,开始减负荷。

②开启高、中压蒸汽管道、导汽管疏水阀。

③如果减温水自动故障,汽温下降加快,应将减温水控制阀切至手动关小,减少减温水量;若 10 min 内下降达 50 ℃,应按紧急停机处理。

④适当降低汽包水位,防止蒸汽带水。

5.19　旁路系统

5.19.1　系统功能

旁路系统是联合循环机组中的一个重要的组成部分。它是指主蒸汽不进入汽轮机,而是经过与汽轮机并联的旁路管道,将减压减温后的蒸汽排至凝汽器的蒸汽连接系统。F 级燃气蒸汽联合循环机组的旁路系统有如下作用:

①启动功能:机组在启动和停机时,用来适配余热锅炉和汽轮机启动特性的差异,使余热锅炉蒸汽温度与汽轮机缸温相匹配,从而加快升温升压率,缩短机组启动的时间,减少设备寿命损耗。

②溢流功能:在汽轮机跳闸、甩负荷等紧急情况下,吸收机、炉之间的不平衡负荷,可以排泄机组在负荷瞬变过渡过程中的剩余蒸汽,维持余热锅炉和燃气轮机的稳定状态,适应机组的不同工况。

③安全功能:主要体现在机组事故工况时的快开和快关功能。旁路快开,可以对锅炉起到超压保护作用,减少安全阀动作;旁路快关,又能保护凝汽器。

④在启动工况或者汽轮机跳闸时,旁路系统可保证布置在烟温较高区的过热器和再热器有一定的蒸汽流量,使其得到足够的冷却,从而起保护作用;启动时,使蒸汽中的固体颗粒通过旁路进入凝汽器,从而防止硬质颗粒进入汽轮机调速汽门、喷嘴及叶片,有利于减少和防止汽轮机的颗粒腐蚀。

⑤能适应定压运行和调压运行两种运行方式。

⑥减少环境噪声,回收工质。

旁路系统主要部件由高压旁路阀及减温阀、中压旁路阀及减温阀、低压旁路阀及减温阀、附属管道、阀门和热控监控设备组成,如果旁路阀采用液压执行机构,还有旁路油站。

5.19.2　系统组成与工作流程

图 5.88 为旁路系统图。

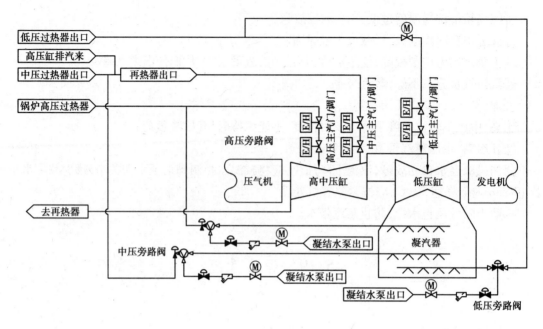

图 5.88　旁路系统图

（1）高压旁路系统

如图 5.88 所示，由余热锅炉高压过热器过来的过热蒸汽在高压截止-控制阀联合阀前的接口进入旁路，经高压旁路阀减温减压后进入凝汽器。蒸汽在压力调节阀（减压段的下游）通过凝结水减温。减温水的流量是由控制阀调节，用来控制高压旁路阀下游的蒸汽温度。

高旁设置保证流量按 100% 联合循环机组运行工况时余热锅炉的最大高压过热蒸汽量考虑。高压旁路主要由带有减温器的高压旁路阀、高压旁路喷水减温关断阀、调节阀组成。

（2）中压旁路系统

如图 5.88 所示，由余热锅炉中压过热器过来的过热蒸汽在中压汽包控制阀 PCV5121 前进入旁路，经中压旁路阀减温减压后进入凝汽器。蒸汽在压力调节阀（减压段的下游）通过凝结水减温。减温水的流量是由控制阀调节，用来控制中压旁路阀下游的蒸汽温度。

中压旁路主要由中压旁路阀、减温水关断阀、减温水调节阀以及相关管道组成。

（3）低压旁路系统

如图 5.88 所示，由余热锅炉低压过热器过来的过热蒸汽在低压主蒸汽电动门前引出，经低压旁路阀进入凝汽器。蒸汽在压力调节阀（减压段的下游）通过凝结水减温。减温水的流量是由控制阀调节，它被用来控制低压旁路阀下游的蒸汽温度。

低压旁路主要由低压旁路阀、减温水关断阀、减温水调节阀以及相关管道组成。

5.19.3　系统主要设备介绍

气动的旁路阀，操作气源就是机组的压缩空气系统。如果采用液压执行机构的旁路阀，液压油来源有两种：①来自机组的液压油系统（该系统的详细介绍见液压油系统）；②由旁路油站供油。下面以某厂为例介绍高、中、低压旁路阀以及旁路油站。

（1）高压旁路阀

VLB-125BTC 高压旁路阀为角型液控阀，带有液压执行机构，故障时处于关闭位置。液压执行机构的旁路阀投资成本高，维护量较大，执行速度和精度比气动执行机构高。高压旁路阀轮廓如图 5.89 所示，高压旁路阀剖面图如图 5.90 所示。

高压旁路阀出口端有一个减温部件组合在阀体内，主要完成两个功能：压力降低和温度控制。压力降低是由调节阀门开度以限制进入凝结器的蒸汽流量。高压旁路阀的温度控制是以喷射可控制量的凝结水到蒸汽中完成的。减温器与雾化喷嘴结合在一起将凝结水喷射成很小水滴进入流经减温器的蒸汽，水滴快速蒸发，降低蒸汽的温度，调节喷射量可以控制蒸汽温度。

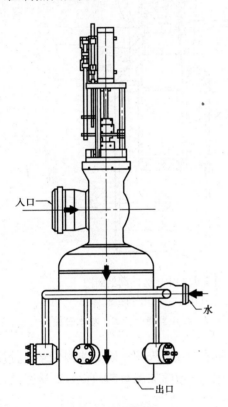

图 5.89　高压旁路阀轮廓图

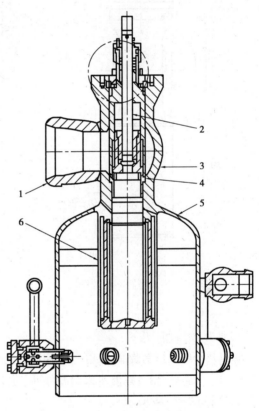

图 5.90　高压旁路阀剖面图
1—入口；2—阀轩；3—阀体；4—阀座；
5—出口管；6—减压器

（2）中压旁路阀

VLB-100BTC 中压旁路阀为角型液控阀，带有液压执行机构，故障时处于关闭位置。中压旁路阀采用了笼型阀芯，出口端有一个减温部件组合在阀体内，功能和高压旁路阀的减温器一样。中压旁路阀的减温水来自凝结水泵。中压旁路阀轮廓如图 5.91 所示，中压旁路阀剖面图如图 5.92 所示。

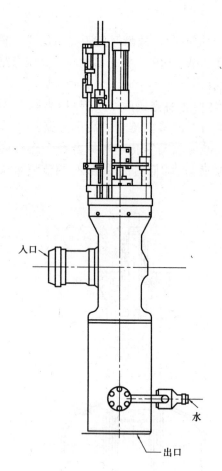

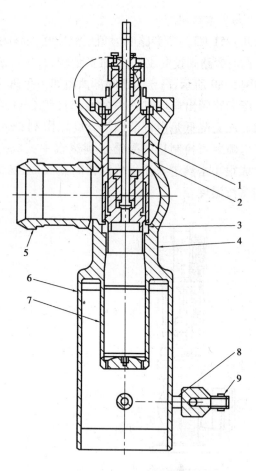

图 5.91　中压旁路阀轮廓图

图 5.92　中压旁路阀剖面图

1—阀盖;2—阀杆;3—阀座;4—阀体;5—入口;
6—出口管;7—减压器;8—管;9—喷水管接头

（3）低压旁路阀

860LLP-350 低压旁路阀为角型液控阀,带有液压执行机构,故障时处于关闭位置。低压旁路阀采用了笼型阀芯,减温水来自凝结水泵。低压旁路阀轮廓如图 5.93 所示,低压旁路阀阀芯剖面图如图 5.94 所示。

（4）旁路油站

液压执行机构具有力矩大、执行速度快、精度高等优点,同时成本也较高。在采用了液压旁路阀的机组中,除了用机组的液压油做旁路阀操作动力源,还可以采用旁路油站供油。

图 5.95 是典型结的旁路油站构框图,图中的旁路油站配备有一备一用的两台液压油泵,每台容量为 100%,并分别配备了一个调压阀,任一时间只有一台油泵处于运行状态;在运泵故障时自动切至备用泵运行,或者到切换周期后自动切换运行泵。运行的油泵将液压油充至母管和蓄能器,母管上的液压油通过比例阀控制各个旁路阀油动机的进/回油比例从而达到控制油缸活塞杆活动和定位。当母管中的压力达到设定值后,调压阀切至循环状态,将油泵的油放回油箱,母管和调压阀之间设有单向阀,防止油从母管回流。当母管中压力下降至设定值时,调压阀切换至充压状态,给母管和储能器充压。母管上有卸压阀,在调压阀故障或者其他

情况引起母管超压将油放回油箱时,保证母管不超压。

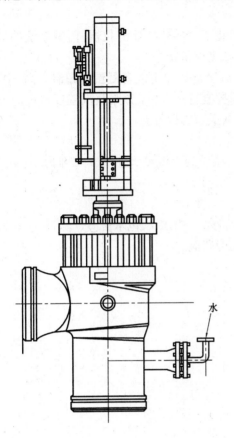

图 5.93　中压旁路阀轮廓图

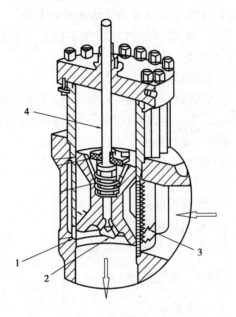

图 5.94　低压旁路阀阀芯剖面图
1—密封垫;2—阀芯;3—阀笼;4—阀杆

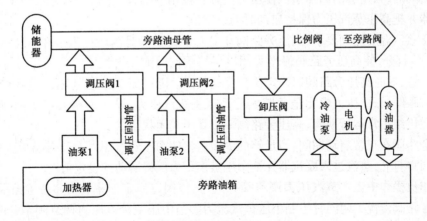

图 5.95　旁路油站示结构意图

为了保证油温正常,旁路油站通常设置冷油器和加热器。冷油器有水冷和空冷的。在温度高于设定值后,启动冷油器,在油温恢复正常后停止冷油器,防止油温过高;在温度低于设定值时投入加热器,温度恢复正常后加热器退出运行。

5.19.4 系统保护元件介绍

为了保证旁路系统的正常运行,旁路系统安装了一些热控监测仪器,监测系统的运行状态,并在系统偏离正常运行状态时发出报警信号或者保护指令。

如果旁路减温器后蒸汽温度过高,则引起下游管道热冲击或者凝汽器超温。高、中、低压旁路阀后都安装温度探头,作为旁路喷水减温的控制输入,并在旁路蒸汽温度过高时发出报警。为了保护凝汽器不超温超压,旁路系统具备快关、快开功能。

(1)旁路系统具备快关功能时的条件

①高、中、低旁压力控制阀不在关闭状态时,减压阀后温度大于 218 ℃ 延时 30 s 或大于 232 ℃ 延时 5 s 该阀快关。

②凝汽器真空低(−80 kPa)。

③高压汽包水位高(>229 mm)快关高压旁路阀,中压压汽包水位高(>229 mm)快关中压旁路阀,低压汽包水位高(>151 mm)快关低压旁路阀。

④凝汽器热井水位高(>0.96 mm)。

(2)旁路阀快开的条件

①机组跳闸。

②汽轮机甩负荷。

③汽轮机转速超过设定值。

④主蒸汽压力超过设定值。

5.19.5 系统运行

(1)正常启动

在机组启动期间,调节燃气轮机的负载,获得与蒸汽轮机金属温度匹配的高压蒸汽温度。余热锅炉启动后,当足够的高压蒸汽使压力上升到控制器的设定值,高压旁路阀将打开,蒸汽进入凝汽器并把高压蒸汽压力保持启动时的设定值。

当高压蒸汽温度达到要求,高压旁路阀开度大于 20°,满足高压进汽条件。高压汽轮机进口阀(MSCV)打开,使高压旁路阀慢慢关闭以保持主汽门前压力恒定。当高压旁路阀到达其 10% 行程位置,此时高压旁路阀以一定比率完全关闭。随着高压旁路阀关闭,高压旁路压力控制进入压力跟踪模式,压力设定值跟踪实际高压主蒸汽压力,设定为稍大于实际高压蒸汽压力。因此在机组正常运行期间,高压旁路阀一直处于关闭状态。

中压旁路阀在正常启动期间,当足够的中压蒸汽使中压蒸汽压力上升到控制器的设定值,中压旁路阀将打开,蒸汽进入凝汽器并把中压蒸汽压力保持启动的设定值。

当操作员操作中压主蒸汽压力调节阀并汽时,该阀以一定比率打开接受余热锅炉蒸汽。同时中压旁路阀慢慢关闭同时控制中压蒸汽压力。当中压主蒸汽压力调节阀全开时,中压旁路阀会全关。

低压旁路阀在正常启动期间,当余热锅炉有足够的低压蒸汽使低压蒸汽压力上升到控制器的设定值,低压旁路阀将打开,蒸汽进入凝汽器并把低压蒸汽压力保持在设定值。当低压蒸汽并汽时,随着低压主蒸汽调节阀的开大,低压主蒸汽压力低于低压旁路设定值,低压旁路阀关闭。

（2）正常运行

在正常运行期间,除了要求操作员监视系统的参数以发现任何异常运行工况以外,不需要做其他操作。

在正常运行期间,高、中压旁路压力控制设定值是动态的,它不断地设定在稍微高于当时的蒸汽压力值,以保持在正常运行期间旁路阀保持关闭。低压旁路阀则需要手动设定比主蒸汽压力高的值,使该阀关闭。

（3）正常停机

在正常停机期间,当退出汽轮机进口压力控制模式（IPC OUT）时,高压旁路压力控制器设定值立即设定到当时高压主蒸汽压力。高压旁路阀控制高压蒸汽压力,随着汽轮机控制阀（MSCV）按比率关闭,所有的高压蒸汽通过高压旁路系统进入凝汽器。

在正常停机期间,当燃机的排气温度达一定值,中压主蒸汽控制阀开始以一定的速率关闭时,中压旁路压力控制器设定值设定到当时余热锅炉的中压蒸汽管线压力。随着中压主蒸汽控制阀的关闭,中压旁路阀打开以维持压力稳定。

在正常停机期间,低压旁路压力控制器设定值保持不变,当低压蒸汽压力控制阀（ACV）关闭时低压旁路阀打开。

（4）甩负荷或机组跳闸

在汽轮机跳闸或甩负荷时,高压旁路控制器设定值立即采用当时的高压蒸汽管线压力值。高压旁路压力控制器打开高压的旁路阀,高压蒸汽流入凝汽器并保持高压蒸汽压力在设定值。

在汽轮机跳闸或甩负荷时,中压旁路控制器设定值立即采用当时的中压蒸汽管线压力值。中压旁路压力控制器打开中压的旁路阀,中压蒸汽流到凝汽器并保持中压蒸汽压力的设定值。

在汽轮机跳闸或甩负荷时,低压蒸汽旁路压力控制器打开低压蒸汽旁路阀使低压蒸汽流到冷凝器。

5.19.6　常见故障及处理

（1）旁路阀动作异常

1）现象

旁路阀动作异常,压力达到整定值时,不能正常开启或关闭。

2）原因及处理

①检查有无热控闭锁条件。

②在发现旁路阀故障后,应控制机组负荷,必要时手动控制旁路阀。

③液压系统故障:检查液压油压供油压力,联系检修解决发现的异常。

④控制回路故障:检查控制系统报警,查找故障点,并尽快恢复控制系统的正常运行。

⑤机械故障卡涩:可用敲击阀体等方法去除卡涩。

（2）旁路后温度高

1）现象

旁路后温度高报警,旁路阀快关,闭锁开启。

2）原因及处理

①凝结水系统故障,压力异常。检查凝结水系统,调整至正常。

②旁路减温阀故障关闭。必要时手动调整,检查关闭原因。

5.20　疏水系统

5.20.1　系统功能

在机组冷态启动时,在蒸汽经过的管道和设备内,都可能聚集凝结水。当管道处于运行工况时,由于汽、水密度和流速不同,管内积存的凝结水会引起管道中发生水冲击,轻则使管道振动,重则使管道破裂。凝结水一旦进入汽轮机,必将产生各种危害。因此,为保证发电机组的安全运行,必须及时地将蒸汽管道内和汽缸中积聚的凝结水疏泄出去。

疏水系统的主要作用:首先是防止蒸汽管道中出现水击现象;其次是防止水进入汽轮机内,引起汽轮机转子弯曲、汽缸变形及内部零件受到损害等严重事故。

水能够以各种形式出现,在启动过程中,蒸汽在冷的金属管壁上的凝结;来自减温喷淋的过量高压减温水;要打开一端封闭的管路时;汽包水位控制失灵蒸汽带水等。去除这些水的方法可以分成两类:启动疏水和定期疏水。去除在暖管和暖机时形成的凝结水属启动疏水;在机组正常运行时,长期不流动的管道内可能形成凝结水,需定期疏水。

5.20.2　系统组成与工作流程

蒸汽疏水系统包括汽轮机侧疏水和余热锅炉侧疏水两部分。

(1)汽轮机侧疏水

汽轮机侧疏水包括高、中压蒸汽阀阀座疏水以及与之相连的高、中、低压进汽导管疏水。主要包括:

①电动的 MOV-SAD-1 低压蒸汽进汽控制阀座前疏水阀。

②电动的 MOV-SAD-2 低压蒸汽进汽控制阀座后疏水阀。

③电动的 MOV-SSV1A 主蒸汽截止/控制阀座前疏水阀。

④电动的 MOV-SSV2A 主蒸汽截止/控制阀座后疏水阀。

⑤电动的 MOV-SSV3A CRV-1 热再热截止/控制阀座前疏水阀。

⑥电动的 MOV-SSV3B CRV-2 热再热截止/控制阀座前疏水阀。

⑦电动的 MOV-SSV4A CRV-1 热再热截止/控制阀座后疏水阀。

⑧电动的 MOV-SSV4B CRV-2 热再热截止/控制阀座后疏水阀。

这些疏水电动阀前都有一个手动隔离阀,使它和系统管道隔离。疏水组件主要由一个隔离阀、疏水电动阀和连接管道组成,疏水经过该组件后排放到收集水箱。隔离阀是一个常开的手动阀,用来隔离电动阀,供维修时用。疏水阀是焊接管接头的球阀,带有电动执行机构,它们的阀位信号返回到 MARK VI,操作由机组的顺控程序自动控制。为方便现场操作,在现场有一个"远程/就地"切换开关供就地操作时使用。

(2)余热锅炉侧疏水

余热锅炉侧的疏水包括余热锅炉高、中、低压蒸汽管道的疏水。按蒸汽管道疏水阀的类型可分为气动阀、电动阀和手动阀。按照操作方式对疏水阀进行如下分类:

①按照温度控制的疏水阀。这些阀门带有温度测点,在自动方式下,计算对应压力下的饱

和温度和测量疏水温度,满足一定过热度即关闭疏水阀。

②按照疏水器水位控制的疏水阀。这些阀门带有水位测点,在自动方式下,由疏水器水位高或低,控制疏水器的开或关。

③按照压力或蒸汽流量控制的疏水阀。当所在蒸汽管道压力达到某一定值时,或当每一部分的蒸汽流量达到要求时,疏水阀关闭。

④手动控制的疏水阀。手动阀的疏水没有实现自动控制,它们的动作取决于操作员对系统的认知程度。启动该系统时应该打开手动阀,当系统充分暖机后就关闭。

（3）疏水的排放

余热锅炉的排污进入定期排污扩容器和连续排污扩容器。

汽轮机侧蒸汽管道的疏水将按管道的蒸汽压力分别排入汽轮机本体疏水扩容器或管道疏水扩容器。如图 5.96 所示为汽轮机本体疏水扩容器系统。它接受较高能量的疏水,进一步冷凝成凝结水后送至凝汽器热井回收,蒸汽则送至凝汽器冷凝后回收。

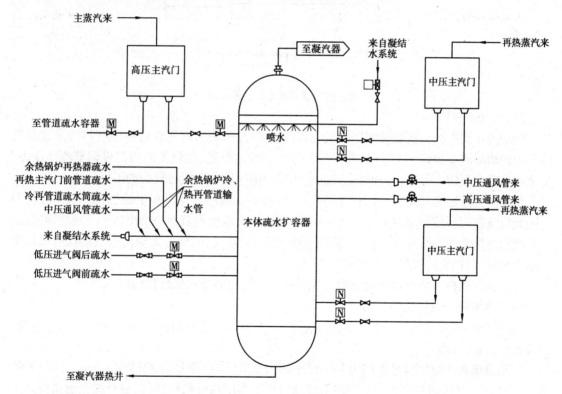

图 5.96　本体疏水扩容器系统

如图 5.97 所示为管道疏水空容器。它接受较低能量的疏水,冷凝成凝结水后,送至凝汽器热井回收,蒸汽则经消声后排空。

5.20.3　系统主要设备介绍

疏水系统包括手动疏水阀、气动疏水阀、自动疏水器、疏水罐、疏水母管及其疏水管道、节流孔板等设备与附件。以下介绍气动疏水阀与自动疏水器两种设备的结构与工作原理。

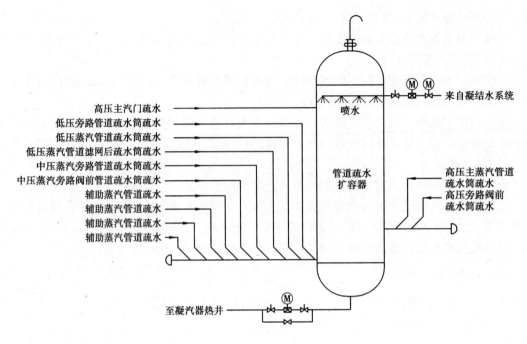

高压主汽门疏水
低压旁路管道疏水筒疏水
低压蒸汽管道疏水筒疏水
低压蒸汽管道滤网后疏水筒疏水
中压蒸汽旁路管道疏水筒疏水
中压蒸汽旁路阀前管道疏水筒疏水
辅助蒸汽管道疏水
辅助蒸汽管道疏水
辅助蒸汽管道疏水
辅助蒸汽管道疏水

喷水

来自凝结水系统

管道疏水扩容器

高压主蒸汽管道疏水筒疏水
高压旁路阀前疏水筒疏水

至凝汽器热井

图 5.97　管道疏水扩容器系统

（1）气动疏水阀

气动疏水阀由执行机构和阀体组成，执行机构通过弹簧力或汽缸活塞（或膜片）所受的气体压力的增加或减少而上下运动，并通过阀杆调节阀芯位置，达到关断阀门或调节流体压力、流量等参数的目的。所以，各种气动阀的工作原理的区别在于执行机构的不同形式。

气动阀有时还必须配备一定的辅助装置，常用的有阀门定位器和手轮机构。阀门定位器利用阀位反馈闭环控制来改善气动调节阀的性能，使它能按调节器的输出信号实现准确定位。手轮机构可以直接操纵阀体部件，当控制系统因停电、停气、调节器无输出或气动执行机构损坏而失灵时，利用它可以保证生产正常进行。

气动执行机构一般包含气动薄膜式执行机构和气动活塞式执行机构。

1）气动薄膜式执行机构

气动薄膜（有弹簧）执行机构的结构如图 5.98 所示。它结构简单，动作可靠，维修方便，价格低廉，最为常用。

气动薄膜式执行机构分正作用和反作用两种形式，国产型号为 ZMA 型（正作用）和 ZMB 型（反作用）。气压信号增加时推杆向下移动的称正作用执行机构，气压信号增加时推杆向上移动的称反作用执行机构。正、反作用执行机构基本相同，均由上膜盖、下膜盖、波纹薄膜、支架、压缩弹簧、弹簧座、调节件、标尺等组成。在正作用执行机构上加一个装 O 形密封圈的垫块，再更换个别零件，就变成反作用执行机构了。

这种执行机构的输出位移和输入的气压信号成比例关系。输入的气压信号进入薄膜气室后，在薄膜上产生一个推力，使推杆移动并压缩弹簧。当弹簧的反作用力和输入的气压信号在薄膜上产生的推力相等时，推杆稳定在一个新的位置上。输入的气压信号越大，在薄膜上产生的推力就越大，与其平衡的弹簧反作用力也就越大，推杆的位移量也就越大。推杆的位移就是执行机构的直线输出位移，也称行程。

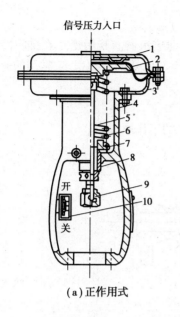

（a）正作用式

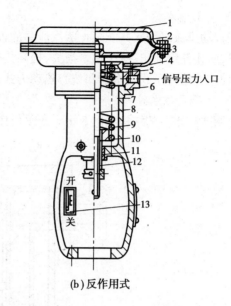

（b）反作用式

图 5.98 ZMA 型气动薄膜执行机构

1—上膜盖;2—波纹薄膜;3—下膜盖;
4—支架;5—推杆;6—压缩弹簧;
7—弹簧座;8—调节件;9—螺母;
10—行程标尺

1—上膜盖;2—波纹薄膜;3—下膜盖;
4—密封膜片;5—密封环;6—垫块;
7—支架;8—推杆;9—压缩弹簧;
10 - 弹簧座;11—衬套;12—调节件;
13—行程标尺

气动薄膜（有弹簧）执行机构的行程有多种尺寸,薄膜的有效面积有不同的规格。有效面积越大,执行机构的位移和推力也就越大。

2）气动活塞式执行机构

气动活塞式（无弹簧）执行机构的机构如图 5.99 所示。它结构简单,动作可靠,是一种较为常用的气动执行机构。

气动活塞式执行机构是由活塞、汽缸、标尺等组成。其活塞随着汽缸两侧输入的气压信号之差而移动。汽缸两侧输入的气压信号或者都是变化量,或者一个是变化量,一个是常量。由于汽缸允许输入的气压信号可达 5.0×10^2 kPa,又没有弹簧抵消推力,因此产生的推力很大,特别适合高静压、高压差的工艺场合。

这种执行机构的输出特性有两种。一种是比例式的,其推杆的位移和输入的气压信号成比例关系,但这时它必须带有阀门定位器。另一种是双位式的,活塞两侧输入的气压信号之差把活塞从高压侧推向低压侧,使推杆由一个极端推向另一个极端。

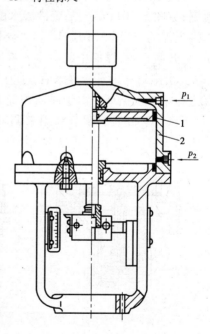

图 5.99 气动活塞式执行机构

1—活塞;2—汽缸

（2）自动疏水器

能自动排放凝结水并能阻止蒸汽泄漏的设备，叫作自动疏水器。其用途是在排除冷凝水的同时，防止蒸汽泄出，减少热量损失，提高传热效率。自动疏水器的种类很多，常用的有浮筒式疏水器、钟形浮子式疏水器和偏心热动力式疏水器 3 种。

（3）浮筒式疏水器

浮筒式疏水器的结构如图 5.100 所示。图 5.101 是它的工作原理图。

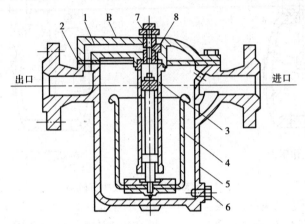

图 5.100　浮筒式疏水阀结构

1—上盖；2—垫圈；3—截止阀；4—浮筒；5—壳体；6—塞头；7—调节阀；8—阀套

当冷凝水和部分蒸汽进入疏水器时，由于水的浮力使浮筒上升，截止阀关闭，阻止蒸汽泄漏，见图 5.101(a)。随着冷凝水的不断流入，水位逐渐升高，当液面上升到一定高度时，即溢入浮筒，见图 5.101(b)。当浮筒中冷凝水的重力超过浮筒所受的浮力时，使浮筒下沉，打开截止阀，浮筒中的冷凝水在蒸汽压力下经套管、截止阀和调节阀排出，见图 5.101(c)。当排出一定量冷凝水后，浮力又使浮筒重新上升而关闭截止阀，冷凝水不断地流入，又进行第二次循环。由于浮筒内经常保持有一定的冷凝水，且水位高于套管下端，形成水封，蒸汽无法外泄。调节阀用来调节排水时的水流速度，使浮筒缓慢上升，避免产生强烈水击。

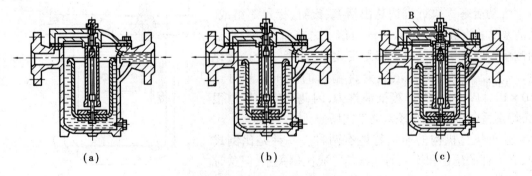

图 5.101　浮筒式疏水阀原理图

有的疏水器在调节阀附近装有直通阀，供开始时泄放空气和排出积聚的冷凝水。B 处装有观察阀，用来检查疏水器的工作情况。当旋开该阀时，能间歇喷出冷凝水，则工作正常；如有大量蒸汽连续喷泄，则工作状况不佳，应及时调整或修理。

这种疏水器结构可靠,几乎没有蒸汽泄漏,且不需加过滤器。但体积大且笨重,属间歇式排水。

(4)钟形浮子式疏水器

如图5.102所示为钟形浮子式疏水器,由壳体、上盖、阀门、金属双弹簧片、吊桶(即钟形浮子)及连杆等组成。这种疏水器是利用金属弹簧片受热弯曲的特性来阻汽排水的。

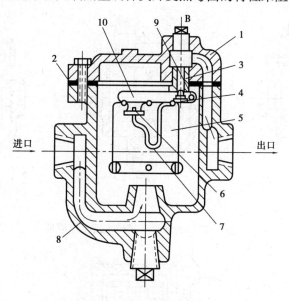

图5.102　钟形浮子式疏水器

1—上盖;2—垫料圈;3—阀座;4—阀瓣;5—吊桶;6—阀盖;7—金属双弹簧片;
8—壳体;9—吊桶销钉;10—连杆

如图5.103钟形浮子式疏水器工作原理图所示,当部分蒸汽和冷凝水通过疏水器底部的滤网进入疏水器时,因蒸汽压力使吊桶浮起,通过连杆带动阀瓣将阀座关闭,阻止蒸汽泄漏。同时,由于吊桶内温度升高,弹簧片受热伸长,弹簧片端部的盖把吊桶上的排水孔关闭,使桶内压力增大,内外出现水位差。随着冷凝水不断流入,部分蒸汽冷凝,桶内汽压下降,水位上升,见图5.103(b)。当水位达到一定位置时,金属弹簧片由于冷却而收缩,排水孔阀盖打开,冷凝水大量进入桶内,吊桶由于自身重量而下沉,通过连杆,将阀瓣打开,排出冷凝水,见图5.103(c)。冷凝水被排放到一定量时,蒸汽进入吊桶,温度升高,弹簧片受热伸长将阀盖关闭,吊桶浮起关闭阀瓣,这样又进行第二次循环。

这种疏水器启动可靠,能连续排除饱和水和非饱和水,动作性能好,结构简单,体积小。但是要加强维修保养。

(5)偏心热动力式疏水器

如图5.104所示为偏心热动力式疏水器。它主要由壳体、上盖、阀片、阀座滤网等构成,利用热动力学原理来阻汽排水。

当冷凝水由进口处经滤网流入A孔,到阀片下方时,由于变压室D、环形槽B和出口管道C中的蒸汽因温度下降而冷凝,使压力降低。在蒸汽压力的作用下,冷凝水顶开阀片,经环形槽B,从C孔排出。

当蒸汽进入疏水器的瞬间,因出口孔C比入口孔A小,蒸汽遇阻,即沿阀片的边缘进入变压室 D。由于蒸汽不断流入变压室 D,使室内压力增大。同时,蒸汽沿环形槽高速流向孔 C 时,根据热动力学原理,将出现一个较周围为负压的区域,导致阀片下方的压力将小于上方的压力。再加上阀片自身的重量,阀片将迅速下落,关闭通道,阻止了蒸汽的继续泄出。由于疏水器的散热,变压室的蒸汽冷凝后,使变压室的压力降低。当冷凝水再次流入疏水器时,即再进行上述循环。

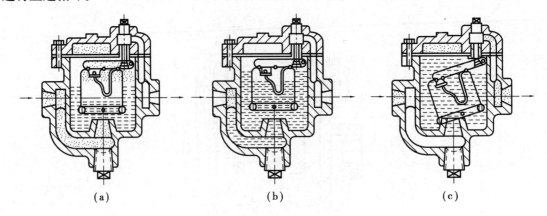

(a)　　　　　　　　(b)　　　　　　　　(c)

图 5.103　钟形浮子式疏水器工作原理

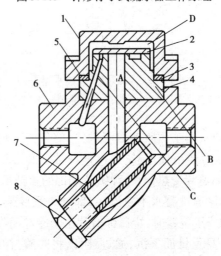

图 5.104　偏心热动力式疏水器

1—上盖;2—阀片;3,5—垫片;4—阀座;6—壳体;7—滤网;8—螺塞

这种疏水器的性能比较好,疏水量大,结构简单,体积小;使用寿命长,维修比较方便。

5.20.4　系统运行

(1)余热锅炉侧疏水和暖管

①锅炉启动时,过热器疏水阀和出口管道疏水阀打开,当高压和中压部分压力达到 0.07 MPa、低压部分达到 0.035 MPa 时,或当每一部分的蒸汽流量达到要求时,过热器的疏水阀可关闭。

②按照系统的配置,带有温度测点的疏水阀和带有水位测点的疏水阀,在自动方式下,将按照各自设定的规律开启或关闭,同时也可按顺序控制程序要求开启或关闭。

（2）汽轮机侧的疏水与暖管

按照系统的配置,带有温度测点的疏水阀和带有水位测点的疏水阀,在自动方式下,将按照各自设定的规律开启或关闭,同时也可按顺序控制程序要求开启或关闭。过程控制的疏水阀将按照下列程序操作:

1）机组启动时的疏水和暖管

①机组启动前必须打开所有汽轮机侧的疏水阀,这是机组的启动复位条件之一。

②当高压主蒸汽控制阀 MCV 位置大于 20% 时,MCV 座前疏水阀和 MSV 座后疏水阀从全开变为全关。

③当 MCV 开度大于 30% 时下列汽轮机疏水阀从全开转变为全关。

- 右再热截止/控制联合阀座前疏水阀。
- 右再热截止/控制联合阀座后疏水阀。
- 左再热截止/控制联合阀座前疏水阀。
- 左再热截止/控制联合阀座后疏水阀。

④当 MCV 打开至少 20% 时,位于 MCV 入口、高压蒸汽流量元件入口和高压旁路连接的主蒸汽管线下游中的高压管道疏水阀以及再热系统疏水阀顺序关闭,各个阀关闭命令之间有 30 s 延时。

⑤汽轮机低压控制阀 ACV 入口疏水阀在 ACV 打开时关闭。

2）正常设备运行

在正常运行期间,所有阀座前和阀座后疏水阀将保持关闭状态。

3）机组停运时的顺序疏水

在机组停运时,疏水自动执行,不需要操作员干预。

①当 MCV 小于 30% 开度时下列汽轮机疏水阀打开:

- MSV 阀座后疏水阀。
- 右再热截止/控制阀座前疏水阀。
- 右再热截止/控制阀座后疏水阀。
- 左再热截止/控制阀座前疏水阀。
- 左再热截止/控制阀座前疏水阀。

②当 MCV 打开小于 20% 开度时再热系统疏水阀打开。

一般来说,在机组启动前,确认凝汽器运行正常并建立一定真空后,由控制系统自动开启各疏水支管的气动疏水阀。当机组充分暖管或带一定负荷后,控制系统按高压、中压、低压的顺序依次关闭各蒸汽管道气动疏水阀。而停机时,自动控制系统将依次开启低、中、高压段各气动疏水阀。

汽轮机事故停机时,各气动截止阀自动启动。当自动开启失效时,运行人员可在集控室手动开启气动疏水阀。特别是当汽轮机跳闸甩负荷后尽快再启动时,运行人员必须根据实际情况判明是否应开启或关闭高压主汽管的气动疏水阀,以免因主蒸汽系统压力波动引起主蒸汽管道的急剧冷却及造成汽缸上下温差过大等情况,造成设备损害。

5.21 轴封蒸汽系统

5.21.1 系统功能

汽轮机轴封系统主要是向转子穿出汽缸处提供连续不断的密封蒸汽,密封透平汽缸,在启动时建立真空;启动后保持密封以使空气不会漏入汽轮机的负压(低压)段,防止高、中压缸的轴封蒸汽漏到汽缸外、进入透平室或吹入轴承箱中污染润滑油;同时回收汽轮机轴封蒸汽的热量加热凝结水,并抽出轴封系统的气体混合物。

5.21.2 轴封原理

在汽轮机启动和低负荷时,此时汽轮机内部蒸汽流道的压力相对较低,如图 5.105 所示,供给"X"腔室的汽封蒸汽会向两侧分别漏入汽轮机内部和外侧的"Y"腔室。"Y"腔室与轴封加热器内部汽侧空间相连。轴封加热器的汽侧上接有两个轴封风机,用以保持轴封加热器汽侧为微负压状态,保证轴封回汽畅通。汽轮机外侧大气和"X"腔室的轴封蒸汽都会泄漏入"Y"腔室,形成蒸汽和空气的混合物。泄漏的蒸汽空气混合气通过管路从"Y"腔室抽走至轴封加热器,在轴封加热器中,蒸汽遇冷凝结排回凝汽器,不凝结的空气排放到大气中。

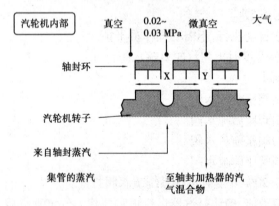

图 5.105 启动和低负荷时汽轮机汽缸端部密封剖面图

当汽轮机负荷在 30% 以上或正常运行时,此时高、中压缸排汽端的蒸汽压力相对较高,如图 5.106 所示。蒸汽倒流入"X"腔室后,依然有足够的压力穿过"X"腔室与"Y"腔室之间的密封齿进入"Y"腔室。由于"Y"腔室与轴封加热器的负压区相连,所以外部大气也会被抽入"Y"腔室。"Y"腔室内的蒸汽空气混合气通过管路从"Y"腔室抽走至轴封加热器,在轴封加热器中,蒸汽遇冷凝结排回凝汽器,不凝结的空气排放到大气中。而"X"腔室内的正压蒸汽会倒流入轴封系统的供气母管内,并进入低压轴封,形成自密封。此时,低压缸的端部密封原理则与图 5.105 一样。

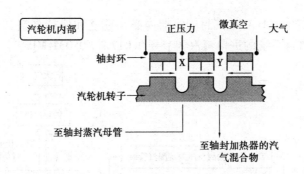

图 5.106　高负荷时高、中压缸体端部密封剖面图

5.21.3　系统组成与工作流程

轴封系统由汽封抽气系统、轴封蒸汽调节器、汽封腔、轴封蒸汽母管、仪表和其他相关阀门等部件组成。

轴封系统在正常运行时的工作流程与机组启停过程中的工作流程是不同的。机组启动、停机或者低负荷运行阶段,轴封系统工作汽源由辅助蒸汽联箱提供,蒸汽通过轴封供汽调节阀进入到轴封蒸汽联箱,然后分别提供给高、中压轴封和低压轴封。系统工作流程见图 5.107。

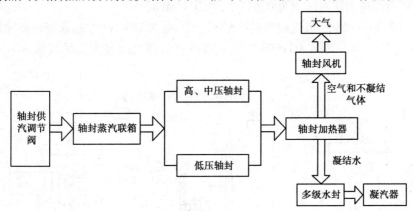

图 5.107　启动、低负荷下,系统工作流程图

随着汽轮机负荷增加到 30% 时,高、中压缸轴端汽封的漏汽进入轴封蒸汽联箱,再作为低压轴封的供汽;当机组的负荷增加到正常负荷时,高、中压缸轴端的漏气量将超过低压轴封所需的蒸汽量,轴封供汽调节阀自动关闭,溢流阀自动打开,将多余的蒸汽溢流至凝汽器。至此,轴封系统进入自密封状态,工作流程图见图 5.108。

5.21.4　系统介绍

汽封抽气系统从靠近空气端的汽封腔内将密封汽(或气)抽走,并排到大气中,在两只汽封外环之间保持少许真空。该系统持续地排出沿转子进入汽轮机的空气和轴封蒸汽混合物。蒸汽通过安装在一个模块上的汽封凝汽器(又称轴封加热器)冷却凝结,再排至低压疏水集管。轴加风机一备一用,将空气抽出排入大气,同时用风机节流阀来调节系统真空。

启动时,经过汽封进汽阀(AOV-SSFV)将轴封蒸汽引入内侧汽封腔,并将外侧汽封腔的空气和轴封蒸汽混合物抽吸到汽封凝汽器。为此,要在外侧汽封腔处形成少许真空:747.3 ~

1 245.4 Pa(76.2~127 mm H₂O)，汽封凝汽器内必须建立和保持真空。AOV-SSFV 是气动控制球阀，该阀用于将汽封系统的进口蒸汽调节到 0.017 2~0.031 MPa。

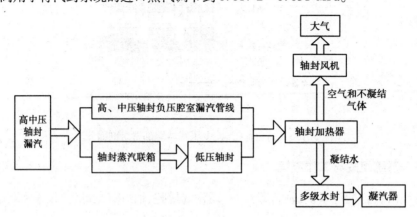

图 5.108　轴封系统自密封工作流程图

启动后，加载期间的某一工况点上，汽轮机变为自密封。高压汽封向内侧汽封腔供应蒸汽，多余蒸汽经过汽封排气阀(AOV-SSDV)排到凝汽器。AOV-SSDV 是气动控制球心阀，该阀用于调节汽封系统进口蒸汽压力为 0.017 2~0.031 MPa。

如图 5.109 所示为轴封蒸汽调节器控制示意图，由 MARK Ⅵ 控制系统保持轴封蒸汽母管压力，使蒸汽通过汽封进气阀 AOV-SSFV 进入或将多余蒸汽通过汽封排汽阀 AOV-SSDV 排到凝汽器。

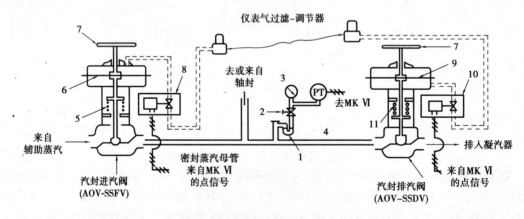

图 5.109　轴封蒸汽调节器控制示意图

MARK Ⅵ 通过连接到气动执行器上的 I/P 转换器，将电流信号转换为气压信号(4 mA = 阀打开，20 mA = 阀关闭)。在压力变送器 PT-212 探测到轴封蒸汽母管的压力开始升高到超过它的设置点时，MARK Ⅵ 就开始关闭 AOV-SSFV。

一旦 AOV-SSFV 全关闭和轴封蒸汽母管压力继续升高到超过压力设置点，MARK Ⅵ 开始打开 AOV-SSDV，并将蒸汽的一部分改变方向送到凝汽器，以控制轴封蒸汽母管压力。轴封母管安全阀的功能是保护轴封母管，防止发生过压状态。如 AOV-SSFV 和 AOV-SSDV 发生故障，会发生轴封母管的过压状态。在压力为 0.517 MPa 时，轴封母管安全阀开始打开，在压力为 0.689 MPa 时完全释放。

5.21.5　系统主要报警设备介绍

①轴封蒸汽温度变送器。在机组温热态启动前，轴封温度低，容易造成汽轮机差胀变大，影响汽轮机的启动；如果轴封温度高，容易将热量传递到附近的轴承，造成轴承温度过高，并可能破坏油膜，造成轴承油膜破坏，影响轴承润滑效果，容易损坏轴承。所以 PG9351FA 机组在启动前轴封蒸汽温度要求：148.9~176.7 ℃（300~350 ℉）变化。机组运行后，随负荷变化轴封蒸汽温度高设定点从 287.8~399 ℃（550~750 ℉）变化。

②轴封蒸汽压力变送器。轴封蒸汽压力过低空气容易进入汽轮机的低压部分，轴封蒸汽过高则容易进入汽轮机房或者进入轴承箱而污染润滑油。所以轴封蒸汽压力高于 0.41 bar（6 psig）时，发出压力高报警；轴封蒸汽压力低于 0.14 bar（2 psig）时，发出压力低报警。

③轴封加热器的水位高报警。轴封加热器上轴封回汽管口与轴封风机的抽汽口高度大致一样。若轴封加热器的水位过高，淹没了风机的抽汽口，那么轴封风机就有可能抽出的不是气体而是汽水混合物，使轴封风机过负荷，严重时将造成电机烧坏。同时因为轴封回汽是依靠轴封加热器内与轴封回汽母管的微压差进入轴封加热器的，若轴封加热器的水位过高，将使轴封回汽不畅，使其压力升高。所以当在正常轴封加热器水位之上 76.2 mm（3.0 in）液位开关 LS-232 动作 MARK Ⅵ将发出一个高水位报警。

5.21.6　系统运行

轴封系统可用手动方式或者自动方式控制。自动方式时，通过调节汽封进汽阀和排气阀来控制汽封压力。运行人员可调整压力设置点，控制这些阀的位置。选用手动方式时，运行人员用增减按钮控制阀门位置基准信号，正基准信号打开进汽阀，而负基准信号打开排汽阀。

（1）启动前检查项目

确认润滑油在运行状态，机组在盘车状态，验证辅助蒸汽系统在运行，验证仪用压缩空气系统正常，能向轴封压力调节阀 AOV-SSFV 和轴封母管泄压调节阀 AOV-SSDV 提供压缩空气。验证凝结水系统运行，能向轴封加热器提供凝结水。验证凝汽器抽真空系统可以运行，并确认阀门位置正确。检查电动设备绝缘合格并送上电源，电源开关置"远控"。验证 AOV-SSFV 和 AOV-SSDV 处于 AUTO（自动）方式。确认至汽封系统的辅助蒸汽管道已充分疏水。在 MARK Ⅵ上检查机组的轴封系统无报警。

（2）系统启动

首先启动主控轴封加热器风机，缓慢打开轴封进汽手动阀（SSPTV-1），蒸汽通过 AOV-SS-FV 对轴封蒸汽母管进行暖管。监控轴封母管温度（TE-212A），以便对轴封母管慢慢地加热。确认轴封压力设定值在 3~5 psig（0.21~0.35 kg/cm²）。继续缓慢开启 SSPTV-1。AOV-SSFV 自动调整轴封蒸汽流量，使母管压力保持在 3 psig（0.21 kg/cm²）左右。蒸汽通过互连管送到中间轴封腔。蒸汽和空气混合物被轴加风机抽出排放至大气。过高的流量会使机组转速升高从而脱离盘车，或使轴封母管汽封排汽阀开启，造成低压段过热。

（3）正常运行

当高、中压轴封的压力增大时，蒸汽流动方向开始从末级高压（高压/中压）轴封溢流到轴封蒸汽母管。此时，AOV-SSFV 开始关闭。一旦有足够的蒸汽流可从高压轴封提供给低压轴封时，AOV-SSFV 将被完全关闭并且 AOV-SSDV 开始打开，蒸汽轮机开始自密封。超过密封低压端所需的多余蒸汽通过 AOV-SSDV 排放至凝汽器。

（4）正常停运

在燃气轮机和汽轮机已经停运，凝汽器不再处于真空状态下，才可关停轴封系统。这样冷空气不会被吸入汽封腔和汽轮机内，在热的汽轮机零部件上产生热应力。

（5）手动控制

遇到调节阀隔膜故障、信号丢失或失去控制空气的情况下，AOV-SSFV 或 AOV-SSDV 的定位可利用各自的手轮。在此情况下。操作员需要手动将轴封母管压力维持在正常运行参数范围内。不建议长期在此条件下运行轴封系统。

（6）事故停机

在事故停机时，轴封蒸汽控制会继续正常运行。如果汽轮机之前已实现自动密封（AOV-SSDV 关闭），在转移至外来汽源时压力会产生波动，必要时需手动干预。

5.21.7 系统注意事项

①禁止在汽轮机大轴静止状态下送轴封汽。大轴静止时应立即停用轴封蒸汽，否则会造成大轴弯曲。

②真空泵启动前应先送轴封汽，特别是机组热态启动，防止低温空气进汽缸造成热冲击。

③汽轮机真空状态下，禁止停轴封供汽。

④当机组真空下降时运行人员应及时调整压力，当发现机组汽封向外漏汽，应适当降低轴封压力，并检查轴加风机是否运行正常。

⑤运行中注意检查轴加水位是否正常。

⑥当轴封加热器水侧走旁路时，注意轴封回汽喷水减温投入。

5.21.8 系统常见故障及处理

机组正常运行过程中，轴封系统常见的故障有轴封蒸汽联箱超压、联箱压力低、轴封蒸汽温度低等，下面分别对这些故障进行原因分析和处理方法介绍。

（1）轴封蒸汽联箱超压

1）现象

轴封蒸汽联箱的压力大于正常值，发出报警；当压力超过联箱安全阀的整定值时，安全阀自动打开，能听到明显的排汽声音，高、中压轴封处还可能有蒸汽漏出到汽轮机房。

2）原因

①轴封供汽调节阀误开。

②高、中压轴封齿损坏，漏汽量过大。

③轴封溢流调节阀误关或调节不灵。

④低压轴封供汽管路堵塞。

3）处理

①确认轴封溢流调节阀全开，供汽调节阀全关；检查系统中其他各阀门是否在正确位置，将位置错误的阀门调整到正确位置。

②通过开溢流管道旁路手动阀调整轴封母管压力到正常值。

③若遇到溢流调节阀全开后轴封压力仍不能回到正常值的情况，可先启动备用轴加风机，

防止轴封漏汽过多地进入滑油系统。

（2）轴封蒸汽联箱压力低

1）现象

轴封蒸汽联箱的压力下降，小于正常值，发出报警；伴随凝汽器真空下降。

2）原因

①轴封系统蒸汽管线泄漏，设备泄漏，安全阀漏汽或误动。

②轴封供汽汽源中断。

③轴封溢流阀调节不正常或误开，溢流阀旁路误开。

3）处理

①确认轴封供汽调节阀全开，轴封溢流调节阀全关，维持轴封母管压力正常。

②检查系统其他各阀门位置是否正确，将位置错误的阀门调整到正确位置。

③检查系统管路设备有无泄漏，发现漏点后，能安全隔离的应尽快隔离，通知检修处理。

④当系统泄漏过大不能隔离，或轴封压力不能维持正常运行时，及时申请快速停机，停机后尽快破坏真空，防止冷空气进入汽轮机。

（3）轴封蒸汽温度过低

1）现象

轴封蒸汽温度下降，当低于正常值时，发出报警。

2）原因

①轴加满水，水通过轴封回汽管路进入轴封联箱，引起温度下降。

②轴封汽源带水，温度过低，影响轴封蒸汽带水，温度过低。

③轴封系统管道有积水。

④轴封风机停运时间长，造成轴封回汽不畅，轴封带水。

3）处理

①如轴加满水，轴加切至管路运行，查明满水原因予以消除。

②对轴封蒸汽管道进行充分的疏水，调整轴封汽源温度，恢复正常值。

5.22　辅助蒸汽系统

5.22.1　系统功能

辅助蒸汽系统的作用是保证机组在启动、停运、正常运行和异常工况下，提供必要的、参数和流量都符合要求的、不间断的蒸汽；主要是为轴封系统提供汽源，在启动过程中向汽轮机低压缸提供冷却用汽，以及凝汽器热井除氧。

①汽轮机轴封用汽：为机组的启动、停机过程提供汽轮机轴封汽源。

②汽轮机低压通流部分冷却用汽。由于汽轮机、燃气轮机和发电机同轴布置，燃气轮机启动时，汽轮机也跟随一起转动，这时余热锅炉还没有产生满足参数要求的蒸汽进入汽轮机。随着转速的提高，汽轮机鼓风热量增加，转子叶片发热，所以要引入辅助蒸汽进行冷却。

③凝汽器热井除氧用汽。为消除溶解氧对锅炉水汽系统的腐蚀和危害，要求给水溶解氧

控制在合格的范围内。通过引入辅助蒸汽,将凝结水加热至沸点,氧的溶解度减小而逸出,解析出来的氧气不断被抽气器抽走,从而保证给水含氧量达到给水质量标准要求,达到了除氧的目的。

5.22.2　系统组成与工作流程

辅助蒸汽系统,主要由辅助蒸汽联箱、供汽汽源、用汽支管、疏水装置、管道、仪表和阀门等组成。

(1)辅助蒸汽汽源

辅助蒸汽系统有三路汽源:

①启动锅炉供汽。当相邻的机组都处在停运状态时,机组启动所需要的辅助蒸汽由启动锅炉供给。

②机组中压过热蒸汽供汽。机组启动期间,随着负荷增加,当中压过热蒸汽压力符合要求时,辅助蒸汽由启动锅炉切换至中压过热蒸汽供汽。

③相邻机组辅助蒸汽联箱供汽。厂内有两台以上机组时,辅助蒸汽联箱可以互为备用,当任一台机组处在运行中,均可向其他机组提供辅助蒸汽用汽。

(2)工作流程

工作流程如图5.110所示。在机组启动阶段,来自启动锅炉或者相邻机组辅助蒸汽联箱的蒸汽进入辅助蒸汽联箱,一路向机组的轴封系统提供用汽,另一路向凝汽器热井除氧提供用汽,还有一路向汽轮机低压缸提供冷却用汽。

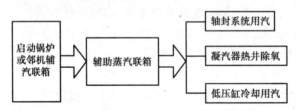

图5.110　机组启动、停运阶段系统工作流程

随着机组负荷的增加,当高压进汽后,到达低压缸的蒸汽达到低压缸冷却用汽的蒸汽参数时,关闭辅助蒸汽至低压缸冷却用汽调节阀;在负荷继续增加时,轴封系统实现自密封(一般为30%负荷左右),辅助蒸汽供轴封用汽调阀自动关闭;当中压过热蒸汽参数满足辅助蒸汽要求时(一般为50%负荷左右),将辅助蒸汽系统的汽源切换为中压过热蒸汽,维持辅助蒸汽联箱的压力,此时系统工作流程图如图5.111所示。机组正常运行之后,也可以将本机组的辅助蒸汽送到相邻机组,提供邻机的辅助蒸汽系统用汽。

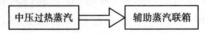

图5.111　机组正常运行时系统工作流程图

5.22.3　系统介绍

在辅助蒸汽系统中,辅助蒸汽母管的蒸汽参数推荐为1 MPa(215.6 ± 8.3 ℃),分别供给汽轮机轴封系统、凝汽器除氧系统和冷却系统。

一套 S109FA 机组的辅助蒸汽设计容量:蒸汽轮机轴封蒸汽流量为 7 110 kg/h,凝汽器除氧流量为 3 402 kg/h,冷却蒸汽量为 19 051 kg/h,合计为 29 563 kg/h。

两台机组停运后,再次启动时,首先投入启动锅炉,向辅汽联箱供汽,供给辅助蒸汽联箱的正常蒸汽压力是由压力控制阀控制的。根据用汽需要,通过打开除氧控制阀以及辅汽母管的疏水门,增加辅助蒸汽的流量以迅速提高辅汽的温度。当辅助蒸汽的温度达到轴封要求的温度时,才可以向汽轮机提供轴封蒸汽。机组启动时,转速上升到 75% ~77% 转速时,需要向低压缸通入冷却蒸汽,直到从汽轮机高压和再热段来的蒸汽量能满足冷却蒸汽量的要求为止。机组启动后,余热锅炉中压系统的蒸汽满足参数要求后,辅助蒸汽可以切至中压系统供给,启动锅炉退出运行。

5.22.4　系统运行

辅助蒸汽系统的运行主要考虑系统启动、停运过程中辅助蒸汽联箱汽源供应的稳定。系统供应的轴封用汽温度应满足要求,提供的汽轮机低压缸冷却用汽的汽量要充足,以及维持正常运行时系统内蒸汽压力和温度正常。

(1)正常启动

检查确认汽轮机及轴封系统检修工作已完成,系统投运条件已具备;确认来自启动锅炉或者相邻机组的辅助蒸汽汽源充足。

确认系统暖管和疏水完毕,并打开凝汽器热井除氧调节阀,辅助蒸汽联箱温度升温正常;当辅助蒸汽联箱温度达到可以提供轴封系统启动时,送轴封,抽真空。

在机组启动过程中,当中压过热蒸汽参数满足要求时,辅汽联箱的蒸汽就切至由中压系统供应。

余热锅炉高压过热器后的蒸汽满足参数要求后,高压缸进汽,负荷升高后轴封蒸汽系统由高压缸的漏气进行自密封,过剩蒸汽被排入凝汽器。辅助蒸汽供轴封蒸汽退出。

汽轮机高压和中压段来的蒸汽量能满足冷却蒸汽量满足参数要求后,辅助蒸汽供低压缸的冷却蒸汽退出。

机组正常运行中,辅助蒸汽持续向凝汽器除氧供汽。

(2)正常运行

在正常运行期间,运行人员不需要什么操作,只需要监视各个系统参数以检查是否有任何异常的运行状况,检查有无触发报警。

在正常运行期间,当余热锅炉在运行时,中压过热蒸汽向辅汽联箱供应蒸汽。由于冷却蒸汽已退出,汽轮机汽封是自密封的,只有凝汽器的除氧还在用汽,维持流量正常。

在机组的正常停机期间及机组跳闸之后,辅助蒸汽系统应维持正常工作。当汽轮机高压缸蒸汽退出后,轴封无法自密封,需要再切换至由辅助蒸汽供应,直至凝汽器破坏真空。当余热锅中压过热蒸汽压力下降到无法维持辅助蒸汽联箱压力时,就切换至来自启动锅炉或另一台在运行的机组。

5.22.5　系统运行注意事项

①机组热态启动,汽轮机金属温度比较高时,应尽可能提高启动锅炉供汽温度,按缸温对应的轴封温度要求送轴封。

②辅助蒸汽系统在投运前和机组停机之前,必须确认其汽源的稳定,汽源来自启动锅炉或者相邻机组。

③系统投运之后,系统汽源由启动锅炉切换到中压过热蒸汽供汽时,注意中压过热蒸汽参数合格并且稳定之后方可执行,切换时应该缓慢平稳进行,以免辅助蒸汽压力、温度产生大幅波动。

5.22.6　系统常见故障及处理

机组在启停阶段,以及正常运行过程中,辅助蒸汽系统最常见的故障基本通过辅助蒸汽的压力和温度来反映,比如:辅助蒸汽联箱压力高或低,辅助蒸汽联箱温度高或低等。

(1)辅助蒸汽压力高

1)现象

机组正常运行时,辅助蒸汽联箱的压力高于正常值,发出报警;当压力超过安全阀的动作值时,安全阀自动打开,机房内能听到明显的排汽声。

2)原因

①中压过热蒸汽供辅助蒸汽联箱调压阀调节不灵,或者误开。

②相邻机组至本机辅助蒸汽联箱的供汽阀误开。

3)处理

①马上开大除氧调节阀,将压力控制在正常范围内。

②检查中压过热蒸汽供辅助蒸汽联箱调压阀,立即将此阀打手动调节,关小阀门观察压力降低情况,同时注意防止辅助蒸汽联箱失压,联系检修人员处理。

③在两台机组辅助蒸汽连通电动门打开的情况下,注意相邻机组辅助蒸汽压力是否正常,维持系统蒸汽的压力、温度稳定。

④验证压力变送器工作正常。

(2)辅助蒸汽联箱温度低

1)现象

系统运行时,辅助蒸汽联箱温度下降,低于正常值时,发出报警;如果系统在向轴封系统提供汽源,则伴随轴封蒸汽联箱温度下降。

2)原因

①汽源温度较低;

②系统管线疏水器故障,或疏水管堵塞,疏水倒流或积聚在联箱内部。

3)处理

①开大除氧调节阀开度,增加辅助蒸汽流量,迅速提高温度。

②检查汽源温度,提高启动锅炉蒸汽温度,或检查相邻机组提供的汽源温度,提高汽源温度。

③查系统管线各个疏水器是否正常,如有故障,联系检修人员处理;同时将其旁路阀打开疏水,注意观察联箱温度变化情况。

5.23 凝结水系统

5.23.1 系统功能

凝汽器接受并冷凝从汽轮机低压缸排汽和其他来源的可再用蒸汽,凝结成水,集结在凝汽器底部。同时还接受辅助蒸汽和来自各处的排汽和疏水的热量来完成凝结水的除氧。然后由凝结水泵从凝汽器热井抽出并升压,经过轴封加热器或其旁路送至余热锅炉,完成蒸汽轮机的热力循环,并提供机组的部分设备的密封和冷却水用水。这个系统也是一个可循环再用水的收集点,并储存在凝汽器热井中。

5.23.2 系统组成与工作流程

凝结水系统主要由凝汽器、凝结水输送泵、凝结水泵、再循环阀、轴封加热器、补水管道和相关阀门管道组成。整个凝结水系统分成两部分:凝结水循环和凝结水补给。系统将汽轮机的排汽凝结成水,然后将其送到锅炉加热,完成联合循环机组的汽水循环。此外,凝结水还提供机组的一部分密封、冷却用水。图 5.112 为凝结水流程图。

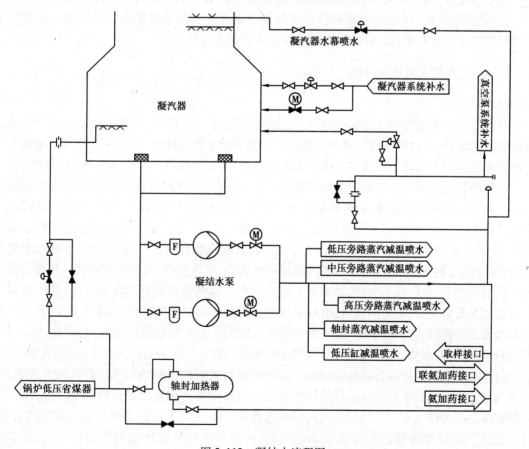

图 5.112 凝结水流程图

（1）凝结水主流程

如图 5.112 所示，凝汽器接受来自汽轮机低压缸和其他来源的蒸汽，将它们冷凝为凝结水，凝结水集结在热井底部。同时还应接受辅助蒸汽和来自各处的排汽和疏水的热量完成凝汽器的除氧，再经凝结水泵加压、加药后，大部分经过轴封加热器、低压省煤器后送到低压汽包，继续经余热锅炉加热成蒸汽，进入汽轮机做功后再排到凝汽器中凝结成液态的水，完成循环。少量送至凝结水各个用户：管道疏水扩容器水幕喷水，本体疏水扩容器疏水集管的减温喷水，本体疏水扩容器水幕减温喷水，凝汽器水幕喷水，轴封加热器进汽冷却喷水，低压旁路减温喷水，中压旁路减温喷水，高压旁路减温喷水，后缸喷水等。凝结水再循环回路通过凝结水再循环流量调节阀，保持凝结水泵最小流量。

（2）凝汽器补水流程

凝结水输送泵为凝汽器提供的补水以补充机组的工质损耗或者在机组启动初期为机组上水。如图 5.112 所示，补水来自除盐水箱，用于运行中的正常补给，补水量由气动控制阀调节；在运行中，根据凝汽器的水位传感器调节补水阀的开度，稳定热井水位。

凝结水输送泵在锅炉初次启动还可以将补充水送到余热锅炉的低压给水管路，同时将补充水提供给闭式循环冷却水、水环真空泵的密封水等。

（3）加药和取样

凝结水母管上装两个有化学加药接口，分别加入联氨和氨。联氨用以去掉在凝结水中的氧气，而氨将用以调节系统中的酸碱度。这两条管道连接在凝结水泵出口母管上。在凝结水泵出口母管还装有取样管道以抽样检验凝结水水质是否合格。

5.23.3　系统主要设备介绍

（1）凝汽器

凝汽器分为蒸汽侧和冷却水侧两部分，主要作用有两个：①在汽轮机排汽口建立并维持高度的真空；②将汽轮机排汽凝结成的凝结水作为锅炉给水循环使用。此外，凝汽器还接收机组启停和正常运行中的疏水和高、中、低压旁路蒸汽的排汽，以回收热量和减少循环工质损失。

凝汽器按结构可分为双流程结构和单流程结构，按排汽方向可分为向下排汽式和轴向排汽式。和单流程凝汽器比较，双流程凝汽器在半边冷却水停运的情况下还能以部分负荷运行，增加了机组的可靠性，但是系统更复杂，造价也更高。单流程凝汽器结构简单、造价较低、安全余量也小，在冷却水停运时，汽轮机必须停运。F 级联合循环机组一般采用向下排汽式凝汽器，和轴向排气凝汽器比较，下排气凝汽器的机组锅炉、燃气轮机、汽轮机要安装在比凝汽器位置更高的平台上，布置较不方便，增加了土建的成本。但汽轮机也更不容易进水，凝汽器水位也有更高的安全余量；发生泄漏时，可以采用灌水的办法检查凝汽器泄漏，操作方便；轴向排汽的凝汽器、燃气轮机、汽轮机都可以安装在和凝汽器同一高度的较低的平台上，降低了厂房高度，但凝汽器热井水位的安全余量小，且发生泄漏时一般要采用放射性气体来查漏，成本较高。

图 5.113 是某 F 级联合循环机组的下排汽双流程式凝汽器的结构图。凝汽器为表面式、单压，双通路，对分式水室设计。从低压透平出来的蒸汽排进伸长的颈状管，中间经过位于凝汽器壳体顶端的排汽开口。然后蒸汽流经凝汽器过渡段，进入位于过渡段下面壳体中的管束。每一管束的设计都让蒸汽环绕管束适当流动，并提供通过管束的适当贯通道，蒸汽在这里凝结。

逸出的空气与不凝结蒸汽进入凝汽管束内位于中心的空气排除区,这里有连接管通到空气排除系统,由真空泵抽走。

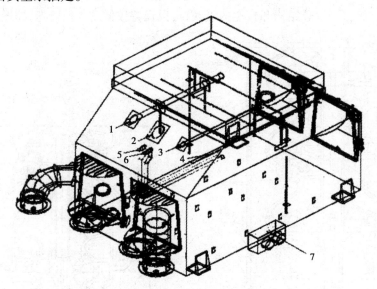

图 5.113　下排汽气双流程凝汽结构图

1—低压旁路排放管;2—高压旁路排放管;3—中压旁路排放管;

4—凝汽器水幕喷水;5—左侧抽真空管;6—右侧抽真空管;7—除氧蒸汽管道

随着蒸汽在管束中冷凝,凝结水就落到管束的底部,然后一滴一滴地落到管束下面的液面。管束是这样设计的:一部分蒸汽沿着每一个管束的侧面运行,这些蒸汽"掠"过落下的凝结水,重新加热至饱和状态,排出凝结水中的空气,同时防止凝结水过冷,最后积累在热井中,由于这个作用而释放的附加的空气与没有冷凝的蒸汽积累在空气排出区,它们从凝汽器中排除掉。

凝汽装置在管侧用循环冷却水进行冷却,管束的两端为前后水室。每一个水室段都装有两个检修通道,这两个检修通道能使维修人员进入水室进行检查以及对水室或管端进行所需要的任何维护工作。

凝汽器是设计在负压的条件下运行,当凝汽器正压过大时会影响设备安全。在和凝汽器相通的汽轮机低压缸上装有大气薄膜。当机组发生超压时,大气薄膜会破裂,卸掉凝汽器的压力;在发生紧急情况时也可以通过敲破大气薄膜来达到快速破坏真空的效果。

(2)凝结水泵

凝结水泵作用是将凝汽器热井的水抽出,加压后送往余热锅炉和凝结水的各个用户,维持机组的汽水循环。凝结水泵几乎在凝结水的饱和温度下工作,在泵入口极易汽化,造成汽蚀。凝汽器的底部一般设置一个有一定深度的热井以收集凝结水,凝结水泵安装在热井的底下,通过热井的水位差提高凝结水泵入口压力。此外,叶轮要求有较大的抗汽蚀性能力和吸入性能。为了满足这一要求,一般采用多级离心泵,叶轮材料采用铜或者不锈钢等抗汽蚀材料,为了防止凝结水泵入口发生汽蚀,凝结水泵一般还会采取一些措施来改善泵的工作状况。例如凝结水泵通常会采用筒袋式多级离心泵,这种泵的特点是泵的进出口一般都在上端,第一级叶轮处在泵的最底端,这样凝结水泵就能布置在坑里面,比热井底部还低的位置,提高泵入口的倒灌

289

高度,从而提高泵入口静压,减少汽蚀发生概率。有的凝结水泵的首级装上前置诱导叶轮,使得凝结水在进入叶轮前就有一个旋转的速度,能明显降低净正吸入压力,如图 5.114 所示;有的凝结水泵在首级采用双吸结构和较宽的吸入口,以保持较低的入口流速,如图 5.115 所示。

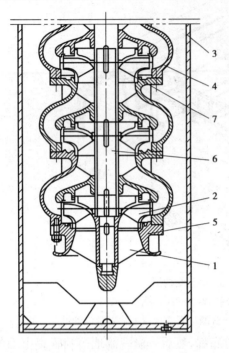

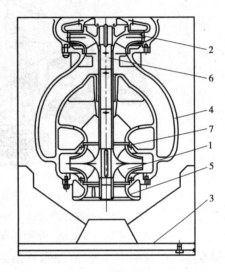

图 5.114　前置诱导叶轮示意图
1—首级导叶;2—次级叶片;3—外筒体;
4—导叶壳体;5—进水喇叭;6—轴;
7—口环

图 5.115　首级双吸结构
1—诱导轮;2—首级叶轮;3—外筒体;
4—导叶壳体;5—进口喇叭;
6—轴;7—口环

凝结水泵装设有平衡管以抽出在凝结水系统中的空气以保护运行的凝结水泵。平衡管道一端装在凝结水泵轴封部分,另一端接到凝汽器内高于热井水面的位置,运行时该管道应保持通流状态,防止凝结水泵汽蚀。

如果凝结水泵都是工频泵,低压汽包的水位调节靠给水调节阀的开度进行调节,截流损失很大,阀门也因压差高而易磨损。还有一种调节方式就是变频泵,利用控制变频器输出电流的频率,从而控制凝结水泵转速,以调节锅炉给水流量。变频泵启动电流小,能耗低,泵的磨损和噪声小,给水调节方便,是凝结水泵发展的方向。

凝结水泵负荷大,工作条件差,一般安装在位置较低的地方,不利散热。为了检测泵的运行状态,在泵体和电机上安装有很多温度传感器。

电机定子绕组上安装有多个温度传感器,温度到了高值时,发出报警信号。

凝结水泵上、下轴承和推力轴承上各安装有温度探头,通过对轴承温度的检测,可以了解泵的基本运行状态。当温度达到高值时,发出温度高报警;当温度达到高高值时,发出跳泵指令。

(3)凝结水检漏装置

凝汽器热井中的冷凝水为除盐水,水质要求很高;循环冷却水一般是未经化学处理的地表水或海水,水质较差。当凝汽器泄漏时,冷却水的漏入使凝结水水质恶化,各种金属离子(如钠离子)浓度升高,凝结水导电度上升,硬度上升。因此,监测凝结水的各项化学指标是判断凝汽器是否泄漏、泄漏点位置及计算泄漏率的重要参数。

凝汽器检漏装置的工作原理是通过凝结水取样,经在线化学分析仪表测量电导率,进而达到检漏的目的。当测得电导率超过设定值时,向控制系统发出报警信号。

(4)后缸喷水

在汽轮机启动或者负荷丢失后的无负荷运行时,因蒸汽通流量较小,不足以将叶片摩擦鼓风产生的热量带走,致使排汽缸蒸汽温度升高。由于低压缸的支撑面和中分面不在同一水平面上,同时低压缸缸体巨大,因此,低压缸有可能出现过热和排汽缸变形等严重后果。为了保证机组安全运行,在低压缸内设置了喷水装置,以便在排汽缸温度升高时用凝结水进行喷淋,以降低排汽缸温度。

控制凝结水流到喷淋喷嘴流动的部件包括气动排汽缸喷水控制阀(AOV-WSV)、喷水滤网、压力表、压力堵板、压力选择开关及压力选择变送器组成。

S109FA 机组后缸喷水系统是自动控制的,MARK Ⅵ控制系统通过 3 个温度变送器(TE-210A/B/C)监测排汽缸温度。如果温度超过 57 ℃(135 ℉),那么就有一个 4～20 mA 信号发送到 AOV-WSV,该阀开始打开。当温度达到 79 ℃(175 ℉)时,AOV-WSV 将完全打开,其阀门开度与排汽缸温度成正比。

后缸喷水用来冷却末级动叶,并使后缸的暂时变形减小到最低限度。但在操作时,则应十分缓慢地进行。要适当调节喷水量,过度使用喷水可以引起末级叶片的腐蚀。因此建议因低负荷引起的排汽温度上升到 57 ℃以上时,不要在此工况下长期运行,应当缓慢地增加负荷直到排汽温度降到 57 ℃以下。如果温降变化太快,排汽缸结构上的温降速度不均会引起内部产生摩擦以及转子振动问题。

(5)凝汽器水幕喷水

为了保护凝汽器,防止凝汽器超温,S109FA 机组设置了凝汽器水幕喷水减温。凝汽器水幕喷水口在凝器喉部,低旁排汽口上部,环绕凝汽器一圈。凝汽器水幕喷水形成水幕,可以防止蒸汽进入凝汽器后引起低压缸升温,保护低压汽缸。另外,在低负荷、空负荷时排汽温度高,也可防止高温排汽直接冲刷凝汽器钛管。

(6)凝结水再循环管路

锅炉低压汽包的水位是通过给水调节阀和给水调阀旁路阀配合调节的。凝结水管道上装有凝汽器再循环管道,位置在轴封加热器的下游,主要用于在机组的启停过程或低负荷的情况下,由于机组用水量较少,当凝结水泵母管流量传感器测的流量低于某一设定值时打开调阀,保证凝结水泵大于最小流量运行,防止凝结水泵汽化,同时也保证在启动和低负荷期间有足够的凝结水流经轴封加热器,避免轴封加热器超温。

5.23.4　系统保护元件介绍

为了检测凝结水系统的运行状态,在凝结水系统关键位置布置了热控探头,在系统偏离正常运行状态是发出报警信号或者保护指令;有的热控探头没参与保护,只供系统监测之用。

(1)凝汽器压力传感器

凝汽器的真空影响机组的运行效率。真空过低使得汽轮机工作效率低下,真空过高,则循环冷却水系统的功耗过高。影响凝汽器真空的因素很多,凝汽器换热面脏污、真空系统故障、凝汽器泄漏、减温水故障、轴封系统故障等都能影响凝汽器真空;S109FA 机组凝汽器上装有 5 个压力开关,以监测凝汽器真空,其中 PT-210A/B/C 这 3 个用于真空低低跳闸保护,这 3 个探头中当任意两个检测到真空低于低低值(-76 kpa)时发出跳机命令。另外,两个压力开关在真空低于低值(-88 kpa 左右)时发出报警并联启备用真空泵。

(2)凝汽器热井水位传感器

热井水位会影响凝汽器的热交换空间,从而影响凝汽器的真空。若凝结水淹没了冷却水管,会使凝结水过冷度高影响机组效率和溶氧量;水位过低会造成凝结水泵汽蚀;如果热井水位失控,可能还会进入汽轮机里面,危及汽轮机安全。凝汽器装有 4 个热井液位指示器,1 个热井液位指示器,以及 3 个热井液位变送器 LT-1300A/B/C 将液位和报警信号送至汽轮机 MARK Ⅵ。检测到水位低:低于 300 mm 时报警,不允许开凝结水泵;低于 150 mm 时,自动停凝结水泵。检测到水位高:高于 810 mm 时报警;高于 960 mm 时机组跳闸,关高中低压旁路。

(3)热井凝结水温度传感器

凝汽器压力下的饱和水温度与凝结水实际温度的差值称为凝结水的过冷度。凝结水的过冷度影响凝汽器除氧效果和凝汽器工作效率;凝汽器上装有 1 个温度变送器用以测量凝结水热井实际水温,以供监测之用,不参与保护。

(4)凝结水管道温度传感器

为了检测凝结水系统的和轴封加热器的运行状态,在凝结水泵入口和轴封加热器出口安装有温度传感器,以监测凝结水管道中水温和轴封加热器的工作状况,这两个温度探头不参与保护,只供监测之用。

(5)凝结水泵入口滤网压差传感器

为了防止异物进入凝结水泵打坏叶轮,在凝结水泵前安装有滤网,运行一段时间后滤网会出现脏污。影响凝结水泵的入口压头,进而影响凝结水泵安全稳定运行。凝结水泵的入口滤网装有压差传感器以监测滤网脏污程度。

5.23.5 系统运行和操作

凝汽器是联合循环机组工质蒸汽-凝结水转换的场所,在机组投运初期,经过处理并检验合格的除盐水先加注到凝汽器中,再通过凝结水泵和给水泵给机组上水。

(1)凝结水系统的投运

1)系统投入前检查

确认压缩空气系统运行正常;除盐水水质合格;确认各密封水、减温水、再循环管道、凝结水泵平衡管已正确投运;检查凝结水泵的电气绝缘合格,电源正常投入,轴承油位正常,油质合格;控制系统运行正常,热控参数正常。

2)凝结水系统上水

关闭凝结水系统各疏水阀,开启凝汽器补水调节阀,将凝汽器的水上到合适的水位。上水过程检查各热控监控仪表示值清晰、正确。

3)凝结水泵的投运

①检查确认凝结水泵已经满足投运条件。

②凝结水泵充水放气,见水后将放气阀关闭。

③打开再循环调节阀,以防凝结水泵在起泵初期打闷泵。

④启动一台凝输泵,开启凝输泵至凝结水泵密封水关断阀,检查凝结水泵密封水量正常。

⑤选择启动 A 或 B 凝结水泵,按下凝结水泵启动按钮,注意启动后电流应正常返回,检查凝结水泵出口电动门自动打开,关凝泵出口放空气门。

⑥检查凝结水泵振动、轴承温度正常,确认泵出口压力正常。

⑦检查凝结水再循环门动作正常,母管压力、流量正常、稳定。

⑧检查凝泵自密封电动门打开正常后,关闭凝输泵至凝泵密封水关断阀,观察凝泵密封水调整门自动调整密封水正常。

⑨稍开轴封加热器凝结水放空气门,放完空气后关闭。

⑩确认运行泵工作正常,打开备用泵出口电动门,投入备用状态,注意备用泵不倒转。

⑪做凝结水泵电气和热工联动试验正常后保留一台运行,一台备用。

⑫通知化学化验凝结水水质,水质合格后方允许开启凝结水至余热锅炉上水门。

(2)凝结水系统的停运

机组停运后,凝结水系统继续正常工作,凝结水通过再循环以维持泵的最小流量。确认后缸排气温度已经足够低(<57 ℃),则不再需要减温水,最后可以停运凝结水泵。具体操作如下:

①将备用泵的联锁解除。

②发出跳泵指令,确定出口电动阀自动关闭。

③现场确定两台泵已停运,确定电机没有反转,检查有无漏油、漏水现象。

(3)凝结水泵运行时的连锁保护

凝结水泵的正常运行关系着系统的正常运行。系统设置有连锁保护,在发生异常情况时能保护设备和系统的正常运行。连锁保护设定如下:

运行泵跳闸,备用泵自动联启。

①出口母管压力低于设定值,且设定时间内没有恢复,备用泵自动联启。

②凝结水泵停止,联关其出口门,以防泵出口逆止阀卡涩关不严,凝结水反冲凝结水泵。

③凝结水泵运行后,若其出口门未开,则联开其出口门,防止打闷泵。

④如果一台凝结水泵运行且其出口门打开,若将另一台该凝结水泵投入备用,则延时打开该凝结水泵出口门。

⑤凝结水位到了低低值且设定时间内没有恢复正常,为防止凝结水泵入口发生汽化,凝结水泵保护跳闸。

⑥凝结水泵启动后设定时间内出口电动阀还在关闭位置,为了防止凝结水泵打闷泵,损坏设备,保护跳泵。

5.23.6　系统常见故障及处理

凝汽器的故障常见的有凝结水水质不合格、凝结水泵工作不正常和凝汽器本体的故障等几类。下面介绍凝结水系统常见的故障和处理措施。

(1)凝结水电导率高

1)现象

凝汽器检漏装置发出报警、化学取样显示电导率高。

2)危害

影响锅炉给水和蒸汽品质,使得设备容易结垢、腐蚀,影响设备效率和寿命。

3）故障原因和处理措施

①发现凝结水硬度增大,应联系值长,配合化学就地对凝汽器分别取凝结水样检测,确定凝结水硬度是否超标,钠离子浓度是否增大。若就地多次取样检测,确定凝结水硬度超标,钠离子浓度增大,可适当进行凝汽器换水,联系化学增加检测次数,观察凝结水硬度和钠离子值变化。

②若凝结水硬度、钠离子浓度增大,采取措施无效,应根据就地检测情况有针对性地进行单侧凝汽器隔离查漏,检查并处理凝汽器漏点。

③如凝汽器补水水质不合格,应控制凝汽器补水水质。

（2）凝汽器水位高

1）现象

现场液位计、液位传感器显示水位高,报警甚至机组跳机。

2）危害

热井水位高导致蒸汽凝结空间减少,真空下降。如果淹没了凝汽器热管,循环冷却水直接冷却凝结水,导致凝结水降温较明显,过冷度升高。如果淹没了真空泵的抽气管道,将导致大量的水从抽气管道抽出,如果进入汽轮机则危机机组安全。

3）故障原因和处理措施

①凝汽器补水调整门调整失灵或旁路门误开:检查补水调节阀开度有无异常,补水旁路阀阀位有无异常,并修复发现的问题,必要是手动控制补水。

②给水调节阀异常:锅炉上水偏小,使得锅炉水位降低,热井水位上升,手动控制给水阀开度,以控制水位,并尽快检修。

③凝汽器钛管漏泄:钛管泄漏能导致循环水进入凝结水中,检查检漏装置有无报警,电导率是否正常,确定泄漏后尽快查找漏点并修复;机组减至50%负荷,凝汽器水侧半面解列查漏。

④高、中、低压汽包水位自动调整失常:如果调整门工作异常,否则手动调整。凝汽器水位异常升高时,可以开启低压汽包放水门加快排放,降低凝汽器水位,正常后再关闭。

⑤凝汽器水位升高,应注意凝汽器真空是否下降,真空泵电流是否异常升高,真空泵运行声音是否正常,凝汽器水位异常升高影响真空时,应尽快将水位降低,否则按真空降低及真空泵异常处理,直至停机。

（3）凝汽器水位低

1）现象

控制系统显示水位低,有报警,凝结水泵可能有异响并有剧烈振动。

2）危害

凝汽器水位低,会引起凝结水泵入口压力降低,严重时引起凝结水泵入口发生汽化,从而引起泵和管道的振动,影响设备安全。当水位低于设定值时,凝结水泵跳泵。

3）故障原因和处理措施

①凝汽器补水调节阀管道异常:补水流量减小,使凝汽器水位变低。应检查凝汽器补水阀的状态,并切至手动控制。

②凝结水管路有泄漏:凝结水泄漏量较大,补水速度跟不上,使得凝结水水位下降,应和平时的补水量对比确认有无异常,查找并修补泄漏点。

③锅炉给水调节阀异常:使得锅炉水位异常上升,而凝汽器下降。确认低压汽包的水位无异常。

④定排或者连排输水量较大：控制锅炉水质，调整定排和连排的疏水量。

⑤凝汽器水位异常降低时，可开启凝汽器补水旁路门，启动凝输泵对凝汽器补水。

(4)凝结水过冷度大

1)现象

凝汽器凝结水温度和凝汽器压力下的饱和水温度差值变大，凝汽器溶氧量增加。

2)危害

过冷度越大就说明凝结水被循环水带走的热量就越多，从而带来更高的能耗。凝汽器要在饱和温度下除氧，如果过冷度大了，凝汽器的除氧效果就会变差，凝结水溶氧量上升，加快设备的氧化腐蚀。

3)故障原因和处理措施

①凝汽器水位高：查找、清除导致凝汽器水位高的因素，调整凝汽器水位到正常运行值。

②凝汽器有漏点或抽真空系统异常：凝汽器内不凝性气体的增加，造成凝汽器内蒸汽分压力下降而引起过冷却，查补并修补漏点，检查真空泵运行情况，并检修发现的异常点。

③凝汽器换热管破裂：大量温度较低的循环水漏入，使得凝结水温度降低。检查凝结水电导率是否正常，查找并修补发现的泄漏点。

④凝汽器冷却水量过多，或水温过低：如果在冬天水温低或者部分负荷运行时，冷却水的冷却量就会过剩，根据水温和负荷的情况调整循环水运行方式。

5.23.7　系统维护及保养

作为联合循环中重要的一环，凝结水系统运行状态对机组有重要的影响，监测系统的运行状态，尽早发现事故的预兆并给予矫正，对维护机组的稳定运行有重要意义。凝结水系统的维护和保养主要有以下几个项目：

①检查凝结水泵油位正常，油质清澈无杂质，电机线圈温度以及轴承温度正常，转向正确，振动正常，无异响，密封水和冷却水投入正常。

②检查控制系统上监控的参数和就地仪表示值无异常。

③检查入口滤网差压正常，检查泵出口压力正常。

④检查确认现场没有泄漏，没有妨碍设备运行的杂物。

5.24　真空系统

5.24.1　系统功能

抽真空系统的作用是清除汽轮机凝汽器中的空气和非凝结气体，在汽轮机启动前以快速方式排除凝汽器中的空气和非凝结气体；在运行期间持续排出凝汽器中的空气和非凝结气体。

5.24.2　系统组成与工作流程

(1)系统组成

如图 5.116 所示，该系统主要包括管道和两个冗余真空泵除气模块。除气模块由下列主要部件组成：

①1台100%机械转动液环真空泵及其相关电机。

②1台真空泵密封水冷却器。

③1个气水分离器。

④1个排汽消音器。

⑤管道、阀、仪表和控制器。

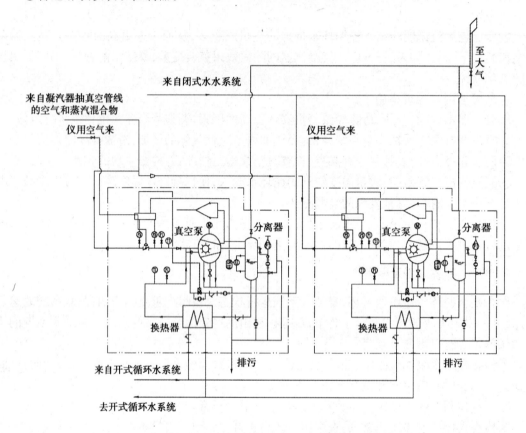

图5.116 凝汽器的并联互为冗余的真空泵除气模块

(2)真空系统工作流程

真空系统工作流程如图5.117所示：当真空泵启动后，关闭真空破坏阀，从凝汽器抽出来的气—汽混合物通过与泵联动的进口蝶阀进入真空泵，经真空泵加压后的气—水混合物进入分离罐进行气、水分离；分离后的气体经过排空阀后排向大气，水留在分离罐底部。分离罐底部的水进入换热器，在换热器中被开式冷却水冷却后向真空泵提供工作水。而闭式冷却水作为工作水的补水。

5.24.3 系统主要设备介绍

(1)水环真空泵

为保持凝汽器内的真空，抽真空系统装有两台100%凝汽器除气模块，一台供操作，一台作备用。每个模块利用一台两级水环式真空泵抽吸，吸走凝汽器的空气和蒸汽混合物。空气和蒸汽混合物进入真空泵之前，需要向液环泵注入适当的水作为工质，所以又称为水环泵。如

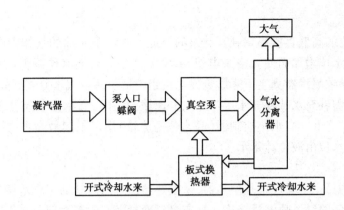

图 5.117　真空系统工作流程图

图 5.118 所示,泵的壳体内部是一个圆柱体空间,叶轮偏心地装在这个空间内,两端由端侧盖封住,侧盖端面上开有吸气口和排气口,分别与泵的进出口相通。每一级的原理相同,当叶轮旋转时,水在叶轮推动下向外运动,在贴近壳体内表面处形成一圈运动着的水环,在叶轮和轮毂之间形成一个弯月形的工作腔室。叶轮偏心地安装在壳体内部形成的圆柱体空间内,叶轮叶片又将空腔分隔成许多互不相通、容积不等的密闭小空间。对于一个小空间,随着叶轮旋转,它的容积是不断变化的,在小空间由小变大的过程中,使之与吸气口相通,就会不断地吸入气体。当这个小空间的容积由大变小的过程中,已吸入的气体将被压缩,当气体被压缩到一定的程度后,该空间与排气口相通,即可排出已被压缩的气体。第二级内的偏心与第一级完全相反,这种设计可以达到平衡叶轮的目的,从而达到平稳运行。叶轮的一部分位于由壳体组成的一级泵室内,叶轮的另一部分位于同样的壳体组成的二级泵内,这样将水和空气的混合物泵入分离器,此时空气被释放并排入大气,水则通过真空泵密封水冷却器送出。水可重复使用或作为真空泵的轴封水。

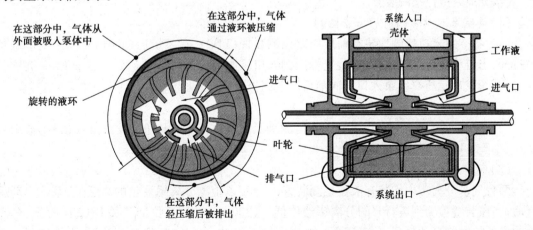

图 5.118　水环式真空泵工作图

(2)气水分离罐

气水分离罐是真空系统的重要设备之一。罐内储存适量的工作介质水,对真空泵抽出的气水混合物进行分离。当泵工作时,被抽气体与部分工作水经泵的排气口进入气水分离罐;气体与水分离后,通过分离罐顶部排放阀直接排放,工作水在真空泵的自吸下通过板式换热器冷却后再进入真空泵。

分离罐内水位的高低直接影响到真空泵的性能。真空泵所抽的气体含有蒸汽,有可能凝结成水,使分离罐水位增加而使真空泵电机功率增加,还有可能水位降低(甚至无水)而使泵的性能急剧下降导致凝汽器真空下降影响发电机组效率。所以汽水分离罐的水位控制非常重要,水环真空泵所需补充水从补充水接口进入分离罐内,在分离罐内装有低水位控制器,使水位保持在最低水位之上。高水位控制器(高水位溢流管)用以限制最高水位,过量的水从溢流口排出,分离罐的水位由液位计指示。

(3)换热器

真空系统中的另一主要设备是换热器,从换热器出来已冷却的工作水靠泵的自吸能力,一路进入真空泵,另一路经过喷淋管路进入真空泵。冷凝吸入的绝大部分水蒸气,同样起到降低泵的进气温度,提高泵的抽气能力。冷却水来自开式冷却水。

(4)主要阀门

1)真空泵入口蝶阀

系统设置的真空泵入口蝶阀依靠蝶阀前后压差控制。真空泵启动后,蝶阀前后就有压差,当压差达到设定值时,真空泵入口蝶阀自动打开,联通凝汽器管线,开始抽真空。

2)真空破坏阀

真空破坏阀的作用是在系统启动前关闭防止空气漏入凝汽器;机组紧急情况或停运真空系统,打开真空破坏阀,用以破坏机组真空,使凝汽器真空迅速降低。本系统设置的真空破坏阀是电动阀。

5.24.4 系统保护元件介绍

真空系统设置的保护元件有:真空泵入口蝶阀前后压差检测装置,真空泵入口阀前压力开关,气水分离罐液位检测装置。

(1)真空泵入口蝶阀前后压差检测

两台真空泵入口蝶阀均装有前后压差检测装置(PDS),在系统启动时用以控制入口蝶阀的打开;当启动运行真空泵后,该装置检测到入口蝶阀前后的压力差达到设定值时(一般是 3 kPa),系统发出运行真空泵入口蝶阀前后压差高报警,并自动打开运行真空泵的入口蝶阀。

(2)真空泵入口阀前后压力开关

当真空泵入口阀前压力开关 PS470 检测到真空值大于 12 kPa 时,发出报警信号,备用泵联动;小于 6 kPa 时,复位报警信号。

(3)气水分离罐液位检测

两台气水分离罐内均装有液位检测装置(LS)用以检测分离罐液位的高低限;系统启动运行后,当该装置检测到运行泵的分离罐液位低(<300 mm)时,液位低开关 LSL231 报警,分离罐的水位控制阀自动打开,分离罐进行补水到设定值时,水位控制阀自动关闭;当检测到分离罐液位高(>475 mm)时,液位高开关 LSH231 报警,分离罐内过多的水从溢流阀排出。

5.24.5 系统运行

真空系统的运行主要考虑系统启动阶段真空泵运行是否正常,凝汽器真空是否正常建立,气水分离罐水位在要求范围内以及正常运行过程中换热器工作是否正常等。

（1）系统投运

检查确认汽轮机及真空系统安全工作已完成，系统投运条件已具备。

关闭真空破坏阀，启动一台真空泵，入口蝶阀自动打开，检查确认凝汽器真空开始建立，检查运行水室真空泵声音、振动等无异常，汽水分离器水位正常。观察凝汽器真空到达正常真空（89 kPa 以上），将另一台真空泵投入联锁备用。

启动运行真空泵后，当真空泵电机运行故障（包括异常停运、电机线圈温度超限、轴承温度超限）时，系统均会发出关闭运行泵入口蝶阀和停泵的指令，联锁启动备用泵。或当主真空泵正在运行并且控制系统接收到真空低的信号时，也自动启动备用真空泵，保证系统有一台真空泵在运行以维持凝汽器真空。

（2）系统停运

只有在燃气和蒸汽轮机已停机，机组转速低于 300 rpm，真空保护退出。而且没有蒸汽或带压力的疏水进入凝汽器，凝汽器准备破坏真空，才可停用抽真空系统，以防止真空系统停运后，凝汽器超压损坏设备。

退出备用泵联锁，停运运行泵，打开真空破坏阀，真空到零（即凝汽器压力到常压），真空系统停运完毕，再执行退出轴封系统操作。注意系统停运后所有疏水禁止进入凝汽器，改为排地沟。

（3）真空泵的切换

确认备用真空泵组处在良好备用状态，采取先启后停原则，启动备用真空泵并检查其运行正常后，停用原运行真空泵，投入真空泵联锁。

（4）系统运行注意事项

①系统停运前确认满足停运条件：一般规定机组转速小于 300 rpm 停运真空系统，如果转速较高时破坏真空的话，由于鼓风摩擦热会使汽轮机叶片温度异常升高，叶片伸长引启动静摩擦；或者机组事故紧急情况（如机组轴承振动大、机组有异声、轴承断油烧瓦等）条件时转速可高于 300 rpm。

②真空系统停运、轴封系统停运后要求保持真空破坏阀开启，防止异常热水热气进入凝汽器起压冲破低压缸防爆膜，低压缸防爆膜将在 35 kpa 正压力下破裂。

5.24.6 系统常见故障及处理

机组正常运行过程中，真空系统常见的故障包括真空效果差、汽水分离罐水位异常、换热器换热效果变差等，这些故障如不及时发现和处理的话，势必影响凝汽器真空，导致机组效率下降和产生不必要的损失。

（1）凝汽器真空降低

1）现象

①全部真空表指示数值下降。

②低压缸排汽温度指示数值上升。

③凝结水温度上升。

④相对负荷下蒸汽流量增加。

⑤真空降至 89 kPa，备用真空泵联动，真空降至 84 kPa，"凝汽器真空低"声光报警；当真空低至 76 kPa，汽轮机自动脱扣。

2）原因

①真空系统的管道或设备损坏漏空气。

②循环水泵跳闸或凝汽器循环冷却水进出水门误动关闭,或凝汽器钛管堵塞,或二次滤网堵塞,造成循环水量减少。

③真空泵工作失常或跳闸,而备用真空泵也不能正常投入工作,或真空泵吸气蝶阀压缩空气压力下降造成吸气蝶阀关小。

④轴封汽压力下降或中断。

⑤凝汽器水位调节失灵,凝汽器水位太高淹没抽气管。

⑥误开凝汽器真空系统与大气连接的阀门,误关运行侧凝汽器抽空气门。

⑦凝汽器脏污严重。

⑧密封水系统未正常投入。

⑨凝结水箱水位过低。

⑩高、中、低压蒸汽旁路系统误动作。

3）处理

①发现真空下降,应与排汽温度表对照,判别真空是否真实下降,并及时汇报值长,检查原因,采取措施。

②在未查明原因前,若凝器真空下降至 87 kPa 时应立即启动备用真空泵,必要时增开一台循环水泵;真空下降至 87 kPa 时应减负荷维持真空。

③排汽温度升高至 57 ℃（135 ℉）,检查排汽缸后缸喷水应自开,否则手动开启。

④在降负荷过程中,高、中、低压汽温度尽量保持正常,确保机组差胀在规定范围内变化。真空下降减负荷或停机过程中禁止投用旁路系统。

⑤循环水中断,应迅速减去全部负荷,如真空下降至 60 kPa,紧急停机,禁止一切疏水进入凝汽器。循环水量不足时,应查明原因设法消除,必要时增开一台循泵,并根据真空情况适当降低负荷。

⑥凝器水位升高,应查明原因,设法消除,必要时增开或切换凝泵恢复正常水位。

⑦真空泵工作失常,应查明原因,设法消除,必要时增开或切换真空泵。真空系统漏空气,应查漏、堵漏。

⑧轴封供汽不足或中断,迅速提高轴封压力,必要时手动开启辅助蒸汽供轴封母管调整阀旁路阀进行调整。

⑨如因凝结水箱水位过低引起,应迅速补水至正常水位。

⑩旁路系统蒸汽减压阀误开,应迅速关闭。

（2）气水分离罐水位异常

1）现象

系统运行过程中,气水分离罐水位达高限或底限时,均会发出报警,如果分离罐水位异常未能及时消除,则会影响水环真空泵的出力,从而影响凝汽器真空。

2）原因

①补水阀故障一直处在打开位置,或者补水阀的旁路阀被误打开,使得分离罐一直处在补水状态,导致液位高;或者补水阀自动补水关闭后,分离罐溢流阀故障堵塞,无法将多余的水溢流。

②补水阀故障不能及时自动打开,导致分离罐无法得到及时补水;或者分离罐底部放水阀漏水或被误打开。

3)处理

①立即调整分离罐水位至正常水位,保证真空泵的正常抽吸效率。

②将误开的分离罐补水旁路阀关闭,将其底部排污阀关闭。

③若分离罐水位无法维持真空泵正常运行时,则应及时切换至备用泵运行,并通知检修处理。

(3)换热器换热效果差

1)现象

系统运行过程中,流过换热器的真空泵工作水温降变小或者无变化,说明换热器换热效果变差,还有可能导致泵内部由于工作水温升高而发生的气蚀现象。

2)原因

①换热器脏污,使换热效果变差。

②换热器的冷却水进口滤网堵塞,导致换热器冷却水流量减少,从而使真空泵的工作水无法得到正常冷却。

③换热器冷却水进出口阀被误关闭,导致换热器冷却水中断。

3)处理

①及时清洗换热器。

②及时清理换热器的冷却水进口滤网,特别在秋季,江水中贝壳较多,容易将进口滤网堵塞。

③及时打开被误关的换热器冷却水进出口阀。

④若换热器换热效果无法恢复正常时,应切至备用泵运行,并通知检修处理。

5.25　闭式冷却水系统

5.25.1　系统功能

燃气轮机、蒸汽轮机、发电机及其辅助系统在工作期间产生热量的部件需要被冷却。闭式冷却水系统作用就是为整个机组的各种冷却器、辅机轴承、旋转设备等提供清洁的冷却水源,以保证设备及系统的正常运行。

系统采用封闭式循环,介质为除盐水,故运行过程损失少,避免了系统中各种管板、阀门等金属部件的腐蚀、堵塞、结垢问题,大大减少了设备维护成本。该冷却水由开式循环水通过水—水交换器对其进行冷却。闭式循环冷却水系统冷却的主要部件有:LCI冷却器、火焰探测器和透平支撑腿、发电机氢气冷却器、润滑油冷却器、高压给水泵、空压机、水室真空泵补水、化学取样与分析盘冷却用水等设备。

5.25.2 系统组成和工作流程

(1)闭式水系统的组成

每台机组配一套闭式冷却水系统,主要设备包括:

①100%容量闭式冷却水泵两台。

②紧急停机冷却水泵一台。

③100%容量闭式冷却水热交换器两台。

④闭式循环冷却水高位(膨胀)水箱一个。

(2)闭式水系统的工作流程

闭式水系统基本流程为:除盐水或凝结水→高位水箱→闭式水泵→闭式水热交换器→闭式水用户→闭式水泵入口,如图 5.119 所示。

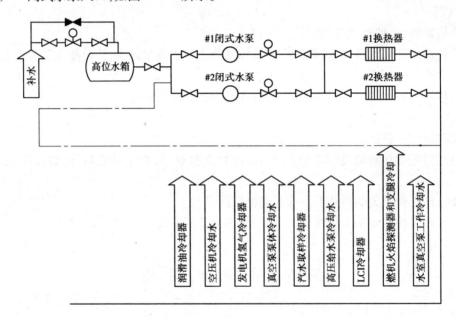

图 5.119　闭式水工作流程示意图

闭式冷却水系统通过凝结水输送泵或凝结水母管补充水送至高位水箱。高位水箱作为闭式冷却水的缓冲水箱,向闭式水系统补充水源。

闭式水经两台闭式循环冷却水泵升压后(一台运行,一台备用),通过闭式冷却水—水热交换器进行冷却,向各设备提供冷却水。这些冷却水通过各辅机后被加热,回到闭式冷却水泵吸入口,完成一个循环。正常情况下,一台冷却水泵和一台闭式冷却水热交换器可满足整个系统所需的冷却水量。

另外,系统中设有一台紧急停机冷却水泵,其电源取自危急保安电源,当厂用电中断时,冷却水经闭式水泵旁路阀,再由紧急停机冷却水泵提供闭式冷却水至润滑油冷却器,冷却油温,以保证机组安全停机。

5.25.3　系统主要设备介绍

闭式水系统主要设备包括高位水箱、闭式水泵和换热器等。

（1）高位水箱

高位水箱主要为系统提供一个缓冲容量，布置在 11.00 m 运转层，提高闭式水泵入口静压，提高汽蚀余量。

（2）闭式水泵

闭式水泵为普通离心水泵，其扬程需克服系统管道、阀门、换热器等阻力，同时需满足流量的要求。

（3）换热器

闭式水系统换热器有管壳式换热器和板式换热器两种形式，在电厂应用上各有优缺点。板式换热器结构紧凑，占地小，换热效率高，但维护工作量大；而管式换热器相应适应能力相对要强。

5.25.4　系统的运行

闭式水系统运行包括开式水升压泵、闭式冷却水泵以及换热器等设备的运行。运行过程中应注意对以上系统设备及其附属管道、阀门等部件的检查，保证机组在发电运行过程中各发热部件得到充分的冷却，保持良好的运行状态。

系统运行时，应注意以下几种情况：

①任何情况下，闭式水冷却器开式水侧压力不得大于闭式水侧压力。

②正常情况下，闭式水冷却器一用一备，必要时也可采用两台冷却器并列运行的方式。

③闭式水泵开泵前注意注水，泵体和滤网排空。

④闭式水泵开泵后防止备用泵倒转。

⑤在运行过程注意水-水交换器内漏，如果内漏则停止该冷却器运行，以消除缺陷。

⑥闭式循环水系统保护方法：在闭式循环冷却水中，用加药泵加入联氨和氨水溶液，控制闭式水的水质 pH 值为 8.0～9.2。

5.25.5　系统常见故障及处理

机组正常运行过程中，闭式水系统常见的故障包括高位膨胀水箱水位异常，闭式水系统压力波动大等，这些故障如不及时发现和处理的话，势必影响机组部件的冷却效果，严重时导致机组跳闸。

（1）膨胀水箱水位下降过快

1）现象

膨胀水箱水位下降过快。

2）原因

①系统有泄漏。

②放水阀门误开。

③水水热交换器内漏。

3）处理

①立即派人就地检查,看是否有跑、冒、漏水现象。检查相关阀门是否关严,尤其是所有疏水门以及真空泵补水旁路门。

②将水-水交换器切至另一台运行,并将原来水水交换器闭式水进出口门摇紧,看水位是否继续按原来的速度下降。如水位下降变缓,则可判断为原水水交换器内漏,通知检修处理。

（2）闭式水系统压力波动大

1）现象

闭式水泵出口压力波动大,泵体声音异常。

2）原因

①泵体注水不充分,有空气。

②系统注水未完成,有空气。

③空压机冷却水处有泄漏,导致空气进入闭式水系统。

3）处理

①立即打开泵体、系统放空气阀进行排气,待放空气阀有水流出后方可关闭。

②检查空压机的冷却水系统,如有泄漏,立即隔离。

5.26 循环水系统

5.26.1 系统功能

开式循环水系统主要作用是冷却凝汽器,使凝汽器保持一定的真空度,同时给水-水交换器和部分辅助机械提供冷却水。

按照水源方式划分可以分为:

①开式供水方式。它也称直流供水方式,冷却水在凝汽器工作后,进入冷却设备降温后直接排入水源,一般从江河、湖泊、海洋等取水。

②闭式供水方式。它也称循环供水方式,冷却水直接在凝汽器工作后,进入冷却设备(冷却塔)降温后又回到凝汽器,如此在冷却设备和凝汽器之间往复循环。在水源比较紧张的地方往往采用这种方式。

本节所介绍的循环水系统为开式供水方式。

5.26.2 系统组成和工作流程

（1）循环水系统的组成

循环水系统主要由循环水泵、辅助循环水泵、冷却润滑水加压泵、管路、凝汽器水室、一次滤网、二次滤网等组成。

（2）循环水系统的工作流程

如图 5.120 所示,冷却水从前池经过一次滤网过滤后,一路由循环水泵送至凝汽器,在这段管路中还经过二次滤网过滤,在凝汽器的钛管内流过,带走汽轮机排汽的热量,再排入江中。另一路经过自动反冲洗滤水器、送往水-水热交换器,冷却后经出水管排入江中。

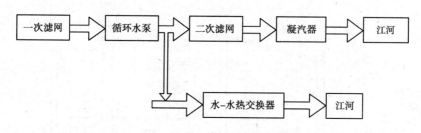

图 5.120　循环水工作流程示意图

5.26.3　系统主要设备介绍

（1）一、二次滤网

循环水系统设置一次旋转滤网、二次滤网，用于清除循环水系统中的污物，确保循环水系统安全运行。下面主要介绍自动反冲洗二次滤网：

为了确保凝汽器正常安全运行，提高凝汽器的工作效率，在循环水泵出口至凝汽器进口的循环水管道中都要安装二次滤网。根据现场安装空间和循环水参数等各项综合因素情况，二次滤网安装方式一般分为卧式安装和立式安装两种。

二次滤网的工作原理：循环水通过过滤网芯时，水中大于网芯网孔的杂物被阻挡在过滤网芯的内侧表面（或外侧表面），当网芯表面被杂物堵塞到一定程度时，通过网芯的循环水量减少，就造成滤网进出口压差增大，影响凝汽器正常正作，此时应对滤网进行排污。打开排污阀门，启动排污传动机构，由于滤网内的循环水压力（一般大于 0.02 MPa）大于排污阀门出口处的压力（一般均为负压），利用这个正压差，网芯表面上的杂物被这压差冲洗下来，使网芯保持清洁状态，确保洁净的循环水正常流通。冲下的杂物进入排污装置内，至排污管排出滤网。所有相关监控、测定和工作过程均可通过程控 PLC（逻辑控制）实现全自动运行。必要情况时，亦可进行手动分步操作。图 5.121 为一种常见的自动反冲洗二次滤网结构示意图。

（2）循环水泵

循环水泵设在循泵房内，有流量大、扬程低的特点，通常为立式轴流泵。一般设计为每台机组两台循环水泵，如有多台机组量，每台机组的循环水出口母管设有联络门，互为备用。如有一台泵故障，可以利用联络门，由邻机的循环水来供，常用两机三泵运行方式等。循环水泵运行的台数可根据季节的水温情况、机组运行的要求以及运行经验作相应安排。在冬季，循环水温比较低，可以两台机组 3 台循泵运行方式达到节能的目的。其他季节循环水温比较高，需要 4 台循泵运行。

（3）胶球清洗系统

为了防止凝汽器冷却水管结垢，提高传热效果，保证凝汽器内的真空度，在凝汽器的两侧各装设一套胶球清洗装置。

胶球装置由收球网、装球室、胶球输送泵及连接这些设备的管道和阀门组成。

胶球清洗的方法：将胶球装入装球室，由胶球泵送入凝汽器冷却水入口管，胶球随冷却水流经凝汽器水室进入冷却水管内，达到清洗的目的。凝汽器出口管装有收球网，把胶球收集后送入胶球泵，由胶球泵将胶球再打入装球室，如此不断循环，完成凝汽器冷却水管全面清扫的目的。

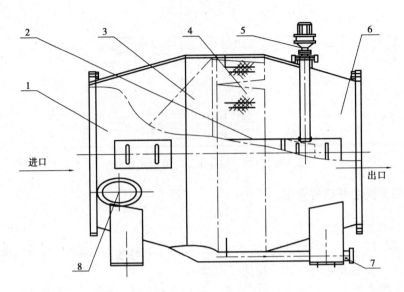

图 5.121 自动反冲洗二次滤网结构示意图

1—进口;2—固定排污槽;3—旋转排污槽;4—网芯;

5—电机驱动(过载保护)装置;6—出口;7—放水管;8—排污管

投入运行的胶球数量为凝汽器单侧单流程冷却管根数的 7% ～13%,胶球清洗系统每周运行(清洗)一次。

胶球清洗时,先将收球网向收球位置转动,处于收球位置。再打开装球室切换阀,启动胶球输送泵,使球进入循环水中清洗。然后关闭装球室切换阀,停胶球输送泵,装球室开始收球。关闭胶球室出口阀,打开装球室放水阀,关闭装球室出口阀,将收球网打开,处于反冲位置,至此胶球清洗运行结束。

胶球清洗系统累计运行 7 次,需要补充胶球;运行 60 次后应进行更换,还应根据各自的具体情况,如所用胶球的耐磨性能、胶球数量、实际收球率等适当调整周期。实际收球率是指在满足投运条件时、系统正常运行收回的胶球数与投入运行的胶球数的百分比。个别胶球在水中浸泡一段时间后,胀大过多,球茎超标,在检查后需随时更换补充。

5.26.4 系统的运行

(1)系统运行及注意事项

①在系统启动前应先启动辅助循环水泵,循环水管道注水,然后启动水室真空泵或打开凝汽器水室放空气阀,排掉循环管道里的空气。

②循环水泵启动后,检查电流、振动、声音、轴承和电机温度及密封情况等正常,其中泵组的最大振动双振幅极限值应在标准允许范围内。检查出口蝶阀应自动开启,泵出口压力0.10 MPa 以上,DCS 界面上无相关报警信息,泵组就地运行无异常。就地检查凝汽器循环水侧进出水室空气阀自动排气应正常,凝汽器循环水管道无异常振动,之后逐渐开足凝汽器循环水两侧进水电动蝶阀,注意观察#1 循泵电流不超限,泵运行应平稳。

③检查凝汽器循环水进、出水压力正常,开启循环水取样阀,对循环水系统进行取样分析,根据循环水水质情况启动加药装置,向循环泵前池加入稳定剂及杀菌剂以保证循环水水质在合格范围内。

④夏季两台机组满负荷运行时,据真空及全厂安全、经济情况可保持 4 台循泵运行,循环水联络门#1、#2 门全关;冬季两台机组满负荷运行时可考虑 3 台循泵运行,循环水联络门#1、#2门全开。

⑤循泵在正常运行中必须注意监视循泵电机线圈温度,不得超过 130 ℃,电机上下轴承及推力轴承温度不得超过 75 ℃,循泵电流正常最大不超过铭牌允许值。

⑥每台机组配备一台辅助循环水泵。机组正常停运后,当循环水系统达到停运条件时,可停运循环水系统,启动辅助循环水泵向闭式冷却水冷却器供水,节约厂用电。

(2)停运

机组已经停运,在盘车状态下则可停运该系统。

5.26.5　系统常见故障及处理

机组正常运行过程中,循环水系统常见的故障主要为循环水泵的故障,这些故障如不及时发现和处理的话,会严重影响机组的真空以及机组运行,甚至导致机组跳闸。

(1)循环水泵故障

1)现象

泵体发生强烈振动、声音异常、电动机冒烟或着火、轴承冒烟或着火等。

2)处理

①应立即停止该泵运行,检查故障泵电流到零,出口蝶阀应联动关闭,泵不倒转,否则应手动关闭出口蝶阀。

②如果一台机组运行,检查备用泵应立即自动投入运行,保证供水正常。备用泵联动无效时,应立即手动启动。

③两台机组运行,马上打开循环水联络门,实行两机三泵,注意真空状况,如不能维持在正常范围,应立即减负荷,将其控制在适合的范围内。

④故障处理完后,应作好详细记录,以便于事故分析。

⑤当发生水泵盘根发热、冒烟或大量滋水、轴承温度达到 80 ℃并有升高的趋势、电动机电流超过额定值或电动机温度超过规定值、轴承振动超过规定值等故障时,应先启动备用泵,再停止故障泵。

(2)循环水泵出蝶阀故障

1)现象

正常启动循环水泵时,其出口蝶阀不能正常打开;循环水泵正常停运或故障跳闸时其出口蝶阀不能关闭。

2)处理

①如启动循环水泵时其出口蝶阀不能打开,注意保护动作,循环水泵跳闸,否则手动停泵。检查蝶阀不正常的原因,作出相应的处理。

②如循环水泵正常停运或故障跳闸时蝶阀不能关闭,应立即手动关闭蝶阀,必要时要立即赴现场对蝶阀的控制油卸压以关闭蝶阀,在蝶阀未关闭前不能打开与邻机的循环水联络门,防止对邻机造成影响。

5.27　密封油系统

5.27.1　系统功能

对于用氢气冷却的发电机,必须保护发电机良好的密封性能,防止发电机内的氢气漏出。密封油系统的作用是向发电机密封瓦供油,使油压高于发电机内氢压一定数量值,以防止发电机内氢气外漏,同时也要防止油压过高而导致发电机内进油。

由于发电机内的氢气会沿着固定的发电机端罩与转轴之间的空隙从发电机向外泄漏,所以要将持续稳定流量的压力油注入间隙,形成一道屏障将氢气密封在发电机内。

密封油系统的供油和回油都是和主机润滑油系统相连的,密封油系统中有多种用于控制油流量,同时去除油中氢气的设备。持续稳定的油流在轴密封中循环时会携带少量的氢气气泡,必须去除密封油中的这些气泡之后,油才能安全地返回主润滑油系统。

5.27.2　系统组成与工作流程

(1)系统组成

密封油系统设置有两台交流和一台直流油泵提供油循环的动力。密封油系统主要有以下设备:

①密封油控制装置(密封油模块)。

②油氢分离器(透平端与集电端各一个)。

③密封组件。

④密封回油扩容箱和浮球阀。

⑤轴承回油扩容箱。

⑥氢气分离器油水探测器。

(2)工作流程

如图5.122所示,将密封油系统看成一个单独的系统时,它由主润滑油系统供油。主润滑油系统有两台交流电泵,向轴承润滑系统和密封油系统供油。一般一台泵运行,另一台备用(油压下降时自动启动)。主油箱上还有一台紧急直流密封油泵,以便在主润滑油泵失去交流电时,接着提供密封油油压。密封油从主润滑油系统供出后进入密封油模块,经密封油模块调压后进入发电机两端的密封组件内,对发电机内氢气进行密封。密封油流经密封组件后沿两个方向排出,氢气侧的油排向密封油回油扩容箱,并在扩容箱及浮球收集器中去除氢气,然后继续流向轴承回油扩容箱;而空气侧密封油则直接排向轴承回油扩容箱。密封油在轴承回油扩容箱内去除所有残余的氢气后,再返回主润滑油箱中。

5.27.3　系统主要设备介绍

(1)密封油控制装置(密封油模块)

来自润滑油母管压力调节阀前的发电机密封油进入密封油控制装置,通常也称作密封油模块,主要部件有一个仪表柜和一个压力调压阀。

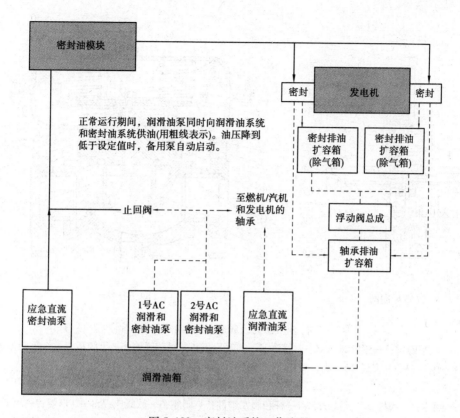

图 5.122 密封油系统工作流程

1）密封油模块的仪表柜中的装置

①PI-3404：密封油模块供油管线上的压力指示器。

②PS-3404：密封油供油管线进口压力低开关。

③PDI-3402：差压指示器（H2 压力与密封油压力比较）。

④PDSL-3402：差压低报警开关。

⑤PDT-3402：差压变送器。

⑥PDSL-3406：低-低差压报警开关。

⑦PI-3401：密封油出口压力指示器（向密封供应的密封油压力）。

2）调压器（PDCV 3401）

调压器包括导向阀和差压阀，如图 5.123 所示。

①工作原理。

差压阀的执行机构用于保持阀体两端的恒定差压。差压的设定是靠压缩弹簧来确定的。导向阀膜片的上部接口 4 通过管子接到密封油排放扩容器，并检测发电机机壳内的气体压力。膜片的下部接口 1 通过管子接至密封油供应管路，并检测供给的密封油压力。调节器将在密封瓦处密封油压力和发电机内的氢气压力之间保持 5 psi（0.352 kg/cm²）左右的差压。导向阀接口 2,3 通过两根管路连接至通过差压阀的膜片上下壳，差压阀顶部还与阀出口相连。当阀体两端存在压力差时，下游压力的增大必然会将阀门关闭。这样就限制油流入阀体内，继而就减低了下游压力。随着下游压力降低，上游压力作用在膜片上，将阀门打开并保持压力差设定值。

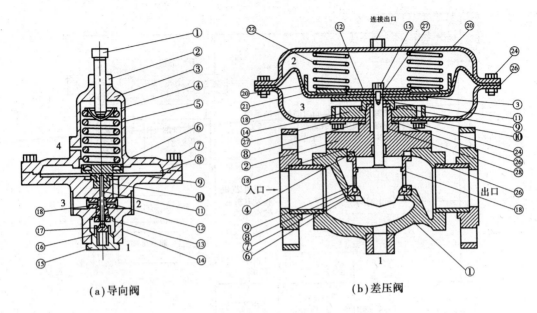

图 5.123　调压器的组成（包括导向阀和差压阀）

（a）：1—调整螺丝；2—锁紧螺母；3—弹簧罩；4—弹簧导板；5—量程弹簧；6—上膜板；7—六角头盖螺丝；
8—膜片；9—下膜板；10—阀杆导块；11—阀杆；12—节流电板；13—阀座；14—阀体；15—底盖；
16—复位弹簧；17—阀芯；18—快速孔；

（b）：1—阀体；2—阀帽；3—笼式阀芯；4—杆和阀塞组件；5—阀座；6—软阀座；7，8—O 形圈；9—填料压环；
10—填料；11—填料螺母；12—膜止动片；13—支撑板；14—安装板；15—阀杆螺栓；16—笼式阀芯组件；
17～19—O 形圈；20—膜板；21—膜片；22—弹簧；23—上壳体组件；24—螺栓；25—螺丝平；
26—填料弹簧；27—密封垫圈；28—隔片；29—填料护圈

②调节。

为了进行实际调节，需拆去导向阀的调节螺钉管帽并拧开六角螺母。若要增大差压设定，可将调节螺钉朝顺时针方向转动。若要减小差压设定，可将调节螺钉朝逆时针方向转动，在固定调节螺钉后再拧紧六角螺母，最后重新装上调节螺钉管帽。

为了使密封油系统有效地密封发电机内的氢气，密封油压力必须大于氢气压力。但是，密封油压力不能过多地高于氢气压力，否则油会流到发电机罩壳内。

如图 5.124 所示，发电机密封油从润滑油母管压力调节阀引入，密封油系统正常运行时由润滑油泵供油。只有当润滑油母管压力调节阀前的压力降到压力开关 PS-266A 和 PS-266B 的设定值 0.655 MPa 时，应急润滑油和应急密封油泵才启动。当密封油低压差至 0.0275 MPa（4 psi）报警开关 PDSL-3402 动作时，发出密封油低压差报警。当密封油进口压力低 PS-3404 为 0.655 MPa 和低-低压差报警开关 PDSL-3406 到达动作值 0.017 MPa 时，都会启动应急密封油泵。

调压器用于调节密封瓦的进油压力，并向发电机密封瓦供应持续稳定的压力油。调节器将密封油与氢气差压稳定 0.038 MPa 以上。而正常工作时氢气压力为 0.400～0.441 MPa。

（2）密封组件

如图 5.125 和图 5.126 所示，发电机端密封由支撑在端护罩上的密封室组成，室内有两个密封环（每个密封环分两段）。这些密封环的内径比轴径大千分之几英寸。它由一只环形弹簧径向压住，同时也将两个密封环轴向隔开。密封环可以径向移动，周向不能转动。

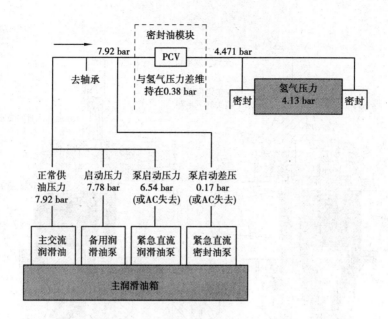

图 5.124　密封油系统正常运行时工作压力

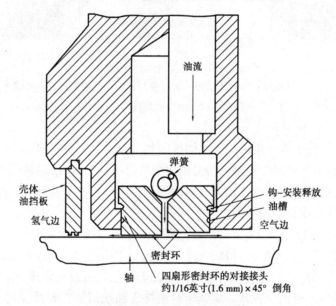

图 5.125　典型密封组件剖面图

密封油从端护罩上方引入,由于密封油压力大于氢气压力,因此密封油流入密封环之间,沿轴向两个方向在密封环与轴之间流出。由于空气侧比氢气侧间隙大,因此大部分的密封油流经空气侧密封。这样发电机转轴和密封环之间形成油膜,就像一个液体屏障,防止氢气沿轴向泄漏。

流向氢气侧的总流量大约是 7.57 L/min,而流向空气侧的总则是它的几倍。流向空气侧的大流量也起到冷却密封环的作用。

图 5.126 显示了密封油的进油和回油通道及密封装置在氢冷发电机的位置。

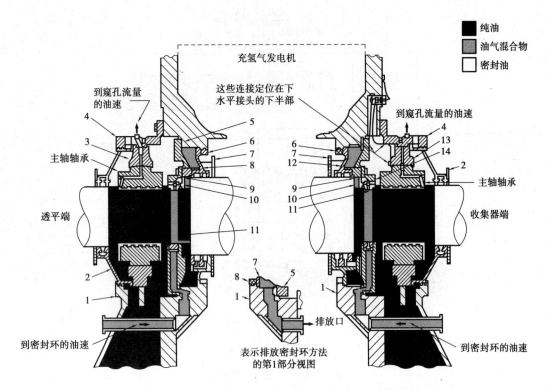

图 5.126　密封油回油通道视图

1—端屏蔽;2—油偏导器;3—轴承环;4—轴承盖;5—氢气密封外壳;6—固定环;7—油偏导器;8—密封外壳盖;
9—弹簧;10—油偏必导器;11—密封环;12—绝缘密封环外壳;13—绝缘轴承环;14—密封外壳盖

（3）密封油浮球箱和浮球阀

油流经密封后沿两个方向排出。氢气侧排向氢气分离器回油扩容器,在容器内分离出氢气,油则继续流到密封油浮球油箱进一步分离出氢气排掉,然后再回到轴承回油扩容箱。空气侧密封油则和发电机轴承的回油一起,回到轴承回油扩容箱,并在轴承回油扩容箱内去除所有残余的氢气后,再返回主机润滑油箱。

浮球油箱如图 5.127 所示,从密封回油扩容箱排出的油流向浮球油箱,油箱内的浮球阀维持油箱液位防止氢气泄漏。当发电机内气体压力低时,因回油压力小,流量低会造成浮球油箱满油,这时应打开手动旁路阀和观测计以加强回油。当氢气压力升高到一定压力时,浮动阀开始正常工作维持浮球油箱液位正常。氢侧密封油排入轴承回油扩容器经过进一步除气后,返回主油箱。

（4）轴承回油扩容箱

空气侧的密封油和发电机轴承油排入安装在发电机机壳下面的轴承回油扩容内。轴承回油扩容的表面积较大,供密封油除气（去除氢气气泡）,然后再流到主油箱。轴承回油扩容器有管道引出在房顶排至大气。

5.27.4　系统保护元件介绍

（1）油-氢压差开关

发电机密封油-氢气压差保持在一定的限度,可以保证氢气不外漏,以及防止密封油进入发电机。所以发电机密封油-氢气压差低至 0.0275 MPa(4 psi)时,差压开关 PDSL-3402 发出报警;压差低至 0.017 MPa 时,差压开关 PDSL-3406 联启直流密封油泵。该设定值可以根据现场取样的情况进行调整。

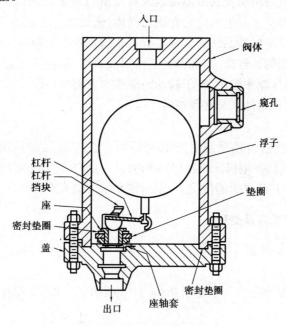

图 5.127　密封油浮动阀

（2）密封油进口压力

密封油进口压力低限报警值为 0.655 MPa,该报警信号源自密封油调压阀前管道压力。对应压力开关 PS-3404,压力低至 0.655 MPa 则联启直流密封油泵。

5.27.5　系统运行

（1）系统启动

密封油系统一般都保持在运行状态。只是在机组停机,从发电机排尽氢气且盘车停运后,密封油系统才能完全停运。再次启动机组前,必须先启动密封油系统,再用 CO_2 吹扫发电机,然后才能重新充入氢气。

密封油系统启动之前,应对各阀门状态全面检查,确保各阀门状态符合正常启动流程的要求。

系统启动前,差压阀下游阀门应全开,然后微开差压阀上前隔离阀,阀门开度能够见到油流即可。启动期间应注意避免压力突然升高,这会损坏差压阀的隔膜。隔膜设计承受的最大差压为 8.61 bar（125 psi）。当压力表上开始出现读数时,缓慢地打开差压阀前隔离阀,向差压阀隔膜缓慢地施加压力。

在启动时,发电机内部压力较低,为防止密封油向发电机外壳内溢流,必须将浮球阀旁路打开,并监控密封油浮球油箱的液位。在用 CO_2 为发电机加压时,差压阀自动调节压力,随着发电机内气压的增加,浮球油箱液位正常时,应关闭浮球阀旁路,打开主路。

(2)正常运行

当发电机充有氢气时,无论机组在运行或停运状态时,密封油系统必须保持运行,从而防止氢气从发电机逸出,且备用交流润滑油泵以及直流密封油泵必须保持在备用状态。即使发电机内气体不是氢气,但只要发电机内充有压力气体,密封油系统也必须保持在运行状态。

正常运行期间,除了应对检测任何异常运行状态的系统参数加以监控外,不要求操作员干预。在检查时,应监控密封油浮球油箱的油位、密封油差压、油温和流量。

由于密封组件内的间隙非常小,转子转动时要求有密封油持续润滑,以防止摩擦发热和咬涩,因此在盘动转子前,密封油系统必须投运。

(3)系统停运

发电机充有氢气时,密封油系统必须保持运行。在停密封油系统之前,必须按标准的 H_2/CO_2 吹扫步骤要求吹扫发电机。机组停运期间,只有将发电机中的所有氢气全部驱除,并且盘车已满足停运条件并已停运的情况下,密封油系统才能安全停运。

5.27.6　系统常见故障及处理

(1)差压阀不能正常调压

1)现象

在正常情况下,油氢差压应当稳定于 0.04~0.06 MPa。油氢差压超出正常范围。

2)原因

信号管出现堵塞;隔膜出现渗漏;阀体卡涩等。

3)处理

当出现差压阀不能正常调压的情况时,可以通过调压阀的旁路阀调节油氢差压,同时对差压阀进行隔离检修。

(2)密封油差压低

1)现象

MARK VI 出现密封油差压低报警,直流密封油泵联启。

2)原因

润滑油母管压力出现波动;差压阀调节失常;差压阀整定压力过低或差压开关故障;机组启动、停机过程中转速变化造成差压变化大;主机润滑油温度变化引起差压变化。

3)处理:

①检查 MARK VI 和就地指示,以确定是否存在差压低的情况。若差压过低,验证润滑油泵是否在运行。若油泵在运行,检查润滑油泵出口压力情况;检查是否存在堵塞、隔离阀部分关闭、系统泄漏等故障。

②检查主机润滑油温度是否正常。

③检查差压调节器是否正常运行。

④若确认存在差压低故障,应视情况适当减负荷并降低发电机氢气压力,如果无法维持密封油差压(密封油压力高于氢气压力),应将机组停机并对发电机进行排氢吹扫,处理故障。

(3)浮球箱液位计看不到油位

1)现象

浮球箱液位计看不到油位,密封油系统 U 形管排空门冒油,发电机氢压下降。

2）原因

浮球阀卡涩,不能关闭,气体压力高冲入轴承回油扩容器造成密封油系统 U 形管排空门冒油。

3）处理

①关闭浮球箱出口手动门 H-04,等待浮球箱进油,直到油位达到正常油位以上（注意不能满油,失去监控）,再打开浮球箱出口手动门 H-04,并观察浮球阀工作是否正常。

②如经多次活动,浮球阀仍无法正常工作,浮球箱不能维持正常油位,则停机。解列后打开排氢手动门 HV-2954,将氢压降至 3 psi 以下,切至旁路,并对该浮球阀进行检修处理。

5.27.7　系统维护及保养

由于正常情况下密封油系统一直处于运行状态,因此必须按规定对系统内的设备进行定期切换和联锁保护的试验,例如交流润滑油泵的定期切换、直流润滑油泵/直流密封油泵的自投试验等。此外,在机组大修维护期间,应对密封油系统内所有的仪表装置进行重新校准。

5.28　发电机 H_2 和 CO_2 系统

5.28.1　系统功能及特点

（1）氢气系统作用

发电机内部冷却,按介质的不同可分为空冷、水冷、双水内冷、水氢冷及全氢冷。S109FA机组发电机为全氢冷发电机,采用氢气（H_2）作为冷却介质。氢气系统的作用是在发电机内维持一定压力和纯度、温度、湿度合格的氢气,冷却发电机的转子、定子,并通过轴封部件来防止氢气从轴与机座之间的间隙泄漏。

发电机两端有与轴相连的风扇,内部有风道,风扇出口的冷风通过发电机内部的风道对发电机的转子线圈、定子线圈及定子铁芯进行冷却,热风送到四台气/水换热器进行热交换,保证氢气的正常运行温度后送到风扇入口,形成循环冷却。

（2）氢气系统特点

1）氢气作为冷却介质的优点

发电机之所以选择氢气作为冷却介质,是因为氢气有以下优点：

①运行经验表明,发电机通风损耗的大小取决于冷却介质的质量,质量越轻,损耗越小,反之亦然。氢气是气体中密度最小的,用氢气作为发电机内冷却气体,发电机风阻损失大大减少,从而提高发电机的效率。

②与空气相比,氢气的热导率和对流传热系数都较大,使它成为较好的传热介质。

③氢气的绝缘性能好,与空气相比,氢气大大减少了放电产生的电枢绝缘磨损和邻近高电压体表面微弱辉光,即电晕。

2）氢气的缺点

①氢气的渗透性很强,容易扩散泄漏。因此发电机的罩壳必须很好地密封。

②氢气与空气混合后在一定比例内（4% ～74%）具有强烈的爆炸特性,所以必须小心谨

慎地处置氢气以防止爆炸。发电机 H_2/CO_2 系统通常用二氧化碳（CO_2）作中间气体，从而使空气和氢气不会在发电机内混合。

5.28.2　系统组成与工作流程

（1）系统组成

发电机 H_2/CO_2 系统包括下述主要部件：

①发电机（带气体连接管道）。

②气体管路和关联阀门。

③气体调节阀组件。

④氢气控制盘。

⑤液位检测器。

⑥氢气干燥系统。

⑦发电机铁芯监测器，热分解物收集器和湿度传感器。

（2）系统工作流程

1）发电机氢气系统流程

如图 5.128 所示，氢气从供应装置送至发电机供氢母管后在发电机内部形成一个闭式循环冷却过程。氢气从发电机母管进入发电机，通过发电机两端的风扇加压后流过转子绕组和定子绕组、铁芯对其进行冷却。冷却换热后的氢气就变成热氢，热氢通过安装在发电机顶部的氢气冷却器后再次变成冷氢，然后又流回发电机的转子绕组和定子绕组、铁芯对其进行冷却，从而形成一个闭式循环冷却系统。为了除去氢气中的含水量，部分氢气还经过油雾分离器除去氢气中的杂质及油烟，然后经过氢气干燥装置进行干燥，经过干燥后的氢气再回到发电机中进行冷却。

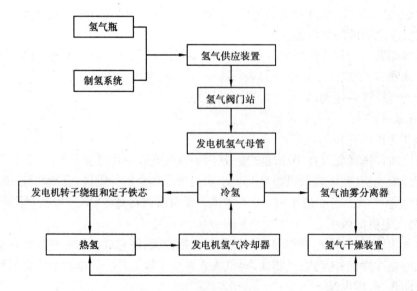

图 5.128　发电机氢气系统氢气工作流程

发电机罩壳的内部容量较大，在正常运行时容纳氢气，检修停机时容纳空气，CO_2 作为中间气体，防止空气和氢气在发电机罩壳内部混合。发电机罩壳顶部和底部的分配管分别将氢气和二氧化碳引入发电机。在正常运行时由发电机转子风扇循环氢气。

沿发电机的内上部,有一根带孔的长管,这部分管道用于将氢气引入发电机罩壳。同样,在发电机内下部也有一根带孔的长管,用于引入二氧化碳。这两部分就是氢气配气管和二氧化碳配气管。在吹扫运行中,当气体从一根管道进入发电机时,就从其他管道排出从发电机中扫出的气体。

发电机转子两端各装有一个风扇。这些风扇形成几英寸水柱的差压,推动发电机气体(正常运行时是氢气)在发电机内部循环。不断循环的氢气带走由发电机转子绕组、定子绕组和定子铁芯产生的热量。然后氢气进入四个气体冷却器,释放掉吸收的热量。

2)发电机氢气系统二氧化碳置换时流程

如图 5.129 所示,二氧化碳从气瓶出来后经过二氧化碳减压装置,然后送至二氧化碳阀门站,最后直接送至发电机底部二氧化碳母管。

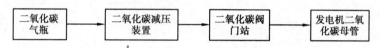

图 5.129　发电机氢气系统二氧化碳工作流程

5.28.3　系统主要设备介绍

(1)气体疏水管路和关联阀门

发电机 H_2/CO_2 系统气体管道有低点疏水、供气、排气、至气体检测设备和气体干燥设备的管道。管道与发电机连接处都设有隔离阀,方便对系统进行检修。

疏水管可以收集并排出气体管道中的凝结水。疏水器都位于各管段的低处,积聚凝结水和其他杂质。疏水器有两个阀门,这样可以不用将系统停运就能排出积聚的液体。当下游疏水阀关闭时,上游的疏水阀可以打开,将积聚的液体排放到两个阀门间的管段,然后关闭上游疏水阀,打开下游疏水阀,将液体从系统中排出。

供气和排气组件如图 5.130 所示,在发电机 CO_2 和 H_2 供气回路中,H_2 经发电机顶部管道组件进入发电机,而 CO_2(或空气)经底部管道组件进入发电机。氢气和二氧化碳分别来自供应站,通过管道送到发电机。它们首先进入气体控制阀单元,吹扫期间操作人员在此进行操作。

气体控制阀单元安装了两套管路组件,一套供 H_2 时使用,另外一套供 CO_2 和空气时使用。气体调节阀组件中 H_2 流经上部组件,而 CO_2(或空气)流经下部组件,每套组件都配置直管段。这些(不能互换的)直管段设计成可以互相机械闭锁。这种闭锁可以切实保护操作人员能分开供给氢气或者 CO_2/空气。保证操作人员实施正确的排气和吹扫程序。在发电机充满氢气时,可以避免空气进入发电机,反之亦然。组件中有两个协同运作的三通阀 HV-2952 和 HV-2955,每个三通阀的顶部接口直接连通发电机通风管路,左边的接口连通 H_2 管路,右边的接口连通 CO_2 管路。当这两个三通阀手柄都在水平位置时,H_2 管路组件连通发电机,当这两个三通阀手柄都在垂直位置时,CO_2 管路组件连通发电机。

(2)氢气控制盘回路

为了维持氢气的纯度,将透平端和集电端的氢气分离器中分离的氢气持续地以一定的流量引入氢气控制屏,经过气体分析仪及其回路持续地测量纯度。同时,也可通过 GFS 和 GFP

接口,切换电磁阀导通发电机壳体内的氢气管路测量发电机壳体氢气纯度。

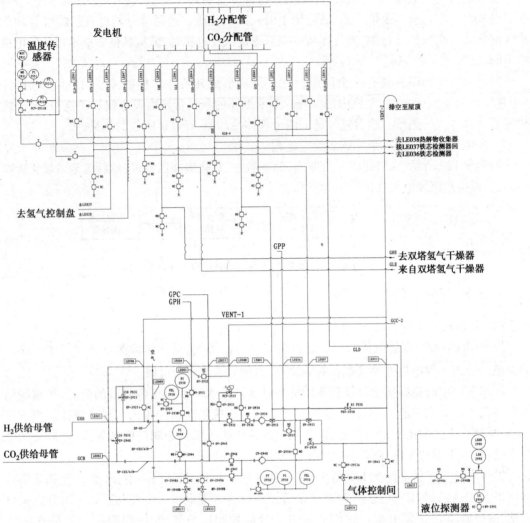

图 5.130　发电机的 CO_2 和 H_2 供气回路

如图 5.131 所示,氢气控制盘包括两套独立的发电机气体分析仪和回路,用来控制换气速度,以维持气体高纯度。每台气体分析装置持续监控发电机气体纯度。一旦气体纯度下降到报警水平,会触发报警信号,并自动打开电磁阀 FY-2971、FY-2973 进行强制排放。氢气通过调压阀 PCV2935 不断地补充到发电机内以维持发电机内氢气压力恒定。当发电机停机和维修时,通过 GPH 和 GPC 接口,可以检测并显示吹扫气体纯度,例如 CO_2 中氢气浓度或 CO_2 中空气浓度。

四个针式计量阀(HO-2971,HO-2972,HO-2973,HO-2974)可以调节气体排放量,根据需要可以手动打开旁路针阀 HO-2972、HO-2974 提高汽轮机端或者集电端排放量。

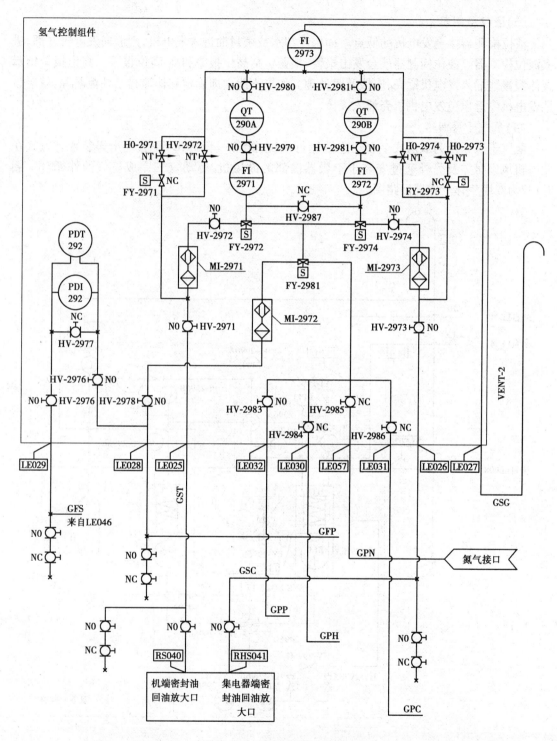

图 5.131　氢气控制屏回路图

GFS-发电机风机抽吸管路；GFP-发电机风机排放管路；GSC-集电器端氢侧回油箱换气接口；
GST-透平端氢侧回油箱换气接口；GPN-氮气接口；GPP-被检测气体压力测量和排气管路；
GPC-测量供给管路 CO_2 纯度的接口；GPH-测量供给管路 H_2 纯度的接口

（3）液位检测器

液位检测器接至发电机的低点。如果冷却水或密封油进入发电机,则流向发电机底部,进入液位检测器。液位检测器就会发出报警,报警包括高位报警和高-高位报警。高位报警预示液体缓慢地漏入发电机罩壳,应该及时处理。如果不能立即确定和快速封堵住泄漏源,就应该把发电机停运以免发电机罩壳涌入液体。

（4）氢气干燥回路

氢气干燥系统为双塔式全自动连续运行系统,配备一套 BAC-50 氢气干燥装置。氢气在发电机风扇压差及另外通过安装于干燥器内部的鼓风机,驱动氢气完成氢气的外循环。图5.132为双塔气体干燥器回路图。

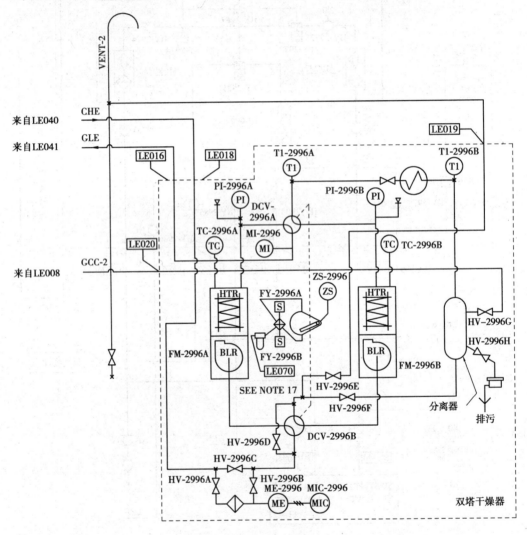

图5.132　双塔气体干燥器回路图

发电机壳体内的氢气经由 GHE 供气管路进入双塔气体干燥器,带有湿气的气体通过装有活性氧化铝(一种固态干燥剂)的吸收塔去湿,经干燥后的氢气从 GLE 回气管路回到发电机体内。活性氧化铝的孔隙度高,所以表面积较大,单位质量的吸湿能力较高。活性铝对大多数气体和蒸汽具有化学惰性,并且无毒。当它吸收水分达到饱和后,可通过加热来驱除水分,从而恢复吸湿性能。活性铝具有再生还原的性能,不受重复再生的影响。在适当条件下,可无限次地连续用氧化铝吸湿、加热再生,而且不会损坏材料。

BAC-50 氢气干燥器有两个吸收塔床,可以不间断地干燥除湿。当其中一个吸收塔工作在吸湿状态时,而另一个吸收塔则在再生状态。BAC-50 定时循环包括对每座塔 8 小时吸湿和 8 小时再生。再生含 4 小时加热和 4 小时冷却,加热过程中释放出在吸湿期间获得的水分。含有水分的气体流经加热器,冷却器和分离器清除水分。4 小时以后,干燥器将进入第二阶段。在此阶段,加热器断电,气流继续流经干燥塔以冷却干燥器。冷却 4 小时以后,这些塔反向运作,干燥器的#2 塔吸湿、#1 塔再生。

(5)发电机气体检测系统

发电机气体检测系统提供了一种检测发电机内局部过热的手段,它由铁芯检测器和热解物收集器组成。如图 5.133 所示为铁芯检测器和热解物收集器回路图。

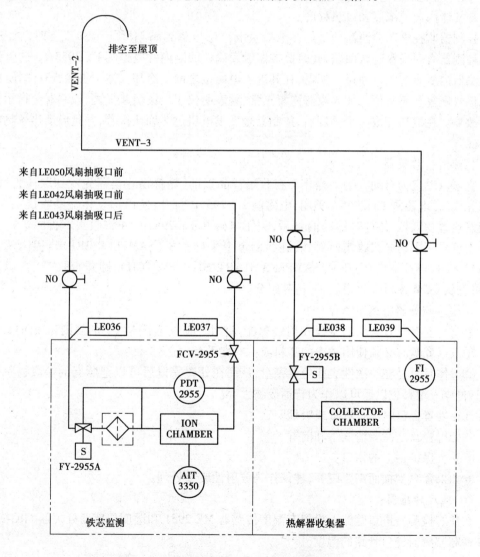

图 5.133　铁芯检测器和热解物收集器回路图

铁芯检测器对氢冷发电机常用的铁芯叠片漆、环氧油漆和许多其他绝缘材料的热分解很灵敏,少量的这种有机材料的热分解就能够产生大量小颗粒或微粒,检测器很容易检测到。这类材料一旦受热,达到某一温度时,会突然产生颗粒。低于该温度不会产生颗粒。一旦到达临界温度,一秒钟内每平方厘米过热表面突然间会产生千百万个亚微米颗粒。此时铁芯检测器会发出发电机过热的确切报警信号,同时铁芯检测器对于水蒸气微粒也很灵敏。因此在接收到铁芯检测器内发电机过热的报警信号后,还必须用热解物收集器自动对发电机气体取样并收集气体内热解产物,用来分析过热产生的颗粒,进一步确认发电机内局部过热的存在。

1)铁芯检测器

由于发电机风扇的压差,来自发电机的冷却气体流经铁芯检测器,然后在电离室内由弱的 α 辐射源(钍232)电离该气体,从而导致极小的电流流动。该电流被放大、计数并送到控制器。正常运行期间,调节该被放大信号,在显示屏输出条形图上显示 80% 的读数。在冷却气体内存在小颗粒时,电离室信号会从其正常值(满刻度80%)减少。信号大小和其衰减率取决于冷却气体内微粒浓度和过热程度。

控制器监控铁芯检测器信号。在电离室电流信号降到满刻度的 50% 以下时,触发报警。铁芯检测器有一报警确认回路,此时监控器触发确认回路内的电磁阀 FY-2955A。这就强制铁芯检测器内所有的气体通过过滤器,在其进入电离室之前从冷却气体中去除所有微粒,电离室电流信号恢复至正常值。如果没有恢复正常,就表明仪表失灵引起报警,控制器会指示铁芯检测器故障。在成功完成一个循环后,控制器触发发电机过热确认报警,并且启动热解物收集器集样品。

2)热解物收集器

它可以设定为自动或手动操作。在收集样品以前,热解物收集器先吹扫取样管线 12 s。吹扫完成后,电磁阀 FY-2955A 关闭,电磁阀 FY-2955B 打开,使冷却气体流经收集室,在收集室捕获热解物颗粒,待计时器时间到后,关闭电磁阀 FY-2955B,并将收集室拆除进行化学分析。也可采用手动方式收集热解物,在控制盘上采样方式(SAMPLER MODE)栏内选定手动(MANUAL),再按下启/停开关(SAMPLER START/STOP SWITCH),即开始取样。一旦取到样品,可以从 GCM-X 拆除收集器,分析其组分。

3)铁芯监测器电离室瓷盘

电离室瓷盘装有含低剂量级 α 射线源钍,使用时应遵守下述相关的规则和预防措施:

①搬运瓷盘时必须使用洁净的塑料或一次性手套。

②工作时总是在一次性表面处置瓷盘,从而在处置完以后可以把所有的松散物紧紧团在一起,再放入塑料袋以后可以作为普通废物丢弃。

③在处置瓷盘时不得进食或吸烟。

④处置瓷盘之后要清洗手和前臂。

⑤妥善保护手上的伤口。

⑥如果瓷盘受损而需要废弃,建议作为放射性废物处理。

(6)湿度传感器

在铁芯检测器进口管路上设置有湿度传感器 ME-2951 和湿度传感器处理器 MIC-2951,监视在铁芯监测器进口管路的湿度。

（7）氢冷却器

氢冷系统的功能是维持氢气温度低于规定值，是通过氢气流过安装在发电机内的氢冷器来完成的。

发电机有 4 个氢冷器垂直布置在发电机缸体的顶部。氢气从管子外表面流过，其原动力为安装在发电机转子上的风扇。冷却介质为通过冷却器的闭冷水，每个冷却单元进口和出口都分别设置单独的隔离阀。

5.28.4　系统保护元件介绍

（1）发电机液位探测器

发电机液位探测器是用来检测发电机内部的漏油或水，安装于发电机底部。如果发电机内部漏进油或水，发电机液位高开关 LSH-2990，发电机液位高高开关 LSHH-2990 将会发出报警。高-高位报警表示有快速泄漏。如果不能立即确认和纠正快速泄漏源，应将发电机停机。

（2）氢气压力高/低报警开关

氢气压力高/低报警开关是用来监控氢气系统压力调节是否正常或者系统是否有漏等，遇到该情况要及时分析原因，确认是调节阀问题还是系统有漏，并作出相应对策。发电机氢气压力小于 0.399 MPa 时，发电机氢气压力低开关 PSL-2950 将发出报警；发电机氢气压力大于 0.441 MPa时，发电机氢气压力高开关 PSH-2950 将发出报警。

（3）氢气纯度检测装置

当出现氢气纯度低报警时，表明发电机内的氢气纯度低于设定值。如果出现氢气纯度高报警，该报警信号表明纯度指针已达 100% 或以上，这种情况表明检测回路故障。当透平端或集电端氢气纯度低于 92% 时，自动增加排放（返回值为 93%）；下降至 90% 时，QT-290A 或 QT-290B 发出报警。而发电机壳体内纯度低报警值设定为 96%，并且增加排放（返回值 98%）。

5.28.5　系统运行

氢气属于可燃性气体，在氢气和空气的混合气体中，若氢气含量为 4% ~75% 便有爆炸危险性，因此严禁空气和氢气直接接触，燃气轮机在进行大、小修或者故障进行抢修以及一些与发电机相关联工作时，必须进行发电机内的氢气置换工作。目前发电机气体置换主要有两种方法，一种是中间气体置换法，另一种是抽真空置换法。抽真空置换法是用真空泵直接将发电机内的空气抽出来，使发电机气体管路内形成真空，然后再充入氢气。这种方法简便、省时、节约，但是对于发电机内部结构是否有不良影响，目前难以定论，故厂家不推荐采用。一般还是采用中间介质置换法，即在发电机充氢或排氢过程中采用惰性气体（二氧化碳或氮气）作为中间介质进行置换。

当用二氧化碳置换发电机内的空气时，二氧化碳经过发电机内底部的二氧化碳汇流母管进入发电机内下部，空气则被赶到发电机内上部经顶部的氢气汇流母管排出。当向发电机内充氢时，氢气经发电机内顶部的氢气汇流母管进入机内，二氧化碳则被赶到发电机内下部经底部的二氧化碳汇流母管排出。采用氢气和二氧化碳汇流母管的方式，将不同气体之间的混合降低到最低，以确保气体置换过程的安全和高效。当发电机密封油压力已经建立，且发电机轴系处于静止或盘车状态时，方可进行气体置换。

向发电机内引入二氧化碳之前，应提前做好准备工作：检查氢气和密封油系统报警功能是否完善,发电机气密试验合格,密封油系统正常运行,系统设备、仪表整定校验合格,发电机房内停止一切动火工作,现场清理干净,做好安全隔离围栏,现场消防设备完好。

(1)系统启动

为使发电机从停机(卸压并充入空气)过渡到正常运行(用氢气加压),必须执行一次吹扫过程。第一步先用二氧化碳吹扫出发电机罩壳中的空气。在从壳体内排出的气体混合物中,当空气中的二氧化碳纯度达到70%时,可进行下一吹扫步骤;第二步用氢气扫出发电机中的二氧化碳。在从壳体排出的气体混合物中,当二氧化碳中的氢气纯度达到90%时,可进行下一步骤。第三步关闭发电机气体主排放阀(HV-2954),向发电机壳体内充入氢气。达到正常运行压力后,投入氢气供气压力调节器(PCV-2935),维持壳体压力。

(2)系统正常运行

在正常运行时,操作员除了监控系统参数,检查是否存在可能会触发超限报警条件的所有异常运行情况之外,不需要采取任何措施。

操作员必须监控氢气和二氧化碳的供气,并确保系统有足够数量的气体。这一要求对于确保发电机 H_2/CO_2 系统的正确可靠运行至关重要。

(3)系统停运

发电机例行停机时不需要将发电机排气。但是,如果要求将发电机 H_2/CO_2 系统停运时,必须执行一次吹扫程序,在停运发电机密封油系统之前,应先吹扫发电机,使氢气浓度达不到危险值。

首先,打开发电机气体主排放阀(HV-2954),将罩壳压力降到 0.35 bar(5 psi)。然后用二氧化碳吹扫出发电机罩壳中的氢气,直到二氧化碳中的氢气小于 5%。如果需要在发电机内部、底部或附近进行检修作业,或者停运时间超过几个小时,应用空气将二氧化碳吹扫出,直到空气中的二氧化碳纯度达到 5%。罩壳可以继续向大气通风,直到压力达到 0,此时应关闭发电机气体排放阀(HV-2954)。

5.28.6 系统常见故障及处理

(1)发电机内氢气压力低

1)现象

控制系统发出发电机氢气压力低报警,氢气压力低于设定报警值;补氢量增加;发电机风扇差压降低。

2)故障原因

①补氢调节阀失灵或供氢系统压力下降。

②密封油压力降低。

③氢冷却器出口氢温突降。

④氢气系统泄漏。

⑤表计失灵。

3)处理措施

①立即检查和对比各氢压表,经过对比若确认部分表计失灵,应联系热工处理。

②就地检查氢压。若氢压确实已低于报警值,应立即进行补氢,同时加强对氢气纯度及发电机铁芯、绕组温度的监视。若补氢后氢压仍不能维持,则应相应减负荷;若还不能维持运行,

申请停机处理。

③检查供氢母管压力是否过低,若低,则应尽快恢复母管压力。

④检查氢气调压阀出口压力整定值是否正常。若不正常,重新调整压力调节阀;若压力阀故障,则关闭压力调节阀前、后截止阀,联系检修处理。此时由调节阀旁路供氢。

⑤检查氢气及密封油系统是否系统泄漏。若有漏点应立即消除,若漏氢量大且漏氢处无法立即消除,应降氢压,同时减负荷运行,若降氢压后仍不能维持运行,则应申请停机,排氢后处理。若是密封油压低,则按密封油压低处理,使密封油压恢复正常。

⑥检查氢气冷却器是否泄漏。若机内压力下降较快,同时从闭冷水系统中能放出较多气体,应申请停机切断闭冷水,放水排氢处理。

⑦检查看发电机密封瓦或发电机出线套管是否损坏,若损坏,应迅速申请故障停机处理。

⑧若管子破裂、阀门法兰、发电机各测量引线处泄漏等引起漏氢。在不影响机组正常运行的前提下设法处理,不能处理则停机处理。

⑨检查发电机内氢气温度是否正常,看是否由于发电机负荷突然降低而氢气冷却器的冷却水量并没有减少而导致氢压下降。若是,应适当减少氢气冷却器冷却水的流量以适应发电机负荷的要求。

⑩检查排污阀是否误开或关不严,若是,应立即检查并处理。

⑪氢气泄漏到厂房内,应立即开启有关区域门窗,启动屋顶风机,加强通风换气,禁止一切动火工作。

(2)发电机氢气压力高

1)现象

控制系统发出发电机氢气压力高报警,氢气压力高于设定报警值。

2)故障原因

①补氢调节阀失灵或供氢系统压力高。

②表计失灵。

3)处理措施

①就地检查氢压是否高过报警值。

②若发电机氢压确实已高,应关闭氢气压力调节器出口阀,打开阀门站 CO_2 排空阀进行放气,待机内氢压下降到正常值时关闭排空阀。

③检查供氢调压阀 PCV-2935 的运行情况,若确认供氢调压阀 PCV-2935 调节失灵,则通过关闭其入口隔离阀 HV-2933 和出口隔离阀 HV-2934,将其隔离。为了保持发电机内氢气压力,必要时适度打开供氢调压阀旁路阀 HV-2935,待压力足够时关闭,并联系检修人员维修或更换供氢调压阀 PCV-2935。

(3)发电机内氢气纯度低

1)现象

系统发出氢气纯度低报警,氢气纯度低于报警值。氢气纯度不合格,将导致冷却效率降低,造成机内构件局部过热,同时有害气体的存在还会造成绝缘老化,铁芯及金属部件腐蚀。因此当出现氢气纯度低时,需立即查找原因并及时处理。

2)故障原因

①氢纯度检测回路故障。

②新氢气品质不合格。

3）处理措施

①通知化学人员就地测量，确认气体纯度是否低。

②检查两台气体分析仪的测量流量，调整测量流量在正常范围内。

③发电机内氢气纯度低于 96% 时，应立即进行排污补氢（新鲜氢气纯度不得少于99.5%），直至机内氢气纯度达 98% 以上。必要时打开氢气控制盘内 HV-2972、HV-2974 阀门增加排补以调整发电机气体纯度在正常范围内。

④发电机内氢气纯度低于报警值时，发出氢气纯度低报警，发电机降负荷运行，并监控发电机绕组温度。若氢气纯度仍不能维持，立即申请停机。

5.28.7　系统日常维护与监视

发电机投入使用后，应对氢气系统进行定期维护和保养，做好日常的维护保养工作，系统的故障率就会大大降低，设备及部件的使用寿命也会延长，从而保证了机组的安全可靠运行。因此，做好日常的维护保养工作是很有必要的，氢气系统日常维护与监视工作注意事项有：

①发电机内氢气压力不得过低，机内氢压保持在设定值 0.4 Mpa 左右，以确保发电机各部件温升不超限。

②氢气压力不得过高，防止通风损耗增大，同时会造成漏氢量增加，影响机组的安全运行。

③发电机内氢气纯度必须维持在 96% 以上运行，含氧量不得超过 1.2%。氢气纯度低，一会影响冷却效果，二将增大发电机运行的不安全系数。氢气纯度低于报警值应进行发电机排污，以使氢气纯度达到要求。

④氢气水分不得过大，否则会造成发电机绝缘下降等不良后果。

⑤定期检测氢气纯度、压力、露点温度指示是否正常，氢气纯度检测装置进、出口上安装着两个排污阀，要定期进行排污，防止影响纯度检测装置的灵敏及准确度。

⑥定期检测油水探测器内是否有油、水等物质，定期对干燥装置进行放水。

⑦在氢气系统周围严禁有动火工作，如果必须进行动火工作，则应该严格执行一级动火票制度。

⑧在发电机发生漏氢时，必须进行查漏，寻找漏点，禁止一切周边动火工作，并且要设置隔离围栏。

⑨发电机任何情况下氢气压力必须大于大气压力。

⑩发电机正常运行中，要保持油氢压差在设定值范围（一般为 0.06 ~ 0.08 Mpa）。

⑪定期检查氢气干燥装置是否正常运行，氢气干燥器要进行定期排污。

⑫发电机氢气系统正常运行后，若投自动补氢，运行人员应按时检查并记录自动补氢量，判定氢气泄漏情况。若 24 小时内补氢量大于规定值，应进行分析和汇报。

⑬发电机内标准冷氢温度为 40 ℃，正常应尽可能保持在 35 ~ 45 ℃范围内运行，两侧氢冷器出口氢气温度差应控制在 2 ℃以内；发电机氢气冷却器出口氢气温度可在 25 ~ 50 ℃以内运行，最高不超过 50 ℃，最低不得低于 25 ℃，在发电机冷氢温度低于 25 ℃以下时必须节流氢冷水流量防止发电机发生结露现象。

⑭发电机在运行中应严密监视氢气纯度，要根据规定定期实测一次发电机内氢气纯度并与就地、主控纯度表进行对照并记录，发现异常立即联系相关人员进行处理。

5.28.8　氢气使用的注意事项

（1）安全处置氢气通则

①空气内含氢气的体积浓度为 4.1% ~ 74.2% 时，就形成高爆炸性混合物，在任何情况下不允许有爆炸混合物存在。

②消除任何可能的火源。

（2）安全处置氢气的规则

①请勿把空气源与发电机氢气控制屏或任何连接发电机或气体管路的其他装置永久连接。这种办法可以防止由于操作人员误操作或阀门泄漏导致发电机内形成爆炸性混合物。

②在用氢气增压发电机以前，必须用空气或 CO_2 对发电机和所有的管路进行加压试验以检测泄漏。

③发电机内氢气压必须始终高于环境压，以免漏入空气。如果自动控制无法使用，操作人员必须人工维持压力。

④发电机内有氢气时，切勿对气体系统或密封油系统进行焊接。

⑤油膜密封可以在轴至机壳交界面处密封氢气，操作人员必须在运行发电机气体系统以前熟悉并投运轴密封油系统。

⑥避免高压氢气逸入室内，因为自行产生的静电荷会导致自燃。

⑦氢火焰几乎觉察不到。如果操作人员怀疑氢气逸入工作区域如要检查泄漏气流，不应用可燃的任何物品进行测试，操作人员必须检查所有指示以确定气体是否正在逸出并立即采取保护人员和设备免受损伤的必要措施。

思考题

1. 机组为什么要进行盘车？

2. 盘车装置有哪些设备组成，扭矩是如何传递的？

3. 盘车正常停运需要满足哪些条件，为什么？

4. 机组在停机后投盘车时，盘车啮合失败如何处理？

5. 滑油系统作用是什么？

6. 为了满足机组轴承润滑冷却需要，滑油温度、压力是如何保证的？为了改善滑油品质，滑油系统设置哪些装置及辅助系统来实现？

7. 简述滑油系统常见一些事故现象及处理方法。

8. 简述顶轴油系统的作用。

9. 液压油系统作用是什么？

10. 液压油供向哪些执行机构提供高压油？

11. 跳闸油系统的作用是什么？

12. 在执行机构中，伺服阀工作原理是什么？

13. 喘振是如何发生的？如何防止喘振？

14. PG9351 燃气轮机 IGV 的作用是什么？启停过程角度如何变化？

15. PG9351 燃气轮机进气系统由哪些设备组成?

16. 天然气前置模块由哪些设备组成,各有什么作用?

17. 简述燃气控制系统的功能及组件。

18. PG9351 燃气轮机的燃烧模式有哪些? 是如何实现低 NO_x 的排放的?

19. 燃料系统主要保护元件有哪些? 它们是怎么参与保护的?

20. 燃烧室空气旁路阀的伺服执行机构有哪些组成部分? 如何进行调节?

21. 燃气供应温度、压力出现异常报警时应如何处理? 简述燃气清吹系统的功能及组件。

22. 冷却空气系统的常见故障有哪些?

23. 为什么要对压气机进行水洗?

24. 简述燃机二氧化碳灭火系统的组成及工作流程。

25. 简述危险气体保护系统的功能。

26. 简述天然气调压站调压单元的工作原理。

27. 画出主蒸汽系统的流程图。

28. 汽轮机高压缸进汽应满足哪些条件?

29. 简述高、中压主蒸汽温度高的原因及处理。

30. 旁路系统的作用是什么?

31. 疏水系统的主要作用是什么?

32. 简述汽轮机轴封系统的组成及流程。

33. 简述轴封系统的运行注意事项。

34. 轴封蒸汽联箱温度低是什么原因导致,如何处理?

35. 为什么要设置汽轮机低压缸后缸喷水?

36. 凝汽器的过冷度和端差的各指什么?

37. 简述凝结水导电度高的原因及处理。

38. 辅助蒸汽系统有哪些主要用户?

39. 辅助蒸汽联箱压力高是什么原因导致,如何处理?

40. 简述水环真空泵的工作过程。

41. 凝汽器真空低的原因有哪些?

42. 闭式水中紧急停机冷却水泵的作用是什么?

43. 简述凝汽器胶球清洗系统的工作流程。

44. 为何设置密封油系统?

45. 密封油系统中的浮球油箱有何作用? 浮球阀是如何工作的?

46. 目前大功率的发电机为什么选择氢气作为冷却介质?

47. 氢气系统有哪些主要设备,其作用是什么?

48. 氢气系统在进行置换时有哪些注意事项? 为什么?

第**6**章
机组操作

6.1　S109FA 燃气-蒸汽联合循环机组启动

　　燃气-蒸汽联合循环机组的启动是指机组从盘车转速状态加速到全速空载、并网、并带至满负荷的过程。它包括燃气轮机启动、蒸汽轮机启动和联合循环机组整组启动。

　　燃气-蒸汽联合循环机组的启动过程与轴系布置方式密切相关。燃气-蒸汽联合循环机组按轴系布置方式可分为单轴机组和分轴机组。其中,分轴机组又可以分为"一拖一"和"二拖一"甚至"多拖一"的布置方式,常见的是"一拖一"和"二拖一"的布置方式(详见本书第1章相关部分)。单轴机组的燃气轮机和蒸汽轮机在一根轴上,两者之间的启动相互关联、相互制约;而分轴机组的燃气轮机和蒸汽轮机在不同的轴上,两者之间联系不像单轴机组那么密切,如果配置有旁路烟气挡板,在不考虑经济性的情况下,燃气轮机的启动与蒸汽轮机的启动甚至可以完全相互独立进行。不过F级燃气-蒸汽联合循环机组因烟气流量大,水平烟道的截面积也大,不利于配置挡板,且简单循环热效率低,故一般不配置旁路烟气挡板。

　　由于目前国内燃气-蒸汽联合循环机组多为单轴布置方式,故本节主要介绍S109FA 单轴燃气-蒸汽联合循环机组的启动。

6.1.1　启动分类

　　S109FA 燃气-蒸汽联合循环机组属单轴机组,燃气轮机、蒸汽轮机和发电机均在一根轴上,三者之间的启动相互关联、相互制约,其启动过程可分为:燃气轮机的启动(包括启动前的检查与准备、启动升速、清吹、点火、暖机、升速至全速空载、并网)及余热锅炉升温升压、汽轮机进汽带负荷和燃气轮机加负荷等阶段。

　　S109FA 燃气-蒸汽联合循环机组的启动时间受制于汽轮机的暖机时间,启动分类一般按照汽轮机缸温来划分为:

　　(1)冷态启动

　　高、中压缸首级上缸内壁温度在 204 ℃(400 ℉)以下时视为冷态。S109FA 燃气-蒸汽联合循环机组冷态启动至基本负荷的时间约为 190 min。

（2）温态启动

高、中压缸上缸首级内壁温度在 204 ℃（400 ℉）~ 371 ℃（700 ℉）时视为温态。S109FA 燃气-蒸汽联合循环机组温态启动至基本负荷的时间约为 140 min。

（3）热态启动

高、中压缸上缸首级内壁温度在 371 ℃（700 ℉）以上时视为热态。S109FA 燃气-蒸汽联合循环机组热态启动至基本负荷的时间约为 80 min。当机组停机时间低于 1 h，此时机组启动可称为极热态启动，启动时间约为 60 min。一般日启夜停机组的启动，都属于热态启动。

不管是冷态启动、温态启动还是热态启动，其启动前的检查准备都一样，启动过程、步骤大致差不多，只是在具体操作上存在区别。

6.1.2　燃气轮机的启动

燃气轮机启动方式一般可分为正常启动和快速启动；带负荷又分自动和手动方式。

（1）燃气轮机的启动程序

燃气轮机的启动过程可以自动按程序控制进行，亦可以分段进行。调试过程中，可以分段进行机组启动，而通常采用自动程序控制启动。机组启动过程可分以下几步：

1）启动前的检查、准备阶段

启动前的准备是一项内容繁多而又细致的工作。启动前，必须对设备系统进行详细、全面地检查，确认设备具备启动条件和确定应该采取的措施，并进一步掌握设备现状和特性。当一切设备均处于预启状态时，方可开始启动操作。

2）启动盘车

主机转子在静止状态，需要盘车装置有比较大的扭矩才能克服转子的惯性和静摩擦把转子缓慢转动起来。同时在盘车状态下检查机组动静部分无摩擦和异声以确认机组具备启动条件。通常规定燃气轮机冷态启动前盘车系统必须至少连续运行 6 h。

3）清吹（冷拖）

机组发启动令后，启动装置带动转子升速。清吹的目的是在机组点火之前，在一定的转速（20% ~ 25% 额定转速）下，利用压气机出口空气对机组进行一定时间的吹扫，吹掉可能漏进机组热通道中的燃料气或因积油产生的油雾。清吹的时间要根据排气道的容积来选择，至少能将整个排气道体积 3 倍的空气吹除掉，这样可避免爆燃。如果余热锅炉无旁通烟囱，则每次点火前都应进行清吹，而且清吹时间要相对延长。冷拖还用于机组假启动或启动失败时，以及运行停机及熄火以后。在这些情况下，冷拖的目的是吹掉燃烧室内的燃料气或快速冷却燃气轮机。

4）点火、暖机

清吹结束后，机组转速降至点火转速，可进行点火。点火转速一般为机组额定转速的 14% ~ 25%。为了保证点火成功，点火时给出的燃料行程基准 FSR 比较大，即相应的燃料量比较多，使燃烧室启动富油点火燃烧，且点火装置连续点火 30 ~ 60 s。

如果火焰探测器探测到燃烧室中的火焰，控制系统便发出暖机信号，使机组进入暖机阶段。暖机的目的是让机组的高温燃气通道中的受热部件、汽缸与转子有一个均匀受热膨胀的时间，减少它们的热应力以及保证机组在启动过程中有良好的热对中，并且防止转子与静子之间出现过大的相对膨胀而发生动静摩擦,从而安全启动机组。为此,在 1 min 的暖机期间,燃料行程基准 FSR 从点火值降到暖机值,供入机组的燃料量比点火时要少。

有时,在燃气轮机检修后,为了检查机组或燃料系统的密封性和工作情况,采用假启动的方式。假启动也是由启动机带动的,当达到点火转速时只让燃料系统投入而不点火(切除点火电源开关)。假启动并不是每次正常启动所必须经过的步骤。

5)升速

暖机阶段结束时,由暖机计时器发出信号,使机组进入升速阶段。在这一阶段中,燃料行程基准 FSR 由控制系统按控制规范的规定上升。这时启动机的功率和燃气透平发出的功率会使机组转速迅速上升。

随着机组转速的上升,通过压气机的空气流量增加,压气机出口压力也增加,供入机组的燃料量也增加,因此透平的输出功率也增大。当机组转速在启动机的帮助下上升到50% ~ 60% 额定转速的范围,且透平已有足够的剩余功率使机组升速时,启动机停止输出功率,之后燃气轮机靠自身加速至全速空载工况。

图 6.1 中给出了在机组启动过程中,压气机时阻力矩 M_c、透平发出的扭矩 M_T、启动机提供的扭矩 M_n、用以加速转子的剩余扭矩 M 以及燃气初温 T_3^* 随机组转速 n 的变化关系。在低转速情况下,转子的加速主要是依靠启动机所提供的扭矩 M_n 来实现的。点火后,透平就开始产生扭矩。当达到自持转速 n_s 时,透平发出的扭矩正好能带动压气机工作,但是还没有多余的扭矩可以被用来加速转子。因此启动机尚不能停止工作,机组还需要依靠它带动转子继续增速,直到燃气透平已具有足够的剩余扭矩,机组可以自行加速时,启动机便可以脱开,停止工作。

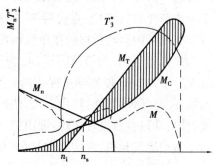

图 6.1　燃气轮机启动力矩变化

6)全速空载

机组转速达到95% 额定转速时,全速继电器 14HS 投入发出信号(输出 1),此时压气机防喘放气阀关闭。机组继续加速进入全速空载状态运行,此时的机组转速略高于电网频率,为并网做好准备。

在机组升速过程中,应严密监视机组的振动情况,转子通过临界转速时的最大振动值的变化是分析燃气轮机通流部分结垢或异常的最有效手段之一。

通常,燃气轮机投运时的标准启动曲线是比较和评价机组以后运行过程中参数变化的一个极好的参考标准。因为燃气轮机启动过程从启动信号发出开始,转子开始转动、点火、机组暖机、启动机脱扣、加速到达空载转速等各个环节的时间和转速以及燃料量信号、排气温度等均可自动记录下来。一旦系统和装置发生故障,通过启动过程中所记录的曲线,经过对比,能很快地找出故障所在部位或整定值的变化以及有关零件损坏情况。

7)并网、带负荷

当机组进入全速空载状态后,启动控制系统退出控制,机组进入同期控制。所谓同期,就是发电机发出的交流电的频率、电压和相位与电网的这三个参数相匹配。当同期条件满足时,发电机断路器自动闭合(称为并网)。

当机组完成同期并网后,机组转为转速控制。根据操作员指令,机组可以按如下方式带负荷：

①如果运行人员没有下达带负荷指令，并网后，则机组自动加载到旋转备用负荷（典型值为17MW），以防止系统频率升高、机组逆功率保护动作。

②如果选择自动带基本负荷运行指令，则机组按规定的升荷率自动加载，加载过程机组仍为转速控制；当机组带满基本负荷，机组由转速控制进入温度控制状态。

③如果选择中间某一负载值进行加载，则首先要向控制盘输入负载指令值，然后再按预选值进行加载，FSR逐渐增大，机组以规定的速率进行加载。

④当操作者选择手动加负载时，则通过点击操作界面上速度/负荷控制升/降按钮来进行。通常，手动加减负载的速率是自动加减负载速率的两倍。手动加载时，其加载数值只能加到基本负载以内。

（2）启动过程中参数的变化

启动过程中的一个关键参数是T_3^*，从图6.2看出，启动过程中的一个特点是燃气温度在点火后不久出现峰值。图中排气温度T_4^*的变化要比T_3^*平缓，原因是燃烧室点火前，燃气透平中热部件是"凉"的，点火后T_3^*突然升高时要吸热，使T_4^*温升变慢。

将机组的启动过程画在压气机性能曲线上时，就得到了图6.3所示的启动过程线。图中n_i为点火转速，n_s为自持转速，n_b为启动机脱扣转速。图中表达的n_i为点火成功的转速，该处T_3^*有一突升，使启动过程线向上弯曲，突增量越大时启动有可能越快，但这时机组不仅容易喘振，且部件的暂时热应力大，热冲击现象严重。在放气阀关闭后，压气机性能曲线发生突变，使启动过程线出现突跳，即由图中的a点变至a'点。该图表明，启动过程中要限制T_3^*值，对于重型燃气轮机，常使启动过程中的最高T_3^*比T_{30}^*低200%～300%或更大些。

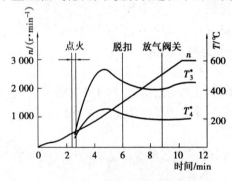
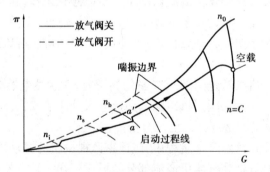

图6.2　单轴燃气轮机启动过程温度的变化　　　图6.3　电站燃气轮机的启动曲线

从图6.4中可以看到，升速过程中FSR有两次减少，这是因为在升速过程中原来冷的部件已经"吸足"了热量因而不再从燃气中"吸收"热量，因此稍小一点的FSR仍能满足机组加速的需要；其次，当机组到达了运行转速之后，不需再继续升速，因而对燃气透平的输出功率要求减小，所以FSR又减少一些。同时，FSR在加速过程中的两次减少，也有利于燃气温度不会急剧升高和急剧降低，而这种"暴热暴冷"会对受热部件造成热冲击，影响受热部件的使用寿命或产生不安全的运行因素。

为使启动时点火可靠，初始喷入的燃料量较多，在点燃后再适当减少，之后则随着转速的升高而增加，如图6.5所示。当启动加速至空载工况时，由于转速调节系统投入工作，燃料量G_f降至空载时的数值。图6.4中所示FSR代表的G_f变化规律即此。

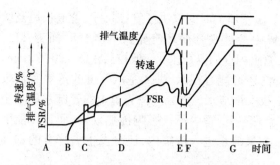

图 6.4　启动过程中燃料行程基准 FSR 的变化

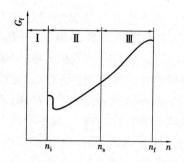

图 6.5　启动过程中燃料量的变化

按照图 6.5 所示的 G_f 变化规律,似乎 T_3^* 和 T_4^* 会一直升高,而实际情况是它首先随转速升高而上升,达到峰值后再下降,这是什么原因呢? 从图 6.3 看出,压气机在较低的转速范围时,空气流量随着转速的升高增量较小,而 G_f 在点火时的突增量大,且随后 G_f 还在增加,故 T_3^* 很快增加。当压气机加速至较高转速范围时,空气流量随着转速的升高增量变大,G_f 的增量仍与原来差不多,使 T_3^* 升高变慢。当压气机进口可转导叶开启后,空气流量突增,T_3^* 最终由升高变为降低而出现峰值。T_3^* 的这一变化特点导致了 T_4^* 的变化也有峰值,只是由于热部件的吸热作用,使其变化曲线的高峰要平坦些,如图 6.2 所示。

6.1.3　汽轮机的启动

汽轮机的启动是指把燃气轮机高温烟气排入余热锅炉对水和蒸汽进行加热产生的过热蒸汽通入汽轮机,对汽轮机进行暖机、冲转和做功带负荷的过程。大型燃气-蒸汽联合循环机组的汽轮机一般采取三压、单轴、双缸双排汽、一次中间再热、凝汽式汽轮机,高压(HP)和中压(IP)部分采用高中压(HIP)合缸布置,汽轮机高中低压主蒸汽系统均设置有旁路蒸汽系统。对于分轴联合循环机组的汽轮机来说,其启动过程分为准备阶段、等待蒸汽满足冲转条件阶段、转子冲转升速阶段、并网带负荷阶段。对于单轴联合循环机组的汽轮机来说,在启动阶段汽轮机转子由 LCI 和燃气轮机共同带动,不存在冲转升速阶段,所以其启动过程主要分为准备阶段、暖管阶段和进汽暖机带负荷阶段。

(1)汽轮机启动前的准备

汽轮机启动需做好以下准备工作:

①控制系统保护系统投入且正常。

②各测量元件指示正确。

③辅机设备各联锁保护试验合格,全部联锁保护投入。

④蒸汽管道、主汽阀、缸体疏水阀动作正常,且在自动位置。

⑤高、中、低压主蒸汽旁路系统工作正常,在自动位置。

⑥高、中、低压主汽门及调门关闭,且在自动位置;阀体的疏水阀动作正常,在自动位置。

⑦各辅机设备状态良好,循环水系统投运,凝汽器抽真空合格。

⑧各系统无异常报警。

(2)暖管

用新蒸汽逐渐加热汽轮机主汽阀前主蒸汽管道的过程,称为暖管。

暖管过程中,必须严格控制金属管壁的温升速度,并随管壁温度的升高逐渐提高蒸汽压力,以保证管道均匀膨胀。若管壁温升速度过快,管道内蒸汽压力提高过急,会导致蒸汽与管壁温差及放热系数增大,造成管壁热应力增大。暖管所需时间取决于管径尺寸、管道长短及壁厚、管子材料和蒸汽参数的高低等因素。一般中参数联合循环汽轮机的暖管时间为 20 ~ 30 min,高参数联合循环汽轮机为 40 ~ 60 min。管道内壁的温升速度一般控制在 15 ~ 20 ℃/min。

在暖管的初始阶段,主蒸汽管道是冷的,管内还可能有积水,进入主汽管道的蒸汽参数较低、流量大,蒸汽将热量传给管道和阀门而凝结成大量疏水。如果主汽管道上的各疏水门不全部开启或疏水管直径不够大,疏水不能及时排走,积存于管内不仅影响传热效果,而且可能引起管道的水冲击,造成阀门、管道法兰的损坏。如果疏水进入汽缸内,还会发生更严重的水冲击事故。

随着金属受热程度的增大,凝结的疏水量渐趋减少,疏水阀也应逐渐关小。当投入旁路后,锅炉侧主汽管道疏水可全部关闭,汽轮机侧疏水视情适当关小。

暖管过程中应注意管内汽流声音是否平稳,管道及其支吊架膨胀是否正常。如有异常情况,应停止暖管并分析原因设法消除异常情况后再进行暖管。

蒸汽管道暖管完毕,做好汽轮机进汽前的一系列准备工作,即可开始进行汽轮机的进汽暖机了。

(3)汽轮机进汽

汽轮机进汽过程是一个暖机过程,使汽轮汽缸、转子的温度缓慢加热到正常运行的温度。进汽参数要与汽轮机金属温度匹配,防止蒸汽温度与汽轮机金属温度差太大发生热冲击;蒸汽温度必须保证一定的过热度,防止凝结而发生水冲击;汽轮机的进汽过程中必须控制好升温升压的速度,防止由于汽机转子表面温度上升太快,致使转子中心孔与表面温差大而产生较大的热应力,应密切监视转子应力、汽缸上下缸温差、汽缸膨胀、转子膨胀、胀差、轴向位移、振动等重要参数。如图 6.6 所示为汽轮机启动过程中各参数的变化情况。在汽轮机进汽后,汽缸金属开始膨胀。由于转子质量比缸体要小,膨胀速度相对快些,因此胀差值在进汽后缓慢升高。特别是对于冷态启动,一定要严格控制好升温升压的速度,防止正胀差值超限,严重时会使汽轮机动静间隙消失造成摩擦。

转速: 0~3 750 rpm;负荷: -125~500 MW;高中压缸胀差: -10~25 mm;
低压缸胀差: -5~45 mm;高压缸入口蒸汽温度: 0~600 ℃
高压缸上下壁温度

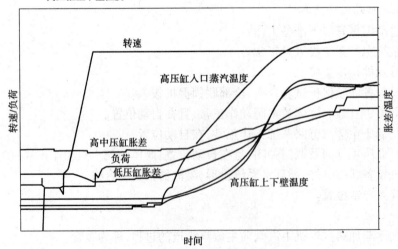

图 6.6 汽机启动过程中参数的变化

6.1.4　S109FA 燃气-蒸汽联合循环机组的冷态启动

为使燃气-蒸汽联合循环机组能够安全、顺利的完成整体启动,在启动前需对燃气轮机、蒸汽轮机、余热锅炉、电气系统进行全面检查,确认设备、系统具备启动条件方可开始启动操作。

(1)整体启动前准备

燃气-蒸汽联合循环机组启动前的准备是一项内容繁多而又细致的工作,必须全面地对机组辅助设备及公用系统、燃气轮机、蒸汽轮机、余热锅炉进行精心细致的检查,确认设备具备启动条件和确定应该采取的措施。当一切设备均处于允许启动的状态时,方可开始进行启动操作。

机组启动前,主机转子必须处于盘车状态,并持续运行一段时间,冷态启动前一般应连续运行 6 小时,热态启动前应连续盘车 4 小时。盘车投运后,应检查机组动静部分有无摩擦和异声,盘车电流正常。

(2)燃气-蒸汽联合循环机组启动整体启动条件

燃气-蒸汽联合循环机组整体启动条件包括 4 个方面:辅助设备及公用系统、燃气轮机、蒸汽轮机、余热锅炉的启动条件。

1)机组辅助设备及公用系统方面

机组无影响启动的检修工作;公用辅助系统处于备用状态;罩壳和保温层已经恢复;机组 NCS、MARK Ⅵ、DCS 等控制系统完好且已投入运行;操作、控制、监视、保护、测量仪表、仪器及自动装置投入齐全,指示正确;厂区火检和消防系统处于良好的备用状态;厂房内外各处照明充足,事故照明处于良好的备用状态。

2)燃气轮机方面

①润滑油和密封油系统运行正常。

②压气机进气系统人孔门已封闭,进气滤室门已关闭。

③静态启动装置(LS2100)无故障报警。

④燃机本体阀门已恢复到正常状态。

⑤燃机间、燃气模块已干净整洁,确认无遗留物,无人后关闭上锁。

⑥燃机排气道和余热锅炉高温烟气通道上各门已关闭。

⑦点火器可用,紫外线火焰探测器未探测到有火焰存在。

⑧无火灾报警,CO_2 火灾保护系统保护盘已上电,投运正常,CO_2 储罐液位高于 50%,出口门已打开。

⑨天然气压力正常。

⑩机组仪用压缩空气压力正常。

⑪余热锅炉出口烟囱挡板在开位。

⑫风机 88TK1、2,88BT1、2,88BN1、2,88VG1、2,88BD1、2 已送电,开关在自动位置。

⑬压气机防喘放气阀控制气源已投入。

⑭机组无跳闸信号。

3)蒸汽轮机方面

①MARK Ⅵ 及 DCS 投入且正常。

②汽轮机本体保温完好,各种测量元件指示正确。

③汽轮机及辅机设备各联锁保护试验合格,全部联锁保护投入。

④汽轮机缸体疏水阀动作正常,且在自动位置。

⑤高、中、低压主蒸汽及其旁路系统各疏水阀动作正常,且在自动位置。

⑥冷再疏水阀动作正常,且在自动位置。

⑦高、中、低压主汽门及调门关闭,且在自动位置。

⑧高、中、低压旁路调门关闭,且在自动位置。

⑨高压、中压通风阀开启,且均在自动位置。

⑩高、中、低压旁路减温水调门及其电动门动作正常,且在自动位置。

⑪汽轮机轴封压力、温度正常,凝汽器抽真空合格。

⑫各辅机设备状态良好。

⑬系统各部分无异常报警。

4)余热锅炉方面

余热锅炉出口烟囱挡板全开;高、中、低压汽包上水完毕,调整汽包水位至启动水位;高、中、低压汽包给水管路阀门状态正常,保证上水管道通路;确认加药系统处在可使用状态;取样装置处在可使用状态;所有监视仪表如压力表、温度表、流量计、水位计等已经投入运行并确认能正常工作(具体可参见余热锅炉分册)。

(3)机组冷态启动过程

1)发启动令

在 MARK VI 上选择"AUTO"方式,机组启动条件满足后,即可点击"START"按钮,发出启动令。启动令发出后,静态启动装置(LS2100)将发电机作为同步电机拖动整个转子开始升速。

2)升速、清吹

静态启动装置(LS2100)带动机组升速,当升速至 0.15% 额定转速时,零转速继电器 14HR 动作,盘车电机 88TG 停止运行,盘车装置自动退出运行;当转速大于 1.5% 额定转速时,负荷轴间冷却风机 88VG 启动;当转速大于 14% 额定转速时,点火转速继电器 14HM 动作,清吹计时开始。当转速至 25% 额定转速时,机组开始进行清吹,对残留或漏入排气通道及余热锅炉炉膛内的可燃气体进行吹扫,以防止点火后发生爆燃。清吹空气的总容积 3 倍于燃气轮机排气出口至烟囱挡板的总容积,然后再根据清吹空气总容积来确定清吹的时间,S109FA 机组的清吹时间为 11 分钟。

在机组整个升速过程中,应随时密切监视机组轴振、各轴瓦金属温度、各轴承回油温度、润滑油供油温度、供油压力等重要参数。

3)点火、暖机

清吹结束后,静态启动装置(LS2100)停止输出,转速逐渐下降,下降至 14% 额定转速以下一点时静态启动装置(LS2100)重新输出,转速上升;当转速上升至点火转速(14% 额定转速)时,14HM 继电器动作,机组进入点火程序。此时,燃料速度/比例截止阀和控制阀打开,高压电极火花塞(位于 2 号和 3 号燃烧器)点火,火焰通过联焰管传递到其他燃烧器。60 s 时间内至少有两个紫外线火焰探测器(位于 15 号、16 号、17 号和 18 号燃烧器)测得火焰信号,点火成功,同时燃料行程基准 FSR 回到暖机值,进入暖机程序,开始 1 分钟暖机,使得燃气轮机的高温部件、转子和汽缸均匀的热膨胀,保持燃气轮机启动过程中的对中,防止动静摩擦。点火后,机组 2 号轴承冷却风机 88BN 自启动,88BN 启动后延时 2 s 后启动燃机间冷却风机 88BT 及透平排气段冷却风机 88BD。

如果点火失败,则须确认机组跳闸电磁阀打开,燃料速度/比例截止阀和控制阀关闭、汽轮机主汽门和汽轮机调门关闭,燃气排空阀打开,机组转速下降;就地检查确认各燃气喷嘴的法兰连接处有无泄漏燃气的现象,并检查点火失败的具体原因。

4)升速至全速空载

暖机结束后,转子在静态启动装置(LS2100)和燃气轮机透平做功的共同推动下,转速继续升速。

随着机组转速的上升,通过压气机的空气流量增加,压气机出口压力也增加,供入机组的燃气量也增加,因此透平的输出功率也增大,已有足够的剩余功率使机组升速。当升速至2 700 rpm 时,静态启动装置(LS2100)退出;当转速继续升至 2 850 rpm 时,排气框架冷却风机88TK 启动,防喘放气阀自动关闭,压气机可转导叶由 27°打开至 49°,燃气轮机进气加热系统IBH 打开。此后,发电机自动建立励磁。转子升速接近 3 000 rpm 时,燃气轮机进入转速控制模式,控制燃气轮机保持额定转速运行,等待并网。机组启动升速过程中,发电机电压和电流的变化过程如图 6.7 所示,可以反映启动装置 LCI 的工作情况。

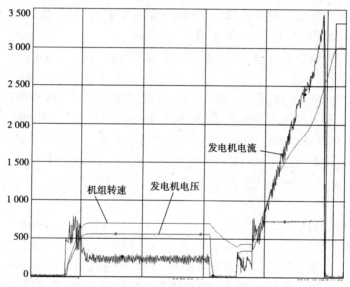

图 6.7　S109FA 燃气-蒸汽联合循环机组启动过程中 LS2100 运行

机组升速阶段的注意事项有:

①机组加速过程平稳,升速过程无中断、波动、偏差,升速率正常。

②轴系的相关参数变化正常,包含轴承回油温度和轴承金属温度上升正常,轴承振动变化正常,一阶及二阶临界转速附近各轴承的振动峰值与以往启动无明显变化。

③当转速升至 50% 额定转速时,检查顶轴油泵 88QB 退出。

④转速达 2 100 rpm 之后,应投入低压缸冷却蒸汽。

⑤当机组转速达 3 000 rpm 时,检查压气机防喘阀自动关闭。

⑥当排汽缸温度升至 57 ℃,排汽缸喷水应自动投入,当排汽缸温度升至 79 ℃(175 ℉)时后缸喷水门开足,保持排汽缸温度正常。

⑦根据水质情况及汽包水位变化开启高压、中压、低压汽包连排各阀门,进行连续排污。

⑧现场确认机组运作正常。

5)并网及带负荷

机组全速空载、并网前应检查:发电机听音检查,应无异音,若有异音应立即停机;火焰监测器工作正常;检查静态启动装置(LS2100)退出,89SS 断开,发电机中性点变压器接地刀闸89ND 合上;发电机三相定子电流应为零;发电机三相电压应平衡,接近额定电压(发电机电压与系统电压匹配);发电机转子绝缘良好;发电机绕组温度在正常范围内;检查励磁方式为"AUTO";润滑油压力、温度正常;检查电磁阀 20CB-1、20CB-2 通电,4 个防喘阀自动关闭,4 个位置开关 33CB-1、33CB-2、33CB-3、33CB-4 动作为 0。

当机组进入全速空载状态后,操作员进行机组并网操作,使机组进入同期控制,机组并网正常选用自动准同期并网方式。发电机与电网并列的条件:发电机电压与系统电压一致;发电机周波与系统周波一致;发电机相位、相序与系统一致。

在 MARK VI 画面上用自动方式并网的操作步骤为:①当机组处于满速空载时,进入MARK VI"SYNC"画面,在"SYNCCTRL"栏目下点击"AUTOSYNC"按钮,"AUTOSYNC"灯亮。②同期系统自动调整发电机电压、频率和相位,当发电机电压、频率和相位与电网一致,控制系统发出同期信号,发电机出口断路器 52G 自动合闸,并入电网。52G 显示"CLOSE",控制系统自动将同期控制转为"SYNCOFF","SYNCOFF"灯亮。

机组并网成功后,机组应自动或手动带负荷至旋转备用负荷 17 MW。

6)金属温度匹配

在发电机断路器闭合并网时,MARK VI 启动温度匹配逻辑。MARK VI 对燃气轮机目标排气温度进行计算,即汽轮机高压缸金属温度加上 180 ℉(100 ℃)。MARK VI 通过调整 FSR输出或调整进口可转导叶位置使燃气轮机的排气温度达到温度匹配目标值。对冷态汽轮机启动来说,蒸汽温度匹配是通过逐渐打开燃气轮机压气机进口可转导叶 IGV,从其最初的 49° 开大直到获得燃气轮机目标排气温度(通常为 371 ℃)。达到温度匹配目标值后,燃机负荷保持不变。

7)汽轮机高压缸进汽

汽轮机高压缸进汽前应完成疏水程序检查。汽轮机疏水有两个目的:首先是为了能够防止水进入汽轮机内;其次是防止蒸汽管道中水击。在启动过程中,由于各种原因会造成水的存在,比如:蒸汽在冷的金属管壁上的凝结;喷水减温阀门泄漏;加热器管道的破损;或者汽包水位控制失灵等。蒸汽轮机进水会导致汽轮机内部严重损坏,其程度取决于进水量。若高、中压汽缸中大量进水,则可能导致转子弯曲,汽缸变形或者使汽缸与转子间的胀差过大。这可能带来转子摩擦及永久性大轴弯曲、汽缸漏汽、损坏轴封,使轴封齿及密封片脱落,同时带来热冲击,还会损坏推力轴承。若进水发生在低压段中,则会导致节头磨损、覆环及护套破裂,更有甚者,会使叶片断裂。此时,水与蒸汽间的温差很小,因而对变形及胀差影响不大。上述的严重损坏可能要一段较长时间来修复。因此,疏水系统是电厂设计、运行的重要环节。

在启动过程中,随着蒸汽压力上升,应进行疏水程序检查。

下列条件满足后,汽轮机高压缸开始进汽:

①发电机断路器闭合;②高压旁路阀门开度超过 20%;③高压蒸汽压力超过 37 bara(许可压力略低于最低压力 39 bara);④高压蒸汽过热度超过 41.7 ℃;⑤高压疏水程序结束;⑥燃气

轮机排气温度与蒸汽温度匹配程序完成;⑦高压蒸汽温度超过汽轮机高压喷嘴室温度或高压蒸汽温度不低于燃气轮机排气温度 40 ℃;⑧S109FA 输出超过 17 MW。

当上述条件满足后,汽轮机高压调门按应力控制逻辑确定的初始速率逐渐打开,也可手动设定高压调门的开度及速率。

随着主控制阀打开蒸汽进入汽轮机后,处于压力控制模式的高压旁路压力控制阀逐渐关小。如果在汽轮机主控制阀被置于入口压力控制运行模式之前,汽轮机主控制阀开度超过95%时,那么高压旁路压力控制阀压力设定值会逐渐上升以防止主控制阀全开。当高压旁路压力控制阀开度达到10%时,高压旁路压力控制阀以恒定的速率关掉余下的10%开度,DCS把汽轮机控制模式从应力控制转为入口压力控制模式。此后,DCS 向燃气轮机的 MARK VI 发送一个信号终止温度匹配程序。汽轮机进汽后应注意汽轮机胀差、轴向位移、上下缸温差、轴承温度、振动的检查,保持所有参数在允许范围内。

当高压主控制阀开度超过20%时,高压主控制阀阀座前的疏水阀和主控制阀阀座后的疏水阀从全开位置转为全关。当高压主控制阀开度超过30%时,再热器截止阀阀座前疏水阀从全开位置逐渐转为全关。

8)中压蒸汽并入再热蒸汽

满足下述条件后余热锅炉中压隔离阀打开:①汽轮机在入口压力控制模式运行且主控制阀开度至少位于 20% 达 60 s;②中压旁路压力控制阀开度超过 20%;③中压蒸汽压力超过13 bar;④中压蒸汽过热度超过 41.7 ℃;⑤中压疏水程序结束;⑥S109FA 输出功率超过17MW。

当上述所有允许条件满足且中压隔离阀全开后,中压汽包压力控制阀在压力控制模式下打开。当中压汽包压力控制阀被释放参与调节时会快速开到约7%的开度。在压力控制模式下,中压汽包压力控制阀逐渐以恒速打开。随着中压过热器的蒸汽进入冷段再热系统,中压旁路压力控制阀开始关小。当中压汽包压力控制阀开度位于20%时,中压汽包压力控制阀的入口疏水阀和中压隔离阀入口疏水阀关闭。当中压旁路压力控制阀关到大约10%的开度时,并被设置为跟踪模式,设定值略高于中压汽包压力,中压旁路压力控制阀全部关闭。

当中压旁路压力控制阀全关且汽轮机主控制阀开度至少在20%达60 s后,启动锅炉蒸汽供汽隔离阀关闭。当启动锅炉蒸汽供汽隔离阀关闭时,中压蒸汽供辅助蒸汽隔离阀打开。此时辅汽仍保持备用,以防低压段压力降低。

在压力控制模式下,中压汽包压力控制阀随着蒸汽产量的增加继续逐渐打开,直到全开。

9)低压缸进汽

满足下述条件后余热锅炉低压隔离阀打开:①低压过热器出口温度正常;②低压主隔离阀入口疏水阀打开至少 3 分钟;③低压旁路压力控制阀开度至少达到 20% 且时间至少 60 s;④汽轮机以入口压力控制模式运行且主控制阀开度至少在 20% 达 60 s;⑤低压疏水程序结束。

满足上述条件后,低压主隔离阀缓慢打开。如果在这个缓慢打开程序执行期间,低压汽包水位达到高报警水位,该打开程序就中断,直到汽包水位低于报警水位。这个缓慢打开程序持续执行,直到低压主隔离阀全开为止。

在低压主隔离阀全开达 60 s 后,低压旁路压力控制阀设定值开始逐渐增大,当低压旁路压力控制阀设定值上升到高于正常运行压力值时,低压旁路压力控制阀逐渐关闭。当低压蒸汽压力超过汽轮机低压控制阀压力设定值后,汽轮机 MARK VI 以进口压力控制模式打开汽轮机低压控制阀。

当汽轮机 MARK VI 向 DCS 发送入口压力控制模式已工作的信号后,DCS 向燃气轮机 MARK VI 发送信号终止温度匹配并确定排气温度速率变化率目标,MARK VI 按此目标将进口可转导叶关 IGV 回至 49°,当进口可转导叶关闭至 49°时,燃气轮机就做好了加负荷准备。

10)S109FA 机组加负荷

当燃气轮机进口可转导叶设置到 49°时,MARK VI 就允许燃气轮机加负荷。燃气轮机加负荷的速率是下列两者中较小的一个速率:

①编入燃气轮机 MARK VI 程序的固定速率;

②由 MARK VI 计算出来的速率(按汽轮机运行数据计算出来的汽轮机应力大小为基础的)。

随着燃气轮机升负荷,进行锅炉的升温升压和汽轮机的加负荷。如果运行人员已经选择了基本负荷,MARK VI 就一直让燃气轮机加负荷直至达到基本负荷为止。如果运行人员选择了预选负荷,那么 MARK VI 将一直让燃气轮机加负荷直到发电机输出略低于预选负荷。这样就允许汽轮机稍后带负荷。随后 MARK VI 发出负荷上升或下降的脉冲(脉冲之间的间隔会随着负荷目标的接近而变大)直到发电机达到预选负荷。当负荷加至 85% 基本负荷,IGV 开始开大,直至全开角度 86°(各现场可能不同)。当达到基本负荷或预选负荷时,启动程序结束。

图 6.8 给出了 GE 公司推荐的 S109FA 联合循环机组冷态启动曲线。

分析图可知:机组发出启动令,LCI 启动装置以大约 5% TNH/min 的升速率对转子进行加速,转子转速为 14% ~ 25% TNH 时,机组进入 15 min 的清吹程序。清吹结束后,LCI 装置退出,转子转速降至略低于 14% TNH 时,LCI 重新输出,当转子转速上升到 14% TNH 时(约在 19 min时刻),火花塞点火,机组进入 1 min 的暖机程序,燃气轮机排气温度升高到约 390 ℃(天然气温度经电加热至 52 ℃,压气机 IGV 角 27°)。暖机程序结束后,机组按 9% ~ 10% TNH/min 的升速率被带到全速,压气机可转导叶开至 49°,因压气机空气流量加大,故燃气轮机排气降低。此后,机组约在 29 min 时刻完成同期并网,机组带负荷 17 MW(6% ~ 7% 燃机额定负荷),燃气轮机输出稳定直到 120 min 时刻 S109FA 机组进入升负荷程序。

并网成功后,机组进入金属温度匹配程序。金属温度匹配的目的是较快地提升燃机的排烟温度以得到相应于汽缸温度的高压蒸汽。投入金属温度匹配程序,燃机自动地将汽轮机高压缸上缸金属温度加 100 ~ 115 ℃作为控制燃机排烟温度的基准值。对冷态汽轮机启动来说,燃气轮机 MARK VI 利用此变化率目标调整输出或调整进口可转导叶位置,从其最初的 49°到获得燃气轮机目标排气温度(通常为 371 ℃),燃机保持负荷不变。冷态启动时,金属温度匹配经历时间大约 10 min。

金属温度匹配程序结束后,随着高压蒸汽压力逐渐提高,高压旁路阀门开大。当满足高压缸进汽条件时(此过程大约 31 min),汽轮机高压调门按应力控制逻辑确定的初始速率逐渐打开,汽轮机开始几乎线性地增加负荷(速率约为 0.5% 蒸汽轮机额定负荷每分钟)。在120 min 时刻,压气机进口可转导叶重新设置到 49°,燃气轮机准备加负荷。

在 S109FA 机组加负荷之前,由于压气机 IGV 角度重新设置到 49°使其流量减小,因此燃气轮机排气流量降低,排气温度升高。在 120 ~ 145 min,IGV 角度不变,燃料行程基准 FSR 增大(燃气轮机负荷大约按 1% 燃机额定负荷每分钟增加)。当负荷加至 85% 联合循环基本负荷,IGV开始开大,直至全开角度86°。在此期间,联合循环速度控制转入温控。在当达到基本负荷或预选负荷时,启动程序结束。整个冷态启动过程历时约180 min。

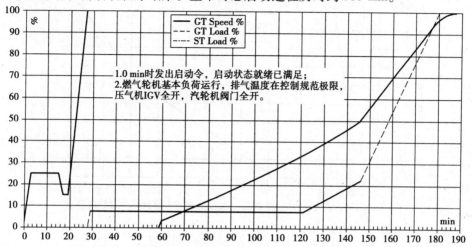

（a）S109FA联合循环机组典型冷态启动曲线（停机72小时后启动）

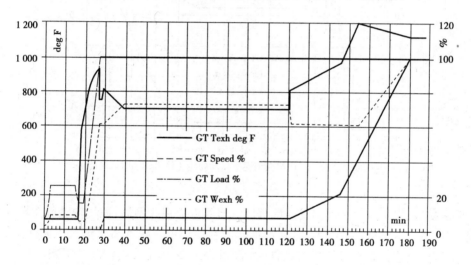

（b）S109FA联合循环机组典型冷态启动曲线（停机72小时后启动）

图6.8

6.1.5　S109FA 联合循环机组温态启动

高、中压缸上缸首级内壁温度在204 ℃（400 ℉）~371 ℃（700 ℉）时视为温态。S109FA燃气-蒸汽联合循环机组温态启动至基本负荷的时间为120~140 min。

与冷态启动相比,温态启动时要先送轴封蒸汽后抽真空,以防冷空气进入汽缸内。

当确认机组启动状态就绪,可启动机组。此后过程与冷态启动相似,不再赘述。

图6.9是GE公司推荐的典型温态启动曲线。分析图可知:

机组温态启动时,清吹、点火、暖机、升速、同期并网程序与冷态启动相同,机组并网后,燃气轮机将带旋转预备负荷(21 MW,比冷态时略高)。燃气轮机输出稳定直到82 min时刻

341

S109FA 机组进入升负荷程序。

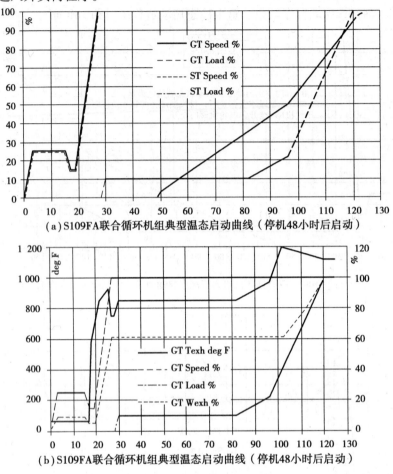

(a) S109FA 联合循环机组典型温态启动曲线（停机48小时后启动）

(b) S109FA 联合循环机组典型温态启动曲线（停机48小时后启动）

图 6.9

　　并网成功后,机组进入金属温度匹配程序。机组温态启并网后,燃气轮机负荷较冷态启动时高,燃气轮机排气温度约 455 ℃,金属温度匹配程序结束。随着高压蒸汽压力逐渐提高,高压旁路阀门开大,当满足高压缸进汽条件时(此过程约 20 min),汽轮机高压调门按应力控制逻辑确定的初始速率逐渐打开,汽轮机开始按 1% 蒸汽轮机额定负荷每分钟的速率增加负荷。在 82 min 时刻,S109FA 机组准备加负荷,当负荷加至 85% 联合循环基本负荷,IGV 开始开大,直至全开角度 86°。在此期间,联合循环速度控制转入温控。在当达到基本负荷或预选负荷时,启动程序结束。整个温态启动过程历时约 120 min。

6.1.6　S109FA 联合循环机组热态启动

　　联合循环的热态启动是指联合循环机组停运时间小于 8 小时,从启动到带基本负荷需耗时 60 ~ 80 min。联合循环的热态启动过程与联合循环的温态启动过程基本相同,但应注意以下几点:

　　①联合循环热态启动时,没有锅炉汽包水温上升速度限制,且机组可以允许近 55 ℃ 的瞬间温升而不损害机组。但是,仍然必须确保有足够的蒸汽流量通过过热器、再热器。

②高、中、低压管道疏水阀的开启时的压力/温度要求可能会与温态启动有所区别。

③高、中、低压旁路调压阀的开启时的压力要求可能会与温态启动有所区别。

④高压、中压、低压系统的进汽条件可能会与温态启动有所区别。

图 6.10 是 GE 公司推荐的典型热态启动曲线。分析图可知：

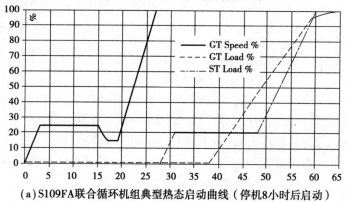

（a）S109FA联合循环机组典型热态启动曲线（停机8小时后启动）

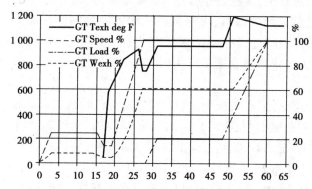

（b）S109FA联合循环机组典型热态启动曲线（停机8小时后启动）

图 6.10

机组热态启动时,清吹、点火、暖机、升速、同期并网程序与温态启动相同,机组并网后,燃气轮机将带旋转预备负荷 50 MW 左右(与环境温度相关),金属温度匹配程序结束后,燃气轮机排气温度约 510 ℃(汽轮机缸温相关)。随着高压蒸汽压力逐渐提高,高压旁路阀门开大。当满足高压缸进汽条件时(此过程约 11 min),汽轮机高压调门按应力控制逻辑确定的初始速率逐渐打开,汽轮机开始按 3% ~5% 蒸汽轮机额定负荷每分钟的速率增加负荷。在约 46 min 时刻,S109FA 机组准备加负荷。当机组达到基本负荷或预选负荷时,启动程序结束。整个热态启动过程历时约 65 min。

6.1.7　联合循环启动注意事项

①联合循环启动过程中应注意燃烧模式的切换(自动切换),如燃烧模式切换不成功,将导致跳机,切换模式见图 6.1：

表 6.1

顺序	燃烧模式	燃料喷嘴	工作范围
1	扩散燃烧	D5	0 ~ 95% TNH
2	次先导预混	D5 + PM1	95% TNH ~ TTRF1 = 1 800 ℉
3	先导预混	D5 + PM1 + PM4	TTRF1 = 1 800 ℉ ~ 2 310 ℉
4	预混燃烧	PM1 + PM4	TTRF1 = 2 310 ℉ ~ 基本负荷

②联合循环启动过程中应加强监测轴系的振动,各轴承的润滑油油压、油温、回油油量等情况。严密监视燃气轮机排气温度及其分散度和轮间温度的变化情况。注意对所有管系、法兰等处的检查,及时发现并处理漏油、漏水、漏气、漏烟气等情况,特别是天然气处理系统、调压站和天然气管道、氢冷系统应加强检查。启动过程中应及时联系化学根据要求进行凝结水、给水、饱和水、饱和汽、过热汽的化学分析并根据要求进行加药。

③联合循环启动过程中,应控制升温升压速度不致过大。为了保证蒸汽的热量能把喷水加热到蒸发,高压过热蒸汽减温器、再热蒸汽减温器隔离阀应在蒸汽出力达到基本负荷的25%时才打开。在整个启动过程中,应严格监视高、中、低压汽包、凝汽器等的水位在正常范围内,防止水位波动过大。应严密监视高压、中压、低压汽包的上下壁温差,应将其控制在规定范围内。

④联合循环温态、热态启动过程中应重点注意避免汽轮机高温金属冷却,以延长汽轮机的寿命;控制汽轮机胀差的缩小(负胀差),以防汽轮机产生动静摩擦。在汽缸进汽前,尽可能使主蒸汽与金属温度相匹配,做好机组启动的各项准备工作,协调好各辅机的启动时间,控制各金属部件的温升率,上下缸温差,胀差不超过限制值。

⑤在温热态启动过程中,要特别注意机组的疏水应畅通。冷态余热锅炉启动温态汽轮机时,应特别注意加强疏水,送轴封汽前应有足够的疏水暖管时间,避免由于轴封蒸汽带水而使金属受冷冲击。

⑥为了将温态启动的压力损失减小到最少,在温态启动过程中,在给机组加热前不推荐开启对空排汽和过热器疏水阀门。

⑦当过热器疏水和对空排汽阀门打开时汽包内水可能会扩容,故在启动期间需要密切观察汽包水位。

⑧高压或中压缸上缸内壁温度≥150 ℃时,汽机必须先送轴封后抽真空,防止空气进入冷却汽缸。

⑨机组并网后,监视"温度匹配"程序工作正常。进入汽缸的蒸汽温度应大于汽缸温度,并且过热度大于 50 ℃。

6.2　S109FA 燃气-蒸汽联合循环机组停运

燃气-蒸汽联合循环机组的停运是指机组从正常运行状态经过降负荷、解列、降速惰走至机组盘车投入的过程。它包括"正常停运""滑参数停运""一般故障停运"和"紧急停运"4 种

方式,定义如下:

"正常停运"是指在正常运行时,按照调度命令或运行计划使机组按正常停机的停运方式。

"滑参数停运"是在机组大小修前,为了使机组汽轮机缸温尽快降低到较低水平,缩短停机后自然冷却的时间,以便进行停运盘车、锅炉放水等操作,从而尽早进行检修工作而采取的停运方式。其与正常停运区别不大,只是停运时的参数较低,时间较长。

"一般故障停运"是机组设备出现异常,而设备异常程度未达紧急停运条件,但停运机组可对异常设备进行检修,并保证机组停机过程的安全。它是需要人为干预的停运方式。

"紧急停运"是指危及人身和设备安全情况下必须立即遮断机组的停运方式。

本节主要介绍 S109FA 单轴燃气-蒸汽联合机组的停运。

6.2.1　正常停运

正常停运是指按照正常的降负荷速率减负荷、解列、熄火、惰走至盘车投入的过程。正常停运模式下,其停机过程实质是燃气轮机正常停运过程与汽轮机正常停运过程的叠加。

(1)正常停机的原则

机组停运过程是机组高温部件的冷却过程。在停机过程中,如果参数控制不当,将产生较大的应力及机件损坏,影响机组使用寿命。因此,要求在各种方式下严格控制降温、降压速率及保持锅炉良好的工况,从而保证机组的安全停运。

在正常停机过程中,要最大限度地减少汽轮机和余热锅炉热量的散失,在停机后尽量做好保温工作,缩短下次启动的启动时间,同时也减少再启动时的循环应力。

停机时,在燃机排气温度下降到 566 ℃以前,余热锅炉再热器要有汽流通过,以改善再热段的工作温度,减少停机的寿命消耗。

在正常停机期间,除了必要的操作外,还要监视每一个系统的工作参数,以便及时发现任何可能触发超过极限值而报警的异常运行状态。由于设备的异常情况,可能要操作人员手动干预,使用手动方式使设备停运。

(2)停机前的准备工作

燃气-蒸汽联合循环机组停运前应对机组主设备及其附属设备进行全面详细的检查。如检查备用交流润滑密封油泵、直流润滑油泵、直流密封油泵、备用液压油泵、顶轴油泵、盘车等辅机电源正常,相应设备处于良好的备用状态。试转盘车电机正常,置自动位置。检查辅助蒸汽母管压力正常。余热锅炉、汽轮机所有高、中、低压疏水阀在自动位置。检查 MARK VI、DCS 工作正常,无妨碍机组停机的报警。

机组停运前,旁路系统必须符合下述要求:①高、中、低压旁路设定值在跟踪状态。②高、中、低压旁路阀在自动方式。③高、中、低压旁路减温水隔离门在自动方式。④高、中、低压旁路减温水门在自动方式。⑤旁路油站工作正常,无报警。

(3)正常停机操作与监视

接到机组停机命令后,停机前检查完毕,运行人员首先应试盘车电机正常后,置自动位置,最后进入 MARK VI 系统发停机命令。

①燃机减负荷。当 MARK VI 接收到正常停机指令后,燃气轮机开始卸载,以 8.3% 额定负荷每分钟的速率降负荷至压气机 IGV 关到 49°,汽轮机仍然处于进口压力控制方式。

②旁路压力控制投入。当 IGV 关到 49°，燃气轮机排气温度达 566 ℃时,汽轮机开始减负荷;汽轮机高压调门以 20%/分钟的恒速关闭(5 min 内从全开到全关);中压汽包压力控制阀以 100%/分钟的速率关闭(即 1 min 内从全开到全关);当退出进口压力控制(IPC)时,高压旁路参与控制主蒸汽压力,压力控制设定点为 IPC 设定值。当中压汽包压力控制阀全关,中压蒸汽旁路阀参与控制中压汽包压力,压力控制设定点为中压汽包控制阀全关时的蒸汽压力作为压力控制设定点,防止汽包水位波动过大。当高压调门和中压汽包压力控制阀完全关闭时,燃机继续减负荷,直至燃机排气温度达到 524 ℃。当高压调门完全关闭时,高压、中压通风阀打开。

③疏水程序自动投入。汽轮机疏水阀(包括高压主汽门阀座后疏水、右侧中压主汽门阀座前疏水、右侧中压主汽门阀座后疏水、左侧中压主汽门阀座前疏水、左侧中压主汽门阀座后疏水)在主调阀开度低于 30%时打开。再热系统疏水阀在中压主调阀开度低于 20%时打开。

④防喘放气。机组转速下降至 95%额定转速,检查电磁阀 20CB-1、20CB-2 失电,4 个防喘阀自动打开,排气框架冷却风机 88TK 停运。

⑤机组转速降至 50%时,顶轴油泵投入。

⑥燃机熄火遮断。机组解列 8 min 后,转速下降至约 700 r/min 时,燃机熄火遮断。此时天然气截止阀、速度/比例截止阀、天然气控制阀关闭,排空阀打开;负荷轴间冷却风机 88VG 停运;燃机间冷却风机 88BT 在燃机间温度低于设定值时停运,燃机间冷却风机 88BT 停运后透平排气段冷却风机停运。

⑦盘车。转速到 0,盘车自动投入。烟囱挡板关闭。当高压缸温低于 260 ℃,且燃机轮间温度低于 65 ℃时,可停运盘车,停运顶轴油泵。

图 6.11 为 S109FA 燃气-蒸汽联合循环机组典型停机曲线。

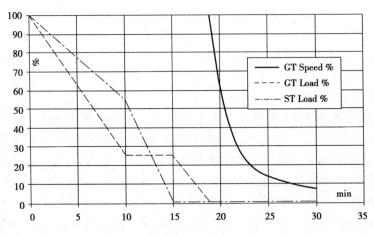

图 6.11　S109FA 机组典型停机曲线

机组停机过程中,DLN2.0+燃烧室的减负荷流程为:①从基本负荷至燃机排气温度基准 TTRF1 达 2 230 ℉,维持预混燃烧方式;②TTRF1 从 2 230 ℉至 1 720 ℉,维持先导预混燃烧方式;③TTRF1 从 1 720 ℉至 95%额定转速时,维持次先导预混燃烧方式;④机组转速小于 95%额定转速时,为扩散燃烧方式。

6.2.2　滑参数停机

S109FA 燃气-蒸汽联合循环机组滑参数停运方式可以利用温度逐渐降低的蒸汽使汽轮机部件得到比较均匀和较快的冷却。对于停运后要停盘车或汽轮机揭缸检修时,采用滑参数法停机运行可缩短从停机到停盘车时间,从而缩短检修时间。

(1)滑参数停运的步骤

在滑参数停机过程中,汽轮机调速汽门保持全开,缓慢减负荷,逐渐地降低主汽温度和压力,使汽轮机缸温缓慢下降。应按汽轮机应力的要求严格控制好汽温、汽压下降的速度,防止汽轮机热应力超限。滑参数停运的操作步骤与正常停运相同。

(2)滑参数停运注意事项

在滑参数停机过程中,为防止金属部件产生过大热变形、热应力和胀差,应注意以下几点:

①停机过程中,蒸汽应始终保持 50 ℃以上的过热度,以保证蒸汽不致带水,防止发生水击。

②控制降温、降压速度。温降速度的控制,是滑参数停机成败的关键。

6.2.3　紧急停机

紧急停机分为自动紧急停机与手动紧急停机。自动紧急停机由机组保护自动完成,当机组异常运行时,参数达到保护定值,控制系统自动切断燃气、蒸汽实现紧急停机。在机组突然发生异常情况威胁机组或人身安全,自动紧急停机程序不执行时,采取手动紧急停机。手动紧急停机是通过按下燃机 MARK Ⅵ控制盘、汽轮机 3 号轴承箱处的紧急停机按钮或集控室的紧急停机按钮来实现。

(1)手动紧急停机条件

①机组发生故障,自动紧急停机保护矩动作。

②机组运行中任一轴承油压下降至极限值或断油、冒烟。

③机组内转动部件有明显的金属撞击声,机组振动突然明显增大 0.05 mm 以上。

④机组发生喘振。

⑤润滑油系统大量漏油。

⑥润滑油系统着火,且不能很快扑灭,严重威胁机组安全运行。

⑦燃气系统严重泄漏,威胁机组安全运行。

⑧燃气系统起火,不能及时扑灭。

⑨发电机冒烟。

⑩发电机出线套管、分相封闭母线、开关或避雷器爆炸。

⑪发电机电压互感器或电流互感器冒烟或冒火。

⑫发生的故障可能严重危及人身或设备安全的情况。

⑬汽轮机轴封冒火花。

⑭各主要蒸汽管道或给水管道破裂,危及机组安全。

⑮汽轮机发生水冲击。

⑯发电机发生大量漏氢,机内氢气压力空降,或主厂房内氢气浓度突升。

⑰其他重大设备缺陷严重影响机组的安全运行。

（2）手动紧急停机过程

①紧急打闸后，立即确认发电机解列，出口开关（GCB）跳闸，发电机有功、无功、电压、电流到零；厂用电电压正常。

②紧急跳闸装置（ETD）电磁阀失电，跳闸油母管油压失去，燃机燃气截止阀 VC4-1，速度/比例截止阀 VSR-1，燃气控制阀 VGC-1/2/3 迅速关闭，燃气流量到零；在气体燃料阀快速关闭的同时，燃气截止阀和控制阀之间的放空气阀打开，排空残留的气体燃气。

③汽轮机高压主汽门、调门，中压主汽门、调门，低压主汽门、调门均关闭正常。

④IGV 全关，4 个防喘阀 VA2-1/2/3/4 打开。燃机熄火，4 个火焰检测器显示火焰熄灭。机组进入惰走状态，转速至 1 500 r/min 顶轴油泵自启动，顶轴油压正常。

⑤确认机组旁路系统动作正常：高、中压旁路压力控制器由原有的跟踪模式改为压力控制模式，跳闸时的实时蒸汽压力被采样并保持作为压力控制的设定点；中压汽包的压力控制阀快速关闭。低压旁路阀的设定压力会比低压蒸汽系统正常运行时的压力高，如果机组跳闸后低压蒸汽压力上升到低压旁路阀的设定值，则低压旁路阀开始工作。

⑥当转速到 0 时，检查确认自动投入盘车正常。

事故停机过程中应着重监视排气温度，润滑油回油温度、轮间温度以及各轴承振动和机组各汽缸有无摩擦声，保证循环水系统继续工作，压力正常。紧急停机后，若发生转动部分事故，停机后不能投入盘车，润滑油泵应继续运转。如因轴承振动超过跳闸值停机，重新启动前至少连续盘车 2 小时。

6.2.4 停机过程的注意事项

①关注机组各轴承振动情况、内部声音以及润滑油母管油压。

②记录机组解列和惰走时间。惰走时间的长短可以判断轴系设备、蒸汽阀门等故障情况。

③自动投入盘车后，应监视转子转动情况，倾听机组内部声音。

④紧急停机与正常停机和滑参数停机相比，没有降负荷的过程，而是直接关闭高、中、低压主汽阀和燃气控制阀。因此需要注意：

a. 由于汽轮机高、中、低压控制阀立即关闭，故控制阀前的蒸汽压力上升迅速，所以需要特别注意汽轮机旁路阀的动作情况。如果是因为凝汽器真空低跳闸，则汽轮机旁路阀有可能因为凝汽器保护导致旁路不能打开，需注意锅炉电磁释放阀及安全阀正确动作，以避免管道超压。

b. 紧急停运可能会引起轴封蒸汽压力不能维持。此种情况下需要手动调节以稳定轴封蒸汽压力，防止冷空气从汽封处进入汽缸内。

思考题

1. S109FA 燃气-蒸汽联合循环机组的启动状态是如何划分的？

2. 简述 S109FA 燃气-蒸汽联合循环机组冷态启动过程以及启动过程中需要关注的问题。

3. S109FA 燃气-蒸汽联合循环机组温态、热态启动过程与冷态启动过程相比，有什么共同点和差别？

4. 简述 S109FA 燃气-蒸汽联合循环机组冷态、温态、热态启动过程中重要参数的变化趋势。

5. 手动紧急停机的条件有哪些?

6. 简述 S109FA 燃气-蒸汽联合循环机组滑参数停运与正常停运的区别。

第 **7** 章
机组运行与监控

7.1 联合循环性能影响因素分析

7.1.1 大气参数对联合循环性能的影响

由于燃气轮机是属于定容积的动力设备,所以压气机的空气质量流量直接影响到燃气轮机的性能表现,也影响联合循环机组的性能表现。压气机的空气质量流量的主要影响因素为环境温度、绝对湿度和场地高程。

(1)环境温度的影响

图 7.1 为环境温度对燃气轮机及其联合循环相对输出功率影响的示意图。从图中可以看出,当环境温度升高时,燃气轮机及其联合循环出力均会下降,但是,联合循环的输出功率减小比燃气轮机平缓,环境温度每升高 10 ℃,单循环出力下降约 6.2%,联合循环出力下降约 4.5%。这是由于燃气透平的排气温度略有升高,可以在余热锅炉中获得更多的能量,到蒸汽轮机中去做功。

图 7.2 为大气温度与燃气轮机及其联合循环相对效率的关系图,从图中可以看出:随着大气温度 t_a 的升高,燃气轮机的相对效率是下降的,但其联合循环的相对效率却反而略有增高的趋势。这是由于当大气温度升高时,随燃气轮机排气温度的增高致使联合循环相对效率的增大,足以补偿燃气轮机效率的降低。从物理意义上讲,这是由于当大气温度升高时,压气机的出口温度相应地也会增高。为了保证燃气透平前的燃气初温恒定,喷入燃烧室的燃料消耗量就可以减少,其减少的程度将比联合循环总输出功率的减小程度更加多一些,致使总的热效率反而略有增大的趋势。当然,随着大气温度的下降,联合循环的效率反而会有略微减小的趋势。

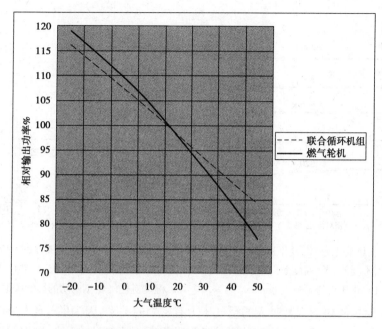

图 7.1　环境温度与燃气轮机及其联合循环的相对输出功率的关系

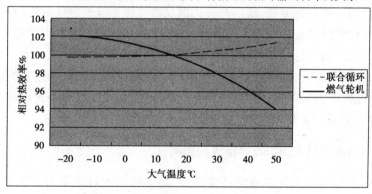

图 7.2　环境温度与燃气轮机及其联合循环相对效率的关系

（2）相对湿度

图 7.3 为相对湿度对燃气轮机和联合循环性能影响的示意图。

大气的湿度关系到从压气机吸入燃气轮机中的空气所含的水蒸气含量，它将影响湿空气的比热容值，相应地会影响到压气机的压缩功、透平的膨胀功以及燃烧室中燃料量的摄入量，从而影响到燃气轮机的比功和效率。

大气的相对湿度对于燃气轮机效率和比功的影响关系如图 7.3 和图 7.4 所示。从图中可以看出：当大气温度为 250 K,270 K 和 290 K 时,相对湿度对于燃气轮机比功和效率均无明显影响。这是由于大气温度很低时,即使相对湿度为 100% 时,大气中所含水蒸气数量仍然是很少的（即绝对湿度值很小）, T_a =30 ℃时饱和状态下的水分含量才 2.7% ,其影响是可以忽略不计的。只有当大气温度大于 310 K（即 37 ℃）后,空气中的绝对湿度可以大幅度增加,相对湿度的增加将使燃气轮机的净比功增大,而热效率却有所下降。

（3）场地高程

研究表明：如果大气的温度保持不变,大气压的变化不会对燃气轮机的效率造成影响。

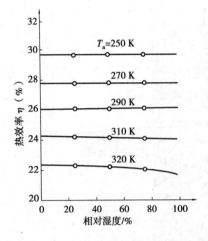

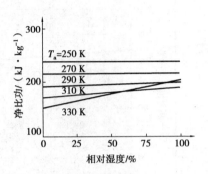

图 7.3 在压缩比为 10,透平进口温度为 1 200 K 时,不同的大气温度条件下,相对湿度对燃气轮机比功的影响关系

图 7.4 压缩比为 10,透平进口温度为 1 200 K 时,不同的大气温度条件下,相对湿度对燃气轮机比功的影响关系

但是,燃气轮机的功率则与吸入的空气压力有密切的关系,因为燃气轮机的功率与所吸入的空气质量流量成正比,而空气的质量流量又与吸气压力成正比,显然,燃气轮机的功率与大气压力成正比。同时,在大气温度、机组的转速以及燃气透平前的燃气温度均保持不变的前提下,燃气轮机的排气的质量流量以及可用于蒸汽发生过程的余热,同时也会随大气压力按正比关系变化。由此可见,燃气轮机及其联合循环的出力与大气压力成正比。

大气压力较大幅度的变化,主要是由于机组所在地海拔高度的变化造成的,大气压力随海拔高度的增加呈线性趋势下降。因此,燃气轮机及其联合循环的效率不受场地高程的影响,但其出力与场地高程成反比关系。

7.1.2 燃气轮机进口及出口压力损失的影响

为保证机组安全、可靠运行并减少环境噪声,燃气轮机入口处安装了空气过滤器和消音器,有时为满足在夏季时增加出力而加装了入口空气冷却器,这些措施都会使燃气轮机的进口压力损失加大,影响燃气轮机和联合循环的性能表现。

燃气轮机排气口后部连接有烟道和余热锅炉,其出口压力损失也影响到燃气轮机和联合循环的性能表现。图 7.5 为燃气轮机进口及出口压力损失对燃气轮机及联合循环机组性能表现影响的示意图。

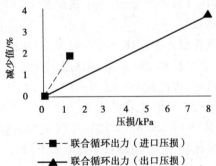

图 7.5 燃气轮机进口及出口压损对燃气轮机及联合循环的性能影响

从图中可见:进、出口压损与联合循环机组出力成线性关系,进口压损每升高 1 kPa,联合循环出力下降1.5%,出口压损每升高 1 kPa,联合循环出力下降0.46%。

7.1.3　循环冷却水温度的影响

冷却水温度对联合循环机组汽轮机的出力影响程度比常规火电厂汽轮机要大,这是由于联合循环汽轮机无回热抽汽,排汽流量等于新蒸汽流量,当设有补汽时,排汽流量大于新蒸汽流量。

图7.6为循环冷却水温度对联合循环机组性能表现影响的示意图。从图中可见:循环水温度每升高 10 ℃,联合循环出力下降0.59%,热耗率上升0.59%。

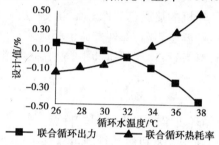

图7.6　循环水温度对联合循环性能的影响

7.2　机组运行方式

根据年运行小时数、使用率、点火启动次数和每次启动后的平均运行小时数等参数,国际标准 ISO-3997"燃气轮机采购"将燃气-蒸汽联合循环机组的运行模式分为六类:连续满负荷、基本负荷、中间负荷、基本/尖峰交替负荷、每日启停、尖峰负荷。

根据我国国情和用电调峰需求,S109FA 燃气-蒸汽联合循环机组因为其快速加减负荷能力以及快速启停机能力,在电网的实际运行中多为调峰机组,以夜停昼开的两班制方式运行,使机组启停次数大幅提高,导致主要热部件寿命明显降低,机组安全性和可靠性降低,发电气耗升高,增加了电厂的运营成本。

7.2.1　运行方式对机组运行可靠性和安全性的影响

机组的安全性和可靠性是指机组满足电网并网发电要求的能力。机组越是能满足电网的并网时间和发电负荷要求,其安全性和可靠性就越高;机组发生不能按时并网或不能按照负荷曲线发电的情况越多,安全性和可靠性就越差。机组的可靠性和安全性可以通过检修计划和检修周期间隔的长短来反映,燃气轮机运行方式的多样性又会对燃气轮机检修计划的制订和检修周期间隔产生很大的影响。

从 2001 年我国以"打捆招标、市场换技术"方式,引进了 GE 公司的 PG9351FA 型燃气轮机发电机组以来,第一批机组最早于 2005 年投产,已运行多年时间。随着时间的增加,这些机组在运行和检修方面暴露出越来越多的问题。在主设备方面:压气机、发电机、燃烧器和热通道故障频发,比如压气机断叶片、发电机转子接地、匝间短路、燃烧器喷嘴积炭、烧毁、火焰筒烧蚀等事故时有发生。这些故障,除了设备制造、安装的原因外,两班制运行,机组的频繁启停也是重要的原因。这些主要设备的故障,检修周期长,费用昂贵,极大地增加了燃机电厂的运行维护成本,给电厂的经营造成极大的压力,机组的运行可靠性和安全性大为降低。在辅助设备方面:由于机组的频繁启停,对须承受交变热应力的管道,阀门是一个巨大的考验,管道产生裂纹、阀门内漏时常发生,机组经常发生燃气阀、清吹阀故障造成机组的启动不成功。

机组的可靠性和安全性主要受制于运行方式的影响,下面从运行负荷与启停两方面做简单的分析。

(1)运行负荷率及负荷变化的影响

影响燃气轮机热部件寿命的主要因素是运行时热部件承受的高温引起的高温蠕变以及负荷变化所导致的热疲劳。燃气轮机的热通道部件寿命很大程度上取决于运行温度,尖端负荷时的运行温度比低负荷时的运行温度要高,部件寿命也相应缩短。由于负荷变化频繁、负荷变化率较快的运行方式,热通道部件承受强烈的热冲击,疲劳损耗增加,必然会大大缩短燃气轮机的寿命。

(2)机组启停的影响

由于我国燃气-蒸汽联合循环机组的两班制调峰特点,需要经常启动和停机,这使得机组故障可能大于常规的火力发电机组。从机组运行的可靠性上分析,频繁启停的运行方式会明显增大设备出现故障的概率,从而降低了机组的可利用率。燃气轮机每次正常启机和停机时,从启动点火、升速、加负荷、降负荷、降速到熄火的整个过程,热通道部件经受了剧烈的温度变化过程,经历了从加热膨胀到冷却收缩的周期性变化。另外,对于调峰机组而言,机组辅助系统设备动作频度高,也降低了整台机组的动作可靠性。机组频繁启停还会造成部分热力设备反复历经热胀冷缩的循环,久而久之会导致螺栓松动、密封件失效的情况。许多燃气轮机电厂经过一定数量的启停操作之后,都出现过燃机间和燃气模块内的天然气管道阀门和法兰泄漏、联焰管泄漏等异常情况。频繁启停对于余热锅炉、汽轮机的不利影响同样明显,炉内保温内护板断裂、炉侧疏水门内漏、汽轮机汽缸螺栓断裂、中分面漏汽等屡见不鲜。

燃气轮机非正常的启动和停机,将使透平热通道的寿命进一步缩短。非正常启动主要指快速启动和快速加载,非正常停机主要是指机组运行中跳闸,生产中非正常的启动和停机时有发生。非正常的启动和停机对燃气轮机热部件的危害是非常大的,每一次的非正常启动或停机都会造成多倍于正常启停对热部件寿命的影响。一般说来,快速加载或卸载负荷的速率越高,对机组的损害也就越大;机组跳闸时,跳闸前机组负荷越高,则跳闸对机组的损害也越大。从可预防的角度来讲,运行人员一定要尽量避免机组在高负荷下跳闸情况的发生。

7.2.2 运行方式对机组效率的影响

日启停机组在启动和停机过程中损耗了大量的燃气用于加速、惰走、加热机组各部位及管道、加热余热锅炉汽水,这部分燃气并没有用于发电。同时在并网后至低负荷阶段,效率相对较低。综合而言,日启停的燃气-蒸汽联合循环机组效率低于连续运行的机组效率。

一般以热耗率和气耗率来表征机组的效率,从而进行燃气-蒸汽联合循环机组经济性的考察。实际运行中,影响燃气-蒸汽联合循环机组经济性的因素是多方面的,既有外部的环境因素,又有机组自身的因素。此处,我们着重说明在其他条件不变的情况下,比较不同负荷时的热效率,以使运行人员对机组运行时的经济性状况有一定理性的认识。

S109FA 燃气-蒸汽联合循环机组在标准工况下,热效率可以达到 56.7% 左右,而当机组在部分负荷时,机组的整体热效率会降低。主要原因在于:当负荷降低时,压气机效率显著下降,燃气轮机透平进口温度降低,降低了燃气轮机的效率,同时,主蒸汽参数下降,汽轮机的效率也随之降低。因此,机组的热效率随着机组负荷的降低而降低,这种降低在负荷低于 75% 基本负荷以下时,表现得更为明显。图 7.7 所示为某 S109FA 机组实测负荷与热效率的关系。从图中可以看出,机组的热效率随负荷的下降面降低,在高负荷阶段,热效率随负荷下降的趋势较为平缓,机组负荷从 360 MW 下降至 300 MW,热效率下降约 1.5%;在低负荷阶段,机组热效率随负荷下降的趋势更快,而从 300 MW 降至 240 MW 时,机组热效率下降 3%,当机组的负荷下降到 10% 基本负荷时,热效率不到基本负荷时的 1/3。燃气轮机在这种低负荷工况下运行,其经济性将明显下降。由于国内引进的 S109FA 联合循环大都为单轴机组,燃气轮机与汽轮机通过刚性联轴器连在一起,形成一根刚性转子,因此每次机组启动时,汽轮机部件的应力承受能力都会影响整个联合循环发电机组的升负荷率。如果联合循环发电机组频繁启停,反复经过低负荷阶段的低效率区,日积月累,将明显影响机组的整体效率。尤其是冷态启动时,由于汽轮机热应力的限制,机组在低负荷下停留时间较长,会降低机组整个运行期间的经济性。

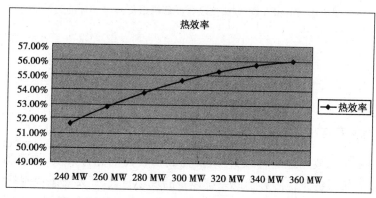

图 7.7　某 S109FA 机组运行中实测负荷与热效率的关系

上述分析表明,在实际运行中,影响燃气-蒸汽联合循环机组总体效率的因素主要是机组的负荷率,缩短启动时间、提高机组的负荷率是提高整体经济性的有效手段。

7.2.3　运行方式对环境的影响

S109FA 机组正常运行过程中,燃烧方式始终处于预混燃烧方式下,此时因过量空气系数大,燃烧温度较低,有效地抑制了 NO_x 的产生,NO_x 的排放浓度基本稳定在 25 ppm 以下;当机组启动及停机过程中,低负荷阶段为保证燃烧的稳定性,扩散燃烧 D5 燃气阀在投入状态,较高的燃烧温度带来较大量 NO_x 气体的排放,直接的反映就是启停机过程中烟囱有黄烟冒出。S109FA 燃气-蒸汽联合循环机组负荷与 NO_x 的关系如图 7.8 所示,在低负荷阶段,由于扩散燃烧 D5 燃气阀在投入状态,随着燃料量的加大,负荷上升,NO_x 的排放浓度不断升高。当达到一定负荷,燃烧方式切换,扩散燃烧 D5 燃气阀退出运行,NO_x 的排放浓度直线下降到一个较低的水平,然后随负荷的波动而波动,这时 NO_x 的排放浓度可以间接地反映燃烧室的燃烧温度。当负荷高时,燃烧室的燃烧强度大,温度高,此时 NO_x 的排放浓度也较高。

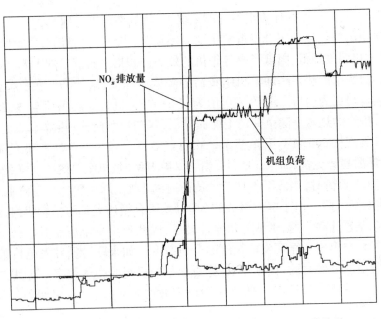

图 7.8　S109FA 燃气-蒸汽联合循环机组负荷与 NO$_x$ 的关系

7.3　机组运行

7.3.1　运行检查与注意事项

为保证机组安全无故障地运行,运行人员需具备较高的综合素质,须熟悉机组的工作原理、结构和性能,熟练掌握系统图和辅助系统设备的现场布置,还要熟悉控制规范,掌握控制系统的原理图和相关的电气技术知识。同时,运行人员要严格按照制度与规范进行机组的巡视检查和日常监控,以便于尽早发现故障和及时消除故障隐患。

(1)机组正常运行期间的检查

运行期间的巡视检查,要求运行人员严格按照电厂安全着装要求,进入特种区域要配备必需的安全防护设备,进入调压站等天然气区域要遵守天然气安全规章制度。巡视检查按照巡检路线图进行,在巡视过程中对比机组和辅机设备与正常运行时的不同,发现问题及时汇报处理。在巡检中要做到:

①携带必要的测量仪器,如红外测温仪、听针、天然气浓度检测仪,并按要求定期对天然气管路进行泄漏检查;巡回检查必须认真、细致、全面,做到眼看、耳听、鼻闻,发现问题时必须及时汇报。

②目视确认机组本体和辅机设备等完好无损,管道接头和阀门无泄漏,油箱以及其他容器的液位正常,疏水排污阀门的就地位置正常;特别注意检查各转动机械的轴承温度、润滑油压、润滑油温、轴承振动、油箱油位或轴承箱油位应正常。

③从声音辨识泵和风机等设备运转正常,与平时相比无明显杂音,感觉平台等的震动。

④运行人员必须认真监视各表计指示,应经常根据表计指示分析机组运行情况和设备工

作状况。按时抄表,当发现表计指示和正常值有差异时,应及时查明原因,采取措施进行调整。

⑤当发现异常和报警后,应立即查找原因,通过调整使机组或设备恢复到正常情况,并按事故预想和处理规定进行处理。

⑥在暴雨或大风等特殊环境条件下要加强巡视检查力度,夏季高温时要对电机温度测温。

机组运行中,尤其要注意各系统与先前运行状态的不同,重点注意是否与先前运行数据有偏差,这有助于突出发生的问题。另外,电厂应建立设备的常规例行操作检查规范,并按时记录运行数据。

(2)机组运行注意事项

①由于机组在 MARK VI 和 DCS 系统控制下对运行参数和工况进行自动调整,需要人为干预的情况并不多。因此,运行操作人员在机组正常运行过程中应认真监视控制盘及现场各主要参数表计的信息、数据及变化情况,特别要注意:燃气压力波动、各轴承温度及振动水平,透平轮间温度,排气温度及温度场分布情况,高压、中压、低压和再热蒸汽压力和温度以及凝汽器真空等重要运行参数。根据这些数据对机组运行情况进行综合分析,发现异常情况时,要查明原因并及时采取措施。

②按照巡回检查制度和具体内容,定期对机组各个部分进行检查,应注意不同季节和特殊情况下(如风暴、雷雨、洪水、火灾等)机组各部分的检查和防护。

③按有关试验项目和内容要求,进行设备的定期切换和试验。

④及时处理新出现的报警信息,在报警未被确认、报警原因不明确及未采取措施消除前不得清除报警。

⑤按日常运行日报表的项目和要求及时抄录各种运行数据,并将主要操作项目、报警、异常情况及有关交接班事项记录在值班日志中,在交接班时,对接班人员做清晰、详尽的交班说明。

7.3.2　机组负荷调整

(1)负荷调整的控制原理

机组的负荷控制由主控系统完成,对于并网后的机组,主要须监控机组的功率、转速和排气温度。这些被控量都与机组的经济性、安全性相联系。燃气轮发电机组主控制系统通过对机组并网后的功率、转速和排气温度的闭环调节,使之达到给定要求。

联合循环发电机组主控制系统见图7.9,它主要包括功率与转速控制和排气温度控制两个部分,两回路的输出调节量通过一个低选环节来进行选择。低值选择器是沟通控制系统和燃料伺服系统的桥梁,因为来自于负荷及转速控制回路的燃料指令与来自温度控制回路的燃料指令只能有一个被燃料伺服系统接纳。采用低值选择器还可使负荷/转速控制回路与温度回路之间的切换是无扰动的。

能够对机组功率 N_e 产生影响的外部变量包括:燃料量 G_f、环境温度 T_a、环境压力 p_a、机组背压 p_4 以及电网频率 ω_e。其中,燃料量 G_f 为调节量,T_a、p_4 和 ω_e 为扰动量。因此,功率调节回路的作用是根据负荷给定值 N_{ec} 调节燃料指令 G_{fc},以使机组实发功率 N_e 达到给定要求,同时还要消除 T_a、p_a、p_4 和 ω_e 这些扰动量对负荷的影响作用。

另外,对于联合循环发电机组的从启动到停机的整个过程,控制系统设置了几种自动改变燃气轮机燃料消耗率的主控制系统和每个系统对应的输出指令——FSR(Fuel Stroke Reference 燃料行程基准)(见表 7.1),此外还设置了手动控制燃料行程基准。

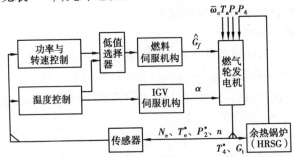

图 7.9　燃气轮发电机组主控制系统

表 7.1　燃料行程基准

启动控制系统(Start Up Control)	启动控制燃料行程基准 FSRSU
转速控制系统(Speed Control)	转速控制燃料行程基准 FSRN
温度控制系统(Temperature Control)	温度控制燃料行程基准 FSRT
加速控制系统(Acceleration Control)	加速控制燃料行程基准 FSRACC
停机控制系统(Shut down Control)	停机控制燃料行程基准 FSRSD
手动控制系统(Man Control)	手动控制燃料行程基准 FSRMAN

　　上述 6 个 FSR 量进入最小值选择门,选出 6 个 FSR 中的最小值作为输出,以此作为该时刻实际执行用的 FSR 控制信号。虽然任何时刻 6 个系统各自都有输出,但只有一个控制系统的输出进入实际燃料控制系统。

　　(2)负荷调整的范围与负荷变化率

　　燃气-蒸汽联合循环发电机组由于其加减负荷快速,在电网中往往担任调峰的角色。调峰的深度即负荷的调节上、下限应考虑机组寿命、安全性、经济性等各方面的因素。

　　从机组的寿命及安全性方面着想,S109FA 联合循环机组的负荷调节范围应控制在基本负荷和燃烧模式由预混模式 PM 切换至先导预混模式 PPM 方式的负荷点。这是由于 PG9351FA 型燃气轮机采用 DLN2.0 + 燃烧技术,燃烧控制比较复杂,如果频繁的负荷变化致使机组在不同的燃烧模式下来回切换,这将导致燃烧系统安全性和可靠性显著降低。同时从前面的章节中我们知道,在计算燃烧部件的检修周期时,在 PPM 方式运行时,其运行小时数是按实际运行小时数的 10 倍系数进行折算的。如果长期运行在 PPM 燃烧模式下,会使机组的检修周期大大缩短,使检修维护成本增加。

　　从经济性方面考虑,机组应尽量运行在高负荷阶。从图 7.7 数据可以看出:机组的发电热效率随负荷的下降而下降,在负荷较高时,下降的趋势比较平缓,发电效率仍能维持在一个较高的水平。当机组负荷低于 300 MW 时,发电下降趋势明显加快。与燃煤机组相比,燃气轮机联合循环机组的发电效率高,但发电效率对负荷率更敏感,特别是在负荷较低时,发电效率下降很快。现在,电站发电机组基本已实现电网调度的 AGC 控制,在投入自动发电控制(AGC)时,负荷调整指令由负荷调度中心发出,机组负荷随着电网负荷分配的变化而变化。为了满足电网的调节要求,联合循环机组往往担任调峰的角色,而调峰的深度已成为制约发电企业的经济效益的重要因素。

对于联合循环机组的负荷变化率,既要考虑对燃气轮机热部件寿命的影响,又要受余热锅炉和汽轮机热变化承受力的限制,机组必须在兼顾上述情况的负荷变化率下运行。S109FA 型机组升/降负荷率为 8.3% 额定负荷每分钟。

7.3.3　燃气轮机燃烧方式的调整与监视

F 级燃气轮机透平初温达到了 1 300 ℃ 以上,该温度接近热部件高温合金的熔点温度,即使 F 级燃气轮机热部件采用了先进的冷却技术、先进的铸造工艺、先进的涂层技术,还是会出现热部件损坏、失效的情况。根据目前我国在运的 F 燃气轮机电厂的实际使用情况来看,部分高温端热部件的损坏失效周期会出现小于厂家推荐的更换周期的情况。因此,为保障机组安全不得不提前进行检修加以更换。为了提高热部件的运行可靠性、降低维修成本,对热部件燃烧状态和健康状况的监视变得非常重要。

燃烧系统作为燃机的心脏,不但本身部件价值昂贵,而且一旦出现问题,整套燃机将无法运行。特别是 9F 燃机配备了采用最新预混燃烧技术的 DLN 燃烧系统,结构、原理更加复杂,如何保证燃烧系统的正常工作成为整个燃机电厂安全生产运行的关键。

管好用好这些价值昂贵的设备,有效地保障机组能够安全稳定的运行成为重点。各部件能够在正常的工况下运转如何延长其使用寿命,如何能够在有限的检修费用预算下实现状态检修,尽可能避免潜在风险(如燃烧器硬件损坏、非计划停机等),如何最大限度地提高系统的性能及机组的可靠性,同时降低运行维护成本,成为发电厂和生产运行管理部门,甚至包括设备供应商当前所面对的一个重要课题。目前 GE 公司已在 E 和 F 级燃气轮机上安装燃烧动态监控系统,能很好地实现燃烧监控、燃烧调整,能直接地发现燃烧器部件出现的异常情况。

(1)F 级燃机的燃烧监控现状和燃烧调整的目的

F 级燃机在首次启动、每次更换燃烧系统部件、燃烧部件检查和周期检修、季节性温度波动、更换燃料等情况下,均需要进行燃烧调整。

为什么需要进行燃烧调整呢? 燃料与压气机排气以一定比例混合后进入燃烧室燃烧,当燃料与空气的配比为 1∶1 时,火焰温度达到最高, CO 的排放实现最小值,但此时 NO_x 排放却达到峰值,这并不是理想的燃烧状态。需要通过燃烧调整来实现火焰温度、NO_x、CO 排放的综合最优。燃烧调整的目的就是建立并保持稳定和优化的燃烧动态情况,在保证 NO_x 排放量的前提下最大限度地控制燃烧脉动,保证低负荷阶段的燃烧稳定。燃烧调整过程是从机组并网至满负荷,每 20 MW 为一个调整节点,不断调整燃料配比,使每个负荷段均能实现稳定和优化的燃烧动态。

目前国内的 F 级燃机燃烧调整最多采用方式为临时租赁就地 DLN 调整设备,由 DLN 调整工程师再对机组的燃烧动态系数进行监控和调整。这种调整方式存在严重不足,不能很好地保证机组长期的燃烧稳定运行。当调整工作完毕,调整设备撤离,运行机组就失去了动态监控燃烧状态的手段,运行人员无法直观地监视到燃机的燃烧状态,唯一判断燃烧是否正常的手段是以 31 个排气热电偶所对应燃烧器的排气分散度偏差,间接地分析出燃烧部件是否存在问题。但有时在发现偏差过大时,已无可避免地发生较严重的燃烧器损坏。

目前 GE 公司在燃机的燃烧调整和监视方面通过全球 F 级燃烧的动态监控建立有效的数据库,并结合当地的环境和气候对燃机的燃烧方式进行调整,建立了一套完善的燃烧动态连续监控系统,同时能实现远程监视和调整,对燃烧系统的健康状况有了直接的控制手段。

（2）燃烧动态监视系统 CDMS（Continuous Dynamics Monitoring System）

燃烧动态（Combustion Dynamics）状况是判断燃烧系统工作状况的最重要指标,燃机燃烧室的燃烧动态噪声是不稳定的燃烧热量释放所产生的压力脉冲的结果,同时不稳定的燃烧会造成火焰外形直径增大、火焰长度增加、火焰筒中的热应力场出现较大偏差。如果燃烧室部件的自身振动与燃烧噪声振动的频率相同和相近时,燃烧动态噪声的振动会被放大或产生局部共振;如果燃烧火焰出现偏差,燃烧动态偏差会使火焰筒内壁局部温度过高。异常的燃烧动态会导致燃烧系统硬件承受过度应力,造成疲劳、变形、表面涂层脱落或燃烧部件超温部位烧毁损坏,甚至烧毁脱离的碎片将燃机动静叶击毁的严重故障。为了使这种影响降到最低,以及避免严重故障的发生,应当对燃烧系统进行实时连续的动态监控,通过动态监视燃烧状态的变化趋势,在燃烧偏差值尚未达到报警或跳机前,及时停机对燃烧系统进行检查,使得该机组燃烧状况恢复到一个较好运行状态,实现对燃烧系统的状态检修。并在燃烧部件和热通道部件更换或燃料/空气系统的变化后针对硬件状况、燃料状况、环境状况进行监控,及时对机组燃烧系统的燃烧动态进行调节,实现对燃烧系统的状态检测及调整。

GE 公司的燃烧室连续动态监控系统（CDMS）与实时 RDLN 调节技术,对装配有 DLN 2.0 + 燃烧系统的 F 级燃机进行燃烧状态监控、及时发现异常状态,提出处理意见。

1）CDMS 的介绍

CDMS 是燃烧室连续动态监控系统,简单来说就是在燃机的每个燃烧器安装监控探头,对燃烧的动态数据时时进行收集整理,通过计算以达到对燃烧动态参数进行及时调整的监控系统。CMDS 的构成简图如图 7.10 所示。

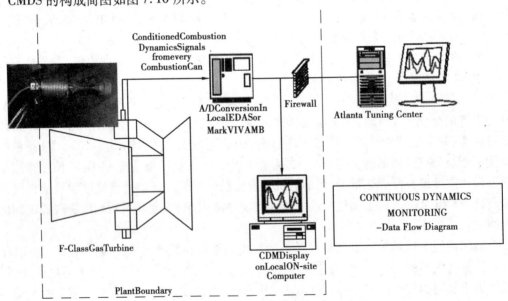

图 7.10　CMDS 的构成简图

CMD 主要由动压探头、燃烧动态探头、电源模块、Ethernet 数据采集系统（EDAS）及 VAMB 音频卡、远程排放监测系统 REMS、网络安全设备和导管及电缆组成。每个燃烧器在燃烧时所产生的脉动通过信号转换装置转化为动压电信号,信号通过电缆传输到 Ethernet 数据采集系统,Ethernet 数据采集系统可将燃烧排放如 CO、NOx 等参数和燃烧动态数据传输到安装有多通道分析软件系统的个人计算机上,计算机对数据进行分类同时以可视数据的方式显示在 HMI 上,如图 7.11 所示。依据此数据,可对燃烧器的燃烧动态参数进行在线调整。目前燃烧调整的方式可分为人工和自动两种。人工调整可根据现场的动态参数、CO 和 NOx 的排放量对燃烧动态参数进行调整以求达到燃烧与排放的最佳综合。自动调整是通过互联网将现场采集的数据,包括现场压气机入口空气温度、湿度和空气质量等传输到位于美国亚特兰大的燃汽轮机远程调节中心,中心依托全球所有同类型燃机的燃烧调整数据库进行计算,实时对目前燃烧动态参数进行修正,以求得到最适合该机组的燃烧动态系数。目前最新的 DLN2.6 已实现就地自动燃烧调整功能。

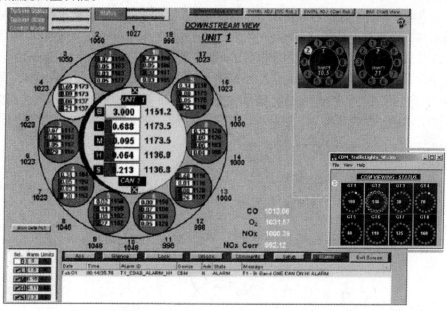

图 7.11　HMI 上显示燃烧动态参数

2)CMDS 的优缺点

CMDS 的优点:能迅速对燃烧状态进行时时监控,提高燃烧稳定性;机组运行更加灵活,降低运行风险和维修费用,提高机组运行的可靠性和可利用率,减少机组的非计划停运和临时性检修的风险,降低 CO、NOx 等有害物质的排放,实现燃烧系统的状态检修,延长燃烧系统热部件的使用寿命。

CDMS 的缺点:安装设备费用高,增加设备维护工作量和维护成本。如果实现远程调整,须进行数据的远程传输,机组的运行操作存在安全隐患。

7.4　机组监控

机组运行中对设备参数的监视和控制是实现机组安全、经济运行的必要条件。机组正常运行时监视参数变化,对参数异常及时分析原因,对于危及设备安全经济运行的参数变化,应根据原因采取措施处理,控制在规定的允许范围内。

燃气-蒸汽联合循环机组运行中监测项目很多,下面着重介绍轴承振动监测、轴向位移监测、胀差监测、排气温度监测、燃气轮机轮间温度监测、燃烧监测等重要监测项目。

7.4.1 轴承振动监测

物体偏离平衡位置,出现动能和位能连续相互转换的往复运动形式称为振动。对于燃气轮机发电机组,轴承振动是机组运行监测的重要参数之一。在机组启动、运行和停机过程中,如果由于设备本身原因或没有按规定的要求操作可能导致机组的转动部件和静止部件相互摩擦和碰撞,造成叶片损坏、大轴弯曲、推力瓦烧毁等严重事故发生。通过机组轴承振动监视,运行人员可以及时掌握机组运行状况。当机组异常情况发生时,振动的变化将为运行人员提供一个重要的参考依据,对故障及时作出判断处理;通过轴承振动限值设定,向运行人员提供振动报警提示和机组跳闸保护功能,确保机组安全,防止事故的进一步扩大;振动监测数据同时也为技术人员提供机组运行状况跟踪、事故分析的重要依据。

机组振动大小主要以振幅、振动速度和振动加速度 3 种方式来表示。S109FA 型单轴燃气-蒸汽联合循环机组共 8 个轴承,每个轴承分别布置 X 向和 Y 向两个位移型振动探头测量轴振,如图 7.12 所示。另外在#1、#2、#7、#8 号轴承设置有速度型振动探头用于测量瓦振,如图 7.13 所示。

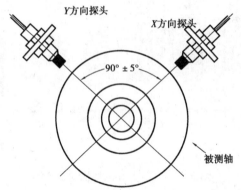

图 7.12　轴承振动测量位置图

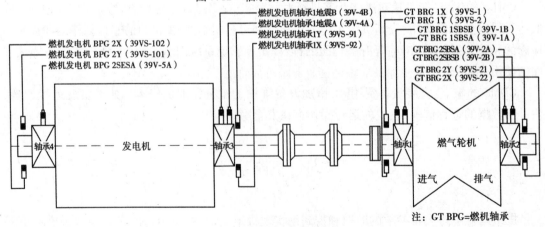

图 7.13　轴承振动探头

（1）瓦振保护

在燃气轮机及发电机的轴承支架上总共安装有7个速度型振动传感器。它们被分为两组：

①燃气轮机振动传感器（39V-1A，-1B，-2A，-2B）。

②发电机振动传感器（39V-4A，-4B，-5A）。

MARK VI保护系统独立地处理各组输入，每组的振动传感器均采用冗余的配置，单独的一个传感器故障不影响对机组振动的监视，当一个传感器失效时可被隔离并手动禁用。保护配置如下：

1）传感器失效报警

作为高速运转的机组，在正常工作时有点振动是在所难免的。用振动传感器测量机组的实际振动数值时，若所测数值为零或远低于机组的正常工作的振动数值时，则可以断定是传感器出了故障。当任何输入通道失效，显示出"振动传感器失效"。当检测到传感器断路或短路故障并持续存在一定时间则显示出"振动传感器故障"。机组可以不中断运行，但这个报警表示需要进行维修或更换。

如果燃气轮机所有传感器失效或出故障，或者如果发电机所有传感器都失效或出故障，该报警将导致燃气轮机自动停机。

如果燃气轮机传感器有3个或3个以上失效或者故障，或者发电机传感器有2个或2个以上失效或故障，并持续一定的时间，则显示"振动抑制起动"报警，机组跳闸。

当在规定时间内冗余传感器之间信号值的偏差超过某个设定值时，则显示"振动偏差故障"。机组运行虽不中断但该报警表示必须维修或更换传感器。

2）燃气轮机组振动大报警

燃气轮机组正常运转时，机组的振动不能太大，其上限应根据运行的情况和对机组振动大小的要求而有所限制，S109FA机组振动报警值均为0.5 in/s。当机组振动达到报警值时，发出振动大报警，但是机组仍可运转。当振动值减小低于报警值，报警自动解除。

3）燃气轮机组振动大自动停机或遮断

燃气轮机组在运转时不允许振动太大以保护机组的安全，设置有自动停机和机组遮断振动限制值用机组自动停机和跳闸。S109FA机组自动停机值均为8.2 in/s，跳闸值为1 in/s。当机组运行时的振动值大于给定的振动允许值时，发出机组振动过大自动停机或遮断信号。为防止振动探头故障达到自动停机或跳闸值造成保护误动，保护设置为一组探头中一个达到报警值，同时另有一个达到跳闸自动停机或跳机值时保护动作。

（2）轴振保护

S109FA机组的8个轴承分别布置X向和Y向两个位移型振动探头测量轴的相对振动，如图7.12所示。保护配置如下：当#1～#8轴承X/Y方向振动任何一点达到0.6 mils时机组发出振动大报警，当振动达到0.85 mils，延时1 s自动停机，当振动达到0.9 mils时，机组跳闸。

7.4.2　轴向位移监测

机组在运转中，转子沿着轴向移动的距离称为轴向位移。轴向位移的监测主要是用来监视推力轴承的工作状况，反映动静部件间隙情况。我们知道，燃气轮机（或汽轮机）运行中，气（汽）流在其通道中流动时所产生的轴向推力由推力轴承来承担的，借以保持转子与静止部件的相对位置,使动静部分之间有一定间隙。从机组安全运行的角度看,轴向位移是不允许有过大的变化,过大会引起动静部分发生摩擦碰撞,发生严重损坏事故,如轴弯曲,隔板和叶轮碎裂,叶片折断等。所以通常在推力轴承部位装设转子轴向位移监测装置,以保证燃气轮机或蒸汽轮机发电机组的安全运转。

推力轴承并非绝对刚性,在轴向推力作用下会产生一定程度的弹性位移。如果轴向推力过大,超过了推力轴承允许的负载限度,则会导致推力轴承的损坏,较为常见的是推力瓦磨损和烧毁,此时推力轴承将不能保持机组动静之间的正常轴向间隙,从而将导致动静碰磨,严重时还会造成更大的设备损坏事故。而在机组运行中,轴向推力增大的因素常常有:①负载增加,则主蒸汽流量增大,各级压差随之增大,使机组轴向推力增大。抽气供热式或背压式机组的最大轴向推力可能发生在某一中间负荷,因为机组除了电负荷增加外,还有供热负荷增加的影响因素;②主蒸汽参数降低,各级的反动度都将增大,使机组轴向推力增大;③隔板气封磨损,漏气量增加,使级间压差增大;④机组通流部分因蒸汽品质不佳而结垢时,相应级的叶片和叶轮前后压差将增大,使机组的轴向推力增加;⑤发生水冲击事故时,机组的轴向推力将明显增大。由于机组在正常工况下运行时,作用在转子上的轴向推力就很大,如果再发生以上几种异常情况,轴向推力将会更大,引起推力瓦块温度升高,严重时会使推力瓦块钨金熔化。

从上述分析可知,轴向位移可以较直观反映出运行中机组轴向推力的变化。对于单轴燃气-蒸汽联合循环机组,由于燃气轮机和蒸汽轮机轴向推力的共同作用,推力方向比较复杂,瞬间推力出现负值的可能也存在,所以,轴向位移同时考虑正负两方面的限值。

为了便于对轴向位移的理解,首先了解轴向位移是如何测量出来的。为了减少机组保护系统的误动和拒动,重要参数保护通常都会采用三取二的确认方式。在推力盘处安装三个位移传感器并与三个前置器和监测模块组成整个轴向位移监测装置。轴向位移的机械零位在推力瓦工作面,机组转子所产生的向发电机方向的位移(间隙增大)为正向的轴向位移。传感器安装在缸体上的支架上,传感器与被测面的间隙变化即为机组轴向位移变化。传感器监测间隙大小变化,由前置器把间隙信号转换成电压信号送至监测模块进行信号处理,由监测模块送出模拟量信号用于监视和限值保护,从而实现机组轴向位移的监测。

为了防止轴向推力过大引起轴向位移超限,进而造成动静碰磨事故,目前大功率机组均在轴向位移监测基础上装设轴向位移保护装置。当轴向位移达到一定数值时发出警报,轴向位移达到危险值时,保护装置动作,跳闸停机。S109FA 轴向位移保护设置为轴向位移 $\leqslant -35$ mils 或 $\geqslant 35$ mils时保护动作,机组跳闸。

机组正常运行中,运行人员应注意监视轴向位移指示,当轴向位移增加时,运行人员应对照运行工况,检查推力瓦温度和推力瓦油回温度是否升高及胀差和缸胀指示情况。如证明轴向位移表指示正确,应分析原因,做好记录,针对不同情况采取相应处理措施,确保机组的安全稳定运行。

7.4.3 胀差监测

机组在启动、停机和工况变化时,由于转子和汽缸的热交换不同,使得膨胀(或收缩)量出现差值,这些差值称为转子和汽缸的相对膨胀差,简称胀差。习惯上规定转子膨胀大于汽缸膨胀时的胀差值为正胀差,汽缸膨胀大于转子膨胀时的胀差值为负胀差。其大小直接表明汽轮机内部动静部分轴向间隙变化情况。

转子和汽缸的膨胀量主要取决于转子和汽缸的质面比。所谓质面比,就是转子或汽缸质量与被加热面积之比,通常以 m/A 表示。因转子与汽缸的质量、表面积、结构各有不同,故它们的质面比不同。转子质量轻、表面积大,质面比小,而汽缸质量大、表面积小,质面比大。因此,在启动和停机过程中,转子温度的升高(或降低)速度比汽缸快。也就是说,启动加热过程中转子的热膨胀值大于汽缸,在停机冷却时转子的收缩值也大于汽缸。因此转子与汽缸之间不可避免会出现膨胀(收缩)量差,即为胀差。胀差的出现意味着汽轮机通流部分动静间隙发生了变化。如果相对胀差值超过了规定值,就会使动静间的轴向间隙消失,发生动静摩擦,可能引起机组振动增大,甚至发生叶片损坏、大轴弯曲等事故,因此汽轮机启、停过程及变工况运行时应严密监视和控制胀差在允许范围内。

汽缸受热后将以死点为基准在滑销系统引导下分别向横向、纵向及斜向膨胀,因为轴向长度最长,所以轴向膨胀是主要的。转子受热后以推力轴承为基点膨胀。汽缸与转子各自的绝对膨胀是由金属材料的物理性能决定的。

S109FA 单轴燃气-蒸汽联合循环机组测量高、中压缸胀差,测量探头分别设置在#3、#4 轴承处。测量原理如图 7.14 所示。在机组正常运行中,胀差传感器固定在缸体上,而传感器的被测金属表面铸造在转子上,因此,汽缸和转子受热膨胀的相对差值可以通过胀差传感器与被测金属表面之间的距离来反映。根据"输出电压与被测金属表面距离成正比"的关系,该差值被涡流传感器测得,并利用转子上被测表面加工的斜坡将传感器的测量范围进行放大,其换算关系为:

$$\delta = L \times \mathrm{Sin}\ 8°$$

式中　δ——传感器与被测斜坡表面的垂直距离;

　　　L——胀差。

如果传感器的正常线性测量范围为 4.00 mm(即 $\delta = 4.00$mm),则对应被测胀差范围 L 为:

$$L = \delta/\mathrm{Sin}\ 8° = 4.00/\mathrm{Sin}\ 8° = 28.74\ \mathrm{mm}$$

由上式可知:胀差传感器利用被测表面 8°的斜坡将其 4.00 mm 的正常线性测量范围扩展为 28.74 mm 的线性测量范围,从而满足了对 0~20 mm 的实际胀差范围的测量。传感器将其与被测斜坡表面的垂直距离转换成直流电压信号送至前置放大器进行整形放大后,输出 0~24 VDC 电压信号至胀差监测器,分别将 A、B 传感器输入的信号进行叠加运算后进行胀差显示,并输出开关量信号送至保护回路进行报警和跳闸保护。同时输出 0~10 VDC、1~5 VDC 或 4~20 mA 模拟量信号至记录仪。

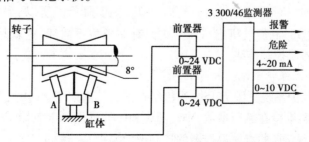

图 7.14　传感器安装及信号传递原理图

汽轮机在启动、停机及异常工况下,常因转子加热或冷却比汽缸快,产生膨胀差值。无论是正胀差还是负胀差,当超过允许值时,都将发生动静部件的轴向磨损。汽轮机轴向动静部分相互碰撞产生摩擦,为了避免胀差过大引起动静摩损,造成机组损坏,大机组一般都设有胀差保护。当正胀差或负胀差达到一定数值时,保护动作,关闭主汽门或调门,紧急停机。

在实际运行中,胀差的大小主要取决于蒸汽温度变化率,通常采取控制蒸汽温度变化的方法来控制胀差的变化,尤其在启动、停机过程中必须将胀差控制在允许范围内。

S109FA 胀差保护设置为#1 胀差 $\leqslant -68$ mils 或 $\geqslant 147$ mils 延时 10 s,汽机跳闸;#2 胀差 $\leqslant -216$ mils 或 $\geqslant 373$ mils 延时 10 s,汽机跳闸。

7.4.4　燃气轮机排气温度监测

为了防止因燃气透平前温过高而损害透平的叶片,燃气轮机必须控制燃气透平前温度 T_3^* 在安全的范围内。由于 T_3^* 温度一般都很高,如 PG9351FA 燃机的透平前温高达 1 300 ℃ 以上,这么高的透平前温要直接测量与控制是非常困难的。在大气温度不变时,当燃机处于稳定工况可靠运行时,其他各种参数都随着透平转速和透平前温度的确定而相应确定下来。因此可以通过测量燃气轮机的排气温度 T_4^* 来间接反映透平前温 T_3^* 的大小。两者的变化趋势是相同的,而 T_4^* 温度远低于透平前温 T_3^*,且排气温度 T_4^* 的温度场也因燃气经过透平时有所混合而比较均匀,所以 T_4^* 便于测量和控制。在大气温度不变的情况下,要控制透平前温 T_3^* 为常数,只要控制排气温度 T_4^* 为某一相应的数值就可以了,这是很简单的一种温控器。在正常情况下,燃气轮机应在温控回路的控制下能够在安全的等 T_3^* 状态下运行。超温保护系统保护燃气轮机不会因过热而发生损害,这是一个后备系统,仅在温控回路发生故障时起作用。

(1)透平等 T_3^* 线的控制原理

透平前温 T_3^* 对燃气轮机而言是至关重要的。一般情况下,燃气轮机的功率和效率随 T_3^* 温度的升高而增大。为了使机组获得最大的出力和最高的效率,希望机组能在最高的 T_3^* 温度下安全可靠地运行,为此设置了 T_3^* 温度的温控器。如前面所述,在大气温度不变的情况下,要控制透平前温 T_3^* 为常数,只要控制排气温度 T_4^* 为某一相应的数值就可以了。由于大气温度在无时无刻地变化着,如果还要维持燃气轮机的透平前温为常数时,就不能只控制排气温度 T_4^* 了,要相应地对 T_4^* 作修正。一般可用大气温度 t_a、压气机出口压力 CPD 等参数来修正 T_4^* 温度。例如用大气温度 t_a 修正,为维持 T_3^* 不变,当大气温度 t_a 升高时排气温度 T_4^* 也需相应地升高;当大气温度降低时排气温度也需相应降低。也可以使用压气机出口压力,当大气温度升高时,压气机出口压力降低,为使 T_3^* 为常数,T_4^* 温度升高。相反,为维持 T_3^* 为常数,当大气温度降低时,压气机出口压力升高,则 T_4^* 温度降低。所以,大气温度变化时,为使 T_3^* 为常数,排气温度 T_4^* 和压气机出口压力之间有一条关系曲线,这就是温控基准线。如图 7.15 所示,TTRX 即为温控基准线。

(2)MARK Ⅵ 超温保护系统

MARK Ⅵ 超温保护系统见图 7.15。当机组在某大气温度下运转时,燃气轮机温控器投入运行后,可使透平前温维持在额定参数,排气温度和压气机出口压力相应处于温控基准线上的某点。当大气温度升高时,此点在温控器的控制下沿温控基准线 TTRX 向左上方移动;当大气温度降低时,此点在温控器的控制下沿温控基准线向下方移动。当温控器发生故障时,则透平前温 T_3^* 失控,有可能燃料过大而使透平前温 T_3^* 超过额定参数,故障轻者会使透平叶片的寿命下降,重者会致使透平叶片烧毁。为了防止此类故障造成的恶果,MARK VI 保护系统设置了三道超温保护。MARK VI 的超温报警和遮断的算法如图 7.16 所示。现将超温保护原理说明如下:

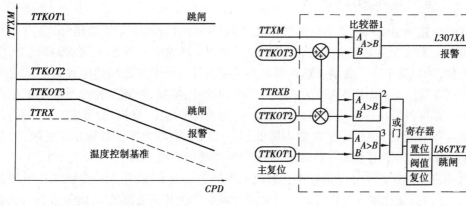

图 7.15　超温报警和跳闸　　　　　　　图 7.16　超温保护算法

1)TTKOT3 超温报警线

TTKOT3 报警线是超温保护的第一道防线,是在温控基准线 TTRX 的基础上向上平移一个由 TTKOT3 常数(典型值为 13.9 ℃/25 ℉)所确定的温度差值。当燃气轮机在温控器投入后,机组在等透平前温情况下工作时,透平排气 TTXM 应小于温控器上超温报警常数所确定的给定值。比较器 1 的输入 $A < B$ 时,比较器输出为"0"表示正常。当温控器故障造成 T_4^* 温度 TTXM 大于温控器基准 TTRX 加上超温报警常数 TTKOT3 之和时,比较器 1 的输入 $A > B$ 时,发出超温报警的逻辑信号 L30TXA 而报警显示"排气温度高"。当排气温度恢复到正常时值,即 $A < B$ 时,报警自动解除并可以复位。为了在超温报警时不引起机组遮断以及确保透平前温不超过额定值,超温报警的逻辑信号还送给转速控制系统,减小转速控制器的给定值以降低机组的功率和减小透平前温 T_3^* 确保安全。此时机组将在转速控制器的控制下维持运行。值得指出的是,此时虽然超温报警的逻辑信号 L30TXA 已经复位,超温报警自动解除,但发生超温报警已经预示着温控器不正常应及时处理其故障,在温控器故障解除前不宜再手动增加负荷和提高透平前温,以免在温控器已经出现故障的情况下再次造成透平前温超温报警的动作,以确保机组安全。

2)TTKOT2 超温遮断线

当温控器故障,排气温度 TTXM 大于由温控基准 TTRX 与超温遮断常数 TTKOT2 常数(典型值22.2 ℃/40 ℉)之和所确定的值时,比较器 2 的输入 $A > B$,因寄存器有闭锁作用,超温故障的信号 L86TXT 不能复位。燃气轮机一直保持遮断的状态,直到发出主复位逻辑信号 L86MR1 时,超温遮断的寄存器才能复位。

3)TTKOT1 超温遮断线

当温控器故障,致使透平前温 T_3^* 超过额定值时,排气温度 TTXM 的值必然会相应增高;当超过给定的超温遮断值 TTKOT1 时,比较器 3 的输入 $A > B$,其输出信号经"或门"送入寄存器 5 保存并输出超温遮断的逻辑信号 L86TXT,使机组遮断停机。寄存器 5 产生闭锁作用,直到发出主复位逻辑信号 L86MR1,其才能复位,遮断才能解除。在相当数量的机组上其控制 TTKOT1 的数值可能等于或接近等于 TTKOT2 和 TTRX 之和。

因此,超温报警和遮断保护可确保燃气轮机在运行中出现故障时,透平前温 T_3^* 不会过高,以保证机组安全。

7.4.5　燃气轮机轮间温度监测

燃气轮机轮间温度可以作为监测透平热通道的工作状况的一个重要指标,是因为燃气轮机转子部件上无法安装温度监测的热电偶,静子部件中的喷嘴因考虑内部的冷却气道,也无法安装热电偶,所以整个透平高温通道热部件的温度测量只能通过轮间热电偶温度监测来间接反映。轮间温度过高,说明热通道中其他热部件如动叶、喷嘴、护环及轮盘等可能也在高温状态下工作。温度过高极容易导致热部件的损坏,如动叶的熔蚀、烧损、变形等。一方面,损坏的部件破坏了通流通道,使机组工作效率降低;另一方面,损坏的部件机械强度变差,尤其是动叶,在强大的离心力作用下极易断裂,从而引发更严重的机械事故。

轮间温度是保护透平转子部件不受到超温损坏的重要参数,作为一个燃气轮机的技术人员,有必要了解其变化规律及趋势。只有全面准确地掌握其变化情况,才能有效地为机组运行维护提供有力的依据。燃气轮机轮盘间隙温度的变化可以分为正常情况的变化和异常情况的变化。

正常情况下的轮间温度变化:当环境温度升高时,轮间温度也会升高,环境温度降低时,轮间温度也有所降低,但这种情况下的轮间温度变化趋势不大,通常不会超过报警值;同样,燃气轮机从启机到带满负荷未到达热平衡前,轮间温度也跟随负荷升高一同上升,此时轮间温度上升也属于正常的加热过程,当达到热平衡后就不会再升高;机组正常运行中随机组负荷的升高轮间温度升高,但变化幅度不大,并且轮间温度的升高是一个长期持续缓慢的爬升过程,不会出现突升的情况。

异常情况下引起的轮间温度升高:①冷却空气管线堵塞造成轮间温度升高,冷却空气管线堵塞还分为总管堵塞或是局部堵塞。如果是总管堵塞,那么整个级轮间温度都会有不同程度的升高,如果是支管堵塞,则是对应的轮间温度要升高。异常情况下轮间温度升高时应该引起重视,应立刻查找并处理,否则轮间温度很容易超温。②安装调试不当引起的轮间温度升高:例如机组在新安装时燃机叶片环或者密封框架安装不到位也可能引起轮间温度升高,原因是密封环间隙调整不合适或是热电偶位置不合适引起的。若是就必须打开透平,检查密封环并调节密封间隙,并严格按照厂家规范进行安装调整。

燃气轮机轮间温度不仅能反映出燃气轮机透平冷却空气系统及轮盘冷却通道的运行状况,还是透平整个热通道工作状况的间接反映,同时还作为燃气轮机离线水洗的一个判据,所以燃气轮机的轮间温度监测非常重要。因此,燃气轮机组在运行过程中应加强对轮间温度的监测,从而保证燃气轮机热通道部件不会受到超温而造成损坏。

7.4.6　燃气轮机的燃烧监测

燃气轮机在高温下连续运转,火焰筒或过渡段等部件难免会出现破裂等各种故障。运行中,难以直接对这些高温部件进行监测以及时发现故障,只能采用测取透平排气温度和压气机排气温度的间接检测方法来判断高温部件的工作是否正常。当燃料流量分配器故障引起各燃烧室的燃烧温度不均匀时,当燃烧室破裂、燃烧不正常时或当过渡段破裂引起透平进口温度场不均匀时都会引起透平的进口流场和排气温度流场的严重不均匀,因此只需测量排气温度场是否均匀即可间接预报燃烧是否正常。

（1）燃烧监测软件

为了准确地测量透平排气温度场是否均匀,应在透平排气通道中尽可能多地布置测温热电偶。S109FA 机组 MARK VI 控制和保护系统在排气通道安装了 31 根均匀分布的排气测温热电偶。理想情况是这些热电偶所测的排气温度数据完全相等,但实际上是不可能的,即使机组在稳定正常运转时,排气温度场也不可能完全均匀,各热电偶的读数总是有所差别。因此有必要规定一个合理的标准,确定机组在正常情况下允许各热电偶测量结果有多大的温度差,或者称允许的分散度 Sallow。一旦超出这个规定值,则认为机组燃烧故障或测温仪不正常。

1）排气温度的允许分散度

排气温度允许分散度的计算可参阅图 7.17。正常允许分散度是静态分散度极限。其变化典型值为 30～125 ℉,取透平排气温度和压气机排气温度平均值的函数。排气温度的允许分散度不能取为常数,因为燃气轮机在不同的工况运行时,透平前温 T_3^* 和排气温度 T_4^* 都是不同的。当机组负荷高时,燃气轮机的燃料量大,燃气透平前温高;相反,若机组负荷低时,则燃气透平前温低,排气温度低。而排气温度的不同也影响到分散度的不同,这是不难理解的,因排气温度高,相应的热电偶所测量到的排气温度的偏差也大;相反,排气温度低,则这些均布的热电偶在不同地点所测量到的排气温度的偏差值就小。因此,MARK VI 保护系统用压气机的出口温度来表征机组工况变化时的排气温度的变化。当压气机出口温度高时,意味着单轴燃气轮发电机组的压气机压比较高,燃气透平前温较高,排气温度较高。相反,当压气机出口温度低时,排气温度也低。因而使用压气机出口温度来作为计算排气温度允许分散度的主要依据。允许分散度的计算公式为

$$TTXSPL = TTXM \times TTKSPL4 - CTDA \times TTKSPL3 + TTKSPL5$$

式中　TTKSPL4 典型值为 0.12～0.145,TTKSPL3 为 0.08,TTKSPL5 为 30°F。

压气机排气温度 CTDA 经中间值选择器 1 把其限制在上限不能大于所给出的 TTKSPL1 的数值,下限不能小于数值 TTKSPL2,中间值选择器 1 的输出送给计算允许分散度 2 处作为计算排气温度的允许分散度的依据。在计算允许分散度时还需用到透平的平均排气温度 TTXM,因此 TTXM 输出送至计算允许分散度 2。允许分散度 2 的计算结果由中间值选择器 3 限定在上限不能大于 TTKSPL5 的数值,下限不能小于 TTKSPL7 的数值。中间值选择器 3 的输出为机组运行时可以允许的排气温度的分散度 TTXSPL,经修正系数 CONSTANTS 修正后作为燃烧正常与否的判断标准。

2）MARK VI 燃烧监测的原理

燃气轮机在正常运行时,排气温度热电偶测量到的排气温度数值送到计算机后,由计算实际分散度 4 这一软件将全部排气温度数值按大小先排队,从而分别计算出最高排气温度和最低排气温度之差 S_1 送至比较器 1 和 2 的 A 端,计算出最高排气温度和第二个低排气温度之差 S_2 送到比较器 3 的 A 端,计算出最高排气温度和第三个低排气温度之差 S_3 送至比较器 4 的 A 端。用实际排气温度的分散度和允许的排气温度分散度相比较,以判别燃烧是否正常。

（2）MARK VI 燃烧监测保护

燃烧监测的判别原理如图 7.18 所示。现结合图 7.17 和图 7.18 将燃烧监测保护的原理进行简述。

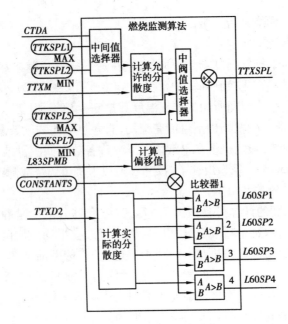

图 7.17　燃烧监视原理图

CTDA—压气机出口温度;*TTKSPL*1—压气机出口温度的上限;*TTKSPL*2—压气机出口温度的下限;
TTXM—透平出口的平均排气温度;*TTKSPL*5—允许分散度的上限;*TTKSPL*7—允许分散度的下限;
TTXSPL—允许的分散度;*CONSTANTS*—允许的分散度的修正系数(常数);*TTXD*2—透平出口的实
际排气温度;*L*60*SP*1—燃烧故障报警和条件遮断;*L*60*SP*2—燃烧故障报警和条件遮断;*L*60*SP*3—燃
烧故障报警和条件遮断;*L*60*SP*4—燃烧故障遮断;*L*83*SPMB*—燃烧监测使能故障

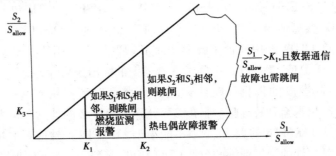

图 7.18　排气温度分散度的限制

S_{allow}—允许的排气温度分散度;K_1—常数,典型值 $K_1 = 1.0$;
K_2—常数,典型值 $K_2 = 5.0$;K_3—常数,典型值 $K_3 = 0.8$

　1)排气热电偶故障报警

　　如果热电偶测量到的最大排气温度分散度和允许分散度之比,即图 7.18 中的横坐标
S_1/S_{allow} 的数值超过了常数 K_2,则发出热电偶故障的报警逻辑信号 L30SPTA。

　　在正常情况下,排气温度的分散度 S_1 应小于允许的分散度 Sallow,当 $S_1 >$ Sallow 时,说明
燃烧不正常。但 $S_1 > K_2$ Sallow = 5Sallow,即排气温度的分散度是允许值的 5 倍以上时,显然是
不可能的,所以认为是热电偶出现故障而使测量失常,发出热电偶故障的报警是合理的。

　2)燃烧故障报警

　　若燃烧不正常致使排气温度的分散度 S_1 超过了允许的分散度 Sallow,即图 7.18 中的横坐

标 S_1/Sallow 大于 K_1 的值和图 7.17 中比较器 1 的 $A>B$，则产生燃烧故障报警。

3）排气温度分散度过高遮断

燃烧不正常致使排气温度分散度过高时，须遮断机组有如下几种情况。

①第一种条件遮断。第一种条件遮断需要满足以下三个条件：

a. $K_1 < S_1$/Sallow $< K_2$。此时说明热电偶工作正常，但是所测量到的排气温度分散度超过了允许值，相当于上述情况，则发出报警。比较器 1 的输入端 $A>B$，其输出报警和条件遮断的逻辑信号 L60SP1。

b. S_2/Sallow $> K_3 = 0.8$。当最高排气温度与第二个最低排气温度之差超过允许值 0.8 倍时，比较器 3 的输入端 $A>B$ 产生条件遮断逻辑信号 L60SP3。

c. 指示排气温度最低和第二个最低排气温度的两个热电偶，在排气管道上的安装位置是相邻的。

当只满足前两个条件时，虽然已说明燃烧不正常，但是只报警不遮断。即指示排气温度最低和第二个最低排气温度的两个热电偶在排气通道上的安装位置不相邻时，机组仍可带病运行而只报警。但是当三个条件同时成立时，则满足了第一种条件遮断的 3 个条件，机组遮断停机。

第一种条件遮断主要出于下述考虑。沿排气通道布置有 31 个热电偶来监测排气温度的分散度和均匀度。若测量到的排气温度最低点和第二个低点是相邻的，并且分散度 S_1 和 S_2 又都超过了所允许的值，即说明在此区域内排气温度异常（低于正常值）或说此区域是排气温度场的一个低温区，且超过了允许的情况。由此可以推断，可能是某个燃烧室或过渡段破损造成排气温度场的不均匀，因此应立即遮断停机。

②第二种条件遮断。第二种条件遮断也有 3 个条件：

a. S_1/Sallow $> K_2 = 5.0$。此种情况为上述 1 排气温度的热电偶故障而报警。比较器 2 的输入 $A>B$，输出报警和条件遮断的逻辑信号 L60SP2。

b. S_2/Sallow $> K_3 = 0.8$。和上述条件相同，即排气温度的第 2 个分散度 S_2 超过了允许值，说明排气温度的第二个最低的热电偶在排气通道中的所在地的排气温度过低，超出了允许的值。比较器 3 的输入 $A>B$，其输出报警和条件遮断的逻辑信号 L60SP3。

c. 指示排气温度第二个最低和第三个最低的热电偶是相邻的。

由第 1 个条件可知，排气温度热电偶有一个已经出现了故障，其测量值不可信。由条件第 2 个可知，指示排气温度第二个最低的热电偶所形成的分散度 S_2 已经超过正常允许的数值，表明此热电偶所在位置是个不正常的低温区。而第 3 个条件又指出第 3 个低排气温度热电偶的位置和第二个相邻，更进一步证实了第二个低热电偶在排气通道中所处位置区域确实是个不正常的低温区域。考虑到已经有一个热电偶故障，为安全起见，遮断停机。此时比较器 2 的输入端 $A>B$，输出热电偶故障的报警和条件遮断的逻辑信号 L60SP2。比较器 3 的输入端 $A>B$，输出条件遮断的逻辑信号 L60SP3。

③第三种条件遮断。当 S_3/Sallow $> K_4$（典型值 0.75）时，即热电偶测量到的最高排气温度值和第三个低排气温度值之差 S_3 大于 0.75 倍的允许分散度 Sallow 时，就认为燃烧不正常。此时比较器 4 的输入 $A>B$，输出报警逻辑信号 L60SP4，如果连续 5 min 不退出报警状态则输出遮断逻辑信号 L60SPZ，使机组遮断停机。

④第四种条件遮断停机。当 S_1/Sallow $> K_1$，而且 MARK VI 数据通信故障 L3COMM_IO = 1 时，也将使机组主保护动作而遮断停机。

（3）燃烧监测退出

燃气轮机在某些变工况的过渡阶段，由于燃料量正处在调整过程中，这种不稳定的工况必然引起透平进、排气温度场处于不均匀的状态，此时若投入燃烧监测系统将可能引起机组误报警或保护误动。因此当燃气轮机处于启动和正常停机、加减机组负荷等不稳定的工况期间应将燃烧监测系统切除以避免引起报警和遮断。当机组处于稳定工况正常运转时，才能将其投入监测，如图 7.19 所示。

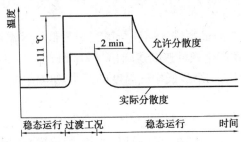

图 7.19　燃烧监测保护的退出

燃烧监测退出控制软件是在正常允许分散度上增加偏置值，它顾及在过渡过程实际分散度瞬时的增大。偏置是一个温度值，其变化范围典型值在 0 ℃ 与 111 ℃（200 ℉）之间。

在稳态工作时偏置值为 0 ℃，在出现过渡过程中，如负荷快速变化，偏置可陡升到 111 ℃，通常维持该值 2 min 之后过渡过程条件结束，然后它的数值成指数状以 2 min 的时间常数衰减至 0 ℉。

引起偏置陡升至 111 ℃ 的过渡条件有：①燃料的切换；②燃气轮机的启动和停机；③负荷的变化由调节器 RAISE（升）或 LOWER（降）信号产生的；④由于 FSR 的快速变化而产生负荷的变化。

7.4.7　燃气轮机的火焰监测

进入燃气轮机燃烧室的燃气是不允许长时间停留而不发生燃烧的，否则将会带来严重的后果。火焰监测的目的就是在于确定每个燃烧室里的燃气是否在燃烧。也就是看燃烧室里是否存在火焰，如果不是就会立即发生跳闸，中断燃气的供应。为了监测燃烧室里的火焰情况，PG9351FA 燃气轮机安装了 4 个火焰探测器，分别安装在 15#、16#、17#和 18#燃烧室上。

火焰监测是燃烧系统监测的一个重要手段，从对火焰情况的监测可以判断一些故障现象，例如在点火期间，如果是没有监测到火焰，可能是燃气故障，燃气流量不足可能会造成点火失败，还可能是点火时压气机的排气压力和流量过大，将火焰吹灭。在启动过程中如果火焰丢失，可能是 IGV 故障，IGV 到需要关小的时候而没有关，导致过多的空气量将火焰吹灭。当燃烧系统有异常时，通过火焰监测，再结合燃烧室压力监测、排气温度以及燃气系统等参数进行综合分析，便能快速准确地找到故障所在。机组在运行过程中通过监测火焰，还能及时发现问题，并作出相应的调整，从而保证机组的安全。

（1）火焰检测系统

1）火焰探测器

因检测燃烧含氢燃料产生的射线比用可见光检测更可靠，所以火焰检测系统通常用感受紫外线来判别燃烧室是否点火成功。在 GE 燃机上使用的火焰探测器输出一个锯齿形的脉冲信号，其频率正比于被检测的火焰的强度。来自火焰探测器的火焰强度指示信号对应 0 ～

250 Hz的频率,频率为火焰强度的尺度。

MARK Ⅵ 处理火焰探测器信号的方法是,统计在一个 0.0 625 s 时间间隔内的脉冲数目,并将其与一个门槛值比较,以指示在燃烧室中是否有火焰。当出现的频率高于由设定值时便确认火焰已存在。要注意的是,传感器的短路或开路将导致没有火焰的信号。

2)火焰检测系统

火焰检测系统方块图如图 7.20 所示,图中所示的火焰检测系统中有 4 个火焰检测通道,根据要求可以有所不同。系统输出的逻辑信号 L28FD 同时送往启动和保护系统,以便在启动时监视点火是否成功和在运行时提供燃烧室熄火报警或遮断保护。

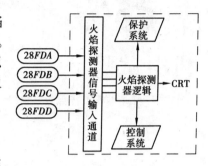

图 7.20　火焰检测系统示意图

(2)熄火保护的功能

1)用于启动程序

火焰检测系统类似于其他的保护系统,具有自我检测作用。例如,当燃气轮机在低于 L14HM 的启动过程最小点火转速时,所有通道都必须指出"无火焰"。如其不满足条件,即有的通道误动作而指出"有火焰",则作为"火焰检测故障"而报警,机组将不能启动。

在启动过程中,在点火期间监视燃烧室是否点燃是非常重要的,当机组点火程序触发后,一旦有两个火焰探测器见火,就算机组点火成功,允许启动程序继续进行,则火焰探测器发出信号使 FSR 从点火值减少至暖机值,并使程序向前继续;若点火 30 s 内在燃烧室中没有建立火焰,则发出信号切断燃料,启动程序中止,以免燃料积聚在燃料室或透平内可能发生爆燃等重大事故。

2)用于启动程序完成以后

当启动程序完成以后,有一个探测器指示无火焰就作为"火焰检测故障"而报警,但燃气轮机继续运行。这是因为如只有一个探测器探得无火焰,一般有两个原因:首先是火焰探测器受污染或回路故障,其次是该火焰筒熄火,但存在着联焰的可能。当有两个火焰探测器都指示"无火焰"时就遮断机组。在停机过程中,为了减小热应力,燃料量应逐级减少,停机过程的燃料指令 FSRSD 受火焰信号控制。

思考题

1.简述机组运行方式对机组可靠性、经济性的影响。

2.机组运行中的检查项目主要有哪些?

3.振动监测的目的是什么? S109FA 型单轴燃气-蒸汽联合循环机组如何实现振动监测的?

4.何谓轴向位移? 引起轴向位移增大的原因有哪些?

5.燃气轮机在运行过程中为什么不直接监测 T_3 温度,而是监测 T_4 呢?

6.为何要监视燃气轮机的排气分散度?

7.简述燃气轮机的熄火保护。

第 **8** 章
机组试验

8.1　真空严密性试验

8.1.1　试验目的

凝汽器在汽轮机排汽口处建立并维持一定的真空,将更多的焓降转变为机械功,凝汽器内的真空越高,汽轮机的效率就越高。因此真空值是汽轮机经济运行的一个重要指标,而真空严密性是影响汽轮机真空的一个主要因素。

事实上,汽轮机装置不可能绝对严密,处于真空状态的汽轮机低压排汽室、凝汽器管道和阀门总会有一定数量的空气漏入。虽然系统设有真空泵不断将漏入凝汽器的空气抽出,但如果机组真空严密性差,则会有大量空气漏入机组真空系统中,从而降低凝汽器真空,同时还会使凝结水含氧量高导致受热面及汽水系统管道腐蚀问题。由此可见,防止空气进入真空系统是至关重要的。

真空严密性试验就是为了检验真空系统漏入空气量的大小,目的是检查汽轮机低压缸、凝汽器、抽真空系统、蒸汽系统疏水管道、凝结水泵进口管等负压区域的严密性,以便及早发现负压区域的漏点。真空严密性试验用来检验机组真空严密程度,真空严密性的好坏便是通过真空下降速度来进行评判,平均真空下降速度越大则说明严密性越差,相反则说明严密性越好。

8.1.2　试验条件

①机组停机超过 15 天,启机 3 天内应做真空严密性试验;

②机组正常运行每月应做一次真空严密性试验;

③主机及辅助设备运行正常、稳定,汽轮机轴封系统运行良好;

④机组负荷在 80% 额定负荷以上,运行参数应尽可能保持稳定;

⑤确认备用真空泵处于备用状态;

⑥对就地真空表进行监视,并与远传真空值比对,如有偏差以就地真空值为准。

8.1.3　试验步骤

①将机组负荷调整至 80% 额定负荷,并保持稳定运行,先记录机组真空、轴封压力、负荷、主蒸汽参数;

②试启动备用真空泵,检查运行正常后停运备用;

③停止另一台运行真空泵,注意入口蝶阀关闭正常;

④入口蝶阀关闭 30 s 后开始记录,每隔 30 s 记录一次真空值,记录 8 min 内每分钟真空下降的数值,取其中后 5 min 内的真空下降值计算每 min 的真空下降平均值,8 min 后试验结束,启动真空泵运行,根据需要恢复机组原负荷。

⑤试验过程中,当真空的变化超出正常范围时,应立即停止试验,恢复原运行工况。

8.1.4　试验结果分析

行业标准中,对于机组真空严密性试验的要求如表 8.1 所示。

表 8.1　真空严密性标准

机组容量	真空下降速度
< 100 MW	≤0.40 kPa/min
> 100 MW	≤0.27 kPa/min

如真空严密性达不到上表要求,则对汽轮机低压缸、凝汽器、抽真空系统、蒸汽系统疏水管道、凝结水泵进口管等负压区域进行检查,发现并消除漏点。

8.2　主汽阀、调阀活动试验

8.2.1　试验目的

机组正常运行时,汽轮机高、中压主汽阀和调阀处于全开位置,低压主汽阀在全开状态,低压调阀处于调节状态。当机组在这种状态下长期连续运行时,可能会出现阀门卡涩情况,从而影响机组在紧急情况下的响应性能,存在超速的风险。

基于以上安全隐患,机组保安系统设置了汽轮机阀门活动试验功能。在运行过程中,依次对高压主汽阀和高压调阀、中压主汽阀和中压调阀以及低压主汽阀这三组阀门进行活动试验,通过试验,可以确定各压力级的阀门活动性能是否良好。汽轮机阀门的活动试验是防止机组超速的重要保证。

8.2.2　试验条件

①在日启停或周启停方式下,由于机组启停频繁,汽轮机各压力级阀门活动性能已经在启停过程中得到检验,无须进行汽轮机阀门试验。如果机组连续运行时间在一周以上,则必须进行汽轮机主汽阀、调阀活动试验。

②机组负荷稳定。

③高、中压主汽阀、调阀均在全开位置,低压主汽阀在全开位置。

④高、中、低汽包水位正常,水位调节在自动状态。

⑤高、中、低旁路在自动状态。

8.2.3 试验步骤

汽轮机阀门活动试验在操作员发出试验指令后自动进行,操作员应在试验过程中监视执行机构动作情况,应注意阀门动作平滑,无卡涩。如出现异常,应立即终止试验,恢复到原来的状态。

①高压主汽阀组活动试验为部分行程试验。进入阀门试验画面,发出高压主汽阀组试验指令。试验开始后,首先高压调阀开度自动关闭至90%,随后高压主汽阀开度自动关闭至90%,到达该开度后,高压主汽阀开度自动恢复至100%,随后高压调阀开度自动恢复至100%,试验结束。

②中压主汽阀组活动试验为全行程试验(中压主汽阀组有两组,须做完一组后再进行另一组的试验)。进入阀门试验画面,发出一组中压主汽阀组试验指令。试验开始后,首先中压调阀全关,随后中压全关,到达全关位置后,中压主汽阀开度自动恢复至100%,随后中压控制阀开度自动恢复至100%,试验结束。一组中压主汽阀组试验完毕,按相同的步骤做另一组中压主汽阀组试验。

③低压主汽阀活动试验:进入阀门试验画面,发出低压主汽阀试验指令。试验开始后,低压主汽阀开度自动关闭至90%,到达该开度后,低压主汽阀开度自动恢复至100%,试验结束。

④每组阀门活动试验必须确认正常后才可进行下一组。

⑤中压主汽阀组试验过程中,机组负荷会有微小下降,同时再热器压会略有上升。在试验中如发现负荷波动大,应停止试验恢复原运行方式。

8.2.4 试验结果分析

在试验过程中,如测试的阀门在允许的时间内不能达到指定的位置,会发出试验失败报警,这时应终止试验,恢复到原来的状态。各阀门均有动作时间设定值,当其动作时间超过设定值时,就认为该阀门已经不正常,发测试失败信号。

中压主汽阀、调阀在测试时,当中压主汽阀、调阀关至10%位置时,其执行回路的快速卸荷阀会动作,快速关闭。如在规定的时间内不能关闭,会发出相应的报警。

在试验过程中,应关注阀门的动作是否平滑,如出现有卡涩现象,应终止试验,恢复到原来的状态。并立即对汽轮发电机组减负荷直至停机,尽量避免机组带负荷脱扣,防止机组超速。

8.3 电超速保护试验

8.3.1 试验目的

燃机和汽轮机都是一种高速运转的设备,其转动部件的应力和转速有密切的关系。由于离心力正比于转速的平方,当转速提高时,离心力造成的应力会迅速增加。当转速升高到一定时,会使设备严重损坏,所以机组设置有超速保护设备。

电子超速保护系统分初级超速保护和紧急超速保护。控制转速信号 1,2,3 分别送入控制主机 R、S、T 经三选二后产生一个转速信号与初级超速保护动作值(110% * 3 000 rpm)比较,作用于初级脱扣继电器。保护转速信号 4,5,6 分别送入保护主机 X、Y、Z 经三选二后产生一个转速信号与紧急超速保护动作值(111.5% * 3 000 rpm)比较,作用于紧急脱扣继电器。

为了确保电超速保护装置动作可靠,在机组安装完毕后,每次机组大修前后,甩负荷试验前,危急遮断装置解体检查以后或机组运行时间达到规定的运行时间以后,均应进行电超速保护试验。

8.3.2　试验条件

①确认机组保安控制系统运行良好,调速系统工作正常,各紧急停机按钮试验正常。

②机组应经过充分暖机,金属温度应在其塑性转变温度以上。冷态启动时,机组并网后,接带 25% 以上负荷已运行至少 4 小时以上。

③试验过程中,交、直流润滑、密封油泵处于正常备用状态。

④试验时机组必须在全速空载及防喘放气阀、进气加热控制阀 IBH 及进口可转导叶 IGV 全开工况下稳定运行 45 min 。

8.3.3　试验步骤

电超速保护试验要分别对初级超速保护和紧急超速保护进行试验。

①初级超速保护试验:控制机组升转,设定目标转速略高于初级超速保护动作转速。当初级超速保护动作时,记录机组转速,确定机组跳闸,机组转速下降。

②紧急超速保护试验:将初级超速保护退出保护系统后,控制机组升转,设定目标转速略高于紧急超速保护动作转速,记录机组转速,确定机组跳闸,机组转速下降。

③机组在升速过程中应密切注意机组振动、轴承温度、回油温度等参数,一旦出现异常应立即停止试验。

④试验过程中,一旦机组到达设定转速,而保护拒动,应立即手动将机组打闸停机。

8.3.4　试验结果分析

若试验中出现机组转速尚未到达设定转速而保护已动作,或机组到达设定转速而保护拒动的情况,必须对超速保护设备以及相关测量信号进行检查,修复故障后,重新进行试验。

8.4　甩负荷试验

8.4.1　试验目的

当机组带负荷稳定运行时,由于机组本身或电网故障等原因造成的发电机与系统解列,会导致机组转速飞升。调节系统应能保证飞升转速低于超速保护动作转速,另外它应使过渡过程尽量短,能很快将转速维持在 3 000 rpm/min,以便快速并网接带负荷,这是机组和电网安全稳定运行的要求。

为了检验机组调节系统的控制功能,评定调节系统的动态品质;对相关联锁和保护的特性进一步进行检验;考核机、炉、电各主、辅机的动作灵活性及适应性,在机组新建完成后或调节系统改造后都必须要进行甩负荷试验。

8.4.2 试验条件

①主要设备无重大缺陷,操作机构灵活,主要监视仪表准确。

②调节系统静态特性符合要求。

③机组初级、紧急超速跳闸保护试验合格。

④主汽阀和调节汽阀严密性试验合格。

⑤主机交流润滑油泵、直流润滑油泵联锁动作正常,油系统油质合格。

⑥汽轮机旁路系统应处于自动状态。

⑦锅炉过热器、再热器安全阀调试、校验合格。

⑧热工、电气保护接线正确,动作可靠,并能满足试验条件的要求,如解除发电机主开关跳闸联跳汽轮机等保护。

⑨厂用电源可靠。

⑩发电机主开关和灭磁开关跳合正常。

⑪系统周波保持在(50±0.2)Hz 以内,系统留有备用容量。

⑫试验用仪器、仪表校验合格,并已接入系统。

⑬试验领导组织机构成立,明确了职责分工。

⑭已取得电网调度的同意。

8.4.3 试验步骤

①甩负荷试验准备工作就绪后,由试验负责人下达命令,进行甩负荷的各项工作。

②突然断开发电机主开关,机组与电网解列,甩去全部负荷,测取汽轮机调节系统动态特性。

③甩负荷试验按甩 50%、100% 额定负荷两级进行。当甩 50% 额定负荷后,转速超调量大于或等于 5% 时,则应中断试验,不再进行甩 100% 负荷试验。

④不能采用发电机甩负荷的同时,燃机、汽轮机跳闸等试验方法。

8.4.4 试验结果分析

机组甩负荷后,最高飞升转速不应使超速保护动作。调节系统动态过程应能迅速稳定,并能有效地控制机组全速空载运行。若转速飞升使超速保护动作,则不合格。

根据自动记录曲线,测取有关数据并整理列表。

根据自动记录曲线测取的数据有:初始转速 n_0、最高转速 n_{max}、稳定转速 n_δ、汽阀关闭后的飞升转速 Δn_v、转速波值 Δn、转速滞后时间 t_n、达到最高转速时间 t_{nmax}、转速变化全过程时间 t、油动机延迟时间 t_1、油动机关闭时间 t_2 以及油压变量的延迟时间 t_{p1} 和过滤过程时间 t_{p2}。

根据测取到的数据计算相关参数。

①动态超调量: $\psi = (n_{max} - n_0)/n_0 \times 100\%$

②转速不等率：　　　$\delta = (n_\delta - n_0)/n_0 \times 100\%$

③动静差比：　　　　$B = (n_{max} - n_0)/(n_\delta - n_0)$

④转子加速度：　　　$a = \Delta nt/\Delta t$　（rpm/s）

⑤转子时间常数：　　$T_a = n_0/a$　（s）

⑥转子转动惯量：　　$J = 102 T_a P_0/\omega_0 \eta$　（kg·m·s^2）

⑦容积时间常数：　　$T_v = \Delta nv/a$　（s）

⑧稳定时间：　　　　$\Delta n < (\delta n_0/20)$ 时所经历的时间为转速稳定时间（s）

式中　　η——发电机效率，%；

　　　　Δnt——对应于 Δt 时刻的转速变化，r/min。

根据自动记录曲线无法计算调节系统有关参数的系统，如：OPC 等保护必须参与甩负荷试验的系统，要整理出最高转速，以及转速、油动机和保护动作的全过程时间及变化幅值。甩负荷记录曲线见图8.1。

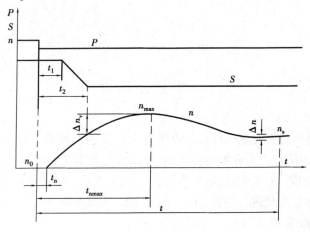

图8.1　甩负荷记录曲线

思考题

1. 机组设置以上各种试验的目的是什么？
2. 如何判别以上试验结果是否合格？

第**9**章
典型故障及处理

9.1 事故处理原则

事故是指直接威胁机组安全运行或使设备发生损坏的各种异常状态,表现为正常运行工况遭到破坏,机组被迫降低出力或被迫停运,甚至造成设备损坏或人身伤害。造成事故的原因是多方面的,有设计制造、安装检修、运行维护甚至人为误操作方面的原因。事故处理应根据相应的设备表征及参数变化进行综合分析,予以判断,迅速查明事故原因,及时处理,必要时立即停运机组,防止事故蔓延、扩大。

电力生产的基本方针是"安全第一,预防为主"。发电厂发生事故,尤其是发电设备的严重损害事故,对企业将造成严重的经济损失,如处理不当,不能及时限制事故发展,还可能造成电网的不稳定,造成电网大面积停电等严重的事故,将对国家造成严重的经济损失。因此,运行值班员需要熟练掌握设备性能和系统构成,熟悉机组系统流程和事故处理过程,做好事故预想并进行必要的反事故演习,要做到一旦事故发生,就能迅速准确地判断和熟练地操作处理。

事故处理要遵从"保人身、保电网、保设备"的优先顺序来处理事故。此原则为事故处理的基本原则。有人员伤亡或伤亡隐患发生时,优先处理伤亡人员的抢救送医,解除对人身安全的威胁,其次则要限制事故发展,限制事故范围,确保机组事故不能扩大到电网设备上,最后则要尽力保障故障设备能安全停运,不产生次生的设备损坏,在处理后能够迅速启动并恢复运行。

具体而言,事故处理过程中可参照如下要点进行:

①事故处理应按照"保人身、保电网、保设备"的原则。

②最大限度地缩小事故范围,确保非事故设备的正常运行。

③故障消除后尽快恢复机组正常运行,满足系统负荷的要求,确保对外供电,在设备确已不具备运行条件或继续运行将对人身、设备安全有直接危害时,方可立即停运机组。

④事故发生时,应停止一切检修与试验工作。运行人员有权制止无关人员进入事故现场。

⑤发生事故时,运行值长是现场处理事故的统一组织者和指挥者。除对人身和设备有直接危害的命令外,均应坚决执行。

⑥事故处理时,值班人员应根据仪表显示和设备的外部象征,迅速、准确地查清故障的性质、发生部位及时间,抓住主要矛盾,首先解除对人身、电网、设备的威胁,必要时立即解列机组或停用发生事故的设备,尽量减少事故损失,避免事故扩大。

⑦处理故障时,动作应正确、迅速,但不应急躁、慌张,否则不但不能消除故障,反而会使故障扩大。在处理故障时接到命令后复诵一遍,如果没有听懂,应反复问清。命令执行后,应迅速向发令者汇报。

⑧操作值班人员发现自己不了解的现象时,必须迅速报告运行值长,共同实地观察研究查清。当发现没有规定的故障现象时,操作值班人员必须根据自己的知识和经验加以分析判断,主动采取对策,并尽可能迅速地把故障情况报告运行值长。

⑨遇到自动装置故障时,运行人员应正确判断,及时将有关自动装置切至手动,及时调整,维持机组参数正常,防止事故扩大。

⑩事故处理的重要步骤应及时汇报,并通知其他值班员。以便及时掌握事故的动态,以利于事故处理和防止事故的蔓延。

⑪事故处理完毕后,运行人员应实事求是地把事故发生的时间、现象及采取的措施等做好记录,事后组织有关人员对事故进行分析、讨论,总结经验,从中吸取教训。

⑫运行人员交接班时发生事故而未完成交接班手续时,交班人员应继续处理事故,不得擅自离开工作岗位。必要时接班人员应配合协助处理,当事故处理告一段落或设备已恢复正常,方可进行交班。

⑬机组发生故障时,相关领导应到现场监督消除故障工作,并给予操作值班人员必要的指示,但指示不应和运行值长的命令相抵触。

⑭事故处理后,待故障原因已查明,方可再次启动机组。

9.2　机组大联锁

9.2.1　机组大联锁的概念

机组的大联锁是指介于燃机、汽轮机、锅炉、发电机等主机设备之间的跳闸联锁。在双轴双转子的系统中,由于汽轮机和燃机分轴布置,且各自驱动一个发电机,因而汽轮机故障跳闸可以不用联锁跳闸燃机发电机组,燃气轮机发电机组和蒸汽轮机发电机组有一定程度的独立性。S109FA 型机组采用了单轴布置,燃机汽轮机共同驱动一台发电机,且均采用刚性连接。大轴上任何主机设备出现严重故障,其余部分都应当同时停运,因而在燃机、汽轮机、发电机和余热锅炉之间必须架设一套跳闸联锁逻辑,即任何主机设备出现严重故障需要紧急停机时,联锁跳闸其余主机设备,整套发电流程停止运行。"燃机跳闸""汽轮机跳闸""发电机跳闸""余热锅炉跳闸"中的任何一个信号发出,都联锁跳闸整套联合循环。这就是 S109FA 型联合循环机组的大联锁。

另外,对于整套机组的保护,还有自动停机 SHUTDOWN、全速空载 FSNL、快速减负荷 RB。

所谓机组自动停机 SHUTDOWN,是指发生威胁机组安全运行的故障,但未达到立即遮断机组的程度,为减小事故对机组、对电网的影响,需要马上减负荷停机时,机组控制系统发出停机信号,机组开始减负荷停运。比如主机的润滑油温度≥140 ℉时、压力机的防喘放气阀#3、#4任一应关未关时、透平间温度过高时等,不会立刻对主设备造成损坏。为防止故障继续发展造成机组跳闸,机组控制系统发出停机信号开始停机。在停机过程中,如果找到引发故障的原因,并已排除故障,可以手动发"启动"命令,机组重新启动,中断停机。

全速空载 FSNL 一般发生在汽轮机、余热锅炉超温或发电机侧故障时。出于对汽轮机、余热锅炉受热面的保护,当余热锅炉的主、再热蒸汽温、汽机高压缸排汽温度高时,为防止对余热锅炉、汽轮机造成热冲击,机组立即甩负荷,发电机出口开关断开,控制系统将机组转速维持在3 000 rpm。此时,燃气轮机的排气温度控制在余热锅炉受热面和汽轮机叶片可承受的温度范围内,没有超温的危险。另外,如电网故障导致发电机出口开关断开,或发电机故障断开发电机出口开关时,全速空载 FSNL 保护动作维持机组转速在3 000 rpm。当故障消除后,机组可以迅速并网重新带负荷。

快速减负荷 RB(RUNBACK)是机组预设的一套故障响应机制。从语义上而言,RUN-BACK 大概与国内电力行业的"甩负荷"类似。当机组遇到严重设备故障,或关键参数偏离正常运行区间时,RUNBACK 机制即被触发,机组控制系统发出报警,自动进入负荷下降通道,屏蔽负荷主控,不能进行与加减负荷有关的操作。当负荷下降的过程中,触发 RB 的条件消失时,RB 信号复位,负荷主控重新开放。如果故障信号一直不消失,机组负荷会一直下降直到解列、停机。

9.2.2　整套机组跳闸后的处理

当机组的关键设备发生严重故障,威胁到机组的正常运行时,相关设备的保护系统会根据预设的保护设置发出跳闸指令,并触发机组大联锁,联跳整套联合循环。根据跳闸原因的不同,机组在跳闸后的处理也会有差异。所以本章不介绍辅助系统严重故障而导致的跳机,而集中介绍与主机相关的典型故障及其处理,并假设厂用配电系统均正常,不会对各辅助系统设备的调整和处理带来限制。由厂用配电系统失电而致的机组跳闸将在最后部分介绍。

机组跳闸报警发出后,燃机和汽机的动力源都应已被立即遮断,机组立即进入惰走阶段。机组在惰走阶段的所有例行性操作和检查,如顶轴油泵的联锁启动及现场检查、顶轴压力的现场确认、燃料系统的检查、盘车的自动投入、惰走时间的记录等,都应该照常执行。但是,相对于日常停机而言,值班员应该更多地关注主机设备的状况。故障跳闸情况下,蒸汽轮机缺少了滑压减负荷的过程,燃气轮机立即熄火,没有惰走过程中的 8 min 温度的缓慢下降。所以无论是燃气轮机还是蒸汽轮机,其透平内部的热变化幅度都大,热变化速率快,给透平带来更大的热应力和热振荡。盘面值班员和现场巡检员应紧密配合,做好如下项目的检查和处理:

①发电机跳闸信号发出,发电机出口开关分闸。检查该项的目的在于确认机组大联锁动作正常,发电机保护动作正常。依据"保人身,保电网,保设备"的事故处理原则,当设备故障并威胁到电网时,应优先确保电网安全,及时切除故障机组。如果大联锁出现异常或者发电机保护拒动,那么发电机将不能顺利解列,出现"倒拖"的现象,此时只能依靠主变保护将机组和主变一并切除,进而将故障扩大至主变,甚至送出系统。

②盘面值班员应根据跳闸原因判断,是否需要破坏真空停机。如果跳闸原因与轴承相关,

如轴向位移异常、轴承振动异常、润滑油压力低等,那么惰走过程中,轴承就会有磨损的风险。为防止次生设备损坏的发生,此时应迅速破坏机组真空,尽量缩短惰走时间,减小轴承在惰走过程中受损的可能性和损失程度。惰走过程中,各轴承的相关参数,如润滑油压力、温度、轴承振动以及轴承金属温度等,都应该作为重点监视。现场巡检员需要重点巡检轴承区域,并用听针对各个轴承听音,为事故分析和设备判断积累资料。此外,破坏真空后,凝汽器会进入大量不能凝结的空气。这会给低压缸通流部分叶片带来额外的阻力,减小惰走时间,但同时也会破坏低压缸的热场,不利于汽轮机低压缸的冷却,尾部金属导流板和末级叶片都有超温的可能。值班员应该确保低压缸尾缸喷水阀打开,水压正常,尽量降低低压缸尾部排气和金属温度。现场巡检员也应该重点关注低压缸内的异响,如有金属撞击等异响出现,则应汇报给相关决策部门,用于事故分析和检修方案拟定,判断是否需要开缸检查确认损伤程度。

③机组跳闸后,余热锅炉的产汽过程不能瞬时停止,各压力系统都有超压的可能。若超压,各安全阀会动作,压力的大幅涨跌会引起汽包水位的大幅变化。此时盘面值班员需要监视好高中低压汽包水位,积极干预,尽量不要出现汽包满水或者干锅的情况,减小汽包在剧烈变化的热力环境下受到的损伤。依据各电厂运行岗位的设置情况,如果机炉分岗操作,则值班员之间要做好沟通,各司其职,配合完成停机后的处理。如果电厂实行全能值班,则全能值班员需要兼顾各部分设备,确保重点设备不受损,并尽力维护好全系统的安全。

④因为跳闸前机组带有负荷,燃机的燃料流量要比空载时大,燃料突然切断会对燃料系统带来更大的压力变化。所以燃机跳闸后应全面检查机组及其上游的燃料系统。燃机的燃料系统阀门应该在跳闸后立即恢复到如下状态:主燃料和值班燃料的流量控制阀以及速比阀均关闭,燃料切断阀关闭,燃料放散阀联锁打开。更上游的燃料调节设备或系统,如天然气调压站等,需要全面检查,如有超压,应确保相关设备的安全阀、放散阀或泄压阀等超压保护设备动作正常;管阀系统内的天然气压力可控,且管阀的法兰连接处等无外漏天然气的情况发生。如有天然气外漏发生,则应立即按照电厂的相关应急预案启动处理程序。

9.3 典型故障及处理

9.3.1 机组超速

发电机组转子的转速平衡来自于发电机内部电磁力与原动机的机械驱动力的平衡。当机组跳闸时,如果燃气轮机的燃气系统或者蒸汽轮机的主汽阀不能及时关闭,则整个转子会失去转速平衡,会在残存的驱动力下继续升高转速。超速的可能原因包括转速调节功能故障,大联锁故障,速度传感器故障,燃气阀或主汽阀动作机构故障,或者电气设备故障等。过快的转速偏离了透平的安全运行区间,给转子叶片带来更大的离心力,使叶片内部的应力剧烈升高,破坏转子的受力平衡,严重时会发生叶片断裂,给转子带来难以挽回的损伤。

S109FA 装备了两套电子超速跳闸保护用于防止机组超速。当转速达到设定值时,相应的保护继电器动作均可紧急遮断整套机组。其动作值为:

①初级超速保护设定值为额定转速的 110%,即 3 300 rpm;

②紧急超速保护设定值为额定转速的 111.5%,即 3 345 rpm。

(1)初级电子超速保护系统

初级电子超速保护系统作为正常控制系统的一部分,包括检测透平转速的磁性传感器、转速检测软件和相关的逻辑回路。整定值由可调控制常数决定。

如图9.1所示,在<Q>控制模块中,由磁性测速传感器(77NH-1、2、3)产生的透平转速信号 TNH 与超速整定值 TNKH _OS(典型值110% n_0)进行比较。当 TNH 超过整定值时,则把超速遮断信号 L12H 送到主保护回路以使机组停机。在比较器后设置有寄存器,一旦机组转速信号超过给定值,此信息将寄存在寄存器内而闭锁,即使当机组转速信号(TNH)小于超速给定值时,寄存器仍保留在原超速的信息而不复位,以保持遮断状态确保机组的安全,直至通过主复位信号 L86MR1 予以复位。当试验紧急电子超速保护时,通过 L83HOST-CMD 命令,主电子超速给定点切换到试验给定点 TNKHOST(典型值为113.5% n_0),以便把电子超速遮断转速设定在略高于初级电子超速遮断转速。

(2)紧急电子超速保护系统

紧急超速保护系统功能由 MARK VI 控制盘内独立的<P>保护模块完成,如图9.2所示。这种功能直接用 ETR——紧急跳闸继电器工作。磁性测速传感器(77HT-1、2、3)和超速给定值跨接器(berg jumper)进行比较,转速整定值由硬件给定并通过控制系统软件检查。当透平转速超过跨接器给定值时,则 ETR 继电器遮断机组。

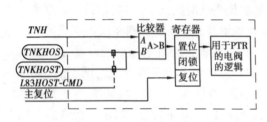

图9.1 主电子超速保护系统

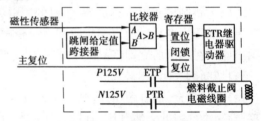

图9.2 紧急电子保护系统

为了维护设备的可靠性,避免保护失效的情况发生,电厂需要对超速跳闸保护设备制订定期维护方案,对机组的转速测点也应做定期的检查,定期进行超速跳闸试验,以便及早发现设备异常情况。

由于机组超速危害巨大,国家电力公司制定的《防止电力生产重大事故的二十五项重点要求》对防止超速作出了明确的要求:

①在额定蒸汽参数下,调节系统应能维持汽轮机在额定转速下稳定运行,甩负荷后能将机组转速控制在危急保安器动作转速以下。

②各种超速保护均应正常投入运行,超速保护不能可靠动作时,禁止机组启动和运行。

③机组重要运行监视表计,尤其是转速表显示不正确或失效时,严禁机组启动。运行中的机组在无任何有效监视手段的情况下,必须停止运行。

④透平油和抗燃油的油质应合格。在油质及清洁度不合格的情况下,严禁机组启动。

⑤机组大修后必须按规程要求进行汽轮机调节系统的静止试验或仿真试验,确认调节系统工作正常。在调节部件存在有卡涩、调节系统工作不正常的情况下严禁启动。汽轮机调速汽门关闭时间应该符合相关标准要求。

⑥正常停机时,在打闸后应先检查有功功率是否到零,千瓦时表停转或逆转以后,再将发电机与系统解列,或采用逆功率保护动作解列,严禁带负荷解列。

⑦在机组正常启动或停机的过程中,汽轮机旁路系统的投入应严格执行运行规程要求。

⑧在任何情况下绝不可强行挂闸。

⑨机械液压型调节系统的汽轮发电机组应有两套就地转速表,有各自独立的变送器(传感器),并分别装设在沿转子轴向不同的位置上。

⑩抽汽轮机组的可调整抽汽逆止门关闭应严密、联锁动作可靠,并必须设置有快速关闭的抽汽截止门,以防抽汽倒流引起超速。

⑪对新投产的机组或汽轮机调节系统重大改造后的机组必须进行甩负荷试验。对已投产尚未进行甩负荷试验的机组,应积极创造条件进行甩负荷试验。

⑫坚持按规程要求进行危急保安器试验、汽门严密性试验、门杆活动试验、汽门关闭时间测试、抽汽逆止门关闭时间测试。

⑬危急保安器动作转速一般为额定转速的110% ±1%。

⑭进行危急保安器试验时,在满足试验条件下,主蒸汽和再热蒸汽压力尽量取低值。

⑮数字式电液控制系统(DEH)应设有完善的机组启动逻辑和严格的限制启动条件;对机械液压调节系统的机组,也应有明确的限制条件。

⑯汽轮机专业人员,必须熟知 DEH 的控制逻辑、功能及运行操作,参与 DEH 系统改造方案的确定及功能设计,以确保系统实用、安全、可靠。

⑰电液伺服阀(包括各类型电液转换器)的性能必须符合要求,否则不得投入运行。运行中要严密监视其运行状态,不卡涩、不泄漏和系统稳定。大修中要进行清洗、检测等维护工作。发现问题及时处理或更换。备用伺服阀应按照制造厂的要求条件妥善保管。

⑱主油泵轴与汽轮机主轴间具有齿型连轴器或类似连轴器的机组,定期检查连轴器的润滑和磨损情况,其两轴中心标高、左右偏差,应严格按制造厂规定的要求安装。

⑲要慎重对待调节系统的重大改造,应在确保系统安全、可靠的前提下,进行全面的、充分的论证。

⑳严格执行运行、检修操作规程,严防电液伺服阀(包括各类型电液转换器)等部套卡涩、汽门漏汽和保护拒动。

(3)机组超速后的处理

机组出现超速时,运行值班员的第一要务是要确保机组能够尽快降低转速。为此,运行值班员要尽快完成如下事故处理操作:

①首先,值班员应确认机组超速保护已动作,机组已跳闸,立即检查燃气系统已切断,高、中、低压主汽阀组确已关闭。

②全开高、中、低压旁路及主、再热蒸汽管道对空排汽电磁阀,迅速泄压,降低高、中、低压主汽阀组前压力。对于蒸汽管道有电动隔离阀的,应立即关闭电动隔离阀。

③必要时可破坏凝器汽真空,但应考虑因真空低,高、中、低压蒸汽旁路关闭后主汽阀组前的压力会升高的因素。

④在机组的惰走过程中倾听机组声音,记录好转子惰走时间、盘车电流。发现异常作进一步检查。

对超速的原因分析尤为重要,分析原因,做针对性的检查、处理,消除隐患才能防止事故的再次发生。

9.3.2 振动超限

(1)振动保护

在高速转动设备中,转子振动是一个非常重要的监视项目。过高的振动会损伤轴承瓦片,严重的甚至会导致烧瓦。转子振动高的原因很多,包括:动静部分之间存在摩擦;大轴弯曲;汽缸膨胀不均,使汽轮机中心偏移;发电机转子风叶脱落、发电机静子电流不平衡、转子匝间短路或发电机转子通风系统堵塞引起局部过热;轴承故障;转子或者叶片损坏,使转子平衡破坏;润滑油压、油温变化;汽轮机进水等。此外,当转子转速位于临界转速附近时,一个正常的转子也会由于共振的原因出现振动升高,但最大振幅应该在报警值以内。

在 S109FA 机组上配置有速度型振动传感器和非接触式振动传感器。

速度型振动传感器安装在燃气轮机进气端轴承外壳(#1 轴承)和燃气轮机排气端轴承外壳(#2 轴承),用来监测燃气轮机的轴承振动;发电机轴承外壳(#7、#8 轴承)也安装有速度型传感器,用来监测发电机的轴承振动。速度型传感器的测量单位为 in/s 或 mm/s,报警设定值为 0.5 in/s,自动停机值 0.8 in/s,跳机值为 1 in/s。

所有轴承上均安装有两个非接触式振动传感器,两个传感器一般位于垂直中心线的左右 45°,用来监测转子在各轴承处的在 X、Y 方向轴振情况。非接触式振动传感器的测量单位为 mils 或 mm,报警设定值为 6.0 mils,自动停机值为 8.5 mils,跳机值为 9 mils。

S109FA 机组另配有一套轴系振动管理系统用于测量轴系的振动参数,具有连续在线数据采集、归档和显示功能,并提供数据的分析软件,便于监测和跟踪出现的问题。

(2)振动超限的处理

机组在振动值报警情况下运行,是存在潜在安全隐患的,振动幅值的突升或振动相位的变化更应引起高度的重视。当出现振动超限报警时,值班员立即检查机组状况并汇报给相关决策部门及技术部门。值班员需要对照上述的各种可能的原因逐一排查,寻找最可能的原因,并尽快形成事故判断,决定是否需要立即停机以避免更大的伤害。

首先,操纵员需要迅速判断振动大是否真实。一般而言,孤立的一个振动读数突然升高,应立即排除测点故障的可能。真实的振动增大应该得到其他故障表征的印证,比如同轴承另一方向的振动,轴承金属温度,回油温度,相邻轴承的振动读数等。同时应通知热工人员检查振动探头及接线情况以排除测点故障的可能。

其次,如果判断振动不真实,为防止保护误动,应立即通知相关人员采取临时措施,如退出故障测点的保护等,防止保护误动作;然后进行故障测点的处理,如能在线处理时应尽快在线处理,如不能在线处理应尽快列入检修计划,并拟定检修方案;如判断振动为真,则应尽快判定故障程度,以决定下一步处理。

在振动值未到达跳闸值之前,应当做好现场的巡检和对振动状态的监控。如果振动值稳定且未有其他严重现象发生(如金属性撞击声,轴承温度升高等),则可保持机组运行;如振动值持续上升,应降低机组负荷,同时查找原因,振动到达跳闸值,由保护动作来跳闸整套机组;如果伴随有金属性摩擦异音、凝汽器泄漏等现象,则应立即停机。

对各个轴承的听音检查及相关数据(如轴承温度、盘车电流等)的记录在停机惰走过程中以及投入连续盘车后持续进行,为事故分析提供数据。

整体而言,对转子振动高的处理要综合权衡故障严重程度,可能的风险以及机组经济性来进行决策。此类决策往往不能由值班员当场作出,需要相关决策部门来分析、判断。值班员也需要对轴系的机械结构,历史故障情况,各相关参数在不同工况下的形态要有所了解。只有在这个基础上,值班员才能作出正确的故障判断。

9.3.3   燃气轮机排气温度超限

(1)超温保护

燃机轮机透平进口初温(T_3^*)过高,会使透平寿命下降,严重时会造成透平叶片的烧毁。超温保护系统保护燃气轮机透平不因过热而发生损害。这是一个后备系统,仅在燃气轮机温控回路故障时起作用。在正常情况下,燃气轮机在温控回路的控制下能够在等 T_3^* 的状态下运行,为防止因 T_3^* 过高而损害透平叶片,燃气轮机一般都设置有温控器。由于 T_3^* 温度太高难以直接测量,一般借测量燃气轮机透平的排气温度(T_4^*)来间接反映 T_3^* 的变化。只要控制 T_4^* 不超限,就保证 T_3^* 在允许的范围。为使 T_3^* 恒定不至于超过限制值,T_4^* 和压气机的出口压力(CPD)之间存在一条关系曲线,这就是所谓的温控基准线(TTRX),如图 9.3 所示。温控器限制 T_4^* 在温控基准线 TTRX 运行,TTKOT3 报警线是在温控基准线 TTRX 的基础上向上平移一个由 TTKOT3 常数(一般为 25F)所确定的温度差值。当温控器出故障时,T_4^* 达到 TT-KOT3 报警线,系统发出超温报警。另设有两条跳闸温控线 TTKOT2 和 TTOKT1 分别作用于机组跳闸。燃气轮机透平超温的原因有:燃气华白指数变化大,燃烧调整不及时;测点故障;排气温度控制系统故障等。

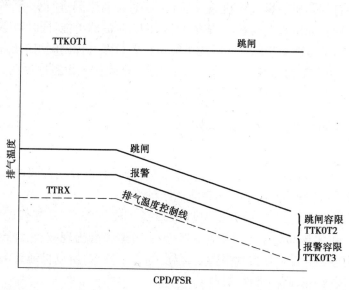

图 9.3   超温保护温控线

(2)超温的处理

S109FA 在设计上没有提供任何人为干预方式给值班员用于优化燃机的燃烧。所以对值班员而言,更关键的是确认保护能够正常动作,防止保护拒动。当出现超温报警时,减负荷来减小燃烧强度是通常的选择,同时检修维护人员应检查燃气轮机排气温度测点及燃烧控制回路,排除相关的可能,查找故障原因。

因燃气轮机排气温度异常而跳闸后的机组,一般应通过重新进行燃烧调整而纠正故障。

9.3.4 燃烧器熄火

(1)熄火保护

燃气轮机运行中,特别是在启动过程点火期间,监视燃烧室是否点燃是非常重要的。如果燃烧室内已喷入燃气而又没有及时点燃,应及时报警和遮断停机,以免燃气积聚在燃烧室或透平内发生爆燃。燃气轮机的熄火保护正是为了防止此类事故的发生。

S109FA 熄火保护是基于火焰检测器来实现的。火焰探测系统中使用 4 个火焰检测器,信号送到燃气轮机控制系统,用来监视启动过程中点火是否成功和在机组运行时提供燃烧室熄火的报警或遮断保护。

在机组的启动过程中,程序设计为在点火指令发出 30 s 内在 4 个火焰探测器中如果 2 个及以上检测到火焰的存在并持续 2 s 以上,就认为点火成功,启动程序就继续进行下一步,进入燃气轮机的暖机过程,否则认为点火失败。机组正常运行时,如果 2 个以上火焰探测器检测不到火焰,则判断为熄火,机组跳闸。

燃气轮机熄火的主要原因有:火焰探测器故障;火焰探测控制系统故障;启动过程中点火器故障;燃烧切换过程中,燃烧不稳定造成熄火;燃气中断;燃气华白指数变化大,燃烧不稳;燃烧室部件损坏等。

(2)熄火后的处理

燃气轮机的燃烧控制由控制系统自动完成,不可人为干预。操作人员要保证保护的正确动作,否则应手动打闸停机。燃气轮机熄火后,应对熄火的原因进行分析,作针对性的检查。如启动点火失败,应首先检查点火器、火焰探测器,排除其故障可能,同时对燃气的组分进行分析,看看是否在正常的范围。排除相关故障可能后再进行燃气控制阀组的检查,直至找到故障原因并处理后方可再次启动;如机组正常运行中熄火,排除相关设备原因后,应分析有无季节或燃气组分的原因,必要时应重新进行燃烧调整。

9.3.5 燃气轮机排气温度分散度超限

(1)燃烧监测保护

燃烧监测保护是通过测量透平的排气温度场是否均匀,以间接监测燃气轮机的高温部件是否工作异常,出现异常时,及时发出报警或遮断机组。

为了提高效率,燃气透平的进口初温越来越高,GE PG9351FA 燃气轮机的初温已达到1 327 ℃。燃气轮机的热部件在如此高温下运行,不可避免会出现破裂、烧毁等。这些高温部件不能直接监测,但当高温部件出现损毁时,温度场会不均匀,所以可通过测量燃气轮机的排气温度的分布间接地反映高温部件的损坏。

为精确反映燃气轮机热部件温度场的情况,GE PG9351FA 燃气轮机在透平的排气设备区设置有 31 个排气热电偶,通过排气热电偶之间的温度差值来反映温度场的均匀程度。当最大温度差值达到一个定值时,被认为热部件出现故障,需要保护动作遮断机组。为防止热电偶故障、保护系统故障等原因造成保护误动,对燃气轮机排气温度充分散度超限保护,GE PG9351FA 机组作了如下设置:

S_{allow}:排气温度的允许分散度。

S_1:第一分散度,为排气热电偶的最高值与最低值之差。

S_2:第二分散度,为排气热电偶的最高值与次低值之差。

S_3:第三分散度,为排气热电偶的最高值与第三低值之差。

①当 $S_1 > 5\ S_{allow}$,排气热电偶故障报警。

②当 $S_1 > S_{allow}$,燃烧故障报警。

③排气分散度大遮断条件:

a. 当 $5S_{allow} > S_1 > S_{allow}$, $S_2 > 0.8S_{allow}$ 且最低排气热电偶和次低排气热电偶在安装位置相邻。

b. 当 $S_1 > 5S_{allow}$, $S_2 > 0.8S_{allow}$ 且次低排气热电偶和第三低排气热电偶在安装位置相邻。

c. 当 $S_3 > 0.75S_{allow}$。

d. 当 $S_1 > S_{allow}$,而且 MARK VI 数据通信故障 L3COMM_IO = 1 时。

燃气轮机排气分散度大的主要原因有:燃烧器喷嘴磨损、堵塞引起燃气分布不均匀;部分燃烧室熄火,燃烧室或过渡段破裂造成燃气轮机透平进、排气温度场不均匀。

(2)排气分散度大的处理

当 $S_1 > 5S_{allow}$ 可以判断为排气热电偶故障报警,但有时热电偶的故障也可能是由于线性变坏不触发排气热电偶故障报警,而触发燃烧故障报警。这时应根据历史趋势图及相邻热电偶的情况确定是否为热电偶故障。如果明确了为热电偶故障,应立即找机会进行更换,如长时间不具备更换的条件,为防止因其相邻的热电偶故障引发机组的跳闸,可采取一些临时的措施,比如将故障热电偶的接线与其不相邻的热电偶进行并接。

当排气分散度大引发燃烧故障报警时,如排除了排气热电偶故障的可能,则应立即停机进行检查。燃气轮机的排气温度场的分布与各燃烧室的情况有着密切的关系,每一个燃烧室的故障都会与几个固定的排气温度测点对应。当机组负荷变化时,对应排气温度测点的分布会发生扭转,GE 公司的燃烧故障诊断软件可以判断哪个燃烧器区域故障,对故障燃烧器、过渡段作出有针对性的检查,必要时更换。

当排气分散度大机组跳闸时,应对相关温度测点的数据进行分析,找出故障点进行处理。

9.3.6　压气机进口可调导叶(IGV)异常

(1)IGV 的保护

GE PG9351FA 压气机进口可调导叶(IGV)的作用是在启动和停机过程中与防喘放气阀配合防止压气机喘振。在正常运行时一是为干式低碳(DLN)燃烧器提供合适的配风,维持燃烧稳定;二是控制好燃气轮机的排气温度,使联合循环的效率更高同时控制燃气轮机的进气温度在安全范围。在机组甩负荷时防止超速。当 IGV 位置异常时,会造成压气机喘振、燃烧不稳定、燃气轮机排气温度超温等严重后果。对 IGV 故障作了如下的保护设置:

1)IGV 故障检测

当 IGV 开度反馈值小于26.5°或命令为全关而开度大于29.5°并延时 5 s 后,发出 IGV 位置故障报警并自保持。此报警状况消失时,报警不会自动复归,须执行主复位来复归。

当 IGV 伺服电流小于30% 额定伺服电流并延时 5 s 后,发出 IGV 伺服电流报警并自保持。此报警状况消失时,报警不会自动复归,须执行主复位来复归。

2)IGV 未跟踪命令值

当 IGV 开度反馈值与命令值 CSRGV 相差 ±7.5°并延时 5 s 后,发出 IGV 控制故障报警。

当 IGV 开度反馈值与命令值 CSRGV 相差 ±7.5° 并延时 5 s,且机组转速小于 95% 额定转速时发出 IGV 控制故障跳闸信号使机组跳闸。此报警状况消失时,报警不会自动复归,须执行主复位来复归。

当机组转速大于 95% 额定转速时,IGV 开度小于 39.5°,发出 IGV 控制故障跳闸信号使机组跳闸。此报警状况消失时,报警不会自动复归,须执行主复位来复归。

造成 IGV 异常的主要原因有:IGV 位置信号故障;IGV 机械卡涩;IGV 控制回路故障;IGV 控制液压油回路故障等。

(2)IGV 异常的处理

IGV 控制由控制系统自动完成,不可人为干预。当 IGV 故障检测报警时,应检查清楚原因,并采取相应的措施后方可启动机组。当 IGV 未跟踪命令值机组跳闸时,在机组惰走过程中应密切注意 IGV 的动作及机组的振动情况,必要时可采用停运液压油压泵或破坏凝汽器真空等措施来关闭 IGV 或减少惰走时间;如 IGV 未跟踪命令值报警,机组且跳闸,应稳定机组负荷,检查 IGV 的位置信号、控制回路、液压油回路等,消除报警。

9.3.7 燃气模块、燃机间火灾

(1)危险气体检测及火灾保护

在燃气模块、燃机间如果发生天然气泄漏,很有可能导致火灾,因此在燃机间不但设有危险气体检测系统,还设有 CO_2 火灾保护系统预防和扑灭火灾。

在燃机间的通风口装设有 4 个危险气体探头(45HT-5A、5B、5C、5D)用于探测天然气的泄漏情况,其正常运行时的设定值为 7% LEL 报警,17% LEL 机组跳闸(两个探头同时达到);在燃气模块装设有 3 个危险气体探头(45HT-9A、9B、9C),正常运行时设定值为 10% LEL 报警,25% LEL 机组跳闸(两个探头同时达到)。

CO_2 火灾保护系统分两区域安装,燃气模块和燃机间为一区,燃气轮机#2 轴承区域为二区。每个区域均有初放和续放两种 CO_2 喷嘴。当这两个区域探测到火灾时,CO_2 初放喷嘴立续放即动作,持续时间为 1 min,迅速将区域内的氧气浓度降至 15% 以下,达到立即灭火的目的;续放喷嘴的喷射速度较慢,持续时间为 30 min, 防止复燃。在燃气模块温度达 218.3 ℃、燃机间温度达 315.6 ℃、#2 轴承区域达 385.0 ℃ 时相应区域 CO_2 火灾保护动作,机组跳闸,相应区域冷却风机自动停止运行,风门自动关闭。

(2)火灾后的处理

火灾发生后,要迅速确认火灾保护系统正确动作。集控人员确认机组跳闸,确认燃气阀组关闭。如果保护拒动,要立即手动打闸机组,并停止全部冷却风机。现场巡检员要检查灭火装置正常动作,二氧化碳喷放管网自动动作。如果 CO_2 火灾保护系统拒动,要立即手动启动灭火系统;确认燃机间门关闭,无关人员立即远离火灾现场。

火灾期间以及火情得到控制之后,值班员要着重监视如下关键点:火灾区域的温度下降情况,燃机两侧轴承(#1 和#2)的参数变化,润滑油的供油和回油温度变化,燃气系统阀组液压油的油温情况等。

灭火后,应该保持罩壳密封一段时间,防止新空气进入高温燃机罩壳内重新引燃火焰。在进入燃机间检查设备状况之前,应当确认设备间温度合适,将 CO_2 火灾保护系统退出。进入燃机罩壳的工作人员应当根据实际情况采取必要且适当的保护措施后才能进入燃机罩壳,比

如身穿隔热服,戴正压呼吸器,全开罩壳风机通风至氧量正常,在罩壳间门口或其他便利位置准备好灭火器等。具体采用何种防护措施,应当依据火灾的实际严重情况并考虑系统设备的实际状态来决定,通过厂级安全部门核准后方可实施。

一般而言,燃机罩壳内火灾多由可燃物质引燃。火灾后要尽快寻找到源头,对各易燃物质要尽快隔离。除了液压油和燃气系统可以尽快隔离之外,值班员要对润滑油系统进行深入检查,尽快确定润滑油系统是否存在隐患。对润滑油系统的处理要综合权衡利弊,既不能贸然停运而导致轴系失去润滑和冷却损伤转子,也不能过度坚持运行而扩大火情。

电厂要针对燃机罩壳的灭火系统制订定期的维护计划,对各信号定期进行检查维护,联锁逻辑的静态和动态试验也要定期进行并做好记录。

9.3.8　汽轮机低压缸排汽温度高

(1)保护设置

汽轮机低压缸排汽温度高的危害:低压缸末级叶片过热,强度下降,动静间隙减小;低压缸膨胀变形,影响转子中心,造成振动大;凝汽器冷却水管接头松动,造成冷却水泄漏影响水质等。因此,一般汽轮机都设有低压缸排汽温度高保护。

低压缸排汽温度高的主要原因是:机组在启动或停机过程中,在高转速低蒸汽流量时,因低压缸末级叶片长,其鼓风摩擦产生很大热量而没有低温蒸汽将流量带走,造成低压缸排汽区域的温度持续升高。因此机组在启动和停机过程中低压缸都需要通入冷却蒸汽。此外,凝汽器真空下降也会造成低压缸排汽温度上升。

GE S109FA 型联合循环机组不仅设置低压缸排汽温度高的保护,而且还设置了低压缸倒数第二级(L-1)汽温高的保护,因为机组设置有低压缸喷水减温装置,在低压缸排汽温度升高时投入,可以降低低压缸的排汽温度,但 L-1 级过热的情况仍有可能发生。其保护设置如下:L-1 级蒸汽温度达232.2 ℃报警,达260 ℃机组跳闸;低压缸排汽温度达57 ℃时,低压缸喷水减温装置投入,当低压缸排汽温度达93.3 ℃报警,达107.2 ℃机组跳闸。

(2)低压缸排汽温度高的处理

低压缸排汽温度高运行风险主要集中在启动和停机过程中。如果启动或停机过程中低压缸排汽温度达57℃,应检查低压缸喷水自动投入。同时应分析低压缸排汽温度高的原因,检查冷却蒸汽是否已投入,冷却蒸汽流量是否足够;检查凝汽器真空是否正常。同时应结合 L-1 蒸汽温度的情况加以分析判断。如冷却蒸汽无法保证持续且稳定的供应或凝汽器真空不能达到正常水平,L-1 级及低压缸排汽温度持续升高,则机组应该迅速停下来,待冷却汽源的故障解决或凝汽器真空恢复到正常之后才能再次启动。

9.3.9　汽轮机水冲击

汽轮机水冲击,即水或冷蒸汽(低温饱和蒸汽)进入汽轮机而引起的事故,是汽轮机运行中最危险的事故之一。

(1)水冲击的危害

①动静部分碰磨:汽轮机进水或冷蒸汽,使处于高温下的金属部件突然冷却而急剧收缩,产生很大的热应力和热变形,使相对膨胀急剧变化,机组强烈振动,动静部分轴向和径向碰磨。径向碰磨严重时会产生大轴弯曲事故。

②叶片的损伤及断裂:当进入汽轮机通流部分的水量较大时,会使叶片损伤和断裂,特别是对较长的叶片。

③推力瓦烧毁:进入汽轮机的水或冷蒸汽的密度比蒸汽的密度大得多,因而在喷嘴内不能获得与蒸汽同样的加速度,出喷嘴时的绝对速度比蒸汽小得多,使其相对速度的进汽角远大于蒸汽相对速度进汽角,气流不能按正确方向进入动叶通道,而对动叶进口边的背弧进行冲击。这除了对动叶产生制动力外,还产生一个轴向力,使汽轮机轴向推力增大。实际运行中,轴向推力甚至可增大到正常情况时的10倍,使推力轴承超载而导致乌金烧毁。

④阀门或汽缸接合面漏气:若阀门和汽缸受到急剧冷却,会使金属产生永久变形,导致阀门或汽缸接合面漏汽。

⑤引起金属裂纹:机组启停时,如经常出现进水或冷蒸汽,金属在频繁交变的热应力作用下会出现裂纹。如汽封处的转子表面受到汽封供汽系统来的水或冷蒸汽的反复急剧冷却,就会出现裂纹并不断扩大。

(2)水冲击的现象

①主、再热汽温10 min内下降50 ℃或50 ℃以上;

②主汽门法兰处汽缸结合面,调节汽门门杆,轴封处冒白汽或溅出水珠;

③蒸汽管道有水击声和强烈振动;

④负荷下降,汽轮机声音变沉,机组振动增大;

⑤轴向位移增大,推力瓦温度升高,胀差减小或出现负胀差。

(3)水冲击的原因

①锅炉蒸发量过大或汽包汽水分离不好造成蒸汽带水;

②锅炉减温减压阀泄漏或调整不当造成蒸汽带水;

③启动过程中升压过快,或滑参数停机过程中降压降温速度过快,使蒸汽过热度降低,甚至接近或达到饱和温度,导致管道内集结凝结水;

④运行人员误操作以及给水自动调节器的原因造成锅炉满水;

⑤汽轮机启动过程中,汽水系统暖管时间不够,疏水不净,运行人员操作不当或疏忽,使冷水汽进入汽轮机内;

⑥启动时,轴封管道未能充分暖管和疏水,将积水带到轴封内,轴封加热器满水。

(4)水冲击的处理措施

①立即打闸停机,破坏真空。

②倾听机内声音,测量振动,记录惰走时间,盘车后测量转子弯曲数值,监视盘车电机电流。

③分析可能的原因,进行相应的处理。加强锅炉、汽轮机蒸汽管道的疏水。

④惰走时间明显缩短或机内有异常声音,推力瓦温度升高,轴向位移,胀差超限时,不经检查不允许机组重新启动。

9.3.10 厂用电失电

当厂用电失电时,若不及时进行正确操作,势必会造成发电机组设备损坏,严重时可引起机组轴承烧损、大轴弯曲、压力容器爆炸、发电机内氢气大量泄漏引发爆炸等恶性事故发生。

（1）厂用电失电后的处理原则

①应首先保证主要设备的安全：立即恢复保安电源，保证运行机组的安全停运，防止超速、断油烧瓦、氢气泄漏、压力容器爆炸、大轴弯曲等恶性事故的发生。

②应保证220 V、110 V直流系统、UPS系统、热控电源系统运行正常，保证各保护和自动装置的正确动作。

③保障人员的安全，防止人员出现摔伤、烫伤、触电等事故。

④尽快恢复厂用电系统，保证有关辅助设备不会因长时间停电而造成损害。

⑤对高温高压设备出现泄漏时应尽快疏散人员，进行隔离。

⑥电气设备的电源恢复工作要执行操作票制度，防止出现误操作。

（2）厂用电全停的预防

由于厂用电全停后果严重，国家电力公司制定的《防止电力生产重大事故的二十五项重点要求》对防止厂用电全停作出了明确的要求：

①要加强蓄电池和直流系统（含逆变电源）及柴油发电机组的维修，确保主机交直流润滑油泵和主要辅机小油泵供电可靠。

②带直配线负荷的电厂应设置低频率、低电压解列的装置，确保在系统事故时，解列1台或部分机组能单独带厂用电和直配线负荷运行。

③加强继电保护工作，主保护装置应完好并正常投运，后备保护可靠并有选择性地动作，投入开关失灵保护，严防开关拒动、误动扩大事故。

④在满足接线方式和短路容量的前提下，应尽量采用简单的母差保护。对有稳定问题要求的大型发电厂和重要变电所可配置两套母差保护，对某些有稳定问题的大型发电厂要缩短母差保护定检时间，母差保护停用时尽量减少母线倒闸操作。

⑤开关设备的失灵保护均必须投入运行，并要做好相关工作，确保保护正确地动作。

⑥根据《继电保护和安全自动装置技术规程》（GBl 4285—93）的规定，完善主变压器零序电流电压保护，以用于跳开各侧断路器，在事故时能保证部分机组运行。

⑦应优先采用正常的母线、厂用系统、热力公用系统的运行方式，因故改为非正常运行方式时，应事先制定安全措施，并在工作结束后尽快恢复正常运行方式。应明确负责管理厂用电运行方式的部门。

⑧厂房内重要辅机（如送风机、引风机、给水泵、循环水泵等）电动机事故按钮要加装保护罩，以防误碰造成停机事故。

⑨对400 V重要动力电缆应选用阻燃型电缆，已采用非阻燃型塑料电缆的电厂，应复查电缆在敷设中是否已采用分层阻燃措施，否则应尽快采取补救措施或及时更换电缆，以防电缆过热着火时引发全厂停电事故。

⑩母线侧隔离开关和硬母线支柱绝缘子，应选用高强度支柱绝缘子，以防运行或操作时断裂，造成母线接地或短路。

（3）应急处理

①确认机组解列跳闸，否则手动打闸停机。

②确认失电机组直流系统正常启动，直流润滑油泵和直流密封油泵投入正常，机组正常惰走。直流系统没有正常投入时，应当立即手动启动直流润滑油泵和直流密封油泵，并确保正常运行。

③机组跳闸、厂用电失去后，立即确认柴油机自启动保安段供电正常。否则立即手动启动柴油机带保安段电源，最短时间内恢复保安段电源。

④确认高、中、低压汽包及过热、再热器安全阀、电磁释放阀动作打开，汽包压力下降。否则手动打开电磁释放阀泄压。

⑤隔绝所有进入凝汽器的疏水，防止凝汽器超温、超压。

⑥确认顶轴油泵、盘车电机电源正常，顶轴油泵投入正常，机组转速到 0 后盘车投入正常。

⑦当厂用电系统具备复电条件后，尽快恢复厂用电。

⑧厂用电系统恢复后冷却水系统、压缩空气系统。保证润滑油系统温度正常，保证各气动阀的动作气源，保证凝汽器的安全。

⑨对现场进行巡查，保证应急照明的正常，检查电梯，防止人员被困。

厂用电失电重在预防，做好平常的预防维持措施，防止全厂失电事故的发生。要将厂用电失电事故的损失降到最低，最主要的是做好应急演练，根据现场实际情况，明确各相关岗位职责，以利于在事故处理过程中有序进行，应成立事故应急小组，小组成员在出现事故时各司其职，以保证主设备的安全和在最短的时间内恢复系统的正常运行。

思考题

1. 机组出现事故后的处理原则是什么？

2. 简述机组电子超速保护，说明超速跳闸后的处理。

3. 简述机组轴承振动高保护，说明振动高跳闸后的处理。

4. 机组热通道温度异常后如何处理？

5. 简述机组火焰监测保护。

6. 简述蒸汽轮机低压缸末级叶片温度高、凝汽器真空低以及热力系统水击故障的处理措施。

7. 简述厂用电丢失后处理原则。

附录
GE 设备代码字母及数字说明

附录 1　基本控制设备数字代码说明(ANSI)

代　码	英文描述	中文含义
1	MASTER ELEMENT	主控元件
2	SEQUENCE TIMER	序列计时器
3	CHECKING RELAY	检验继电器
4	MASTER RELAY	主控继电器
5	STOPPING DEVICE	制动装置
6	STARTING CIRCUIT BREAKER	启动断路器
8	CONTROL POWER DISCONNECTING DEVICE	控制电源隔离设备
10	UNIT SEQUENCE SWITCH	机组序列开关
12	OVERSPEED DEVICE	超速机构
13	SYNCHRONOUS SPEED DEVICE	转速同步设备
14	SPEED RELAY	转速继电器
15	SPEED or FREQUENCY MATCHING　DEVICE	转速或频率匹配设备
18	ACCELLERATING or DECELERATING DEVICE	加速或减速设备
20	SOLENOID VALVE	电磁阀
21	DISTANCE RELAY	距离继电器
23	TEMPERATURE CONTROL DEVICE	温度控制设备
25	SYNCHRONISM CHECK DEVICE	同步校验继电器
26	TEMPERATURE SENSING DEVICE	温度传感器

续表

代　码	英文描述	中文含义
27	UNDER VOLTAGE	欠压
28	FLAME DETECTOR	火焰检测器
30	ANNUNCIATOR RELAY	信号继电器
32	DIRECTIONAL POWER RELAY	定向功率继电器
33	POSITION SWITCH	限位开关
34	MASTER SEQUENCE DEVICE	主控序列设备
37	UNDER CURRENT or UNDER POWER RELAY	欠电流或功率不足继电器
38	BEARING PROTECTIVE DEVICE	轴承保护装置
39	MECHANICAL CONDITION MONITOR	机械状态监视器
40	FIELD RELAY	场继电器
41	FIELD CIRCUIT BREAKER	场断路器
43	MANUAL TRANSFER or SELECTOR　DEVICE	手动切换或选择设备
45	ATMOSPHERIC CONDITION MONITOR	气体探测器
46	REVERSE-PHASE or PHASE-BALANCE CURRENT RELAY	反相或相平衡电流继电器
47	PHASE-SEQUENCE VOLTAGE RELAY	对称分量电压继电器
48	INCOMPLETE SEQUENCE RELAY	不完全序列继电器
49	MACHINE or TRANSFORMER　THERMAL RELAY	机器或变压器热敏继电器
50	INSTANTANEOUS OVER CURRENT or RATE-of-RISE RELAY	瞬时过流或反时限继电器
51	AC TIME OVERCURRENT RELAY	交流延时过流继电器
52	AC CIRCUIT BREAKER or CONTACTOR	交流断路器或接触器
55	POWER FACTOR RELAY	功率因数继电器
57	SHORT　CIRCUITING or GROUNDINGDEVICE	短路或接地设备
59	OVERVOLTAGE　RELAY	过压继电器
60	VOLTAGE or CURRENT BALANCE　RELAY	电压或电流平衡继电器
62	STOPPING or OPENING TIMER RELAY	制动或启动定时继电器
63	LIQUID or GAS PRESSURE or VACUUM	液体或气体的压力或真空
64	GROUND PROTECTIVE RELAY	接地保护继电器
65	GOVERNOR	调节器
66	NOTCHING or JOGGING DEVICE	分级或微动设备
67	AC DIRECTIONAL OVERCURRENT　RELAY	交流定向过流继电器
68	BLOCKING RELAY	闭锁继电器

代　码	英文描述	中文含义
69	PERMISSIVE CONTROL DEVICE	许可控制设备
70	ELECTRICALLY OPERATED RHEOSTAT	电动变阻器
71	LIQUID OR GAS LEVEL RELAY	液体或气体位置继电器
72	DC CIRCUIT BREAKER or CONTACTOR	直流断路器或接触器
75	POSOTION CHANGING MECHANISM	变位机构
77	PULSE TRANSMITTER	脉冲传感器
80	LIQUID OR GAS FLOW RELAY	液体或气体流量继电器
81	FREQUENCY RELAY	频率继电器
82	DC RECLOSING RELAY	直流重合继电器
83	AUTOMATIC SELECTIVE CONTROL OR TRANSFER RELAY	自动选择控制或切换继电器
84	OPERATING MECHANISM	操作机构
85	CARRIER OR PILOT-WIRE RECEIVER RELAY	载波或导线接收继电器
86	LOCK-OUT RELAY	联锁继电器
87	DIFFERENTIAL PROTECTIVE RELAY	差动保护继电器
88	AUXILIARY MOTOR OR MOTOR GENERATOR	辅助电机或电动发电机
89	LINE SWITCH	预选开关
90	REGULATING DEVICE	调节设备
91	VOLTAGE DIRECTIONAL RELAY	电压定向继电器
93	FIELD-CHANGING CONTACTOR	场转换接触器
94	TRIPPING OR TRIP-FREE RELAY	脱扣或自动脱扣继电器
96	TRANSDUCER	变送器

附录2　GE 设备功能字母中英文对照表

1. 第一个字母，一般用来表示设备或元件所在地点。

A	空　气	H	液压油或加热器
C	离合器或压气机或CO_2	P	清吹
D	柴油机或分配器	S	截止或转速或启动
F	燃料或流量	T	遮断或透平
G	气体	W	水或暖机

2. 第二个字母,一般用来表示设备或元件的功能或使用状况。

A	报警或附件或空气或雾化	M	中等或介质或最小
B	增压机或放气	N	正常
C	冷却或控制	P	压力或泵
D	分配器或之差	Q	润滑油
E	紧急	R	松开或比值或棘轮
F	燃料	S	启动
G	气体	T	透平或遮断或箱(罐)
H	加热器或高	V	阀或叶片
L	液体或低		

举例:

63TK——压力开关,用于透平框架冷却风机出口的压力低报警;

63QT——压力开关,用于润滑油系统的压力低跳闸;

20VG——电磁阀,用于气体燃料系统的通风;

88TK——电动机,透平框架冷却风机;

71WL——液位检测器,水系统低位检测。

附录3 GE 设备英文缩写对照表

控制说明(Control Specifications)和原理说明(Elementary)中的信号缩写如下表所示:

字母	与燃机硬件相关	与物理类型相关	常数或控制基准
A		Current 电流	
B	Bearing 轴承	Vibration 振动	
C	Compressor 压气机	Clearance 间隙	
D	Driven Load 驱动负荷	Differential Pressure 差压	
E	Electrical 电气		
F	Fuel 燃料	Frequency 频率	
G	Governor/Control 调节器/控制	Stress 应力	
H	Frequency 频率	Hertz 赫兹	
I	Intercooler 中间冷却器	IMPactPressure 冲击压力	
J			
K	Combustion 燃烧		Constant 常数
L	Lube 润滑	Force 强度	

续表

字母	与燃机硬件相关	与物理类型相关	常数或控制基准
M	Extraction 抽气	Miscellaneous 混杂	
N	Inlet Air Nozzle 进气喷嘴	Speed 速度	
O			
P	Starting Device/Turning Gear 启动装置/盘车	Static Pressure 静压	
Q	(Buffers)(缓冲)	Volume or Wt. Flow 体积或重量流量	
R	Regenerator 再生装置(换热器)		Constant or Variable Control(Set Point) 常数或可变控制基准 (设置点)
S	Station 电站	Stroke(Position) 行程(位置)	
T	Turbine 透平	Temperature 温度	
U			
V		Volts 伏特	
W	Water 水	Watts 瓦特	
X	Exhaust 排气	Ratio 比率	
Y			
Z	(Local Signals) (本地信号)		

下面的例子描述了这些信号缩写产生信号名称的用法:

● FSR-Fuel Stroke Reference 燃料行程基准。

● TNR-Turbine Speed Reference 透平速度基准。

为了使信号名称更加灵活和定义明确,使用了如下的附加字符:

● FSKSUWU-Fuel Stroke Constant,Start-up,Warm-up 燃料行程常数,启动,暖机。

● TNKR7-Turbine Speed Constant Reference7,透平速度常数基准 7,这是影响 TNR 的许多因素之一。

参考文献

[1] 中国社会经济调查研究中心. 中国燃气轮机行业竞争分析与市场发展前景预测报告. 2010.

[2] 黄庆宏. 汽轮机和燃气轮机原理级应用[M]. 南京:东南大学出版社,2005.

[3] 焦树建. 燃气-蒸汽联合循环[M]. 北京:机械工业出版社,2006.

[4] 姚秀平. 燃气轮机与联合循环[M]. 北京:中国电力出版社,2010.

[5] 叶东平. 联合循环中的汽轮机[J]. 上海汽轮机,2001.

[6] 蒋洪德. 重型燃气轮机发展历程和我国发展战略探讨[J]. 先进燃气轮机理论与实验技术讲座,2010.

[7] 邓小文,等. 燃气-汽机联合循环发电机组轴系统配置的思考[J]. 广东电力,2005.

[8] 赵国. 汽轮机[M]. 北京:中国电力出版社,1999.

[9] 黄乾尧,李汉康,等. 高温合金[M]. 北京:冶金工业出版社,2000.

[10] 李铁藩. 金属高温氧化和热腐蚀[M]. 北京:化学工业出版社,2003.

[11] 于海涛. 热障涂层的研究现状及其制备技术[J]. 稀土,2010,Vol. 31,No. 5.

[12] 张玉娟. 热障涂层的发展现状[J]. Materials Protection,2004 Vol . 37 No. 6.

[13] 刑亚哲. 热障涂层的制备及其失效的研究现状[J]. 铸造技术,2009,Vol . 30 No. 7.

[14] 赵光普. 高温合金在工业燃气轮机中的应用和发展,第八届中国钢铁年会论文集 2011.

[15] R. Viswanathan, S. T. Scheirer, Materials Technology for Advanced Land Based Gas Turbines.

[16] 孙益科. PG 9351FA 型燃气轮机进口可转导叶的控制[J]. 电力机械,2008.

[17] 李建刚. 汽轮机设备及运行[M]. 北京:中国电力出版社,2009.

[18] GE 公司. Operating Procedures Manual For Guangzhou Zhujiang LNG CC Power Project,2006.

[19] GE 公司. Inspection and Maintenance Manual For Guangzhou Zhujiang LNG CC Power Project,2006.

[20] GE 公司. Systems Description Manual For Guangzhou Zhujiang LNG CC Power Project,2006.

[21] 广州珠江天然气发电有限公司. S109FA 联合循环机组运行规程. 3 版,2012.